机械设计

黄霞 杨岩 主编

科学出版社

北京

内 容 简 介

《机械设计》是在"重庆市高端装备技术协同创新中心"项目建设资助下，根据"高等教育面向 21 世纪教学内容和课程体系改革计划"以及教育部"机械设计课程教学基本要求"，结合近年来机械设计课程教学改革、教学研究和教学实践成果编写而成。

本书以通用零部件和简单机械系统的设计为主要内容，注重培养学生的工程实践能力和创新能力。全书共 12 章，包括机械设计总论，带传动，链传动，齿轮传动，蜗杆传动，滚动轴承，滑动轴承，轴，轴毂连接，联轴器、离合器和制动器，螺纹连接和螺旋传动，其他常用零部件。

本书可作为高等学校机械类各专业的教学用书，也可供机械工程领域的研究生和有关工程技术人员参考。

图书在版编目（CIP）数据

机械设计/黄霞，杨岩主编. —北京：科学出版社，2018.1
ISBN 978-7-03-056348-4

Ⅰ. ①机… Ⅱ. ①黄… ②杨… Ⅲ. ①机械设计-高等学校-教材
Ⅳ. ①TH122

中国版本图书馆 CIP 数据核字 (2018) 第 010602 号

责任编辑：邓 静 张丽花 / 责任校对：郭瑞芝
责任印制：徐晓晨 / 封面设计：迷底书装

科 学 出 版 社 出版
北京东黄城根北街 16 号
邮政编码：100717
http://www.sciencep.com
北京盛通商印快线网络科技有限公司 印刷
科学出版社发行 各地新华书店经销
*
2018 年 1 月第 一 版 开本：787×1092 1/16
2021 年 7 月第四次印刷 印张：20 1/2
字数：486 000
定价：69.00 元
（如有印装质量问题，我社负责调换）

前　言

本书是在"重庆市高端装备技术协同创新中心"项目建设资助下，根据"高等教育面向21世纪教学内容和课程体系改革计划"以及教育部"机械设计课程教学基本要求"，结合近年来机械设计课程教学改革、教学研究和教学实践成果编写而成。

本书以通用零部件和简单机械系统的设计为主要内容，注重培养学生的工程实践能力和创新能力。全书共12章，第1章为机械设计总论，探讨机械设计中的一些共性问题，第2～5章论述各种机械传动的特性和方法，第6～10章为轴系零部件的设计，第11、12章为常用连接的设计及其他零部件设计。本书在编写过程中以满足教学基本要求，贯彻少而精的原则为出发点，尽量引用最新的标准、规范和资料，力求做到精选内容，适当扩宽知识面，在各章结尾增加了与该章内容相关的知识拓展，课后习题精选了近年来全国各大高校机械设计考研题目，以供读者参考、学习。

本书的编写分工为：第1章，杨岩、黄霞、周静；第2、3章，黄霞；第4、5章，张晋西；第6章，贾秋红；第7章，魏书华；第8章，吴敏；第9章，林昌华、黄霞；第10章，吴敏；第11章，林昌华、黄霞；第12章，王黎明。全书由黄霞、杨岩担任主编并统稿。

本书由同济大学中德学院林松教授、重庆大学魏静教授主审，对全书提出了很多宝贵意见和建议。在编写过程中还得到了重庆理工大学机械基础教研室全体教师的大力支持和帮助，书中部分插图由机械工程学院部分学生绘制完成，在此一并表示衷心感谢。

由于编者水平所限，若有误漏欠妥之处，敬请不吝指正。

编　者
2017年7月

前　言

目　　录

绪论⋯⋯⋯⋯⋯⋯⋯⋯⋯⋯⋯⋯⋯⋯⋯⋯⋯⋯⋯⋯⋯⋯⋯⋯⋯⋯⋯⋯⋯⋯⋯⋯⋯ 1
第 1 章　机械设计总论⋯⋯⋯⋯⋯⋯⋯⋯⋯⋯⋯⋯⋯⋯⋯⋯⋯⋯⋯⋯⋯⋯⋯⋯ 3
　1.1　机械设计发展历程⋯⋯⋯⋯⋯⋯⋯⋯⋯⋯⋯⋯⋯⋯⋯⋯⋯⋯⋯⋯⋯⋯ 3
　1.2　机器的组成⋯⋯⋯⋯⋯⋯⋯⋯⋯⋯⋯⋯⋯⋯⋯⋯⋯⋯⋯⋯⋯⋯⋯⋯⋯ 3
　1.3　机械设计的基本要求和一般程序⋯⋯⋯⋯⋯⋯⋯⋯⋯⋯⋯⋯⋯⋯⋯ 5
　1.4　机械零部件设计⋯⋯⋯⋯⋯⋯⋯⋯⋯⋯⋯⋯⋯⋯⋯⋯⋯⋯⋯⋯⋯⋯ 6
　1.5　机械设计中的强度问题⋯⋯⋯⋯⋯⋯⋯⋯⋯⋯⋯⋯⋯⋯⋯⋯⋯⋯⋯ 9
　1.6　机械零件的材料及其选用⋯⋯⋯⋯⋯⋯⋯⋯⋯⋯⋯⋯⋯⋯⋯⋯⋯ 15
　1.7　机械设计中的标准化、系列化和通用化⋯⋯⋯⋯⋯⋯⋯⋯⋯⋯⋯ 17
　1.8　机械中的摩擦、磨损、润滑⋯⋯⋯⋯⋯⋯⋯⋯⋯⋯⋯⋯⋯⋯⋯⋯ 18
　1.9　机械现代设计方法⋯⋯⋯⋯⋯⋯⋯⋯⋯⋯⋯⋯⋯⋯⋯⋯⋯⋯⋯⋯ 23
　习题⋯⋯⋯⋯⋯⋯⋯⋯⋯⋯⋯⋯⋯⋯⋯⋯⋯⋯⋯⋯⋯⋯⋯⋯⋯⋯⋯⋯⋯ 24
第 2 章　带传动⋯⋯⋯⋯⋯⋯⋯⋯⋯⋯⋯⋯⋯⋯⋯⋯⋯⋯⋯⋯⋯⋯⋯⋯⋯ 25
　2.1　带传动的工作原理和类型⋯⋯⋯⋯⋯⋯⋯⋯⋯⋯⋯⋯⋯⋯⋯⋯⋯ 25
　2.2　V 带和 V 带轮⋯⋯⋯⋯⋯⋯⋯⋯⋯⋯⋯⋯⋯⋯⋯⋯⋯⋯⋯⋯⋯⋯ 26
　2.3　带传动工作情况分析⋯⋯⋯⋯⋯⋯⋯⋯⋯⋯⋯⋯⋯⋯⋯⋯⋯⋯⋯ 29
　2.4　普通 V 带传动的设计计算⋯⋯⋯⋯⋯⋯⋯⋯⋯⋯⋯⋯⋯⋯⋯⋯⋯ 33
　2.5　带传动的张紧⋯⋯⋯⋯⋯⋯⋯⋯⋯⋯⋯⋯⋯⋯⋯⋯⋯⋯⋯⋯⋯⋯ 38
　2.6　同步带传动简介⋯⋯⋯⋯⋯⋯⋯⋯⋯⋯⋯⋯⋯⋯⋯⋯⋯⋯⋯⋯⋯ 40
　习题⋯⋯⋯⋯⋯⋯⋯⋯⋯⋯⋯⋯⋯⋯⋯⋯⋯⋯⋯⋯⋯⋯⋯⋯⋯⋯⋯⋯⋯ 42
第 3 章　链传动⋯⋯⋯⋯⋯⋯⋯⋯⋯⋯⋯⋯⋯⋯⋯⋯⋯⋯⋯⋯⋯⋯⋯⋯⋯ 44
　3.1　概述⋯⋯⋯⋯⋯⋯⋯⋯⋯⋯⋯⋯⋯⋯⋯⋯⋯⋯⋯⋯⋯⋯⋯⋯⋯⋯ 44
　3.2　链条和链轮⋯⋯⋯⋯⋯⋯⋯⋯⋯⋯⋯⋯⋯⋯⋯⋯⋯⋯⋯⋯⋯⋯⋯ 45
　3.3　链传动的运动分析和受力分析⋯⋯⋯⋯⋯⋯⋯⋯⋯⋯⋯⋯⋯⋯⋯ 48
　3.4　滚子链传动的设计计算⋯⋯⋯⋯⋯⋯⋯⋯⋯⋯⋯⋯⋯⋯⋯⋯⋯⋯ 51
　3.5　链传动的布置、张紧和润滑⋯⋯⋯⋯⋯⋯⋯⋯⋯⋯⋯⋯⋯⋯⋯⋯ 55
　习题⋯⋯⋯⋯⋯⋯⋯⋯⋯⋯⋯⋯⋯⋯⋯⋯⋯⋯⋯⋯⋯⋯⋯⋯⋯⋯⋯⋯⋯ 58
第 4 章　齿轮传动⋯⋯⋯⋯⋯⋯⋯⋯⋯⋯⋯⋯⋯⋯⋯⋯⋯⋯⋯⋯⋯⋯⋯⋯ 59
　4.1　齿轮传动的特点及分类⋯⋯⋯⋯⋯⋯⋯⋯⋯⋯⋯⋯⋯⋯⋯⋯⋯⋯ 59
　4.2　齿轮传动的设计准则⋯⋯⋯⋯⋯⋯⋯⋯⋯⋯⋯⋯⋯⋯⋯⋯⋯⋯⋯ 60
　4.3　标准直齿圆柱齿轮传动的强度计算⋯⋯⋯⋯⋯⋯⋯⋯⋯⋯⋯⋯⋯ 65
　4.4　标准斜齿圆柱齿轮强度计算⋯⋯⋯⋯⋯⋯⋯⋯⋯⋯⋯⋯⋯⋯⋯⋯ 83
　4.5　锥齿轮传动强度计算⋯⋯⋯⋯⋯⋯⋯⋯⋯⋯⋯⋯⋯⋯⋯⋯⋯⋯⋯ 88
　4.6　齿轮的结构设计⋯⋯⋯⋯⋯⋯⋯⋯⋯⋯⋯⋯⋯⋯⋯⋯⋯⋯⋯⋯⋯ 94

习题 ··· 98

第5章 蜗杆传动 ··· 100

5.1 蜗杆传动的特点与分类 ··· 100

5.2 蜗杆传动的主要参数和几何尺寸 ·································· 102

5.3 蜗杆传动的初步设计 ·· 105

5.4 蜗杆传动的强度设计 ·· 106

5.5 蜗杆传动的效率 ··· 111

5.6 蜗杆传动的热平衡计算 ··· 112

5.7 圆柱蜗杆和蜗轮的结构设计 ·· 113

习题 ·· 118

第6章 滚动轴承 ··· 120

6.1 概述 ··· 120

6.2 滚动轴承的主要类型及其代号 ····································· 121

6.3 滚动轴承类型选择及受载情况 ····································· 126

6.4 滚动轴承的尺寸选择和寿命计算 ·································· 130

6.5 滚动轴承的组合设计 ·· 136

6.6 滚动支承结构件 ··· 146

6.7 其他轴承介绍 ·· 148

6.8 计算示例 ··· 149

习题 ·· 153

第7章 滑动轴承 ··· 155

7.1 滑动轴承的主要结构形式 ·· 155

7.2 轴瓦结构 ··· 157

7.3 轴承的材料及润滑剂的选用 ·· 159

7.4 非完全液体润滑滑动轴承的设计 ·································· 163

7.5 液体动压润滑径向滑动轴承的设计 ······························ 165

7.6 其他滑动轴承简介 ··· 175

习题 ·· 180

第8章 轴 ··· 181

8.1 概述 ··· 181

8.2 轴的材料 ··· 183

8.3 轴的结构设计 ·· 185

8.4 轴的计算 ··· 197

习题 ·· 204

第9章 轴毂连接 ··· 207

9.1 键连接 ·· 207

9.2 花键连接 ··· 212

9.3 无键连接 ··· 214

9.4 销连接 ·· 215

习题 218

第 10 章　联轴器、离合器和制动器 220
10.1　联轴器的种类与特性 220
10.2　联轴器的选择 234
10.3　离合器 236
10.4　制动器 247
习题 252

第 11 章　螺纹连接和螺旋传动 253
11.1　螺纹的基本类型和参数 253
11.2　螺纹连接的基本类型和标准连接件 255
11.3　螺纹连接的预紧与防松 259
11.4　螺栓连接的强度计算 262
11.5　螺栓组设计 268
11.6　提高螺纹连接强度的措施 275
11.7　螺旋传动 278
习题 289

第 12 章　其他常用零部件 291
12.1　弹簧 291
12.2　机架 306
12.3　滚动导轨概述 311
12.4　焊接及其他接合技术 314

参考文献 319

绪　　论

一、本课程的性质和任务

机械设计课程是培养学生具有机械设计能力的一门技术基础课程，面向以机械学为主干学科的各专业学生。这门课程着重传授机械设计的基本知识、基本理论和基本方法，引领学生综合运用已学过的高等数学、机械制图、理论力学、材料力学、工程材料及热处理、机械原理、机械制造基础以及机械设计精度等多方面的知识来解决一般通用的机械零部件的设计问题。

本课程的主要任务是通过理论学习、实验和课程设计综合实践培养学生。

(1)树立正确的设计思想，并勇于创新探索。

(2)掌握通用机械零部件的设计原理、方法和机械设计的一般规律，具有机械系统的综合设计能力，能进行一般机械传动装置部件和简单机械装置的设计。

(3)具有应用标准、规范、手册、图册和查阅有关技术资料的能力。

(4)掌握典型的机械零件的试验方法，获得实验技能的基本训练。

(5)了解机械工程学科及机械设计方向的国内外发展动态。

二、本课程的研究对象及主要内容

本课程的研究对象是一般尺寸和常用工作参数下的通用零部件的设计，包括它们的基本设计理论和方法以及技术资料、标准的应用。通用零件是指在一般机械中经常用到的机械零件，如齿轮、螺栓、滚动轴承、弹簧等。曲轴、螺旋桨、活塞等在某些机械中专用的零件称为专用零件。专用零件、部件和在特殊工作条件下(如高温、高压、高速等)以及有特殊要求(结构、体积等)的通用零件、部件则在有关专业课中研究，不属于本书讨论的范围。

本书讨论的具体内容如下。

(1)机械设计总论。机械设计的要求及一般过程，机械零部件的设计要求、设计准则及设计方法，材料选择，以及机械中的摩擦、磨损、润滑等机械设计中具有基础性、共同性的问题。

(2)机械传动。带传动、链传动、齿轮传动、蜗杆传动。

(3)轴系零、部件。滚动轴承、滑动轴承、轴，以及联轴器、离合器和制动器。

(4)常用连接。螺纹连接，键、花键、无键连接和销连接，焊接及其他接合技术。

(5)其他常用零部件。弹簧、基架、导轨等。

三、如何学习本课程

机械设计课程是机械类各专业的一门主干技术基础课程，在整个课程体系里面起着承上启下的作用。在学习本课程时，应注意以下几个特点。

(1)系统性。一个好的机械设计需要满足多方面的要求，如使用性要求、结构工艺性要求、经济性要求、可靠性要求，同时还可能需要满足质量小、便于运输、不污染环境等要求。这些要求有些情况下是难以完全满足的，因此，设计者必须全面考虑、综合平衡，这就要求设计者具有系统工程的观点，要求设计者能正确确定设计要求、合理选择总体设计方案、掌握每个机械零件的特性，并综合运用先修课程中所学得的有关知识解决工程实际问题。

(2) 工程性。本课程具有鲜明的工程性，在设计每个机械零件时要用到大量的数据、表格、标准、资料等，要求处理方案选择、零件选择、材料选择、参数选择、结构形式选择等问题。另外，由于实际工程问题涉及多方面因素，其求解可采用多种方法，其解一般也不是唯一的。这需要设计者具有分析、判断、决策的能力，坚持科学严谨的工作作风，认真负责的工作态度，讲求实效的工程观点。

(3) 典型性。机械零件种类很多，本课程只学习其中的一部分，但设计机械零件的方法和思路是相同的，即通过学习这些基本内容掌握有关的设计规律和技术措施，从而具有设计其他通用零部件和某些专用零部件的能力。

第1章 机械设计总论

1.1 机械设计发展历程

机械设计是指设计人员根据使用要求对机械的工作原理、结构、运动方式，以及力和能量的传递方式、各个零件的材料和形状尺寸、润滑方法等进行构思、分析和计算，并将其转化为具体的描述以作为制造依据的工作过程。早在新石器时期，就出现了各种机械类的产品，然而直到18世纪工业革命才出现了技术特征明显的专门为工业生产而运用的成体系的机械设计。随着社会的不断发展，机械设计发展历程主要分为四阶段。

1. 摇篮期：设计公式下的经典设计

第一阶段主要是从工业革命至第二次世界大战之间，此时的机械工业生产主要发生在欧美国家，其设计是依靠经典设计公式所进行的组合来进行。

2. 成长期：经验下的实验设计

第二阶段涵盖第二次世界大战到1960年这段时间，主要地点为美国，属于机械工业在数量上扩大生产的阶段。此阶段下的机械设计，以模型试验和实机试验来获得相关数据进行设计，其主要包括两大方面，即机能设计与强度设计。其中强度设计兼顾三个方面，即弹性设计、极限设计和疲劳设计。

3. 发展期：静态解析下的理论设计

第三阶段为1960~1980年这段时间，是机械设计从试验设计转至理论设计的发展阶段。20世纪60年代以后，机械生产不但在数量上有了很大提升，还要求提高产品质量，改进机械性能，出现了应用液压技术、电子技术等系列设计。

4. 成熟期：动态解析下的理论设计

第四阶段为20世纪80年代以后，机械生产向着高速、高效、轻量化、自动化和精密的方向快速发展，而产品结构更加复杂，对机械的工作性能要求也越来越高。为使机械安全可靠地工作，其结构系统必须具有良好的静、动特性。另一方面，人们的环境保护意识增强，机械振动和噪声损害操作者的身心健康，成为亟待解决的社会问题。为此，由静态解析为主的设计开始向动态解析转移，以满足机械静、动特性和低振动、低噪声的要求。

机械设计的最终目标是确定组成机器的零部件的尺寸和形状，并选择适合的材料与制造工艺，从而使得设计出来的机器可以完成预定的功能而不发生失效。机械设计是机械工程的重要组成部分，是机械生产的第一步，是决定机械性能最主要的因素。

1.2 机器的组成

机器是人们根据某种使用要求设计和制造的一种执行机械运动的装置，可用来变换或传递能量、物料和信息。

图 1-1 所示的在丘陵山区广泛应用的微耕机,由汽油机或柴油机作为原动机,皮带或链条式齿轮箱作为传动装置,配上相应的执行部分(如图 1-1 所示的旋耕刀具)就可进行旋耕、犁耕、播种、脱粒、抽水、喷药、发电和运输等多项作业。除此之外为保证其正常工作,还具有离合控制拉手、换挡杆、扶手架、支撑杆等控制及辅助部分。

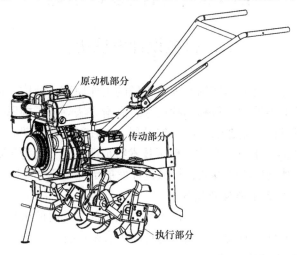

图 1-1 微耕机

随着科学技术的不断进步和计算机技术的广泛应用,现代机械正朝着自动化、精密化、高速化和智能化的方向发展。现代机器是由计算机信息网络协调与控制的,用于完成包括机械力、运动和能量等动力学任务的机械和(或)机电部件相互联系的系统,机器人就是现代机器的典型。

图 1-2 所示的柑橘采摘机器人,电动机作为原动机,变速箱作为传动部分,履带机构、机械臂与末端执行器作为完成行走及采摘功能的执行部分,双目视觉定位系统、计算机等作为控制及辅助部分。所有部分综合作用,最终实现对柑橘目标进行自动定位并采摘。

图 1-2 柑橘采摘机器人

因此，一台完整的机器就其各部分功能而言，由以下几个部分组成(图 1-3)。

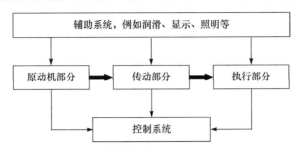

图 1-3　机器的组成

(1)原动机部分。它是驱动整部机器完成预定功能的动力源。常用的原动机有电动机、内燃机、水轮机、蒸汽轮机、液动机和气动机，其中电动机应用最为广泛。

(2)执行部分。它包括执行机构(工作机)和执行构件，通常处于机械系统的末端，用来完成机器预定功能。

(3)传动部分。它是把原动机的运动和动力传递给工作机的中间装置，实现运动和力的传递和变换，以适应工作机的需要。

(4)控制系统。它是使原动机部分、传动部分、执行部分彼此协调工作，控制或操纵上述各部分的启动、离合、制动、变速、换向或各部件运动的先后次序、运动轨迹及行程等，并准确可靠地完成整个机械系统功能的装置，包括机械控制、电气控制和液压控制等。

(5)辅助系统。根据机器的功能要求，还有一些辅助系统，如润滑、冷却、显示、照明等以及框架支撑系统(如支架、床身、底座等)。

1.3　机械设计的基本要求和一般程序

1.3.1　机械设计的基本要求

(1)实现预期功能要求。预期功能是指用户或设计者与用户协商确定下来的机械产品需要满足的特性和能力。如机器工作部分的运动形式、速度、运动精度和平稳性、需传递的功率等，以及某些使用上的特定要求(如自锁、防潮、防爆)。这需要设计者正确分析机器的工作原理，正确地设计或选用能够全面实现功能要求的执行机构、传动机构、原动机，以及合理地配置必要的辅助系统来实现。

(2)经济性要求。经济性体现在机械设计、制造和使用的全过程中。设计制造的经济性表现为机器的成本低，使用经济性表现为高生产率、高效率、能源材料消耗少、维护管理费用低等。

(3)劳动保护和环境的要求。设计时要按照人机工程学的观点，使机器的使用简便可靠，减轻使用者的劳动强度，同时设置完善的安全防护及保安装置、报警装置等，使所设计的机器符合劳动保护法规的要求。改善机器及操作者周围的环境条件，如降低机器运转的噪声，防止有毒、有害介质的渗漏及对废水、废气进行有效的治理等以满足环境保护法规对生产环境提出的要求。

(4)寿命和可靠性要求。任何机器都要求在一定的寿命下可靠地工作。人们对机器除了习惯上对工作寿命的要求外，对可靠性也提出了明确的要求。机器的可靠性通过可靠度来衡量。机器的可靠度是指在规定的使用时间(寿命)内和预定的环境条件下机器能够正常工作的概率。已有越来越多的机器设计和生产部门，特别是那些因机器失效将造成巨大损失的部门，例如航空、航天部门，相继规定了在设计时必须对其产品，包括零部件进行可靠性分析与评估的要求。

(5)其他特殊要求。对不同的机器，还有一些为该机器所特有的要求。如对机床有长期保持精度的要求；对流动使用的机器(如钻探机械)有便于安装和拆卸的要求；对大型机器有便于运输的要求等。设计机器时，在满足上述共同的基本要求的前提下，还应着重满足这些特殊要求，以提高机器的使用性能。

1.3.2 机械设计的一般程序

(1)规划设计阶段。规划设计阶段是机器设计整个过程中的准备阶段。这个阶段，应对所设计机器的需求情况做充分的市场调查研究和分析，确定所设计机器需要实现的功能以及所有的设计要求和期望，并根据现有的技术、资料及研究成果，分析其实现的可能性，明确设计中的关键问题，拟定设计任务书。设计任务书主要包括：机器的功能、主要参考资料、制造要求、经济性及环保性评估、特殊材料、必要的试验项目、完成设计任务的预期期限以及其他特殊要求等。正确分析和规划、确定设计任务是合理设计机械的前提。

(2)方案设计阶段。根据设计任务书提出的要求进行机器功能设计研究，确定执行部分的运动和阻力，选择原动机，选择传动机构，拟定原动机到执行部分的传动系统，绘制整机的运动简图，并作出初步的运动和动力计算，确定功能参数。根据功能参数，提出可能采用的方案。通常需做出多个方案加以分析比较，择优选定。

(3)技术设计阶段。根据方案设计阶段提出的最佳设计方案，进行技术设计，包括：机器运动学设计、机器动力学计算、零件工作能力设计、部件装配草图及总装配图的设计，以及主要零件的校核，最后绘制零件的工作图、部件装配图和总装图，编制技术文件和说明书。

(4)试制定型阶段。通过鉴定评价，对设计进行必要的修改后进行小批量的试制和试验，必要时还应在实际使用条件下试用，对机器进行各种考核和测试。通过几次小批量生产，在进一步考察和验证的基础上将原设计进行改进之后，即可进行适用于成批生产的机器定型设计。

需要指出，机械设计以上各个阶段是相互紧密关联的，某一阶段中发现问题和不当之处，必须返回到前面的有关阶段去修改。因此，机械设计过程是一个不断返回、不断修改，以逐渐接近最优结果的过程。

1.4　机械零部件设计

1.4.1 机械零件设计的基本要求

(1)功能性要求。应保证零件有足够的强度、刚度、寿命及振动稳定性等。

(2)结构工艺性要求。设计的结构应便于加工和装配。

(3)经济型要求。设计时正确选择零件的材料、尺寸,零件应有合理的生产加工和使用维护的成本。

(4)安全可靠,操作方便。

1.4.2　机械零件的主要失效形式

机械零件由于某种原因不能正常工作称为失效,主要失效形式有以下几种。

1)断裂

当零件在外载荷作用下,由于某一危险截面的应力超过零件的强度极限而导致的断裂,或在变应力作用下,危险截面发生的疲劳断裂。

2)过量变形

机械零件受载工作时,必然会发生弹性变形。在允许范围内的微小弹性变形对机器工作影响不大,但过量的弹性变形会使零件不能正常工作,有时还会造成较大振动,致使零件损坏。

当作用于零件上的应力超过了材料的屈服极限,零件将产生残余变形,造成零件的尺寸和形状改变,破坏零件和零件间的相互位置和配合关系,导致零件或机器不能正常工作。

3)零件的表面损伤

零件的表面损伤主要是接触疲劳、磨损和腐蚀。零件表面损伤后,通常都会增大摩擦,增加能量损耗,破坏零件的工作表面,致使零件尺寸发生变化,最终造成零件报废。零件的使用寿命在很大程度上受到表面损伤的限制。

4)破坏正常的工作条件引起的失效

有些零件只有在一定的工作条件下才能正常工作,若破坏了这些必备条件则将发生不同类型的失效。例如,带传动当传递的有效圆周力大于摩擦力的极限值时将发生打滑失效;高速转动的零件当其转速与转动系统的固有频率相一致时会发生共振,以致引起断裂;液体润滑的滑动轴承当润滑油膜破裂时将发生过热、胶合、磨损等。

1.4.3　机械零件的设计准则

零件不发生失效时的安全工作限度称为零件的工作能力,为保证零件安全、可靠地工作,应确定相应的设计准则来保证设计的机械零件具有足够的工作能力。一般来讲,大体有以下几种设计准则。

1)强度准则

强度是指零件在载荷作用下抵抗断裂、塑性变形及表面损伤的能力。为保证零件有足够的强度,计算时应保证危险截面工作应力 σ 或 τ 不能超过许用应力 $[\sigma]$ 或 $[\tau]$,即

$$\sigma \leqslant [\sigma] \quad 或 \quad \tau \leqslant [\tau] \tag{1-1}$$

满足强度要求的另一表达式是使零件工作时的实际安全系数 S 不小于零件的许用安全系数 $[S]$,即

$$S \geqslant [S] \tag{1-2}$$

强度准则是机械零件设计计算最基本的准则,有关设计中的强度问题还将在 1.5 节中

做专门阐述。

2) 刚度准则

刚度是零件受载后抵抗弹性变形的能力。为保证零件有足够的刚度，设计时应使零件在载荷作用下产生的弹性变形量 y 不得大于许用变形量 $[y]$，即

$$y \leqslant [y] \tag{1-3}$$

弹性变形量 y 可按各种变形量的理论或实验方法来确定，而许用变形量 $[y]$ 则应随不同的使用场合，根据理论或经验来确定其合理的数值。

3) 寿命准则

影响零件寿命的主要因素是腐蚀、磨损和疲劳，它们的产生机理、发展规律及对零件寿命的影响是完全不同的。迄今为止，还未能提出有效而实用的腐蚀寿命计算方法，所以尚不能列出腐蚀的计算准则。对磨损，人们已充分认识到它们的严重危害性，进行了大量的研究工作，但由于摩擦、磨损的影响因素十分复杂，产生的机理还未完全明晰，所以至今还未形成供工程实际使用的定量计算方法。对疲劳寿命计算，通常是求出零件使用寿命期内的疲劳极限或额定载荷来作为计算的依据，在 1.5 节将做进一步介绍。

4) 振动稳定性准则

机器中存在着许多周期性变化的激振源，例如齿轮的啮合、轴的偏心转动、滚动轴承中的振动等。当零件（或部件）的固有频率 f 与上述激振源的频率 f_p 重合或成整数倍关系时，零件就会发生共振，导致零件在短期内破坏甚至整个系统毁坏。因此，应使受激零件的固有频率与激振源的频率相互错开避免共振。相应的振动稳定性的计算准则为

$$0.85f > f_p \quad 或 \quad 1.15f < f_p \tag{1-4}$$

若不满足振动稳定性条件，可改变零件或系统的刚度或采取隔振、减振措施来改善零件的振动稳定性。

5) 散热性准则

机械零、部件由于过度发热，会引起润滑油失效、胶合、硬度降低、热变形等问题。因此，对于发热较大的机械零部件必须限制其工作温度，满足散热性准则。如蜗杆传动、滑动轴承需进行热平衡计算。

6) 可靠性准则

对于重要的机械零件要求计算其可靠度，作为可靠性的性能指标。可靠度是指一批零件，共有 N_0 个，在一定的工作条件下进行试验，如在时间 t 后仍有 N_S 个正常工作，则这批零件在该工作条件下，达到工作时间 t 的可靠度 R 为

$$R = \frac{N_S}{N_0} = \frac{N_0 - N_f}{N_0} = 1 - \frac{N_f}{N_0} \tag{1-5}$$

式中，N_f 为在时间 t 内失效的零件数，$N_0 = N_S + N_f$。

1.4.4　四机械零件的设计方法

机械零件的常规设计方法有以下三种。

1) 理论设计

根据现有的设计理论和实验数据所进行的设计。按照设计顺序的不同，零件的理论设计可分为设计计算和校核计算。

(1)设计计算。根据零件的工作情况和要求进行失效分析，确定零件的设计计算准则，按其理论设计公式确定零件的形状和尺寸。

(2)校核计算。参照已有实物、图样和经验数据初步拟定零件的结构和尺寸，然后根据设计计算准则的理论校核公式进行校核计算。

2)经验设计

经验设计是指根据对某类零件已有的设计与使用实践而归纳出的经验公式，或根据设计者的经验用类比法所进行的设计。经验设计简单方便，适用于那些使用要求变动不大而结构形状已典型化的零件，例如箱体、机架、传动零件的结构设计。

3)模型实验设计

对于尺寸特大、结构复杂且难以进行理论计算的重要零件可采用模型实验设计。即把初步设计的零、部件或机器做成小模型或小尺寸样机，通过实验的手段对其各方面的特性进行检验，根据实验的结果进行逐步的修改，从而达到完善。这种方法费时、昂贵，适用于特别重要的设计中。

1.4.5　机械零件设计的一般步骤

机械零件的设计大体要经过以下几个步骤：

(1)根据零件功能要求、工作环境等选定零件的类型。为此，必须对各种常用机械零件的类型、特点及适用范围有明确的了解，进行综合对比并正确选用。

(2)根据机器的工作要求，计算作用在零件上的载荷。

(3)分析零件在工作时可能出现的失效形式，确定其设计计算准则。

(4)根据零件的工作条件和对零件的特殊要求，选择合适的材料，并确定必要的热处理或其他处理。

(5)根据设计准则计算并确定零件的基本尺寸和主要参数。

(6)根据工艺性要求及标准化等原则进行零件的结构设计，确定其结构尺寸。

(7)结构设计完成后，必要时还应进行详细的校核计算，判断结构的合理性并适当修改结构设计。

(8)绘制零件的工作图，并写出计算说明书。

1.5　机械设计中的强度问题

1.5.1　强度计算的基本概念

1. 机械零件的载荷

机械零件的载荷是指其工作时所受的各种作用力(包括力矩)。

载荷按是否随时间变化可分为静载荷和变载荷。大小和方向不随时间变化(或变化极缓慢)的载荷称为静载荷，大小或方向随时间变化的载荷称为变载荷。在设计计算中载荷还常分为名义载荷和计算载荷。当缺乏实际工作载荷的载荷谱(载荷与时间的坐标图)或难以确定工作载荷时，常根据原动机或负载的额定功率通过力学公式求得，这样得出的载荷称为名义载荷。考虑实际工作中存在冲击、振动、不均匀性等因素，将载荷系数 K 与名义载荷的乘积称为计算载荷。载荷系数 K 的值大于等于 1，具体数值可根据机械零件不同工作情况由经验公式或数据表确定。机械零件的设计按计算载荷进行。

2. 机械零件的应力

机械零件受载后产生应力，按应力随时间变化的特性不同，可分为静应力和变应力。

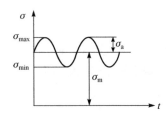

图 1-4　稳定循环变应力

不随时间变化(或变化极缓慢)的应力称为静应力，随时间变化的应力称为变应力。变应力是多种多样的，其大小和方向随时间作周期性变化的称为稳定循环变应力(图 1-4)。

为了描述稳定循环变应力，引入五个变应力参数：最大应力值 σ_{max}，最小应力值 σ_{min}，平均应力 σ_m，应力幅 σ_a，应力比(或循环特性) r，它们关系如下：

$$\sigma_m = \frac{\sigma_{max} + \sigma_{min}}{2} \qquad (1\text{-}6)$$

$$\sigma_a = \frac{\sigma_{max} - \sigma_{min}}{2} \qquad (1\text{-}7)$$

$$r = \frac{\sigma_{min}}{\sigma_{max}} \qquad (1\text{-}8)$$

已知这五个参数中的任意两个参数就可以确定变应力的类型和特性。当 $r = -1$ 时，为对称循环变应力(图 1-5(a))；当 $r = 0$，为脉动循环变应力(图 1-5(b))；当 $r = 1$ 时，为静应力(图 1-5(c))。当 r 为其他任意值时，为非对称循环变应力(图 1-4)。

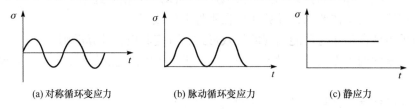

(a)对称循环变应力　　　(b)脉动循环变应力　　　(c)静应力

图 1-5　几种典型的稳定变应力

1.5.2　变应力下机械零件的整体强度

机械零件的强度与载荷、材料、几何尺寸因素以及使用工况等有关。机械零件的强度有体积强度和表面强度之分。前者是指拉伸、压缩、弯曲、剪切等涉及机械零件整体的强度，后者是指接触、挤压等涉及表面的强度。机械零件的强度又分为静应力强度和变应力强度。据设计经验及材料的特性，通常认为在机械零件的整个工作寿命期间应力变化次数小于 10^3 的零件，可按静应力强度进行设计，利用材料力学的知识，可对零件进行静应力强度的初步设计，这里不再讨论。

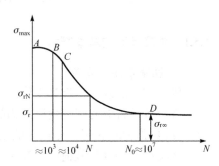

图 1-6　σ—N 曲线

1. σ—N 疲劳曲线

在材料的标准试件上加上一定应力比的等幅变应力(通常取 $r = -1$ 或 $r = 0$)，通过试验，可以得到不同最大应力 σ_{rN} 下引起试件疲劳破坏所经历的应力循环次数 N，将试验的结果绘制成疲劳曲线，即 σ—N 曲线(图 1-6)。

图中，AB 段曲线，应力循环次数小于 10^3，使材料试件发生破坏的最大应力值基本不变，或者说下降的很小，因此可以将应力循环次数 $N \leqslant 10^3$ 时的变应力强度按静应力强度处理。曲线的 BC 段，随着循环次数的增加，使材料发生疲劳破坏的最大应力将不断下降。试验表明试件疲劳失效处有塑性变形的特征，因此，这一阶段的疲劳现象常称为应变疲劳。由于应力循环次数相对很少，所以也叫低周疲劳。由于对绝大多数通用零件来说，当承受变应力作用时，其应力循环次数总是大于 10^4 的，因此曲线 CD 和 D 以后的两段是试件疲劳强度研究的主要曲线，通常称为高周疲劳阶段。

曲线 CD 段代表有限寿命疲劳阶段，在此范围内，试件经过一定次数的应力循环作用后总会发生疲劳破坏。曲线 CD 段上任何一点所代表的疲劳极限，称为有限寿命疲劳极限。曲线 CD 段可描述为

$$\sigma_{\mathrm{rN}}^m N = C , \quad N_C \leqslant N \leqslant N_D \tag{1-9}$$

式中，C 和 m 均为材料常数。如果作用的变应力的最大应力小于 D 点的应力，则无论应力变化多少次，材料试件都不会破坏。故 D 点以后的线段代表了试件无限寿命疲劳阶段，可描述为

$$\sigma_{\mathrm{rN}} = \sigma_{\mathrm{r\infty}} , \quad N > N_D \tag{1-10}$$

式中，$\sigma_{\mathrm{r\infty}}$ 表示 D 点对应的疲劳极限，常称为持久疲劳极限。D 点所对应的循环次数 N_D，对于各种工程材料来说，大致在 $10^6 \sim 25 \times 10^7$。由于 N_D 有时很大，所以人们在做疲劳试验时，常规定一个循环次数 N_0（称为循环基数），用 N_0 和与 N_0 相对应的疲劳极限 σ_{rN_0} 简写成 σ_{r} 来近似代表 N_D 和 $\sigma_{\mathrm{r\infty}}$，这样式(1-9)可以改写为

$$\sigma_{\mathrm{rN}}^m N = \sigma_{\mathrm{r}}^m N_0 = C \tag{1-11}$$

由式(1-11)便得到了根据 σ_{r} 及 N_0 来求有限寿命区间内任意循环次数 N（$N_C \leqslant N \leqslant N_D$）时的疲劳极限 σ_{rN} 的表达式

$$\sigma_{\mathrm{rN}} = \sigma_{\mathrm{r}} \sqrt[m]{N_0 / N} = K_{\mathrm{N}} \sigma_{\mathrm{r}} \tag{1-12}$$

式中，$K_{\mathrm{N}} = \sqrt[m]{N_0 / N}$，称为寿命系数。

对于钢材，在弯曲疲劳和拉压疲劳时，$m = 6 \sim 20$、$N_0 = 10^6 \sim 10^7$。在初步计算中，钢制零件在弯曲疲劳时，中等尺寸零件取 $m = 9$，$N_0 = 5 \times 10^6$；大尺寸零件取 $m = 9$，$N_0 = 10^7$。

2. 疲劳极限应力线图

图 1-7 是描述在一定的应力循环次数 N 下，疲劳极限的应力幅值 σ_{a} 与平均应力 σ_{m} 的关系曲线。这一曲线实际上反映了在特定寿命条件下，最大应力 $\sigma_{\max} = \sigma_{\mathrm{m}} + \sigma_{\mathrm{a}}$ 与应力比 $r = \dfrac{\sigma_{\mathrm{m}} - \sigma_{\mathrm{a}}}{\sigma_{\mathrm{m}} + \sigma_{\mathrm{a}}}$ 的关系，常称其为等寿命曲线或疲劳极限应力线图。按试验的结果，这一疲劳特性曲线为二次曲线。在工程应用中，常将其以直线来近似替代，图 1-8 所示的双直线极限应力线图就是一种常用的近似替代线图。

在做材料疲劳试验时，通常是测得对称循环应力和脉动循环应力状态下材料的疲劳极限 σ_{-1}、σ_0。由于对称循环变应力的平均应力 $\sigma_{\mathrm{m}} = 0$，应力幅等于最大应力，所以对称循环疲劳极限在图 1-8 中以纵坐标轴上的 A' 点来表示。脉动循环变应力的平均应力及应力幅均为 $\sigma_{\mathrm{m}} = \sigma_{\mathrm{a}} = \dfrac{\sigma_0}{2}$，所以脉动循环疲劳极限以由原点 O 所作 $45°$ 射线上的 D' 点来表示。横

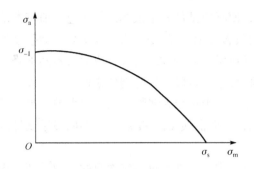
图 1-7 材料的疲劳极限应力线图

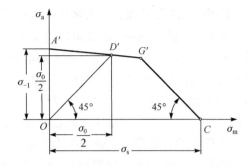
图 1-8 简化的材料极限应力线图

轴上任何一点都代表应力幅等于零的应力，即静应力。取 C 点的坐标值等于材料的屈服极限 σ_s，并自 C 点做一直线与横坐标轴成135°的夹角，并与直线 $A'D'$ 交于 G'。CG' 上任何一点均代表 $\sigma_{max} = \sigma'_m + \sigma'_a = \sigma_s$ 的变应力状况。折线 $A'G'C$ 则构成了简化的疲劳极限应力线图，它不但可用较少的试验数据（σ_{-1}、σ_0、σ_s）画出，而且也能满足工程设计要求。材料中发生的应力若处于 $OA'G'C$ 区域以内，则表示不发生破坏；若在此区域以外，则表示一定要发生破坏；若正好处于折线上，则表示工作应力状况正好达到极限状态。

3. 零件的疲劳极限应力图

由于受零件尺寸、几何形状、加工质量及强化因素等的影响，使得零件的疲劳极限要小于材料的疲劳极限。以 K_σ 表示材料对称循环弯曲疲劳极限 σ_{-1} 与零件对称循环弯曲疲劳极限 σ_{-1e} 的比值，即

$$K_\sigma = \frac{\sigma_{-1}}{\sigma_{-1e}} \tag{1-13}$$

式中，K_σ 为综合影响系数，可用式(1-14)计算

$$K_\sigma = \left(\frac{k_\sigma}{\varepsilon_\sigma} + \frac{1}{\beta_\sigma} - 1\right)\frac{1}{\beta_q} \tag{1-14}$$

式中，k_σ 为零件的有效应力集中系数；ε_σ 为零件的尺寸系数；β_σ 为零件的表面质量系数；β_q 为零件的强化系数。各系数的值可查阅机械设计手册。

在非对称循环时，K_σ 是试件与零件的极限应力幅的比值。把零件材料的极限应力线图中的直线 $A'D'G'$ 按比例 K_σ 向下移，成为图 1-9 所示的直线 ADG，而极限应力曲线的 CG' 部分，由于是按照静应力的要求来考虑的，故不需进行修正。所以零件的极限应力曲线由折线 AGC 表示。

对于切应力的情况，可将上述公式和极限应力线图中的 σ 换成 τ 即可。

4. 稳定变应力状态下机械零件的疲劳强度计算

1)单向稳定变应力时机械零件的疲劳强度计算

在做机械零件的疲劳强度计算时，首先需求出机械零件危险截面上的最大工作应力 σ_{max} 及最小工作应力 σ_{min}，据此计算出工作平均应力 σ_m 及应加幅 σ_a。然后，在零件极限应力线图的坐标上标示出相应于（σ_m，σ_a）的一个工作应力点 M（或者 N），如图 1-10 所示。

强度计算时所用的极限应力应是零件的极限应力曲线(AGC)上的某一个点所代表的应力，而应力点的位置取决于零件应力变化的规律。典型的应力变化规律通常有以下三种：第一，变应力的应力比保持不变，即 $r=C$(例如绝大多数转轴中的应力状态)；第二，变应力的平均应力保持不变，即 $\sigma_m = C$ (例如振动着的受载弹簧中的应力状态)；第三，变应力的最小应力保持不变，即 $\sigma_{min} = C$ (例如紧螺栓连接中螺栓受轴向变载荷时的应力状态)。下面以 $r=C$ 的情况说明在极限应力线上确定极限应力点。

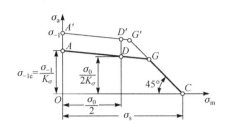

图 1-9 零件的极限应力线图

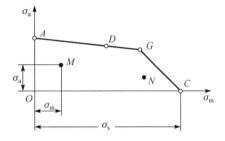

图 1-10 零件的应力在极限应力图中的位置

当 $r=C$ 时，需找到一个其应力比与零件工作应力的应力比相同的极限应力值。因为

$$\frac{\sigma_a}{\sigma_m} = \frac{\sigma_{max} - \sigma_{min}}{\sigma_{max} + \sigma_{min}} = \frac{1-r}{1+r} = C' \tag{1-15}$$

式中，C' 也是一个常数，所以在图 1-11 中，从坐标原点引射线通过工作应力点 M(或 N)，与极限应力曲线交于 M_1' 或 N_1'，得到 OM_1' 或 ON_1'，则在此射线上任何一个点所代表的应力循环都具有相同的应力比。因为 M_1' 或 N_1' 为极限应力曲线上的一个点，它所代表的应力值就是计算时所用的极限应力。

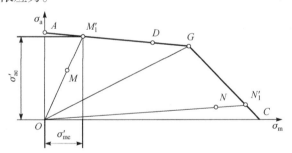

图 1-11 $r=C$ 时的疲劳极限应力

联解 OM 及 AG 两直线的方程式，可求出 M_1' 点的坐标值 σ_{me}' 及 σ_{ae}'，把它们加起来，就可求出对应于 M 点的零件的疲劳极限

$$\sigma_{max}' = \sigma_{ae}' + \sigma_{me}' = \frac{\sigma_{-1}(\sigma_m + \sigma_a)}{K_\sigma \sigma_a + \varphi_\sigma \sigma_m} = \frac{\sigma_{-1}\sigma_{max}}{K_\sigma \sigma_a + \varphi_\sigma \sigma_m} \tag{1-16}$$

其中，$\varphi_\sigma = \dfrac{2\sigma - 1 - \sigma_0}{\sigma_0}$，根据实验，对碳钢 $\varphi_\sigma \approx 0.1 \sim 0.2$；对合金钢，$\varphi_\sigma \approx 0.2 \sim 0.3$。

于是，计算安全系数

$$S_{ca} = \frac{\sigma_{lim}}{\sigma} = \frac{\sigma_{max}'}{\sigma_{max}} = \frac{\sigma_{-1}}{K_\sigma \sigma_a + \varphi_\sigma \sigma_m} \geqslant S \tag{1-17}$$

对应于 N 点的极限应力点 N_1' 位于直线 CG 上。此时的极限应力即为屈服极限 σ_s。这就是说，工作应力为 N 点时，可能发生的是屈服失效，故只需进行静强度计算。计算安全系数和强度条件式为

$$S_{ca} = \frac{\sigma_{lim}}{\sigma} = \frac{\sigma_s}{\sigma_{max}} = \frac{\sigma_s}{\sigma_a + \sigma_m} \geqslant S \qquad (1\text{-}18)$$

对于变应力的平均应力保持不变（$\sigma_m = C$，图 1-12）和最小应力保持不变（$\sigma_{min} = C$，图 1-13）两种情况，也可用类似 $r = C$ 的情况进行分析。此外，设计计算时，若遇到难以确定机械零件的应力变化规律，也可采用 $r = C$ 情况下的公式进行疲劳强度的计算。

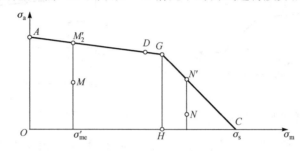

图 1-12　　$\sigma_m = C$ 的疲劳极限应力

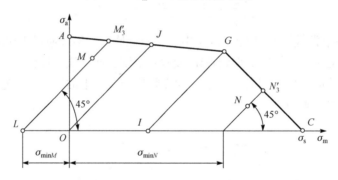

图 1-13　　$\sigma_{min} = C$ 时的疲劳极限应力

2）复合应力下机械零件的疲劳强度计算

复合应力可以转化成当量单向应力，其疲劳强度计算可以相应按单向应力疲劳强度计算方法进行。

对称循环弯扭复合应力，在同周期、同相位状态下的疲劳强度计算，其计算安全系数和强度条件为

$$S_{ca} = \frac{S_\sigma S_\tau}{\sqrt{S_\sigma^2 + S_\tau^2}} \geqslant S \qquad (1\text{-}19)$$

式中，$S_\sigma = \dfrac{\sigma_{-1}}{K_\sigma \sigma_a}$，$S_\tau = \dfrac{\tau_{-1}}{K_\tau \tau_a}$。

对于非对称循环复合应力作用的机械零件，其安全系数也可近似按式(1-19)计算，这时的 S_σ 和 S_τ 安全系数按式(1-17)计算。

以上对稳定变应力状态下机械零件的疲劳强度做了阐述。而非稳定变应力可分为有规律的非稳定变应力和无规律的随机变应力。有规律的非稳定变应力的疲劳强度可按疲劳损

伤累积理论进行计算，随机变应力可按统计理论进行强度计算，这里不做讨论。

1.5.3　机械零件的接触强度

两零件在受载前是线接触或点接触(如齿轮、凸轮、滚动轴承)，受载后由于变形，其接触处为一小面积，而表层产生的局部应力却很大，这种应力称为接触应力 σ_{H}(或赫兹应力)，这时机械零件的强度称为接触强度。

图 1-14 表示两圆柱体在法向力 F 的作用下相互压紧的情况。

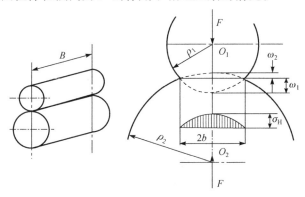

图 1-14　两圆柱接触受力后的变形与应力分布

由于材料的弹性变形，理论上的线接触呈现为一宽度为 $2b$ 的狭长矩形面，ω_1、ω_2 分别为两零件初始接触线上沿连心线方向的弹性变形(即最大弹性变形)，在接触面的中线上接触应力最大，其值 σ_{H} 按弹性力学赫兹(Hertz)公式计算

$$\sigma_{H} = \sqrt{\frac{\dfrac{F}{B}\left(\dfrac{1}{\rho_1} \pm \dfrac{1}{\rho_2}\right)}{\pi\left(\dfrac{1-\mu_1^{\,2}}{E_1} + \dfrac{1-\mu_2^{\,2}}{E_2}\right)}} \tag{1-20}$$

式中，F 为作用于接触面上的总压力；B 为初始接触线长度；ρ_1、ρ_2 分别为两零件初始接触线处的曲率半径，通常，令 $\dfrac{1}{\rho_{\Sigma}} = \dfrac{1}{\rho_1} \pm \dfrac{1}{\rho_2}$，称为综合曲率，而 $\rho_{\Sigma} = \dfrac{\rho_1\rho_2}{\rho_1 \pm \rho_2}$ 称为综合曲率半径，其中正号用于外接触，负号用于内接触；μ_1 和 μ_2 分别为两零件的泊松比；E_1 和 E_2 分别为两零件材料的弹性模量。

接触强度的计算准则为

$$\sigma_{H} \leqslant [\sigma_{H}] \tag{1-21}$$

式中，$[\sigma_{H}]$ 为许用接触应力。

1.6　机械零件的材料及其选用

1.6.1　机械零件常用的材料

机械零件的常用材料可以分为金属材料、非金属材料和复合材料三大类。

1. 金属材料

在各类工程材料中，金属材料(尤其是钢铁)使用最广。据统计机械产品中金属材料的使用占到了 90% 以上。钢铁之所以被大量采用，除了由于它们具有较好的力学性能(如强度、塑性、韧性等)外，还因价格相对便宜和容易获得，而且能满足多种性能和用途的要求。在各类钢铁材料中，由于合金钢的性能优良，常用于制造重要的零件。

除钢铁以外的金属材料均称为有色金属及其合金。有色金属合金具有某些特殊性能，如良好的减摩性、耐磨性、抗腐蚀性、抗磁性、导电性等。在机械制造中主要应用的是铜合金、轴承合金和轻合金。

2. 非金属材料

非金属材料，可大致分为高分子材料和陶瓷材料。高分子材料主要有塑料、橡胶和合成纤维三大类。高分子材料主要的优点在于具有极强的化学稳定性，不易被氧化。以聚四氟乙烯为例，其具有很强的耐腐蚀性，化学稳定性极强，低温下不易变脆，沸水中不会变软，因此常被用于化工设备。但是由于高分子材料是有机材料，所以不少高分子材料不具备阻燃性，且易老化。以 Si_3N_4 和 SiC 为代表的工程结构陶瓷和以 Al_2O_3 为代表的刀具陶瓷以其极高的硬度、耐磨性、耐腐蚀性、高熔点、刚度大等特点被广泛应用在密封件、滚动轴承和切削刀具等结构中。但陶瓷材料的缺点是价格昂贵、加工工艺性差、断裂韧度低，使得这种材料的使用受到了极大的限制。

3. 复合材料

复合材料是由两种或两种以上具有不同的物理和力学性能的材料复合制成的，可以获得单一材料难以达到的优良性能。复合材料的主要优点是有较高的强度和弹性模量，而质量又特别小，但也有耐热性差、导热和导电性差的缺点。此外，复合材料的价格比较高，目前主要应用于航空、航天等高科技领域。

机械零件的常用材料绝大多数已标准化，可查阅有关的国家标准、设计手册等资料，了解它们的性能特点和使用场合，以备选用。在后面的有关章节中也将对具体零件的适用材料分别加以介绍。

1.6.2 机械零件材料选择的一般原则

机械零件材料的选择是一个比较复杂的技术经济问题，通常应考虑下述三方面要求。

1. 使用要求

(1)机械所受载荷的大小、性质及其应力状况。如承受拉伸为主的机械零件宜选钢材；受压的机械零件宜选铸铁；承受冲击载荷的机械零件宜选韧性好的材料。

(2)机械零件的工作条件。如高温下工作的应选耐热钢；在腐蚀介质中工作的应选耐蚀材料；表面处于摩擦状态下工作的应选耐磨性较好的材料。

(3)机械零件尺寸和重量的限制。如受力大的零件，因尺寸取决于强度，一般而言，尺寸也相应增大，但如果在零件尺寸和重量又有限制的条件下，就应选用高强度的材料；载荷一般但要求质量轻的机械零件，设计时可采用轻合金或塑料。

2. 工艺要求

工艺要求是指为使零件便于加工制造，选择材料时应考虑零件结构的复杂程度、尺寸大小和毛坯类型。结构复杂的零件宜选用铸造毛坯，或用板材冲压出结构件后再经焊接而成。结构简单的零件可用锻造法制取毛坯。

对材料工艺性的了解，在判断加工可能性方面起着重要的作用。铸造材料的工艺性是指材料的液态流动性、收缩率、偏析程度及产生缩孔的倾向性等。锻造材料的工艺性是指材料的延展性、热脆性及冷态和热态下塑性变形的能力等。焊接材料的工艺性是指材料的焊接性及焊缝产生裂纹的倾向性等。材料的热处理工艺性是指材料的可淬性、淬火变形倾向性及热处理介质对它的渗透能力等。冷加工工艺性是指材料的硬度、易切削性、冷作硬化程度及切削后可能达到的表面粗糙度等。

3. 经济要求

材料的经济性不仅指材料本身的价格，还包括加工制造费用、使用维护费用等。提高材料经济性可从以下几方面加以考虑。

(1)材料本身的价格。在满足使用要求和工艺要求的条件下，应尽可能选择价格低廉的材料，特别是对生产批量大的零件，更为重要。

(2)材料的加工费用。如制造某些箱体类零件，虽然铸铁比钢板廉价，但在批量小时，选用钢板焊接反而有利，因其可以省掉铸模的生产费用。

(3)采用热处理或表面强化(如喷丸、碾压等)、表面喷镀等工艺，充分发挥和利用材料潜在的力学性能，减少和延缓腐蚀或磨损的速度，延长零件的使用寿命。

(4)改善工艺方法，提高材料利用率，降低制造费用。如采用无切削、少切削工艺(如冷墩、碾压、精铸、模锻、冷拉工艺等)，可减少材料的浪费，减少加工工时，还可使零件内部金属流线连续、强度提高。

(5)节约稀有材料。如采用我国资源较丰富的锰硼系合金钢代替资源较少的铬镍系合金钢，采用铝青铜代替锡青铜等。

(6)采用组合式结构，节约价格较高的材料。如组合式结构的蜗轮齿圈用减摩性较好但价贵的锡青铜，轮芯采用价廉的铸铁。

(7)材料的供应情况。应选本地现有且便于供应的材料，以降低采购、运输、储存的费用。此外，应尽可能减少材料的品种和规格，以简化供应和管理。

1.7　机械设计中的标准化、系列化和通用化

机械零件的标准化是指通过对零件的尺寸、结构要素、材料性能、检验方法、设计方法及制图要求等，制定出被大家共同遵守的标准。在机械设计中，应该尽可能采用有关标准。常用的标准包括：

(1)各种零部件标准。如螺栓、螺母、垫圈、键、花键和滚动轴承标准。

(2)零件参数标准。如标准直径、齿轮模数、螺纹形状和各种机械零件的公差等。

(3)零件设计方法标准。如渐开线圆柱齿轮承载能力计算方法、普通 V 带传动设计等。

(4)材料标准。如各种材料的牌号、型钢的形状和尺寸等。

目前已发布的与机械零件设计有关的标准，从运用范围上来讲，可分为国家标准(GB)、行业标准(如 JB、SH、YB 等)和企业标准，从使用的强制性来说，可分为必须执行的(有关度、量、衡及涉及人身安全等标准)和推荐使用的(如标准直径等)。

对于同一产品，为了符合不同的使用条件，在同一基本结构或基本尺寸条件下，规定出若干个辅助尺寸不同的产品，成为不同的系列，称为产品的系列化。例如对于同一结构、同一内径的滚动轴承，制出不同外径及宽度的产品，称为滚动轴承系列。不同种类的产品或不同规格的同类产品中可采用同一结构和尺寸的零部件，称为产品的通用化。例如不同的汽车可采用相同的内燃机。

标准化、通用化、系列化简称为机械产品的"三化"。贯彻"三化"可以实现：减轻设计工作量，有利于提高设计质量并缩短生产周期；减少刀具和量具的规格，便于设计与制造，从而降低成本；便于组织标准件的规模化、专门化生产，易于保证产品质量，节约材料，降低成本；提高互换性，便于维修；便于国家的宏观管理与调控以及内外贸易；便于评价产品质量，解决经济纠纷。

1.8　机械中的摩擦、磨损、润滑

相互接触的两个物体在力的作用下发生相对运动或有相对运动趋势时，在接触表面上产生抵抗运动的阻力，这一自然现象称为摩擦，此时所产生的阻力称为摩擦力。摩擦引起发热、温度升高和能量损耗，同时导致接触表面物质的损失和转移，即造成接触表面的磨损。磨损将使零件的表面形状和尺寸遭到缓慢而连续的破坏，使机械的效率及可靠性逐渐降低，直至丧失原有的工作性质，甚至导致零件突然破坏。磨损是机械零件失效的主要原因之一。为了控制摩擦、减少磨损、减少能量损失、保证零件及机械工作的可靠性，通常将润滑材料施加于作相对运动的接触表面之间，这就是润滑。现在把研究有关摩擦、磨损与润滑的科学与技术称为摩擦学(Tribology)。本节只介绍机械设计所需的摩擦学方面的一些基本知识。

1.8.1　摩擦

摩擦可分为两大类：一类是发生在物质内部，阻碍分子间相对运动的内摩擦；另一类是相互接触的两个物体发生相对滑动或有相对滑动趋势时，在接触表面上产生的阻碍相对滑动的外摩擦。对于外摩擦，根据摩擦副的运动状态，可将其分为静摩擦和动摩擦；根据摩擦副的形式，还可将其分为滑动摩擦、滚动摩擦和滚滑摩擦；本节将着重讨论金属表面间的滑动摩擦。根据摩擦面间的润滑状态，金属表面间的滑动摩擦又分为干摩擦、边界摩擦(边界润滑)、流体摩擦(流体润滑)及混合摩擦(混合润滑)，如图 1-15 所示。

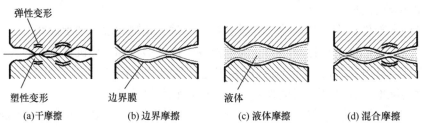

(a)干摩擦　　　(b)边界摩擦　　　(c)液体摩擦　　　(d)混合摩擦

图 1-15

干摩擦是指表面间无任何润滑剂而直接接触的纯净表面间的摩擦状态(图 1-15(a))，在工程实际中并不存在。因为任何零件表面不仅因氧化而形成氧化膜，而且或多或少会被含有润滑剂分子的气体所湿润或受到"污染"。机械设计中通常把未经人为润滑的摩擦状态当作干摩擦，其摩擦阻力和摩擦功耗最大，磨损最严重，应尽可能避免。

边界摩擦是指摩擦表面被吸附在表面的边界膜隔开,边界膜的厚度一般在 0.1μm 以下，尚不足以将微观不平的两接触表面分隔开，两表面仍有凸峰接触(图 1-15(b))，摩擦性质取决于边界膜和摩擦表面的吸附性能，又称边界润滑，摩擦系数一般为 0.1 左右。

流体摩擦是指两摩擦表面被流体层(液体或气体)隔开，摩擦性质取决于流体内部分子间的黏性阻力的摩擦状态(图 1-15(c))，其摩擦系数极小(油润滑时为 0.001～0.008)，是理想的摩擦状态。

混合摩擦是指当摩擦表面间处于干摩擦、边界摩擦与流体摩擦的混合状态时的摩擦(图 1-15(d))。

1.8.2　磨损

磨损是运动副之间的摩擦导致的零件表面材料的逐渐丧失或迁移。磨损会影响机器的效率，降低工作的可靠性，甚至促使机器提前失效或报废。

1. 机械零件典型的磨损过程

一个零件的磨损过程大致可分为三个阶段，即磨合阶段、稳定磨损阶段和剧烈磨损阶段，如图 1-16 所示。磨合阶段初期，因机械零件的摩擦表面上存在高低不等的凸峰，摩擦副实际接触面积小，压强较大，磨损速度快。随着磨合进行，实际接触面积逐渐增大，磨损速度逐渐减缓，最后进入稳定磨损阶段。稳定磨损阶段是摩擦副的正常工作阶段，此时磨损缓慢而稳定，这个阶段的长短即为零件的寿命。当磨损达到一定量时，进入剧烈磨损阶段，零件表面遭到破坏，运动副中的间隙增大，出现异常的噪声和振动，最后导致完全失效。若摩擦表面间初始压力过大、速度过高、润滑不良，则磨合期和稳定磨损阶段很短并立即转入剧烈磨损阶段，如图 1-16 中的虚线阶段，这种情况必须避免。设计或使用机械时，应力求合理缩短磨合期，延长稳定磨损期，推迟剧烈磨损期的到来。

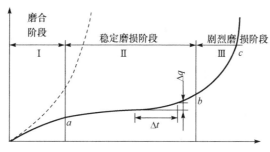

图 1-16　零件磨损的过程

2. 磨损的分类

磨损的成因和表现形式是非常复杂的，可以从不同的角度对其进行分类。根据磨损机理，可将其分为黏着磨损、磨粒磨损、表面疲劳磨损和腐蚀磨损，其有关概念和特点见表 1-1。

表 1-1　磨损的分类

类型	基本概念	破坏特点	实例
黏着磨损	当摩擦表面的轮廓峰在相互作用的各点处发生黏着作用(包括"冷焊"和"热黏着"),材料从一个表面迁移到另一个表面所引起的磨损	黏着点剪切破坏是发展性的,它造成两表面凹凸不平,可表现为轻微磨损、划伤及胶合等破坏形式	活塞与气缸壁的磨损
磨粒磨损	在摩擦过程中,由硬颗粒或硬凸起的材料破坏分离出磨屑或形成划伤的磨损	磨粒对摩擦表面进行微观切削,表面有犁沟或划痕	犁铧和挖掘机铲齿的磨损
疲劳磨损	摩擦表面材料的微观体积受变应力作用,产生重复变形而导致表面疲劳裂纹形成,并分离出微片或颗粒的磨损	应力超过材料的疲劳极限,在一定循环次数后,出现疲劳破坏、表面呈麻坑状	润滑良好的齿轮传动和滚动轴承的疲劳点蚀
腐蚀磨损	在摩擦过程中,金属与周围介质发生化学或电化学反应而引起的磨损	表面腐蚀破坏	化工设备中与腐蚀介质接触的零部件的腐蚀

1.8.3　润滑

润滑是向承载的两个摩擦表面之间施加润滑剂,以减少摩擦力及减少磨损等表面破坏的一种措施。

1. 润滑剂的种类

润滑剂可分为液体(如润滑油、水)、半固体(如润滑脂)、固体(如石墨、二硫化钼、聚四氟乙烯)和气体(如空气或其他气体)四种基本类型。

(1)润滑油。主要有矿物油、化学合成油、动植物油。矿物油是从石油中提取后蒸馏精制而成。矿物油来源充足,成本低廉,使用范围广,而且稳定性好,故应用最广。化学合成油是通过化学合成方法制成的新型润滑油,它能满足矿物油所不能满足的某些特殊要求,如高温、低温、高速、重载和其他条件。由于它多是针对某种特定需要而制,适用面较窄,成本又很高,故一般机器应用较少。动、植物油是最早使用的润滑油,因含有较多的硬脂酸,在边界润滑时有很好的润滑性能,但因其稳定性差、易变质且来源有限,所以使用不多,常作为添加剂使用。

(2)润滑脂。是除润滑油之外应用最多的一类润滑剂,是在液体润滑剂(常用矿物油)中加入增稠剂而成。根据调制润滑脂所用皂基的不同,润滑脂主要分为钙基润滑脂、钠基润滑脂、锂基润滑脂和铝基润滑脂等几类。润滑脂密封简单,不需经常添加,不易流失,常用于难以经常供油或要求不高的低速重载的场合。

(3)固体润滑剂。可以在摩擦表面上形成固体膜以减小摩擦阻力。通常仅用在高温、高压、极低压、真空、强辐射、不允许污染以及无法给油的场合。固体润滑剂有石墨、二硫化钼、聚四氟乙烯树脂等多种品种。使用中可将固体润滑剂调和在润滑油中使用,也可涂覆、烧结在摩擦表面形成覆盖膜,或者用固结成形的固体润滑剂嵌装在轴承中使用,或者混入金属或塑料粉末中烧结成形。

(4)气体润滑。空气、氢气、氦气、水蒸气、其他工业气体以及液态金属蒸汽等都可以作为气体润滑。最常用的为空气,它对环境没有污染。气体润滑剂由于黏度很低,所以摩擦阻力极小,温升很低,故特别适用于高速场合。由于气体的黏度随温度变化很小,

所以能在低温 (−200℃) 或高温 (2000℃) 环境中应用，但气体润滑剂的气膜厚度和承载能力都较小。

2. 润滑剂的主要性能指标

黏度是流体抵抗剪切变形的能力，它表征流体内摩擦阻力的大小，是润滑油最重要的性能指标。

1) 动力黏度

如图 1-17 所示为两相对运动平板间流体作层流运动时的模型，由于润滑油分子的吸附作用，与板面接触的流层具有与板面相同的速度，则流体任一点处的切应力 τ 均与该处流体速度梯度成正比，即

$$\tau = -\eta \frac{\partial u}{\partial y} \tag{1-22}$$

式中，η 为比例常数，称为流体的动力黏度。式 (1-22) 称为牛顿黏性定律，凡满足牛顿黏性定律的流体均称为牛顿流体。

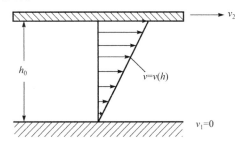

图 1-17　两相对运动平板间油层的速度分布

2) 运动黏度

工程中常用动力黏度 η 与同温度下该液体的密度 ρ（对于矿物油，密度 $\rho = 850 \sim 900 \mathrm{kg/m^3}$）的比值表示黏度，称为运动黏度 ν（单位为 $\mathrm{m^2/s}$），即

$$\nu = \frac{\eta}{\rho} \tag{1-23}$$

黏度单位有国际单位制 (SI) 和绝对单位制 (C.G.S.) 两种。动力黏度单位和运动黏度单位的名称及单位间的换算关系见表 1-2。

表 1-2　动力黏度、运动黏度单位制及换算

黏度	国际单位制	绝对单位制	单位间换算
动力黏度	帕·秒 $(\mathrm{Pa \cdot s = N \cdot s/m^2})$	泊 $(\mathrm{P = dyn \cdot s/cm^2})$；厘泊 (cP)	$1\mathrm{Pa \cdot s} = 10\mathrm{P} = 10^3 \mathrm{cP}$
运动黏度	$\mathrm{m^2/s}$	斯 $(\mathrm{St = cm^2/s})$；厘斯 (cSt)	$1\mathrm{St} = 1\mathrm{cm^2/s} = 100\mathrm{cSt} = 10^{-4} \mathrm{m^2/s}$

我国工业润滑油产品的牌号按油品 40℃时的运动黏度的中心值给出。常用工业润滑油的黏度分类及相应的运动黏度值见表 1-3。

表 1-3　常用工业润滑油的黏度分类及相应的黏度值　　　　　　　mm²/s

黏度等级	运动黏度中心值 (40℃)	运动黏度范围 (40℃)	黏度等级	运动黏度中心值 (40℃)	运动黏度范围 (40℃)
2	2.2	1.98～2.42	68	68	61.2～74.8
3	3.2	2.88～3.52	100	100	90.0～110
5	4.6	4.14～5.06	150	150	135～165
7	6.8	6.12～7.48	220	220	198～242
10	10	9.00～11.0	320	320	288～352
15	15	13.5～16.5	460	460	414～506
22	22	19.8～24.2	680	680	612～748
32	32	28.8～35.2	1000	1000	900～1100
46	46	41.4～50.6	1500	1500	1350～1650

润滑油的黏度受温度变化影响很明显。温度升高，润滑油黏度降低。图 1-18 所示为润滑油的黏度与温度的关系图线。

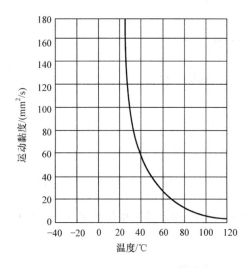

图 1-18　润滑油的黏度—温度曲线

润滑油的性能指标除了黏度以外，还有油性、极压性、闪点、凝点等。油性是指润滑油在金属表面上的吸附能力，吸附能力越强，油性越好。极压性是润滑油中加入硫、氯、磷的有机极性化合物，油中极性分子在金属表面生成抗磨、耐高压的化学反应膜的能力，是在重载、高速、高温条件下衡量边界润滑性能好坏的重要指标。闪点是润滑油遇到火焰即能发光闪烁的最低温度，凝点是润滑油在规定条件下不能自由流动时的最高温度，两者分别是润滑油在高温、低温下工作的重要指标。

润滑脂的主要性能指标有锥入度(锥入度小，稠度越大，流动性越小，承载能力强，密封性好，但摩擦阻力也大)和滴点(润滑脂受热开始滴下的温度)。

3. 润滑方法

润滑方法的选用与所采用的润滑剂类型，所润滑零件的摩擦状态和工况有着密切关系。润滑方法总体上可分为间断润滑与连续润滑两大类。间断润滑常见的是利用油壶或油枪、油刷等靠手工定时向润滑处加油、加脂，这种润滑方式多用于小型、低速或间歇运动的机械零部件。连续润滑有浸油润滑、飞溅润滑、喷油润滑、压力循环润滑等。这些润滑方式将分别在链传动、齿轮传动、滚动轴承、滑动轴承等相关章节再具体阐述。

1.9　机械现代设计方法

机械现代设计方法是相对于传统设计方法而言的。由于现代设计方法尚处于不断发展之中，尚无明确的定义域界，但其一般性发展规律却是有据可循的。从整体上来说，现代设计方法是一个综合运用现代应用数学、应用力学、电子信息科技等方面的最新的研究成果与技术手段来辅助完成设计，使设计更加趋近精确、可靠、高效、节能。以下介绍几种在机械设计中应用较广的现代设计方法。

1. 模块化设计

相比于传统的串行设计，模块化设计可以实现并行设计，使得设计周期可以大大缩短。同时，模块化设计也方便产品的功能更新以及产品功能的多样性。同时依据一个好的设计平台，模块化设计可以增强不同功能机器间的零件的通用化，进而大幅度降低产品成本，提高产品的质量。

2. 优化设计

优化设计是将设计中的物理模型转化为数学模型，然后采用数学最优化理论利用计算机等辅助工具求解出最优解。通过对最优解的分析评价结论来指导确定最优的设计方案。优化设计可以实现多个变量目标综合，达到系统整体的最优化最精确设计。

3. 计算机辅助设计

计算机辅助设计，通常是利用 CAD 等强大的计算机软件的快速精确、逻辑判断等功能进行设计信息处理。 CAD 与计算机辅助制造(CAM)结合形成 CAD/CAM 系统，再与计算机辅助检测(CAT)、计算机管理自动化结合形成计算机集成制造系统(CIMS)，综合进行市场预测、产品设计、生产计划、制造和销售等一系列工作，实现人力、物力和时间等各种资源的有效利用，有效促进了现代企业生产组织、管理和实施的自动化、无人化，使企业总效益提高。

4. 人机工程学设计

人机工程学设计是从人机工程学的角度考虑机械设计，处理机械与人的关系，使设计满足人的需要。该方法用系统论的观点来研究人、机器和环境所组成的系统，研究组成三要素及其相互关系。人机学设计研究的重点是人，从研究人的生理和心理特征出发，使系统中的三要素相互协调，以便促进人的身心健康，提高人的工作效能，最大限度地发挥机器的优势。

5. 机械动态设计

机械动态设计是根据机械产品的动载工况，以及对该产品提出的动态性能要求与设计准则，按动力学方法进行分析与计算、优化与试验并反复进行的一种设计方法。该方法的基本思路是：把机械产品(系统或设备)看成是一个内部情况不明的黑箱，根据对产品的功能要求，通过外部观察，对黑箱与周围不同的信息联系进行分析，求出机械产品的动态特性参数，然后进一步寻求它们的机理和结构。

6. 机械系统设计

机械系统设计是应用系统的观点进行机械产品设计的一种设计方法。传统设计只注重机械内部系统设计，且以改善零部件的特性为重点，对各零部件之间、内部与外部系统之间的相互作用和影响考虑较少。机械系统设计则遵循系统的观点，研究内、外系统和各子系统之间的相互关系，通过各子系统的协调工作、取长补短来实现整个系统最佳的总功能。

综上，机械现代设计方法是一个动态取代静态，定量取代定性，优化设计取代可行性设计，模块化设计取代串行设计，系统工程取代部分处理，自动化取代人工，综合运用已有的资源不断向前发展的一种设计方法。其本质是追求更高的效益，更恰当的设计，不断开拓设计人员的视野，集中精力创新发展并开发出更多的高新技术产品以满足社会、经济、国防等诸多方面的发展需要。

习　题

1-1　设计机器应该满足哪些基本要求？设计机械零件应该满足哪些基本要求？

1-2　机械零件的主要失效形式有哪些？什么是机械零件的设计准则？

1-3　机械零件设计的一般步骤是什么？

1-4　承受循环应力的机械零件在什么情况下可按静强度条件计算？在什么情况下需按疲劳强度条件计算？

1-5　单向稳定变应力下工作的零件，如何确定其极限应力？

1-6　对于受循环变应力作用的零件，影响疲劳破坏的主要因素是（　　）。（中南大学考研题）

　　A. 最大应力　　　　　B. 平均应力　　　　　C. 应力幅

1-7　45 号钢经调制后的对称循环疲劳极限 $\sigma_{-1}=307\text{MPa}$，应力循环基数 $N_0=5\times10^6$ 次，疲劳曲线指数 $m=9$，当实际应力循环次数 $N=10^6$ 时，有限寿命的疲劳极限 $\sigma_{-1\text{N}}$ 为（　　）MPa。（同济大学考研题）

　　A. 257　　　　　B. 367　　　　　C. 474　　　　　D. 425

1-8　已知 45 号钢经调制后的机械性能：强度极限 $\sigma_\text{B}=600\text{MPa}$，屈服极限 $\sigma_\text{S}=360\text{MPa}$，疲劳极限 $\sigma_{-1}=300\text{MPa}$，材料常数 $\phi_\sigma=0.25$。（上海交通大学考研题）

（1）试绘制此材料的简化等寿命疲劳曲线。

（2）疲劳强度综合影响系数 $K_\sigma=2$，试作出零件的极限应力线图。

（3）某零件所受的最大应力 $\sigma_{\max}=120\text{MPa}$，循环特性系数 $r=0.25$，试求工作应力点 M 的坐标 σ_m 和 σ_a 的位置。

1-9　根据摩擦面间的润滑状态，金属表面间的滑动摩擦分为哪几种？

1-10　润滑剂的主要作用是什么？常用的润滑剂有哪几种？

1-11　向有传动精度要求的滑动摩擦表面加注润滑剂的主要目的是_____。（哈尔滨工业大学考研题）

1-12　为了减轻摩擦副的表面疲劳磨损，下列措施中（　　）不是正确的措施。（中科院考研题）

　　A. 合理的选择表面粗糙度　　　　　B. 合理的控制相对滑动速度

　　C. 合理选择表面硬度　　　　　　　D. 合理选择润滑油粘度

第2章 带传动

2.1 带传动的工作原理和类型

带传动是一种挠性传动,由主动带轮 1、从动带轮 2 和张紧在两轮上的传动带 3 组成
(图 2-1)。当主动带轮 1 转动时,利用带轮和传动带之间的摩擦或啮合作用,将运动和力通过传动带 3 传递给从动带轮 2。带传动具有结构简单、传动平稳、能缓冲吸振等特点,在机械装置中应用广泛。

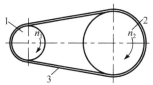

1-主动带轮;2-从动带轮;3-传动带

图 2-1 带传动的组成

根据工作原理的不同,带传动分为摩擦型带传动和啮合型带传动。在摩擦型带传动中,根据带的横截面形状的不同,又分为平带传动(图 2-2(a))、V 带传动(图 2-2(b))、多楔带传动(图 2-2(c))和圆带传动(图 2-2(d))。

  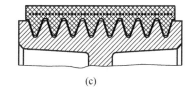

(a)   (b)   (c)   (d)

图 2-2 摩擦型带的截面形状

平带传动结构简单,传动效率高,适用于大轴间距、高速、大功率传动。平带横截面为矩形,柔性好,常用的有帆布芯平带、编制平带(棉织、毛织和缝合棉布带)、锦纶片复合平带等。平带传动可实现开口传动(图 2-1)、交叉传动(图 2-3(a))、半交叉传动(图 2-3(b))、转角传动(图 2-3(c))和多轴传动(图 2-3(d))等传动形式。

V 带的横截面呈等腰梯形,带张紧在带轮的楔形槽内,工作面为与轮槽相接触的两侧面(带不允许与轮槽底接触)。在相同张紧力下,V 带因槽面摩擦比平带可以提供更大的摩擦力,传动能力更强。V 带传动应用广泛,适用于小轴间距下的大传动比传动。

多楔带以平带为基体,内表面有等距纵向楔,工作面为楔的侧面。多楔带兼有平带柔性好和 V 带摩擦力大的优点,并改善了多根 V 带长短不一引起的受力不均,适用于要求结构紧凑、传递功率较大的场合。

圆带横截面为圆形,结构简单,多用于小功率传动,其材料常为皮革、棉、麻、锦纶、聚氨酯等。

啮合型带传动也称为同步带传动,依靠传动带内表面的凸齿与带轮外缘上的齿槽进行啮合传动(图 2-4)。与摩擦型带传动相比,能实现恒定的传动比,定位精度高。

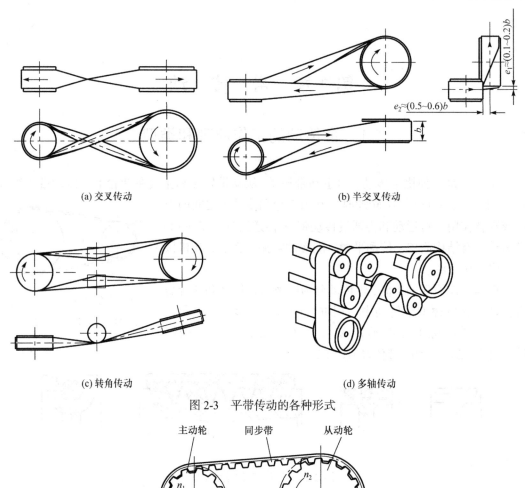

(a) 交叉传动　　　　　　　　　　　　　　(b) 半交叉传动

(c) 转角传动　　　　　　　　　　　　　　(d) 多轴传动

图 2-3　平带传动的各种形式

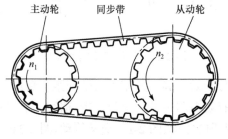

图 2-4　啮合型带传动

2.2　V 带和 V 带轮

V 带的类型较多，可分为普通 V 带、窄 V 带、宽 V 带、大楔角 V 带、汽车 V 带、齿形 V 带等多种类型，其中普通 V 带和窄 V 带应用最广，故本节重点讨论普通 V 带的设计方法，其他类型的 V 带传动设计可参阅有关标准。

2.2.1　V 带的类型和结构

普通 V 带均制成无接头的环形带，根据结构分为包边 V 带和切边 V 带 (图 2-5)，由包布层 1、顶胶 2、抗拉体 3、底胶 4 组成。

 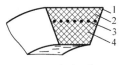

(a) 包边V带   (b) 切边V带

1-包布；2-顶胶；3-抗拉体；4-底胶

图 2-5　普通 V 带的结构

普通 V 带已标准化。按带截面尺寸的不同，普通 V 带有 7 种型号，截面尺寸见表 2-1。

表 2-1　普通 V 带截面尺寸和 V 带轮轮缘尺寸

参数		型号						
		Y	Z	A	B	C	D	E
b_p/mm		5.3	8.5	11.0	14.0	19.0	27.0	32.0
b/mm		6	10	13	17	22	32	38
h/mm		4	6	8	11	14	19	23
楔角 α		40°						
每米带长质量 q/(kg/m)		0.023	0.06	0.105	0.170	0.300	0.630	0.970
h_{fmin}/mm		4.7	7.0	8.7	10.8	14.3	19.9	23.4
h_{amin}/mm		1.6	2.0	2.75	3.5	4.8	8.1	9.6
e/mm		8±0.3	12±0.3	15±0.3	19±0.4	25.5±0.5	37±0.6	44.5±0.7
f_{min}/mm		6	7	9	11.5	16	23	28
b_d/mm		5.3	8.5	11.0	14.0	19.0	27.0	32.0
δ_{min}/mm		5	5.5	6	7.5	10	12	15
B/mm		$B = (z-1)e + 2f$, z为带根数						
φ	32°	对应的 d_d	≤60	—	—	—	—	—	—
	34°		—	≤80	≤118	≤190	≤315	—	—
	36°		>60	—	—	—	—	≤475	≤600
	38°		—	>80	>118	>190	>315	>475	>600

窄 V 带的横截面结构与普通 V 带类似。与普通 V 带相比，在带的宽度相同时，窄 V 带的高度约增加 1/3(图 2-6)，承载能力有较大的提高，适用于传递功率较大同时要求外形尺寸较小的场合。

(a) 普通V带   (b) 窄V带

图 2-6　普通 V 带与窄 V 带的截面比较

2.2.2　带传动的主要几何参数

当 V 带垂直于顶面弯曲，从横截面上看，顶胶变窄，底胶变宽，在顶胶和底胶之间的某个位置处宽度保持不变，这个宽度称为带的节宽 b_p (表 2-1)。在带轮上与 V 带节宽 b_p 相对应的带轮直径称为基准直径 d_d。V 带在规定的张紧力下，位于测量带轮基准直径上的周线长度称为 V 带的基准长度 L_d，其长度系列见表 2-2。

表 2-2　普通 V 带的基准长度 L_d(mm)及带长修正系数 K_L

Y		Z		A		B		C		D		E	
L_d	K_L	L_d	K_L	L_d	K_L	L_d	K_L	L_d	K_L	L_d	K_L	L_d	K_L
200	0.81	405	0.87	630	0.81	930	0.83	1565	0.82	2470	0.82	4660	0.91
224	0.82	475	0.90	700	0.83	1000	0.84	1760	0.85	3100	0.86	5040	0.92
250	0.84	530	0.93	790	0.85	1100	0.86	1950	0.87	3330	0.87	5420	0.94
280	0.87	625	0.96	890	0.87	1210	0.87	2195	0.90	3730	0.90	6100	0.96
315	0.89	700	0.99	990	0.89	1370	0.90	2420	0.92	4080	0.91	6850	0.99
355	0.92	780	1.00	1100	0.91	1560	0.92	2715	0.94	4620	0.94	7650	1.01
400	0.96	920	1.04	1250	0.93	1760	0.94	2880	0.95	5400	0.97	9150	1.05
450	1.00	1080	1.07	1430	0.96	1950	0.97	3080	0.97	6100	0.99	12230	1.11
500	1.02	1330	1.13	1550	0.98	2180	0.99	3520	0.99	6840	1.02	13750	1.15
		1420	1.14	1640	0.99	2300	1.01	4060	1.02	7620	1.05	15280	1.17
		1540	1.54	1750	1.00	2500	1.03	4600	1.05	9140	1.08	16800	1.19
				1940	1.02	2700	1.04	5380	1.08	10700	1.13		
				2050	1.04	2870	1.05	6100	1.11	12200	1.16		
				2200	1.06	3200	1.07	6815	1.14	13700	1.19		
				2300	1.07	3600	1.09	7600	1.17	15200	1.21		
				2480	1.09	4060	1.13	9100	1.21				
				2700	1.10	4430	1.15	10700	1.24				
						4820	1.17						
						5370	1.20						
						6070	1.24						

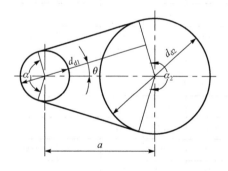

图 2-7　带传动的主要几何参数

在规定的张紧力下，两带轮轴线间的距离 a 称为中心距,带与带轮接触弧所对应的圆心角为大小带轮的包角 α_1、α_2。

根据图 2-7 所示的几何关系，可得

$$
\begin{cases}
\alpha_1 \approx 180° - \dfrac{d_{d2} - d_{d1}}{a} \times \dfrac{180°}{\pi} \\
\alpha_2 \approx 180° + \dfrac{d_{d2} - d_{d1}}{a} \times \dfrac{180°}{\pi}
\end{cases}
\tag{2-1}
$$

$$
L_d \approx 2a + \frac{\pi}{2}(d_{d1} + d_{d2}) + \frac{(d_{d2} - d_{d1})^2}{4a}
\tag{2-2}
$$

$$
a \approx \frac{1}{8}\left[2L_d - \pi(d_{d1} + d_{d2}) + \sqrt{[2L_d - \pi(d_{d1} + d_{d2})]^2 - 8(d_{d2} - d_{d1})^2} \right]
\tag{2-3}
$$

2.2.3　V 带轮

带轮一般采用铸铁 HT150 或 HT200 制造,适用于带速 $v \leqslant 30$m/s 的场合,速度更高时,可采用铸钢或钢板冲压后焊接,小功率时,可采用铸铝或塑料。

V 带轮由轮缘、轮辐和轮毂组成。带轮直径较小时可采用实心式(图 2-8(a)),中等直径的带轮可采用腹板式或孔板式(图 2-8(b)、(c)),当直径大于 300mm 时,可采用轮辐式(图 2-8(d))。

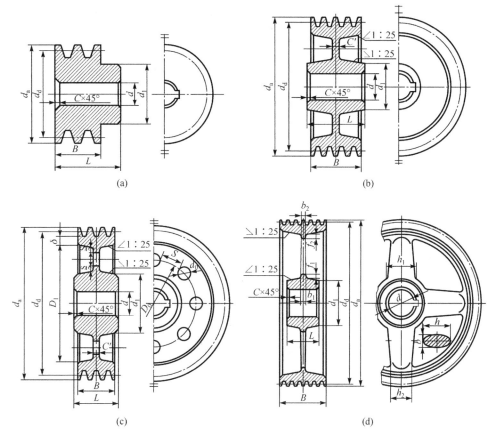

图 2-8 V 带轮的结构

注：图中有关尺寸可按下列各式估算。

$$d_1=(1.8\sim2)d，d 为轴的直径；\qquad h_2=0.8h_1；$$

$$D_0=0.5(D_1+d_1)；\qquad b_1=0.4h_1；$$

$$d_0=(0.2\sim0.3)(D_1-d_1)；\qquad b_2=0.8b_1；$$

$$C'=(1/7\sim1/4)B；\qquad S=C'；$$

$$L=(1.5\sim2)d，当 B<1.5d 时，L=B；\qquad f_1=0.2h_1；$$

$$h_1=290\sqrt[3]{P/nz_a}；\qquad f_2=0.2h_2。$$

式中，P 为传递的功率，kW；n 为带轮的转速，r/min；z_a 为轮辐数。

普通 V 带轮轮缘的截面图及各部分尺寸见表 2-1。

V 带两侧面的夹角 α 均为 40°，V 带绕上带轮后发生弯曲变形使其夹角变小。为了保证 V 带的工作面与带轮的轮槽工作面紧密贴合，将 V 带轮轮槽角 φ 规定为 32°、34°、36°、38°（按带的型号及带轮的直径确定）。

2.3 带传动工作情况分析

2.3.1 带传动的受力分析

带张紧在带轮上，带的两边将受到相同的初拉力 F_0（图 2-9(a)）。当带传动工作时，因带和带轮间的静摩擦力作用使带进入主动轮 1 的一边进一步拉紧，拉力由 F_0 增至 F_1，带绕出主动轮的一边放松，拉力由 F_0 降至 F_2，形成紧边和松边，如图 2-9(b) 所示。

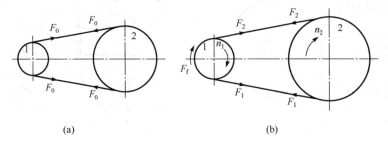

图 2-9　带传动的受力情况

如果近似认为带的总长度保持不变，并假设带为线弹性体，则带紧边拉力的增量应等于松边拉力的减少量，即

$$F_1 - F_0 = F_0 - F_2 \tag{2-4}$$

带紧边和松边的拉力差为带传动所传递的有效拉力 F_e，取与主动小带轮接触的传动带为分析对象(图 2-10)，则传动带力矩平衡条件为

$$F_f \frac{d_{d1}}{2} = F_1 \frac{d_{d1}}{2} - F_2 \frac{d_{d1}}{2} \tag{2-5}$$

可得

$$F_e = F_f = F_1 - F_2 \tag{2-6}$$

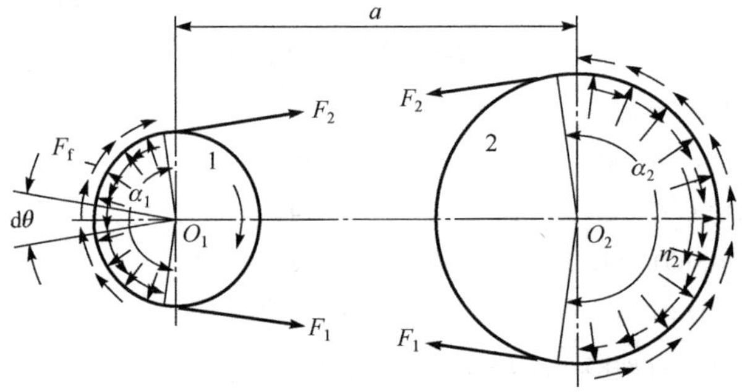

图 2-10　带与带轮的受力分析

带传动的有效拉力 F_e (N)、带速 v (m/s) 和传递功率 P (kW) 之间的关系为

$$P = F_e v / 1000 \ (\text{kW}) \tag{2-7}$$

由式(2-7)可知，若带速 v 一定，带传递的功率 P 取决于带传动中的有效拉力 F_e，即带和带轮之间的总摩擦力 F_f。但 F_f 存在一极限值 F_{flim}，超过这一极限，带在带轮上发生全面滑动而使传动失效，这种现象称为打滑。所以带与带轮间摩擦力的极限值决定了带传动的最大工作能力。

当带传动中有打滑趋势时，摩擦力达到临界值，这时带传动的有效拉力也达到最大值。在即将打滑尚未打滑的临界状态，紧边拉力 F_1 和松边拉力 F_2 的关系由挠性体摩擦的欧拉公式表示

$$F_1 = F_2 e^{f\alpha} \tag{2-8}$$

式中，e 为自然对数的底，e = 2.718…；α 为包角，rad；f 为带和轮缘间的摩擦系数。

由式(2-4)、式(2-6)和式(2-8)可得

$$\begin{cases} F_1 = F_{ec} \dfrac{e^{f\alpha}}{e^{f\alpha} - 1} \\[2mm] F_2 = F_{ec} \dfrac{1}{e^{f\alpha} - 1} \\[2mm] F_{ec} = 2F_0 \dfrac{e^{f\alpha} - 1}{e^{f\alpha} + 1} \end{cases} \tag{2-9}$$

由式(2-9)可知，带传动处于即将打滑还未打滑的临界状态时的最大有效拉力 F_{ec}（即总摩擦力的极限值 F_{flim}），随初拉力 F_0、包角 α、摩擦系数 f 的增大而增大。其中 F_0 的影响最大，它直接影响到带传动的工作能力，但如果 F_0 过大，将使带的磨损加剧，缩短带的使用寿命，如 F_0 过小，则带的工作能力得不到充分发挥。因此，设计带传动时必须合理确定 F_0 值。

2.3.2 带的应力分析

带传动工作中，会产生以下三种应力。

1. 紧边和松边拉力产生的拉应力

紧边拉应力为

$$\sigma_1 = \frac{F_1}{A} \ （\text{MPa}） \tag{2-10}$$

松边拉应力为

$$\sigma_2 = \frac{F_2}{A} \ （\text{MPa}） \tag{2-11}$$

式中，A 为带的横截面积，mm²。

2. 离心力产生的拉应力

带随着带轮做圆周运动，带自身的质量将产生离心力，从而在带中产生离心拉力，离心拉力存在于带的全长范围内。由离心拉力产生的离心拉应力 σ_c 为

$$\sigma_c = \frac{qv^2}{A} \ （\text{MPa}） \tag{2-12}$$

式中，q 为每米带长的质量，kg/m，见表 2-1；v 为带速，m/s。

根据式(2-12)，q 和 v 越大，σ_c 越大，因此，普通 V 带传动带速不宜过高，高速传动应采用薄而轻的高速带。

3. 弯曲应力

带绕上带轮，因弯曲而产生弯曲应力 σ_b，由材料力学可得

$$\sigma_b \approx E \frac{h}{d_d} \tag{2-13}$$

式中，E 为带材料的弹性模量，MPa；h 为带的高度，mm，见表 2-1。

由式(2-13)可知，带越厚，带轮直径越小，带所受到的弯曲应力就越大。显然，带在小带轮上的弯曲应力 σ_{b1} 大于带在大带轮上的弯曲应力 σ_{b2}。

图 2-11 所示为带工作时应力在带上的分布情况。带中最大的应力发生在紧边刚绕上小

带轮处，表示为

$$\sigma_{\max} = \sigma_1 + \sigma_c + \sigma_{b1}（MPa）\tag{2-14}$$

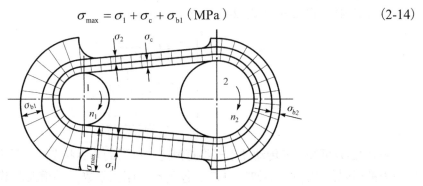

图 2-11　带的应力分布

由图 2-11 可知，带在变应力作用下工作，带每绕转一周，任意截面的应力周期性地变化一次。单位时间内，带的绕行次数越多，带越容易发生疲劳破坏。

2.3.3　带传动的弹性滑动和打滑

带是弹性体，在拉力作用下产生弹性伸长。如图 2-12 所示，在小带轮上，带的拉力从紧边拉力 F_1 逐渐减小为松边拉力 F_2，带的单位伸长量也随之减小，带相对于小带轮向后退缩，使得带的速度低于小带轮的线速度 v_1；在大带轮上，带的拉力从松边拉力 F_2 逐渐增加为紧边拉力 F_1，带的单位伸长量也随之增加，带相对于大带轮向前伸长，使得带的速度高于大带轮的线速度 v_2。这种由于带的弹性变形引起的带与带轮之间的滑动，称为弹性滑动。弹性滑动引起的大带轮的线速度 v_2 的降低率称为带传动的滑动率，以 ε 表示为

$$\varepsilon = \frac{v_1 - v_2}{v_1} \times 100\%\tag{2-15}$$

其中

$$\begin{cases} v_1 = \dfrac{\pi d_{d1} n_1}{60 \times 1000} \\ v_2 = \dfrac{\pi d_{d2} n_2}{60 \times 1000} \end{cases}\tag{2-16}$$

式中，n_1、n_2 分别主、从动轮的转速，r/min。

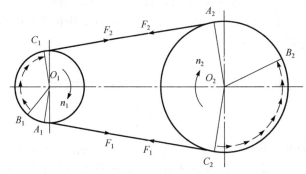

图 2-12　带传动的弹性滑动

由式 (2-16) 可得，在考虑弹性滑动的情况下，带传动的平均传动比为

$$i = \frac{n_1}{n_2} = \frac{d_{d2}}{(1-\varepsilon)d_{d1}} \tag{2-17}$$

在一般的带传动中,因滑动率不大($\varepsilon \approx 1\% \sim 2\%$),故可以不考虑,取传动比为

$$i = \frac{n_1}{n_2} \approx \frac{d_{d2}}{d_{d1}} \tag{2-18}$$

在正常情况下,弹性滑动只发生在带离开主、从动轮之前的那一段接触弧上(图 2-12),$\overset{\frown}{B_1C_1}$ 和 $\overset{\frown}{B_2C_2}$,这一段弧称为滑动弧;未发生弹性滑动的接触弧 $\overset{\frown}{A_1B_1}$ 和 $\overset{\frown}{A_2B_2}$,称为静止弧。随着有效拉力的增大,弹性滑动的弧段区域也相应扩大,当弹性滑动的弧段扩大到整个接触弧,即相当于 B_1 点移动到与 A_1 重合,或 B_2 点移动到与 A_2 点重合时,带的有效拉力达到最大值,即达到总摩擦力的极限值。如果进一步增大工作载荷,带在带轮上将发生全面滑动,即整体打滑。

需要指出的是,弹性滑动和打滑是两个截然不同的概念。弹性滑动是由带工作时紧边和松边存在拉力差,使带的两边的弹性变形量不相等引起的带与带轮之间局部的微小的相对滑动,这是带传动在正常工作时固有的特性,是不可避免的。打滑是由于过载而引起的带在带轮上的全面滑动。打滑时带的磨损加剧,从动轮转速急剧降低甚至停止,导致传动失效,故应避免。

但是,当带传动所传递的功率突然增大超过设计功率时,这种打滑可以起到过载保护的作用。

2.4 普通 V 带传动的设计计算

2.4.1 带传动的设计准则和单根普通 V 带的许用功率

带传动的主要失效形式是打滑和疲劳破坏。因此,带传动的设计准则是:在保证带传动不打滑的条件下,具有一定的疲劳强度和寿命。

单根 V 带在一定初拉力作用下,不发生打滑且有足够疲劳强度和寿命时能传递的最大功率为单根 V 带的基本额定功率 P_0。由式(2-7)、式(2-9)可得

$$P_0 = \frac{F_{ec}v}{1000} = F_1\left(1 - \frac{1}{e^{f_v\alpha}}\right)\frac{v}{1000} = \sigma_1 A\left(1 - \frac{1}{e^{f_v\alpha}}\right)\frac{v}{1000} \tag{2-19}$$

式中,f_v 为 V 带当量摩擦系数;A 为单根普通 V 带的横截面积。

其中为保证带具有一定的疲劳寿命,应使

$$\sigma_{max} = \sigma_1 + \sigma_c + \sigma_{b1} \leqslant [\sigma]$$

即

$$\sigma_1 \leqslant [\sigma] - \sigma_c - \sigma_{b1} \tag{2-20}$$

式中,$[\sigma]$ 为带的许用应力,MPa。

由式(2-19)和式(2-20)可得到

$$P_0 = \frac{([\sigma] - \sigma_{b1} - \sigma_c)\left(1 - \dfrac{1}{e^{f_v\alpha}}\right)Av}{1000} \quad (\text{kW}) \tag{2-21}$$

在包角 $\alpha_1 = \alpha_2 = 180°$、特定带长 L_d、载荷平稳的条件下,单根普通 V 带的基本额定功率 P_0 通过实验获得。单根普通 V 带的基本额定功率 P_0 见表 2-3。

表 2-3　单根普通 V 带的基本额定功率 P_0　　　　　　　　　　kW

型号	小带轮的基准直径 d_{d1} / mm	小带轮转速 n_1 / (r / min)												
		400	700	800	950	1200	1450	1600	2000	2400	2800	3200	3600	4000
Z	50	0.06	0.09	0.10	0.12	0.14	0.16	0.17	0.20	0.22	0.26	0.28	0.30	0.32
	56	0.06	0.11	0.12	0.14	0.17	0.19	0.20	0.25	0.30	0.33	0.35	0.37	0.39
	63	0.08	0.13	0.15	0.18	0.22	0.25	0.27	0.32	0.37	0.41	0.45	0.47	0.49
	71	0.09	0.17	0.20	0.23	0.27	0.30	0.33	0.39	0.46	0.50	0.54	0.58	0.61
	80	0.14	0.20	0.22	0.26	0.30	0.35	0.39	0.44	0.50	0.56	0.61	0.64	0.67
	90	0.14	0.22	0.24	0.28	0.33	0.36	0.40	0.48	0.54	0.60	0.64	0.68	0.72
A	75	0.26	0.40	0.45	0.51	0.60	0.68	0.73	0.84	0.92	1.00	1.04	1.08	1.09
	90	0.39	0.61	0.68	0.77	0.93	1.07	1.15	1.34	1.50	1.64	1.75	1.83	1.87
	100	0.47	0.74	0.83	0.95	1.14	1.32	1.42	1.66	1.87	2.05	2.19	2.28	2.34
	112	0.56	0.90	1.00	1.15	1.39	1.61	1.74	2.04	2.30	2.51	2.68	2.78	2.83
	125	0.67	1.07	1.19	1.37	1.66	1.92	2.07	2.44	2.74	2.98	3.16	3.26	3.28
	140	0.78	1.26	1.41	1.62	1.96	2.28	2.45	2.87	3.22	3.48	3.65	3.72	3.67
	160	0.94	1.51	1.69	1.95	2.36	2.73	2.54	3.42	3.80	4.06	4.19	4.17	3.98
	180	1.09	1.76	1.97	2.27	2.74	3.16	3.40	3.93	4.32	4.54	4.58	4.40	4.00
B	125	0.84	1.30	1.44	1.64	1.93	2.19	2.33	2.64	2.85	2.96	2.94	2.80	2.51
	140	1.05	1.64	1.82	2.08	2.47	2.82	3.00	3.42	3.70	3.85	3.83	3.63	3.24
	160	1.32	2.09	2.32	2.66	3.17	3.62	3.86	4.40	4.75	4.89	4.80	4.46	3.82
	180	1.59	2.53	2.81	3.22	3.85	4.39	4.68	5.30	5.67	5.76	5.52	4.92	3.92
	200	1.85	2.95	3.30	3.77	4.50	5.13	5.46	6.13	6.47	6.43	5.95	4.98	3.47
	224	2.17	3.47	3.86	4.42	5.26	5.97	6.33	7.02	7.25	6.95	6.05	4.47	2.14
	250	2.50	4.00	4.46	5.10	6.04	6.82	7.20	7.87	7.89	7.14	5.60	5.12	—
	280	2.89	4.61	5.13	5.85	6.90	7.76	8.13	8.60	8.22	6.80	4.26	—	—
C	200	2.41	3.69	4.07	4.58	5.29	5.84	6.07	6.34	6.02	5.01	3.23	—	—
	224	2.99	4.64	5.12	5.78	6.71	7.45	7.75	8.06	7.57	6.08	3.57	—	—
	250	3.62	5.64	6.32	7.04	8.21	9.04	9.38	9.62	8.75	6.56	2.93	—	—
	280	4.32	6.76	7.52	8.49	9.81	10.72	11.06	11.04	9.50	6.13	—	—	—
	315	5.14	8.09	8.92	10.05	11.53	12.46	12.72	12.14	9.43	4.16	—	—	—
	355	6.05	9.50	10.46	11.73	13.31	14.12	14.19	12.59	7.98	—	—	—	—
	400	7.06	11.02	12.10	13.48	15.04	15.53	15.24	11.95	4.34	—	—	—	—
	450	8.20	12.63	13.80	15.23	16.59	16.47	15.57	9.64	—	—	—	—	—
D	355	9.24	13.70	14.83	16.15	17.25	16.77	15.63	—	—	—	—	—	—
	400	11.45	17.07	18.46	20.06	21.20	20.15	18.31	—	—	—	—	—	—
	450	13.85	20.63	22.25	24.01	24.84	22.02	19.59	—	—	—	—	—	—
	500	16.20	23.99	25.76	27.50	26.71	23.59	18.88	—	—	—	—	—	—
	560	18.95	27.73	29.55	31.04	29.67	22.58	15.13	—	—	—	—	—	—
	630	22.05	31.68	33.38	34.19	30.15	18.06	6.25	—	—	—	—	—	—
	710	25.45	35.59	36.87	36.35	27.88	7.99	—	—	—	—	—	—	—
	800	29.08	39.14	39.55	36.76	21.32	—	—	—	—	—	—	—	—

　　实际工作条件与上述特定条件不同时，应对 P_0 值加以修正。修正后即得实际工作条件下，单根 V 带所能传递的功率，称为额定功率 P_r

$$P_r = (P_0 + \Delta P_0)K_\alpha K_L \tag{2-22}$$

式中，ΔP_0 为功率增量，考虑传动比 $i \neq 1$，带在大带轮上的弯曲应力较小，在同等寿命下可增大传动的功率，见表 2-4；K_α 为包角修正系数，考虑 $\alpha_1 \neq 180°$ 时，对传动能力的影响，见表 2-5；K_L 为带长修正系数，考虑带长不等于特定长度时对传动能力的影响，见表 2-2。

表 2-4 单根普通 V 带 $i \neq 1$ 时额定功率的增量 ΔP_0 kW

型号	传动比 i	小带轮转速 n_1 /(r/min)												
		400	700	800	950	1200	1450	1600	2000	2400	2800	3200	3600	4000
Z	1.02~1.04				0.00	0.00	0.00		0.01		0.01		0.02	0.02
	1.05~1.08			0.00	0.00			0.01			0.02	0.02		0.03
	1.09~1.12		0.00			0.01	0.01			0.02			0.03	
	1.13~1.18				0.01				0.02			0.03		0.04
	1.19~1.24	0.00		0.01							0.03			
	1.25~1.34							0.02	0.02	0.03			0.04	
	1.35~1.50		0.01			0.02			0.03			0.04		0.05
	1.51~1.99			0.02	0.02			0.03		0.04	0.04		0.05	
	≥2		0.02			0.03			0.04			0.05		0.06
A	1.02~1.04	0.01	0.01	0.01	0.01	0.02	0.02	0.02	0.03	0.03	0.04	0.04	0.05	0.05
	1.05~1.08	0.01	0.02	0.02	0.03	0.03	0.04	0.04	0.06	0.07	0.08	0.09	0.10	0.11
	1.09~1.12	0.02	0.03	0.03	0.04	0.05	0.06	0.06	0.08	0.10	0.11	0.13	0.15	0.16
	1.13~1.18	0.02	0.04	0.04	0.05	0.07	0.08	0.09	0.11	0.13	0.15	0.17	0.19	0.22
	1.19~1.24	0.03	0.05	0.05	0.06	0.08	0.09	0.11	0.13	0.16	0.19	0.22	0.24	0.27
	1.25~1.34	0.03	0.06	0.06	0.07	0.10	0.11	0.13	0.16	0.19	0.23	0.26	0.29	0.32
	1.35~1.50	0.04	0.07	0.08	0.08	0.11	0.13	0.15	0.19	0.23	0.26	0.30	0.34	0.38
	1.51~1.99	0.04	0.08	0.09	0.10	0.13	0.15	0.17	0.22	0.26	0.30	0.34	0.39	0.43
	≥2	0.05	0.09	0.10	0.11	0.15	0.17	0.19	0.24	0.29	0.34	0.39	0.44	0.48
B	1.02~1.04	0.01	0.02	0.03	0.03	0.04	0.05	0.06	0.07	0.08	0.10	0.11	0.13	0.14
	1.05~1.08	0.03	0.05	0.06	0.07	0.08	0.10	0.11	0.14	0.17	0.20	0.23	0.25	0.28
	1.09~1.12	0.04	0.07	0.08	0.10	0.13	0.15	0.17	0.21	0.25	0.29	0.34	0.38	0.42
	1.13~1.18	0.06	0.10	0.11	0.13	0.17	0.20	0.23	0.28	0.34	0.39	0.45	0.51	0.56
	1.19~1.24	0.07	0.12	0.14	0.17	0.21	0.25	0.28	0.35	0.42	0.49	0.56	0.63	0.70
	1.25~1.34	0.08	0.15	0.17	0.20	0.25	0.31	0.34	0.42	0.51	0.59	0.68	0.76	0.84
	1.35~1.50	0.10	0.17	0.20	0.23	0.30	0.36	0.39	0.49	0.59	0.69	0.79	0.89	0.99
	1.51~1.99	0.11	0.20	0.23	0.26	0.34	0.40	0.45	0.56	0.68	0.79	0.90	1.01	1.13
	≥2	0.13	0.22	0.25	0.30	0.38	0.46	0.51	0.63	0.76	0.89	1.01	1.14	1.27
C	1.02~1.04	0.04	0.07	0.08	0.09	0.12	0.14	0.16	0.20	0.23	—	—	—	—
	1.05~1.08	0.08	0.14	0.16	0.19	0.24	0.28	0.31	0.39	0.47	—	—	—	—
	1.09~1.12	0.12	0.21	0.23	0.27	0.35	0.42	0.47	0.59	0.70	—	—	—	—
	1.13~1.18	0.16	0.27	0.31	0.37	0.47	0.58	0.63	0.78	0.94	—	—	—	—
	1.19~1.24	0.20	0.34	0.39	0.47	0.59	0.71	0.78	0.98	1.18	—	—	—	—
	1.25~1.34	0.23	0.41	0.47	0.56	0.70	0.85	0.94	1.17	1.41	—	—	—	—
	1.35~1.50	0.27	0.48	0.55	0.65	0.82	0.99	1.10	1.37	1.65	—	—	—	—
	1.51~1.99	0.31	0.55	0.63	0.74	0.94	1.14	1.25	1.57	1.88	—	—	—	—
	≥2	0.35	0.62	0.71	0.83	1.06	1.27	1.41	1.76	2.12	—	—	—	—

续表

型号	传动比 i	小带轮转速 n_1 /(r/min)												
		400	700	800	950	1200	1450	1600	2000	2400	2800	3200	3600	4000
D	1.02～1.04	0.10	0.24	0.28	0.33	0.42	0.51	0.56	—	—	—	—	—	—
	1.05～1.08	0.21	0.49	0.56	0.66	0.84	1.01	1.11	—	—	—	—	—	—
	1.09～1.12	0.31	0.73	0.83	0.99	1.25	1.51	1.67	—	—	—	—	—	—
	1.13～1.18	0.42	0.97	1.11	1.32	1.67	2.02	2.23	—	—	—	—	—	—
	1.19～1.24	0.52	1.22	1.39	1.60	2.09	2.52	2.78	—	—	—	—	—	—
	1.25～1.34	0.62	1.46	1.67	1.92	2.50	3.02	3.33	—	—	—	—	—	—
	1.35～1.50	0.73	1.70	1.95	2.31	2.92	3.52	3.89	—	—	—	—	—	—
	1.51～1.99	0.83	1.95	2.22	2.64	3.34	4.03	4.45	—	—	—	—	—	—
	≥2	0.94	2.19	2.50	2.97	3.75	4.53	5.00	—	—	—	—	—	—

表 2-5 包角修正系数 K_α

小轮包角 α/(°)	180	175	170	165	160	155	150	145	140	135	130	125	120	110	100	90
K_α	1.00	0.99	0.98	0.96	0.95	0.93	0.92	0.91	0.89	0.88	0.86	0.84	0.82	0.78	0.74	0.69

2.4.2 带传动的设计计算及参数选择

设计 V 带传动的原始数据一般已知条件是：传动用途、工作情况和原动机类型；传递功率 P，主、从动轮的转速 n_1、n_2；对传动尺寸的要求等。通过设计计算确定：V 带的型号、基准长度和带的根数，中心距，带轮的直径及结构尺寸，作用在轴上的压轴力等。

1. 选取 V 带型号

根据计算功率 P_{ca} 和小带轮的转速 n_1，通过图 2-13 选取 V 带的型号。计算功率 P_{ca} 为

$$P_{ca} = K_A P \text{ (kW)} \tag{2-23}$$

式中，P 为 V 带需要传递的功率，kW；K_A 为工作情况系数，见表 2-6。

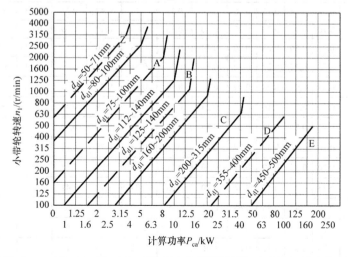

图 2-13 普通 V 带选型图

表 2-6 工作情况系数 K_A

载荷性质	工作机	原动机					
		空、轻载启动			重载启动		
		每天工作小时数/h					
		<10	10~16	>16	<10	10~16	>16
载荷变动微小	液体搅拌机、通风机和鼓风机(≤7.5kW)、离心式水泵和压缩机、轻负荷输送机	1.0	1.1	1.2	1.1	1.2	1.3
载荷变动小	带式输送机(不均匀负荷)、通风机(>7.5kW)、旋转式水泵和压缩机(非离心式)、发电机、金属切削机床、印刷机、旋转筛、锯木机和木工机械	1.1	1.2	1.3	1.2	1.3	1.4
载荷变动较大	制砖机、斗式提升机、往复式水泵和压缩机、起重机、磨粉机、冲剪机床、橡胶机械、振动筛、纺织机械、重载输送机	1.2	1.3	1.4	1.4	1.5	1.6
载荷变动很大	破碎机(旋转式、颚式等)、磨碎机(球磨、棒磨、管磨)	1.3	1.4	1.5	1.5	1.6	1.8

2. 确定带轮的基准直径和验算带速

带轮越小,带的弯曲应力越大,通常小带轮的基准直径应选取大于或等于表 2-7 列出的最小基准直径,但若 d_{d1} 过大,传动的外廓尺寸也会增加。

表 2-7 V带轮的最小基准直径 d_{dmin} 及基准直径系列   mm

V带轮槽型	Y	Z	A	B	C	D	E
d_{dmin}	20	50	75	125	200	355	500
基准直径 d_d							

Y	20,22.4,25,28,31.5,35.5,40,45,50,56,63,71,80,90,100,112,125
Z	50、56,63,71,75,80,90,100,112,125,132,140,150,160,180,200,224,250,280,315,355,400,500,560,630
A	75,80,85,90,95,100,106,112,118,125,132,140,150,160,180,200,224、250、280,315,355,400,450,500,560,630,710,800
B	125,132,140,150,160,170,180,200,224,250,280,315,355,400,450,500,560,600,630,710,750,800,900,1000,1120
C	200,212,224,236,250,265,280,300,315,335,355,400,450,500,560,600,630,710,750,800,900,1000,1120,1250,1400,1600,2000
D	355,375,400,425,450,475,500,560,600,630,710,750,800,900,1000,1060,1120,1250,1400,1500,1600,1800,2000
E	500,530,560,600,630,670,710,800,900,1000,1120,1250,1400,1500,1600,1800,2000,2240,2500

大带轮的基准直径 $d_{d2} = n_1 / n_2 d_{d1}(1-\varepsilon)$,当传动比没有精确要求时,ε 可略去不计。大、小带轮基准直径应按表 2-7 所列直径系列圆整。

验算带速:

$$v = \frac{\pi d_{d1} n_1}{60 \times 1000} \text{ (m/s)}$$

一般应使 $v = (5 \sim 25)\text{m/s}$,最高不超过 30m/s 。带速过高,带的离心力大,使带的传动能力降低;带速过低,传递相同功率时带所传递的圆周力增大,需要增加带的根数。

3. 确定中心距、带长和校核小带轮包角

带传动中心距大,可以增加带轮包角,减少单位时间内带的循环次数,有利于提高带的寿命。但中心距过大,则会加剧带的波动,降低带传动的平稳性,并增大带传动的整体

尺寸。一般宜初选带传动的中心距 a_0 为

$$0.7(d_{d1} + d_{d2}) \leqslant a_0 \leqslant 2(d_{d1} + d_{d2}) \tag{2-24}$$

初选 a_0 后根据式 (2-2) 初算 V 带的基准长度为

$$L_{d0} \approx 2a_0 + \frac{\pi}{2}(d_{d1} + d_{d2}) + \frac{(d_{d2} - d_{d1})^2}{4a_0} \tag{2-25}$$

然后根据表 2-2 选取与 L_{d0} 相近的基准长度 L_d，再按下式近似计算传动中心距为

$$a \approx a_0 + \frac{L_d - L_{d0}}{2}$$

考虑带传动的安装、调整和 V 带张紧的需要，给出中心距变动范围为

$$(a - 0.015L_d) \sim (a + 0.03L_d) \tag{2-26}$$

小带轮的包角由式 (2-1) 计算

$$\alpha_1 \approx 180° - \frac{d_{d2} - d_{d1}}{a} \times \frac{180°}{\pi}$$

为了提高带传动的工作能力，应使 $\alpha_1 \geqslant 120°$（至少大于 $90°$），否则可增大中心距或增设张紧轮。

4. 确定带的根数 z

$$z \geqslant \frac{P_{ca}}{p_r} = \frac{K_A P}{(P_0 + \Delta P_0)K_\alpha K_L} \tag{2-27}$$

为使各根带受力均匀，根数不宜过多，一般应少于 10 根。否则应增大带轮直径甚至改选带的型号，重新计算。

5. 确定带的初拉力 F_0

初拉力是保证带传动正常工作的重要条件，初拉力 F_0 小，极限摩擦力减小，传动能力下降。初拉力过大，带的寿命降低，轴和轴承的压力增大。单根普通 V 带的所需最小初拉力为

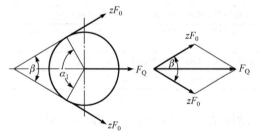

图 2-14 带传动作用在轴上的力

$$F_0 = \frac{500P_{ca}}{zv}\left(\frac{2.5}{K_\alpha} - 1\right) + qv^2 \tag{2-28}$$

6. 计算作用在轴上的压轴力 F_Q

为了设计安装带轮的轴和轴承，需要确定带传动作用在带轮轴上的压轴力 F_Q，F_Q 可近似地按带两边的初拉力 F_0 的合力来计算（图 2-14）。

$$F_Q = 2zF_0 \sin\frac{\alpha_1}{2} \tag{2-29}$$

2.5 带传动的张紧

带传动须保持在一定张紧力状态下工作，由于传动带不是完全的弹性体，运转一段时间以后，因为带的塑形变形和磨损而松弛。为了保证带传动的正常工作，应定期检查带的

松弛程度并及时重新张紧。

常用的张紧方法是调整中心距。如定期调节螺钉 1 使装有带轮的电动机沿导轨 2 移动(图 2-15(a)),或调整螺母 1 使电动机绕销轴 2 摆动(图 2-15(b)),即可达到张紧的目的。也可以采用自动张紧,如重物通过钢丝绳拖动轴承座和带轮使带张紧(图 2-16(a)),或者主动带轮 S(与齿轮 z_2 一体)轴线可自动摆动(绕图 2-16(b)中电动机轴线 D 向左摆动),依靠齿轮啮合(z_1, z_2)产生的圆周力实现自动张紧。

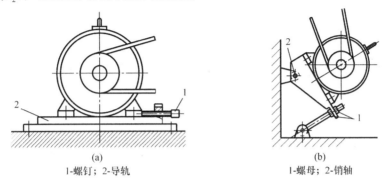

(a)
1-螺钉;2-导轨

(b)
1-螺母;2-销轴

图 2-15 带的定期张紧装置

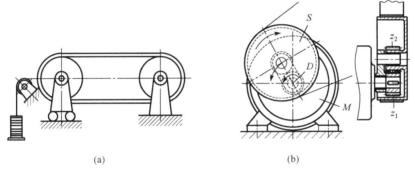

(a)

(b)

图 2-16 带的自动张紧装置

若中心距不能调节时,可采用张紧轮将带张紧(图 2-17)。设置张紧轮须注意:一般张紧轮放在松边的内侧,使带只受单向弯曲;张紧轮应尽量靠近大带轮,以免减少带在小带轮上的包角;张紧轮的轮槽尺寸与带轮相同,且直径小于小带轮的直径。

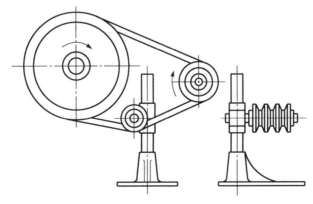

图 2-17 张紧轮装置

2.6　同步带传动简介

同步带通常以钢丝绳或玻璃纤维绳为抗拉体，氯丁橡胶或聚氨酯为基体，依靠带内表面的凸齿与带轮外缘上的齿槽的啮合来传递运动和力。由于带与带轮之间无相对滑动，能保持两轮的圆周速度同步，故称为同步带传动。与齿轮传动及链传动相比，噪声小，能吸振，不必润滑。它具有以下优点：①传动比恒定；②结构紧凑；③由于带薄而轻、抗拉体强度高，带速可达40m/s（有时允许达80m/s），传动比可达10；④传动效率高（0.98～0.99）。主要缺点是制造和安装精度要求较高，中心距要求较严格，成本较高。同步带传动广泛应用于要求传动比准确的中、小功率传动中，如机床、轻工、化工、冶金、仪器仪表、石油和汽车等机械传动装置中。

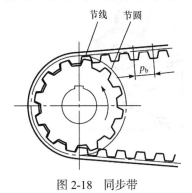

图 2-18　同步带

当带在纵截面内弯曲时，在带中保持原长度不变的周线称为节线（图 2-18），节线长度为同步带的公称长度。在规定的张紧力下，带的纵截面上相邻两齿的对称中心线之间的直线长度 p_b 称为带节距，它是同步带的一个主要参数。

拓　展

汽车无极变速器（Continuously Variable Transmission, CVT）可实现传动比的连续无级变化。20 世纪 70 年代中后期，荷兰的 VDT 公司成功研制出金属带式无级变速器，简称VDT-CVT。在同类轿车上进行的 VDT-CVT 与液力机械自动变速器（AT）的对比试验结果表明，VDT-CVT 在燃油经济性、汽车动力性、排放和传动效率以及成本等方面均优于液力机械自动变速器（AT），有着广阔的发展前景。

金属带式无极变速器主要由主动带轮、从动带轮、金属带、加压和调速装置组成，其核心部分是金属带和主、从动带轮组成的传动系统，其中，主、从动带轮分别由轴向固定的锥盘和可轴向移动的锥盘组成，如图 2-19 所示。主、从动轮两对锥盘夹持金属带，靠摩擦力传递运动和转矩，可动锥盘作轴向移动，使金属带径向工作半径发生变化，图 2-19（b）、(c) 从而改变金属带传动的传动比。实际工况中，可动锥盘的轴向移动是根据汽车的行驶工况，通过液压控制系统进行连续地调节实现无级变速。图 2-20 为 CVT 变速器结构图。

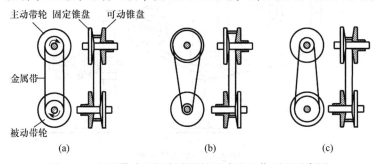

图 2-19　金属带式无级变速器的组成和工作原理示意图

图 2-20 CVT 变速器结构图

[例] 设计某冲剪机床中的 V 带传动装置。已知电动机功率 $P = 7\text{kW}$ ，转速 $n_1 = 1460\text{r/min}$ ，传动比 $i = 3.5$ ，双班制工作，空载启动。

解 1)选取 V 带型号

确定计算功率 P_{ca} ，由表 2-6 查得工作情况系数 $K_{\text{A}} = 1.3$ ，故

$$P_{\text{ca}} = K_{\text{A}}P = 1.3 \times 7 = 9.1 \, (\text{kW})$$

根据 P_{ca} 、 n_1 由图 2-13 选择 V 带型号为 A 型。

2)确定带轮的基准直径 d_{d} 并验算带速 v

(1)由表 2-7，初选小带轮的基准直径，取小带轮的基准直径 $d_{\text{d1}} = 125\text{mm}$ 。

(2)验算带速

$$v = \frac{\pi d_{\text{d1}} n_1}{60 \times 1000} = \frac{\pi \times 125 \times 1460}{60 \times 1000} = 9.56(\text{m/s})$$

因为 $5\text{m/s} < v < 30\text{m/s}$ ，故带速合适。

(3)计算大带轮的基准直径

$$d_{\text{d2}} = i d_{\text{d1}} = 3.5 \times 125 = 437.5(\text{mm})$$

根据表 2-7，取大带轮基准直径 $d_{\text{d2}} = 450\text{mm}$ 。

3)确定中心距 a 、带长 L_{d} 和校核小带轮包角

(1)根据式(2-24)，初定中心距 $a_0 = 500\text{mm}$ 。

(2)由式(2-2)计算带所需的基准长度 L_{d0}

$$L_{\text{d0}} \approx 2a_0 + \frac{\pi}{2}(d_{\text{d1}} + d_{\text{d2}}) + \frac{(d_{\text{d2}} - d_{\text{d1}})^2}{4a_0}$$

$$= 2 \times 500 + \frac{\pi}{2}(125 + 450) + \frac{(450 - 125)^2}{4 \times 500} \approx 1956(\text{mm})$$

根据表 2-2 确定带的基准长度 $L_{\text{d}} = 1940\text{mm}$ 。

(3)按式(2-25)计算实际中心距

$$a \approx a_0 + \frac{L_{\text{d}} - L_{\text{d0}}}{2} = 500 + \frac{1940 - 1956}{2} \approx 492(\text{mm})$$

按式(2-26)给出中心距的变化范围：$463 \sim 550\text{mm}$ 。

(4)验算小带轮上的包角 α_1

$$\alpha_1 \approx 180° - (d_{d2} - d_{d1}) \times \frac{57.3°}{a} = 180° - (450 - 125) \times \frac{57.3°}{492} \approx 142° > 90°$$

4) 确定带的根数 z

(1) 计算单根 V 带的额定功率 P_r

由 $n_1 = 1460\text{r}/\min$ 和 $d_{d1} = 125\text{mm}$，查表 2-3 得 $P_0 = 1.92\text{kW}$。

根据 $n_1 = 1460\text{r}/\min$，$i = 3.5$ 和 A 型带，查表 2-4 得 $\Delta P_0 = 0.17\text{kW}$。

查表 2-5 得 $K_\alpha = 0.91$，表 2-2 得 $K_L = 0.99$，于是

$$P_r = (P_0 + \Delta P_0) \times K_\alpha \times K_L = (1.92 + 0.17) \times 0.91 \times 0.99 = 1.88(\text{kW})$$

(2) 计算 V 带的根数 z

$$z = \frac{P_{ca}}{P_r} = \frac{9.1}{1.88} = 4.84$$

取 5 根。

5) 确定带的初拉力 F_0

由表 2-1 得 A 型带的单位长度质量 $q = 0.105\text{kg/m}$，所以

$$F_0 = 500 \times \frac{(2.5 - K_\alpha)P_{ca}}{K_\alpha z v} + qv^2 = 500 \times \frac{(2.5 - 0.91) \times 9.1}{0.91 \times 5 \times 9.56} + 0.105 \times 9.56^2 = 176(\text{N})$$

6) 计算压轴力 F_Q

$$F_Q = 2zF_0 \sin\frac{\alpha_1}{2} = 2 \times 5 \times 176 \times \sin\frac{142°}{2} = 1664(\text{N})$$

7) 带轮结构设计 (略)

8) 主要设计结论

选用 A 型普通 V 带 5 根，带基准长度 1940mm，带轮基准直径 $d_{d1} = 125\text{mm}$，$d_{d2} = 450\text{mm}$，中心距 $a = 463 \sim 550\text{mm}$，单根带初拉力 $F_0 = 176\text{N}$。

习　　题

2-1　带传动在工作时产生弹性滑动是由于 (　　)。(北京交通大学考研题)

　　　A. 包角 α_1 太小　　　　　　　　　　　　B. 初拉力 F_0 太小

　　　C. 紧边拉力与松边拉力不等　　　　　　D. 传动过载

2-2　V 带传动设计中，限制小带轮的最小直径主要是为了 (　　)。(中科院考研题)

　　　A. 使结构紧凑　　　　　　　　　　　　　B. 限制弯曲应力

　　　C. 保证带和带轮接触面间有足够摩擦力　　D. 限制小带轮上的包角

2-3　打滑是指_____，多发生在_____带轮上。刚开始打滑时紧边拉力 F_1 与松边拉力 F_2 的关系为_____。(北京航空航天大学考研题)

2-4　V 带传动中，影响临界有效拉力 F_{ec} 的因素是_____，_____，_____。

2-5　V 带传动中，带上受到的三种应力是_____应力、_____应力、_____应力。最大应力 $\sigma_{max} = $_____，它发生在_____处。

2-6　摩擦型带传动的主要类型有哪些？各有什么特点？

2-7　带传动的失效形式有哪些？设计准则是什么？

2-8　提高带传动工作能力的措施主要有哪些？为了增加传动能力，将带轮工作面加工得粗糙些以增

大摩擦系数，这样做是否合理？为什么？（重庆大学考研题）

2-9 带传动一般放在机械传动系统的高速级还是低速级？为什么？

2-10 V 带传递的功率 $P = 7.5\text{kW}$，带速 $v = 10\text{m/s}$，紧边拉力是松边拉力的两倍，即 $F_1 = 2F_2$，试求紧边拉力 F_1，有效拉力 F_e 和初拉力 F_0。

2-11 如题 2-11(a)图所示减速带传动与(b)图增速带传动的中心距相等。设带轮直径 $d_1 = d_4$，$d_2 = d_3$，轮 1 和轮 3 为主动带轮，且它们的转速相同。在其他条件相同的情况下，试分析：

(1)减速带传动与增速带传动哪个传递的功率大？为什么？

(2)减速带传动与增速带传动哪个带的寿命长？为什么？（重庆大学考研题）

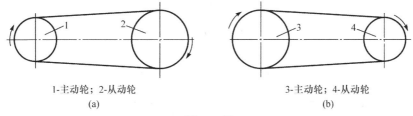

1-主动轮；2-从动轮　　　　　　　　　　　3-主动轮；4-从动轮
　　　　(a)　　　　　　　　　　　　　　　　　　　(b)

题 2-11 图

2-12 设计带传动时，为什么要控制最大带速？已知某型号洗衣机采用双速电动机，用一级带传动方案，如果电动机功率一定，试回答以电动机的高转速还是低转速设计此带传动？为什么？（哈尔滨工业大学考研题）

2-13 某车床电动机和主轴箱之间为普通 V 带传动，电动机转速 $n_1 = 1440\text{r/min}$，主轴箱负载为 3.6kW，带轮基准直径 $d_{d1} = 90\text{mm}$，$d_{d2} = 250\text{mm}$，传动中心距 $a = 530\text{mm}$，初拉力按规定条件确定，每天工作 16h，试确定该传动所需普通 V 带的型号和根数。

2-14 有一带式输送装置，其电动机与齿轮减速器之间用普通 V 带传动，电动机功率 $P = 7\text{kW}$，转速 $n_1 = 960\text{r/min}$，减速器输入轴的转速 $n_2 = 330\text{r/min}$，允许误差为 ±5%，运输装置工作时有轻度冲击，两班制工作，试设计此带传动。

第3章 链 传 动

3.1 概 述

链传动由装在平行轴上的主动链轮 1、从动链轮 2 和绕在链轮上的环形链条 3 组成(图 3-1),通过链条与链轮轮齿的啮合传递运动和力,是一种具有中间挠性件的啮合传动。

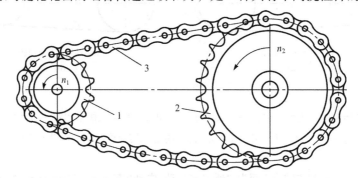

1-主动链轮;2-从动链轮;3-环形链条

图 3-1 链传动的组成

与摩擦型的带传动相比,链传动没有弹性滑动和打滑,能保持准确的平均传动比,传动效率较高,需要的张紧力小,减少了作用在轴上的压力,传递同样功率时,结构尺寸更为紧凑,能在高温和潮湿的环境中工作。

与齿轮传动相比,链传动的制造与安装精度要求较低,远距离传动时,结构比齿轮传动轻便得多。

链传动的主要缺点是:只能用于平行轴间的同向传动,瞬时传动比不恒定,工作时有噪声,不宜用在载荷变化大、高速和急速换向的传动中。

链传动主要用在要求工作可靠,两轴相距较远,多轴,中、低速,重载,工作环境恶劣(如高温、潮湿、多尘等),以及不宜采用齿轮传动的场合。

链条按用途不同可以分为传动链、输送链和起重链。

传动链按结构又可分为销轴链(图 3-2)、套筒链(图 3-3)、滚子链(图 3-4)等。销轴链通过链板直接在铆接或开口销固定的销轴上转动。套筒链则是内链板与套筒、外链板与销轴过盈连接,套筒可在销轴上转动。套筒链与销轴链相比,套筒和销轴接触面的压强显著减小;套筒链与滚子链相比少了一个滚子,受滑动摩擦作用,故易磨损,常用于 $v \leqslant 2\text{m/s}$ 的低速传动中。滚子链传动因受滚动摩擦作用,磨损小,噪声低,使用寿命长,目前应用最广,传递功率一般在 100kW 以下,链速 $v \leqslant 15\text{m/s}$,传动比 $i \leqslant 7$,中心距 $a \leqslant 8\text{m}$。

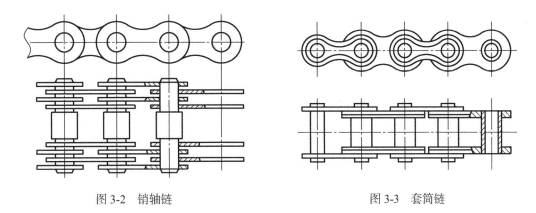

图 3-2 销轴链　　　　　　　　图 3-3 套筒链

3.2 链条和链轮

3.2.1 链条

1. 滚子链

滚子链是由内链板 1、外链板 2、销轴 3、套筒 4 和滚子 5 组成,如图 3-4 所示。其中,内链板与套筒、外链板与销轴之间为过盈配合,销轴与套筒、套筒与滚子之间均为间隙配合。当内外链板相对挠曲时,套筒可绕销轴自由转动。链条与链轮啮合时,滚子沿链轮齿滚动,可减轻链与轮齿的磨损。内外链板均制成"8"字形,以减轻链条的重量并保持链板各横截面具有接近相等的抗拉强度。

滚子链上相邻两滚子中心的距离称为链的节距,以 p 来表示(图 3-4),是链条的基本参数。节距越大,链条各零件的尺寸越大,所传递的功率也越大。

滚子链可制成单排链、双排链(图 3-5,图中 p_t 为排距)和多排链。当传递大功率时,可采用双排链或多排链。链的排数越多,承载能力越高,但由于精度的影响,各排链承受的载荷不均匀,故排数不宜过多。

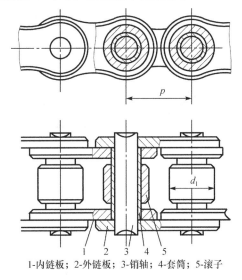

1-内链板;2-外链板;3-销轴;4-套筒;5-滚子

图 3-4 滚子链的结构

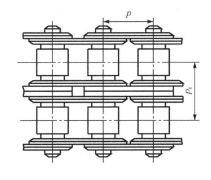

图 3-5 双排链

链条的长度以链节数 L_p 表示。链节数一般取偶数，接头处可用开口销（图 3-6(a)）或弹簧卡夹（图 3-6(b)）锁紧。若链节数为奇数时，需采用过渡链节（图 3-6(c)），由于过渡链节的链板要受到附加弯矩的作用，强度较一般链节低，通常应避免采用。

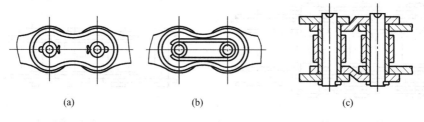

(a)   (b)   (c)

图 3-6 连接链节

滚子链已经标准化，标准号为 GB/T 1243—2006。表 3-1 列出了标准规定的几种规格的滚子链的主要参数。标准中有 A、B 两种系列，A 系列适用于以美国为中心的西半球区域，B 系列适用于欧洲区域，我国以 A 系列为主体。

表 3-1 滚子链规格和主要参数

链号	节距 p/mm	排距 p_t/mm	滚子外径 d_1/mm	内链节内宽 b_1/mm	销轴直径 d_2/mm	内链板高度 h_2/mm	极限拉伸载荷（单排）Q/N	每米质量（单排）$q/(\text{kg/m})$
05B	8.00	5.64	5.00	3.00	2.31	7.11	4 400	0.18
06B	9.525	10.24	6.35	5.72	3.28	8.26	8 900	0.40
08B	12.70	13.92	8.51	7.75	4.45	11.81	17 800	0.70
08A	12.70	14.38	7.92	7.85	3.96	12.07	13 800	0.60
10A	15.875	18.11	10.16	9.40	5.08	15.09	21 800	1.00
12A	19.05	22.78	11.91	12.57	5.94	18.08	31 100	1.50
16A	25.40	29.29	15.88	15.75	7.92	24.13	55 600	2.60
20A	31.75	35.76	19.05	18.90	9.53	30.18	86 700	3.80
24A	38.10	45.44	22.23	25.22	11.10	36.20	124 600	5.60
28A	44.45	48.87	25.40	25.22	12.70	42.24	169 000	7.50
32A	50.80	58.55	28.58	31.55	14.27	48.26	222 400	10.10
40A	63.50	71.55	39.68	37.85	19.84	60.33	347 000	16.10
48A	76.20	87.83	47.63	47.35	23.80	72.39	500 400	22.60

滚子链标记为

链号 – 排数 – 链节数 – 标准编号

例如，12A – 2 – 60 – GB/T 1243—2006 表示：A 系列、链节数为 60 节、节距为 19.05 mm（节距 = $\dfrac{链号}{16} \times 25.4\text{mm}$）的双排滚子链。

2. 齿形链

齿形链属于销轴链的一种，是由一组带有两个齿的链板交错排列铰接而成。链板齿形两直边外侧是工作面,夹角为一般为 60°, 如图 3-7 所示。工作时, 链板外侧直边与链轮轮齿啮合实现传动。

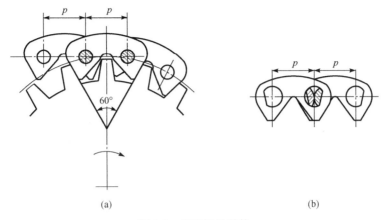

(a)   (b)

图 3-7 齿形链的结构

与滚子链相比,齿形链传动平稳,承受冲击性能好,噪声低(故又称为无声链),主要用于高速(链速可达 40m/s)或对运动精度要求较高的传动,但齿形链结构复杂,价格较贵,故应用不如滚子链广泛。

3.2.2 链轮

链轮由轮齿、轮缘、轮辐和轮毂组成。链轮设计包括确定链轮结构尺寸,选择材料及热处理方法。

图 3-8 为链轮的端面齿形。滚子链与链轮的啮合属于非共轭啮合,链轮齿形的设计比较灵活。国标 GB/T 1243—2006 仅规定了滚子链链轮齿槽的齿侧圆弧半径 r_e、齿沟圆弧半径 r_i 和齿沟角 α 的最大值和最小值。链轮的实际端面齿形取决于加工轮齿的刀具和加工方法,但应在最大和最小齿槽形状之间,以保证链节能够平稳自如地进入和退出啮合,并便于加工。

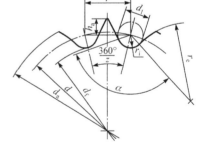

图 3-8 滚子链链轮齿槽形状

链轮的基本参数是配用链条的节距 p,套筒的最大外径 d_1,排距 p_t 和齿数 z。链轮主要尺寸的计算式为

分度圆直径:

$$d = p \Big/ \sin\frac{180°}{z} \tag{3-1}$$

齿顶圆直径:

$$d_{\text{amax}} = d + 1.25p - d_1 \tag{3-2}$$

$$d_{\text{amin}} = d + \left(1 - \frac{1.6}{z}\right)p - d_1 \tag{3-3}$$

齿根圆的直径:

$$d_f = d - d_1 \tag{3-4}$$

图 3-9 为链轮的轴面齿形, 齿形具体尺寸见 GB/T 1243—2006。在链轮工作图上须绘制出链轮轴面齿形, 以便于车削链轮毛坯。

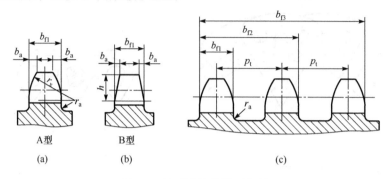

图 3-9 滚子链链轮轴面齿形

链轮的材料应有足够的强度和耐磨性。由于小链轮的啮合次数比大链轮多, 所受的冲击也大, 故所选用的材料一般优于大链轮。常用的链轮材料有碳素钢(如 Q235、Q275、45、ZG310—570 等)、灰铸铁(如 HT200)等, 重要的链轮可采用合金钢。

链轮的结构如图 3-10 所示, 小直径的链轮可制成实心式(图 3-10(a)); 中等直径的链轮可制成孔板式(图 3-10(b)); 直径较大时可制成组合式(图 3-10(c)), 组合式的链轮轮齿磨损后, 齿圈可更换。

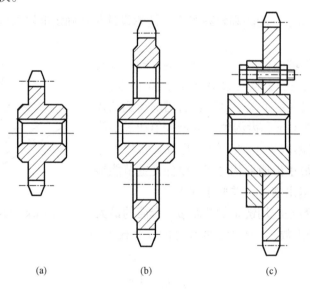

图 3-10 链轮结构

3.3 链传动的运动分析和受力分析

3.3.1 链传动的运动分析

链条绕上链轮, 链节与相应的链轮轮齿啮合后折成正多边形的一部分(图 3-11)。设两

链轮的齿数为 z_1、z_2，两链轮的转速为 n_1、n_2，链轮每转过一周，链条移动一正多边形周长的距离 zp，则链的平均速度 v 为

$$v=\frac{z_1 p n_1}{60\times1000}=\frac{z_2 p n_2}{60\times1000}（\text{m/s}）\tag{3-5}$$

链传动的平均传动比为

$$i=\frac{n_1}{n_2}=\frac{z_2}{z_1}\tag{3-6}$$

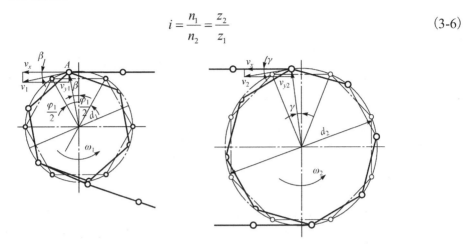

图 3-11　链传动的运动分析

由式 (3-5) 和式 (3-6) 可知，平均链速和平均传动比都是定值，但链传动瞬时链速和瞬时传动比并非常数，分析如下。

为便于分析，取链条紧边成水平位置 (图 3-11)。当主动链轮 1 以角速度 ω_1 回转时，分度圆上 A 点的圆周速度 $v_1=\frac{d_1\omega_1}{2}$，则链条的前进速度为

$$v_x=v_1\cos\beta=\frac{d_1\omega_1}{2}\cos\beta\tag{3-7a}$$

式中，β 为 A 点相位角 (即纵坐标轴与 A 点和轮心连线的夹角)。

由图 3-11 可知，主动链轮上每个链节对应的中心角 $\varphi_1=\frac{360°}{z_1}$，每个链节从进入啮合到脱离啮合，$\beta$ 在 $\left[-\frac{\varphi_1}{2},\frac{\varphi_1}{2}\right]$ 之间变化。当 $\beta=\pm\frac{\varphi_1}{2}=\pm\frac{180°}{z}$ 时，链速最低，当 $\beta=0$ 时，链速最高，所以，链轮每转动过一齿，链条前进速度 v_x 将周期性地变化一次。

同时，链条在垂直于链条前进方向的分速度 $v_{y1}=v_1\sin\beta=\frac{d_1\omega_1}{2}\sin\beta$，也是周期性变化的，使得链条上下振动。

在从动轮上，设从动轮分度圆上 B 点的圆周速度为 v_2，由图 3-11 可知

$$v_x=v_2\cos\gamma=\frac{d_2\omega_2}{2}\cos\gamma\tag{3-7b}$$

从动链轮的角速度：

$$\omega_2 = \frac{2v_x}{d_2 \cos\gamma} = \frac{d_1 \omega_1 \cos\beta}{d_2 \cos\gamma} \tag{3-8}$$

链传动的瞬时传动比：

$$i' = \frac{\omega_1}{\omega_2} = \frac{d_2 \cos\gamma}{d_1 \cos\beta} \tag{3-9}$$

由此可知，虽然主动链轮的角速度 ω_1 是定值，从动链轮的角速度 ω_2 和链传动的瞬时传动比 i' 却随着相位角 β 和 γ 的变化而变化。

链传动不可避免地要产生振动和动载荷，链轮的转速越高，链的节距越大，小链轮齿数越少，引起的振动和动载荷也就越大。

链传动的瞬时传动比的变化是由围绕在链轮上的链条形成了正多边形这一特点而造成的，因而称为链传动的多边形效应。

只有当 $z_1 = z_2$，且中心距 a 是节距 p 的整数倍时，瞬时传动比才为常数，等于 1。

3.3.2　链传动的受力分析

链传动在安装时应使链条受到一定的张紧力，但链传动的张紧力比带传动要小得多。链传动张紧的目的是使链的松边的垂度不致过大，以免出现链条的不正常的啮合、跳齿或脱链。

若不考虑传动中的动载荷，则链的紧边和松边受到的拉力为

紧边拉力：
$$F_1 = F_e + F_c + F_f \tag{3-10}$$

松边拉力：
$$F_2 = F_c + F_f \tag{3-11}$$

其中，F_e 为有效圆周力，与所传递的功率 P（kW）和链速 v（m/s）的关系式为

$$F_e = \frac{1000P}{v} \text{（N）} \tag{3-12}$$

F_c 为离心拉力，设每米链长的质量为 q（kg/m），链速为 v（m/s），则

$$F_c = qv^2 \text{（N）} \tag{3-13}$$

F_f 为悬垂拉力，可按照求悬索拉力的方法求得

$$F_f = K_f qga \text{（N）} \tag{3-14}$$

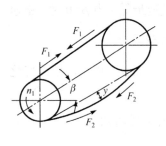

式中，a 为中心距，m；g 为重力加速度，m/s²；K_f 为垂度系数，其值与中心线和水平线的夹角 β（图 3-12）有关。当下垂度 $y = 0.02a$：垂直布置时，$K_f = 1$；水平布置时 $K_f = 7$；倾斜布置时，$K_f = 6(\beta = 30°)$，$K_f = 4(\beta = 60°)$，$K_f = 2.5(\beta = 75°)$。

链作用在链轮轴上的压力 F_Q 可近似取

$$F_Q = (1.2 \sim 1.3)F_e \tag{3-15}$$

图 3-12　作用在链上的力　　　有冲击和振动时取大值。

3.4 滚子链传动的设计计算

3.4.1 失效形式

1. 链的疲劳破坏

链条工作时处在交变应力作用下，经过一定应力循环次数后，链板将疲劳断裂，套筒、滚子表面将出现疲劳点蚀。正常润滑条件下，疲劳强度是限定链传动承载能力的主要因素。

2. 链条的磨损

链条工作中，链节进入或退出啮合时，销轴和套筒间有相对滑动，使接触面发生磨损，链条的节距增长，容易造成跳齿和脱链。

3. 销轴与套筒的胶合

润滑不当或速度过高时，销轴和套筒的摩擦表面由于瞬时高温而发生胶合。胶合限制了链的极限转速。

4. 链条的静强度破坏

在低速传动或过载传动时，或有突然冲击作用时，链的受力超过链的静强度，发生过载拉断。

3.4.2 功率曲线

1. 极限功率曲线

链传动的承载能力受到多种失效形式的限制。在一定的使用寿命和良好润滑的条件下，链条因各种失效形式而限定链传动所传递的极限功率曲线如图 3-13 所示。由图可知，在润滑良好、中等速度下，链传动的承载能力取决于链板的疲劳强度(曲线 1)；随着转速的增高，链传动的多边形效应增大，传动能力主要取决于套筒和滚子的冲击疲劳强度(曲线 2)；当转速很高时，链传动的承载能力降低，出现胶合现象(曲线 3)。

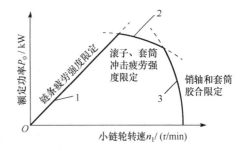

图 3-13 极限功率曲线

2. 额定功率曲线

为保证链传动工作的可靠性，避免出现上述各种失效形式，在特定条件下：①两链轮轮轴为水平平行轴，链轮共面；②主动链轮齿数为 $z_1 = 25$；③无过渡链节的单排滚子链；④链长 $L_p = 120$ 个链节；⑤链条预期工作寿命15000h；⑥工作温度在 $-5 \sim 70\ ℃$，载荷平稳，按照推荐的润滑方式润滑(图 3-14)等，实验得到的链的额定功率曲线见图 3-15。

当链传动的实际工作情况与实验条件不一致时，应将链传动所传递的功率 P 修正为与实验条件相对应的功率值，修正公式为

$$\frac{K_A K_z P}{K_P} \leqslant P_0 \tag{3-16}$$

式中，K_A 为工况系数，见表 3-2；P 为传递的功率，kW；P_0 为额定功率，见图 3-15；K_P 为多排链系数，双排链 $K_P=1.75$，三排链 $K_P=2.5$；K_z 为主动链轮齿数系数，见图 3-16。

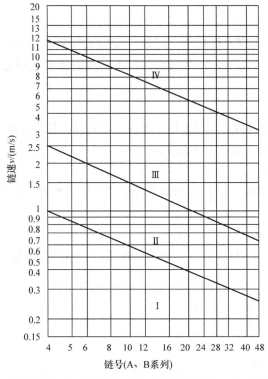

I—人工定期润滑；II—滴油润滑；III—油浴或飞溅润滑；IV—压力喷油润滑

图 3-14 推荐的润滑方式

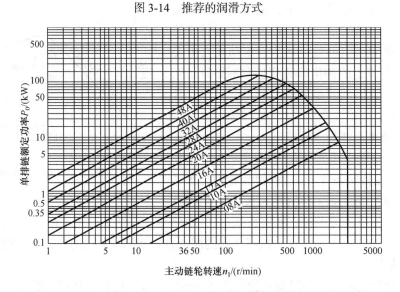

图 3-15 A 系列滚子链额定功率曲线

表 3-2　工况系数 K_A

从动机械特性		主动机械特性		
		平稳运转	轻微振动	中等振动
		电动机、汽轮机和燃气轮机、带液力变矩器的内燃机	带机械联轴器的六轮或六缸以上内燃机、频繁启动的电动机(每天多于两次)	带机械联轴器的六缸以下的内燃机
平稳运转	离心式的泵和压缩机、印刷机、平稳运动的带式输送机、纸张压光机、自动扶梯、液体搅拌机和混料机、旋转干燥机、风机	1.0	1.1	1.3
中等振动	三缸或三缸以上往复式泵和压缩机、混凝土搅拌机、载荷不均匀输送机、固体搅拌机和混合机	1.4	1.5	1.7
严重振动	电铲、轧机和球磨机、橡胶加工机械、刨床、压床和剪床、单缸或双缸泵和压缩机、石油钻采设备	1.8	1.9	2.1

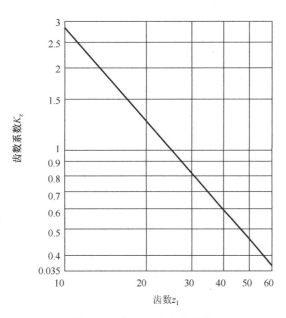

图 3-16　主动链轮齿数系数

3.4.3　链传动的设计计算和参数选择

设计链传动时的已知条件包括:传动的用途、工作情况和原动机类型、传递的功率 P ,主、从动轮的转速 n_1 、 n_2 ,以及对传动尺寸的要求等。

设计内容包括:确定链条型号、链轮齿数、链节数、排数、中心距、链轮结构尺寸,以及链轮作用在轴上的压轴力、润滑方式和张紧装置等。

1. 传动比

传动比过大将使传动外廓尺寸增大，并降低链在小链轮上的包角，使同时啮合的齿数减少，加速链条和轮齿的磨损。一般链传动的传动比 $i \leqslant 7$，通常取 $i=2 \sim 3.5$，在低速和外廓尺寸不受限制时 $i_{max}=10$。

2. 确定链轮的齿数 z_1、z_2

链轮的齿数不宜过多或过少。当齿数过少，将导致①传动的不均匀性和动载荷增大；②链节间的相对转角增大，加速磨损；③链轮直径小，链的工作拉力增大，加速链和链轮的损坏。在动力传动中，滚子链的小链轮齿数 z_1 通常按表 3-3 由链速选取，此时 $z_{min}=17$；当链速极低时，为了减小传动尺寸，允许选择较少的链轮齿数，此时 $z_{min}=9$。

表 3-3　滚子链小链轮齿数 z_1

链速 $v/(\text{m/s})$	$0.6 \sim 3$	$3 \sim 8$	>8
z_1	$\geqslant 17$	$\geqslant 21$	$\geqslant 25$

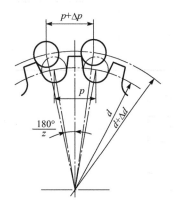

图 3-17　链节距增长量和啮
合圆外移量的关系

当齿数过多，将导致①传动尺寸增大；②链的磨损引起的链的节距增长，滚子与链轮齿的接触点向链轮齿顶移动（图 3-17），容易发生跳齿和脱链，缩短链的使用寿命。通常限定链轮的最大齿数 $z_{2max} \leqslant 120$。

由于链节数为偶数，为使磨损均匀，两链轮的齿数最好是与链节数互为质数的奇数。链轮优先选用的齿数为 17、19、21、23、25、38、57、76、95、114。

3. 选定链的型号，确定链节距和排数

链的节距越大，传动的尺寸增大，承载能力越强，运动不均匀性、动载荷、噪声也越严重。因此，在满足承载能力的条件下，设计时应尽量选用小节距的单排链，高速重载，可采用小节距的多排链；当速度不太高，中心距大，传动比小时选用大节距的单排链较为经济。

已知传递功率 P，根据式 (3-16) 修正得到 P_0 和小链轮的转速 n_1 由图 3-15 选取链的型号，然后查表 3-1 确定链的节距。

4. 中心距和链节数

中心距过小，链在小链轮上的包角减小，小链轮上参与啮合的齿数少，同时单位时间内链条的应力变化次数增多，使链的寿命降低。中心距过大，结构不紧凑，松边垂度过大，传动时造成松边颤动。因此在设计时若中心距不受其他条件限制，一般可取 $a_0=(30 \sim 50)p$，最大中心距可取 $a_{max}=80p$，当有张紧装置或托板时，a_0 可大于 $80p$。

链的长度常用链节数 L_p 表示。链节数的计算公式为

$$L_p = \frac{2a_0}{p} + \frac{z_1+z_2}{2} + \frac{p}{a_0}\left(\frac{z_2-z_1}{2\pi}\right)^2 \tag{3-17}$$

为避免使用过渡链节，应将计算出的链节数 L_p 圆整为偶数。链节数圆整后的理论中心距为

$$a = \frac{p}{4}\left[\left(L_{\mathrm{p}} - \frac{z_1 + z_2}{2}\right) + \sqrt{\left(L_{\mathrm{p}} - \frac{z_1 + z_2}{2}\right)^2 - 8\left(\frac{z_2 - z_1}{2\pi}\right)^2}\right] \tag{3-18}$$

为保证链条松边有一个合适的安装垂度 $f = (0.01 \sim 0.02)a$ ，实际中心距 a' 应较理论中心距 a 小一些，即

$$a' = a - \Delta a \tag{3-19}$$

式中，$\Delta a = (0.002 \sim 0.004)a$ 。对于中心距可调的链传动，Δa 可取大值，对于中心距不可调和没有张紧装置的链传动，则 Δa 应取较小值。

3.5　链传动的布置、张紧和润滑

3.5.1　链传动的布置

链传动的布置一般应遵守下列原则：两链轮轴线需平行，两链轮应位于同一平面内，尽量采用水平或接近水平的布置，原则上应使紧边在上。具体情况参看表 3-4。

表 3-4　链传动的布置

传动参数	正确布置	不正确布置	说明
$i = 2 \sim 3$ $a = (30 \sim 50)p$			传动比和中心距中等大小。 两轮轴线在同一水平面，紧边在上或在下，最好在上
$i > 2$ $a < 30p$			中心距较小。 两轮轴线不在同一水平面，松边应在下面，否则松边下垂量增大后，链条易与链轮卡死
$i < 1.5$ $a > 60p$			传动比小，中心距大。 两轮轴线在同一水平面，松边应在下面，否则经长时间使用，下垂量增大后，松边与紧边相碰，需经常调整中心距
i，a 为任意值			两轮轴线在同一铅垂面内，下垂量增大，会减少下链轮有效啮合齿数，降低传动能力。可为此采用： (1)中心距可调； (2)设张紧装置； (3)上下两轮偏置，使两轮的轴线不在同一铅垂面内

3.5.2　链传动的张紧

链传动张紧的目的，是为了避免松边垂度过大时产生啮合不良和链条振动，同时也为了增加链条和链轮的啮合包角。

当中心距可调时，可通过调整中心距来控制张紧程度；当中心距不可调时，可采用张紧装置或者去掉一两个链节以恢复原来的张紧程度。张紧装置可采用带齿链轮、不带齿的滚轮、压板或托板等，实现自动张紧（图 3-18(a)）或定期张紧（图 3-18(b)）。自动张紧多采用弹簧、重锤等张紧装置，定期张紧多采用螺纹、压板、托板张紧等。在中心距大的地方，用托板控制垂度更合理（图 3-18(c)）。

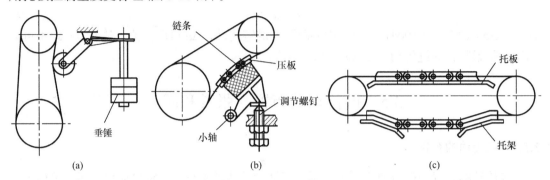

图 3-18　链传动的张紧装置

3.5.3　链传动的润滑

链传动的润滑对链条的寿命和工作性能影响很大。良好的润滑可缓和冲击，减少磨损，又能防止铰链内部工作温度过高。链传动的润滑方式根据链号和链速按图 3-14 选取。

润滑油推荐采用黏度等级为 32、46、68 的全损耗系统用油。对于开式及重载低速传动，可在润滑油中加入 MOS_2、WS_2 等添加剂。对于不便使用润滑油的场合，可使用润滑脂，但应定期清洗和更换润滑脂。

拓　　展

齿形链与滚子链相比，不仅可以降低多边形效应，减小传动过程中的横向波动，而且耐磨性好、传动平稳，能够显著降低整机噪声水平。随着造车技术水平和工业发展的不断进步，部分汽车发动机的正时皮带已被高强度金属齿形链条所替代，用来驱动发动机的配气机构，使发动机的进、排气门在适当的时候开启或关闭，来保证发动机的气缸能够正常地吸气和排气（图 3-19）。与传统的皮带驱动相比，链条驱动方式传动可靠、耐久性好并且还可节省空间，整个系统由链轮、链条和张紧装置等部件组成，其中液压张紧器可自动调节张紧力，使链条张力始终如一，并且终身免维护，设计寿命和发动机同步，不但安全、可靠性得到了一定提升，还将引擎的使用、维护成本降低了不少，因此正时链系统越来越多地应用在发动机配气机构上。当前，国内外学者主要从啮合机理、系统的动态特性以及试验性能对齿形链系统展开研究。但如何能研发出传动性能优良的齿形链系统是链传动技术领域亟待解决的问题。

图 3-19　汽车发动机上的正时链系统

[例] 设计拖动某带式运输机用的滚子链传动。已知：电动机驱动齿轮减速器，然后经链传动到带式运输机。链传动传递的功率 $P = 3\text{kW}$，主动链轮转速 $n_1 = 125\text{r/min}$，从动链轮的转速 $n_2 = 50\text{r/min}$，载荷平稳，中心线水平布置，要求传动比误差不超过 $\pm5\%$。

解 1）链轮齿数

取小链轮齿数 23，大链轮的齿数为

$$z_2 = z_1 \cdot i = z_1 \frac{n_1}{n_2} = 23 \times 2.5 = 57$$

实际传动比：
$$i = \frac{z_2}{z_1} = \frac{57}{23} = 2.48$$

误差远小于 $\pm5\%$，故允许。

2）选择链条型号

由表 3-2 查得工况系数 $K_A = 1$，由图 3-16 查得主动链轮齿数系数 $K_z = 0.95$，单排链，由式（3-16）修正链传动功率为

$$P_0 \geqslant \frac{K_A K_z P}{K_p} = \frac{1 \times 0.95 \times 3}{1} = 2.85\text{(kW)}$$

根据 $P_0 = 2.85\text{kW}$ 及 $n_1 = 125\text{r/min}$ 查图 3-15，选取链条型号 16A，查表 3-1，链条节距为 $p = 25.4\text{mm}$。

3）链节数和中心距

初选中心距 $a_0 = (30 \sim 50)p$，取 $a_0 = 40p$，相应的链长节数为

$$L_{p0} = 2\frac{a_0}{p} + \frac{z_1 + z_2}{2} + \left(\frac{z_2 - z_1}{2\pi}\right)^2 \frac{p}{a_0} = 2 \times \frac{40p}{p} + \frac{23 + 57}{2} + \left(\frac{57 - 23}{2 \times \pi}\right)^2 \times \frac{p}{40p} \approx 120.7$$

取链长节数 $L_p = 122$ 节。中心距为

$$a = \frac{p}{4}\left[\left(L_p - \frac{z_1 + z_2}{2}\right) + \sqrt{\left(L_p - \frac{z_1 + z_2}{2}\right)^2 - 8\left(\frac{z_2 - z_1}{2\pi}\right)^2}\right]$$

$$= \frac{25.4}{4}\left[\left(122 - \frac{23 + 57}{2}\right) + \sqrt{\left(122 - \frac{23 + 57}{2}\right)^2 - 8 \times \left(\frac{57 - 23}{2\pi}\right)^2}\right]$$

$$= 1032\text{(mm)}$$

中心距减小量： $\Delta a = (0.002 \sim 0.004)a = 2.1 \sim 4.1\text{(mm)}$

实际中心距： $a' = a - \Delta a = 1028 \sim 1030\text{(mm)}$

4）计算链速 v，确定润滑方式

$$v = \frac{n_1 z_1 p}{60 \times 1000} = \frac{125 \times 23 \times 25.4}{60 \times 1000} \approx 1.217\text{(m/s)}$$

由 $v = 1.217\text{m/s}$ 和链号 16A，查图 3-14 可知应采用滴油润滑。

5）计算压轴力 F_Q

有效圆周力： $F_e = \frac{1000P}{v} = \frac{1000 \times 3}{1.217} = 2465\text{(N)}$

则压轴力： $F_Q = (1.2 \sim 1.3)F_e = (2958 \sim 3205)\text{N}$

习　题

3-1　滚子链是由滚子、套筒、销轴、内链板和外链板所组成，其_____之间、_____之间分别为过盈配合，而_____之间、_____之间分别为间隙配合。

3-2　对于高速重载的套筒滚子链传动，应选用节距_____的_____排链；对于低速重载的套筒滚子链传动，应选用节距_____的链传动。（华中理工大学考研题）

3-3　链传动中，限制链轮的最小齿数，其目的是（　　），限制链轮的最大齿数，其目的是（　　）。（中南大学考研题）

　　A. 保证链的强度　　　　　　　　　　　　B. 保证链传动平稳性

　　C. 限制传动比的选择　　　　　　　　　　D. 安装精度要求不高

3-4　滚子链传动中，滚子的作用是（　　）。（浙江大学考研题）

　　A. 缓和冲击　　　　　　　　　　　　　　B. 减小套筒与轮齿间磨损

　　C. 提高链的破坏载荷　　　　　　　　　　D. 保证链条与轮齿间的良好啮合

3-5　链传动的瞬时传动比等于常数的充要条件是（　　）。（大连理工大学考研题）

　　A. 大链轮齿数 z_2 是小链轮齿数 z_1 的整数倍　　B. $z_1 = z_2$

　　C. $z_1 = z_2$，中心距 a 是节距 p 的整数倍　　D. $z_1 = z_2$，$a = 40p$

3-6　与链传动、齿轮传动相比，链传动有哪些特点？链传动适用于哪些场合？

3-7　滚子链传动的失效形式有哪些？链传动的内部附加动载荷产生的因素有哪些？（武汉理工大学考研题）

3-8　滚子链传动产生多边形效应的原因是什么？能否避免？怎样才能减少多变形效应？

3-9　如题 3-9 图所示链传动的布置形式，小链轮为主动轮，中心距 $a = (30 \sim 50)p$。它在图(a)、(b)所示布置中应按哪个方向回转才算合理？两轴线布置在同一铅垂面内（题 3-9 图(c)）有什么缺点？应采取什么措施？

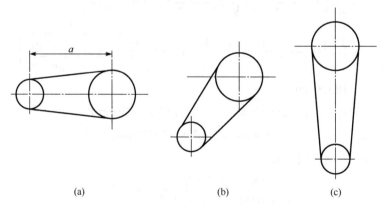

(a)　　　　　　　　　　　(b)　　　　　　　　　　　(c)

题 3-9 图

3-10　已知主动链轮转速 $n_1 = 850 \text{r} / \min$，齿数 $z_1 = 21$，从动链轮齿数 $z_2 = 99$，中心距 $a = 900\text{mm}$，滚子链极限拉伸载荷为 55.6kN，工况系数 $K_A = 1$，试求链条所能传递的功率。

3-11　某链传动传递的功率 $P = 3\text{kW}$，主动链轮的转速 $n_1 = 48 \text{r} / \min$，从动链轮的转速 $n_2 = 14 \text{r} / \min$，载荷平稳，人工定期润滑，试设计此链传动。

第4章 齿 轮 传 动

4.1 齿轮传动的特点及分类

4.1.1 齿轮传动的特点

(1) 传动效率高：可达 99%，在常用的机械传动中，齿轮传动的效率为最高。

(2) 结构紧凑：与带传动、链传动相比，在同样的使用条件下，齿轮传动所需空间一般较小。

(3) 寿命长：与其他各类传动相比，齿轮传动工作可靠，寿命长。

(4) 传动比稳定：瞬时传动比恒定，这也是齿轮传动获得广泛应用的原因之一。

(5) 成本较高：与带传动、链传动相比，齿轮的制造及安装精度要求高，价格较贵。

4.1.2 齿轮传动的分类

一对或多对齿轮共同构成齿轮传动装置，使一个或多个齿轮的转矩的大小和方向通过一级或多级转换。根据一对齿轮在啮合过程中其瞬时传动比是否恒定，将齿轮机构分为圆形(传动比常数)齿轮机构和非圆(传动比非常数)齿轮机构。应用最广泛的是圆形齿轮机构，而非圆齿轮机构则用于一些有特殊要求的机械中，本章只研究圆形齿轮机构。

根据齿轮两轴间的相对位置的不同，圆形齿轮机构又可分为如下几类。

1. 用于平行轴传动的齿轮机构

图 4-1 所示为用于平行轴传动的齿轮机构。其中，图 4-1(a) 为外啮合齿轮机构，两轮转向相反;图 4-1(b) 中齿轮的齿向相对于齿轮的轴线倾斜了一个角度，称为斜齿轮;图 4-1(c) 为八字齿轮，接触线呈八字形。图 4-1(d) 为人字齿轮，它可视为螺旋角方向相反的两个斜齿轮组成。图 4-1(e) 为内啮合齿轮机构，两轮转向相同。图 4-1(f) 为齿轮齿条机构，齿条作直线移动。

(a)   (b)   (c)

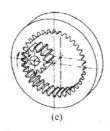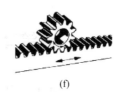

(d)　　　　　　　　　　　　(e)　　　　　　　　　　　　(f)

图 4-1　用于平行轴传动的齿轮机构

2. 用于相交轴间传动的齿轮机构

图 4-2 所示为用于相交轴间的锥齿轮机构。它有直齿(图 4-2(a))和曲线齿(图 4-2(b))之分。直齿应用最广，而曲线齿锥齿轮由于其传动平稳，承载能力高，常用于高速重载的传动中，如汽车、拖拉机、飞机等传动中。

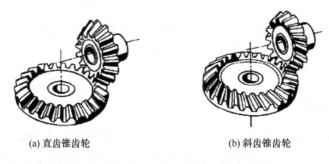

(a) 直齿锥齿轮　　　　　　　　　　　(b) 斜齿锥齿轮

图 4-2　用于相交轴间的锥齿轮机构

3. 用于相交轴间传动的齿轮机构

图 4-3 所示为用于相交轴间传动的齿轮机构。图 4-3(a)为交错轴斜齿轮机构，图 4-3(b)为准双曲面齿轮机构，图 4-3(c)为蜗杆机构。

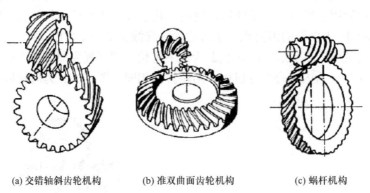

(a) 交错轴斜齿轮机构　　　　(b) 准双曲面齿轮机构　　　　(c) 蜗杆机构

图 4-3　用于相交轴间传动的齿轮机构

4.2　齿轮传动的设计准则

4.2.1　齿轮的失效形式

齿轮传动的失效主要发生在轮齿部分，其常见形式有：轮齿折断、齿面点蚀、齿面磨损、齿面胶合和塑性变形。

1. 轮齿折断

主要折断形式有两种：疲劳折断和过载折断。

正常情况下，主要是齿根弯曲疲劳折断，因为在轮齿受载时，齿根处产生弯曲应力

最大，再加上齿根过渡部分的截面突变及加工刀痕引起的应力集中，当齿轮重复受载后，齿根处就会产生疲劳裂纹，并逐步扩展，致使轮齿疲劳折断(图 4-4)。此外，在轮齿受到突然过载时，也可能出现过载折断；在轮齿经过严重磨损后齿厚过分减薄时，也会在正常载荷作用下发生折断。根据断口外观，可判断轮齿折断的原因(过载断裂或疲劳断裂)。

提高轮齿的抗折断能力的措施：①增大齿根过渡曲线的半径；②降低表面粗糙度；③齿面强化处理；④采用合适的热处理方式；⑤提高制造和安装精度；⑥增大轴及支撑的刚度。

图 4-4　轮齿疲劳折断

2. 齿面点蚀

齿面在接触变应力作用下，由于疲劳而产生的麻点状损失称为点蚀(图 4-5)。点蚀是持续受载、卸载导致材料疲劳而产生的，这是不允许发生的，在工作条件不变的情况下，随着时间的增长，点蚀越来越大。齿面点蚀通常发生在润滑良好的闭式齿轮传动中，在开式传动中，由于齿面磨损较快，点蚀还来不及出现或扩展即被磨掉，所以一般看不到点蚀。

增强轮齿抗点蚀能力的措施：①提高齿面硬度和降低表面粗糙度；②在许可范围内采用大的变位系数和，增大综合曲率半径；③采用黏度较高的润滑油；④减小动载荷。

3. 齿面磨损

齿面磨损通常有磨粒磨损和跑合磨损两种。

由于砂粒、金属屑等磨料进入齿面间而引起的是磨粒磨损(图 4-6)。齿面过度磨损会引起齿廓变形和齿厚减薄，产生振动和噪声，最终使传动失效。齿面磨损是开式齿轮传动的主要失效形式。

图 4-5　齿面点蚀

图 4-6　齿面磨损

　　新的齿轮副，由于加工后表面具有一定的粗糙度，受载时实际上只有部分峰顶接触。接触处压强很大，因而在开始运转期间，磨损速度和磨损量都较大，磨损到一定程度后，摩擦面逐渐光洁，压强减小，磨损速度缓慢，这种磨合称为跑合。人们有意地使齿轮副在轻载下进行跑合，为随后的正常磨损创造有利条件。

　　减轻与防止磨粒磨损的主要措施：①提高齿面硬度；②降低表面粗糙度值；③降低滑动系数；④注意润滑油的清洁和定期更换；⑤改开式传动为闭式传动。

4. 齿面胶合

　　高速重载齿轮传动，因齿面间压力大，相对滑动速度大，在啮合处摩擦生热多，产生瞬时高温，使油膜破裂，造成齿面金属直接接触并相互黏着，而后随齿面相对运动，又将黏接金属撕落形成条状沟痕，产生齿面热胶合(图 4-7)。热胶合是高速齿轮传动的主要失效形式。

　　有些低速重载的齿轮传动($v \leqslant 2\text{m/s}$)，由于啮合处局部压力很高，齿面间的油膜破裂而黏着，产生齿面冷胶合。特别是对于高速运转的传动，胶合会导致温度、轮齿受力和噪声升高，最后因为齿廓严重损坏而导致轮齿断裂。

　　提高齿面抗胶合能力主要措施：①减小模数，降低齿高，以降低滑动系数；②提高齿面硬度，降低齿面粗糙度；③采用抗胶合能力强的润滑油，在润滑油中加入极压添加剂。

5. 塑性变形

　　塑性变形(图 4-8)是由于过大的应力作用，轮齿的材料处于屈服状态而产生的齿面或齿体塑性流动所形成的。塑性变形一般发生在硬度低的齿轮上。

图 4-7　齿面胶合　　　　　　　　　　　图 4-8　塑性变形

　　(1)由于突然过载引起的轮齿歪斜的现象称为齿体塑性变形。

　　(2)过载使得啮合面间压力过大，油膜被破坏，金属表面直接接触，齿面间的摩擦剧增，由于摩擦力的作用，齿面表层材料沿摩擦力的方向发生塑性变形，主动轮齿面节线处产生凹坑，从动轮齿面节线处产生凸起。

　　提高抗塑性变形能力的措施：①提高齿面硬度；②降低表面粗糙度；③低速传动采用黏度较大的润滑油，高速传动采用抗胶合能力强的润滑油。

4.2.2　齿轮传动的设计准则

齿轮传动不同的失效形式，对应不同的设计准则。因此，在设计齿轮传动时，因根据具体的工作条件，在分析其主要失效形式的前提下，选用相应的设计准则，进行设计计算。

(1)对于软齿面闭式齿轮传动，齿面点蚀是其主要失效形式，故先按齿面接触疲劳强度进行设计，然后校核齿根弯曲疲劳强度。

(2)对于硬齿面闭式齿轮传动，轮齿折断为其主要失效形式，故先按齿根弯曲疲劳强度进行设计，然后校核齿面接触疲劳强度。

(3)对于高速重载齿轮传动，齿面胶合为其主要失效形式，故除了按前面两项要求选择设计准则外，还需要校核齿面胶合强度。

(4)对于开式(半开式)齿轮传动，齿面磨损和因磨损导致轮齿折断为其主要失效形式，但目前对于齿面磨损尚无成熟的设计计算方法，因此通常按齿根弯曲疲劳强度进行设计，然后考虑磨损的影响需将算得的模数适当增大，一般增大 10%～15%后取标准值。

4.2.3　齿轮材料及热处理

齿轮的齿根应有较高的抗折断能力，齿面应有较强的抗点蚀、抗磨损和较高的抗胶合能力，即要求：齿面硬、芯部韧。此外，还应具有良好的机械加工、热处理工艺性及经济性等要求。

许多材料都适合齿轮的生产制造，由于技术和经济性的原因，钢是最为经济的材料。

对于非硬化齿轮，若大齿轮和小齿轮选择了同样的材料，则一定要选择不同的硬度，避免产生胶合；两个钢制齿轮的硬度差应尽可能大，从长远来看，对降低磨损很有好处。只要齿轮副的齿廓硬化，并且磨削后，上述措施就不必要了，对铸铁也一样；一个硬化并且磨削后的小齿轮与一个非硬化的齿轮在多次啮合后会产生冷作硬化，这对改善齿轮强度是有利的。

小齿轮在高速旋转时会产生很大的应力，因此在生产制造时，要使它的硬度比大齿轮高。大多数小齿轮是由钢制造的，与之相对，大齿轮是根据应力的不同采用灰铸铁或者球墨铸铁、铸钢或者钢制造。对于大型齿轮传动装置，调制或者硬化大齿轮经常采用相应的钢材作为齿轮圈(轮缘)，热装在大齿轮上(例如材料为灰铸铁)。

对于一般齿轮材料的选择应遵循下述原则：

(1)灰铸铁适用于轻载低速 $v < 2\text{m/s}$ 场合，尤其适用于模数较大且齿轮形状很复杂的场合，灰铸铁容易切削，可以吸声，但是对冲击敏感。

(2)球墨铸铁适用于中载场合，性能在灰铸铁和铸钢之间，耐磨性好，可以进行热处理。

(3)可锻铸铁适用于小尺寸，比灰铸铁的强度和韧性好。

(4)铸钢尤其适用于大尺寸情况；比灰铸铁更难铸造(由于存在很大的收缩，会造成铸造应力和缩孔)，制造成本比轧制或锻造齿轮低，并且可以热处理。

大多数中载或重载齿轮采用钢材料。由于材料的选择和处理是根据齿根应力和齿廓的应力，除了采用横截面上有相同性能的钢材(例如，一般的结构钢以及合金钢和非合金调质钢)，还可以对危险截面进行提高局部硬度处理。后者称为表面硬化钢，在保证芯的相对韧性的同时，表面得到硬化，并且提高了耐磨性。

常用的齿轮材料及其力学特性列于表 4-1。

表 4-1　常用的齿轮材料及其力学特性列

材料牌号	热处理方法	强度极限/MPa	屈服极限/MPa	硬度	
				齿芯部	齿面
HT250		250		170～241HBW	
HT300		300		187～255HBW	
HT350		350		197～269HBW	
QT500-5		500		147～241HBW	
QT600-2		600		229～302HBW	
ZG310-570	常化	580	320	156～217HBW	
ZG340-640		650	350	169～229HBW	
45		580	290	162～217HBW	
ZG340-640		700	380	241～269HBW	
45		650	360	217～255HBW	
30CrMnSi	调质	1100	900	310～360HBW	
35SiMn		750	450	217～269HBW	
38SiMnMo		700	550	217～269HBW	
40Cr		700	500	241～286HBW	
45	调质后表面淬火			217～255HBW	40～50HRC
40Cr				241～286HBW	48～55HRC
20Cr		650	400	300HBW	58～62HRC
20CrMnTi	渗碳后淬火	1100	850		
12Cr2Ni4		1100	850	320HBW	
20Cr2Ni4		1200	1100	350HBW	
35CrAlA	调质后氮化	950	750	255～321HBW	>850HV
38CrMoAlA		1000	850		
夹布塑胶		100			25～35HBW

注：40Cr 钢可用 40MnB 或 40MnVB 钢代替；20Cr、20CrMnTi 钢可用 20Mn2B 或 20MnVB 钢代替。

4.2.4　齿轮主要参数选择

1. 齿数

齿轮齿数多与少都对传动性能有一定影响。当中心距不变时，增加齿数，除能增大重合度、改善传动的平稳性外，还可减小模数，降低齿高，减少金属切削量，节省制造费用。此外还能降低滑动速度，减少磨损及胶合的可能性。但模数小了，齿厚随之减薄，则要降低齿轮的弯曲强度。

齿轮在满足弯曲疲劳强度前提下，齿数宜取大值，一般取 $z_1 = 18 \sim 30$；闭式齿轮传动：软齿面（硬度小于 350HBW），且过载不大，齿数宜取较大值；硬齿面（硬度大于 350HBW），过载大，齿数宜取较小值；开式齿轮传动：齿数宜取较小值；高速、胶合危险性大的齿轮传动，推荐用 $z_1=25\sim27$；一般减速器中常取 $z_1+z_2=100\sim200$；为了减小和消除齿轮制造误差对传动的影响，在满足传动要求的前提下，尽量使 z_1 和 z_2 互为质数。

2. 模数

模数 m 由强度设计确定，其值需按标准值选取。一般动力传动的齿轮 $m\leqslant2mm$。

3. 齿宽系数

齿宽系数 ϕ_d 大时，同样承载能力下可使齿轮中心距及直径减小，但齿宽增大会加重载荷沿齿宽分布不均现象。一般取值范围 $\phi_d=b/d_1=0.2\sim2.4$。齿宽系数的荐用值见表 4-2。圆柱齿轮的实际齿宽，在按计算后再做适当圆整，而且经常将小齿轮的齿宽在圆整值的基础上人为地加宽 5mm，以防止太小齿轮因装配误差产生轴向错位时导致啮合齿宽减小而增大轮齿单位宽度的工作载荷。

表 4-2　齿宽系数 ϕ_d 推荐范围

支承对齿轮的配置	载荷特性	ϕ_d 的最大值		ϕ_d 的推荐值	
		工作齿面硬度			
		一对或一个齿轮 $\leqslant350HBW$	两个齿轮都是 $>350HBW$	一对或一个齿轮 $\leqslant350HBW$	两个齿轮都是 $>350HBW$
对称配置并靠近齿轮	变动较小	1.8(2.4)	1.0(1.4)	0.8～1.4	0.4～0.9
	变动较大	1.4(1.9)	0.9(1.2)		
非对称配置	变动较小	1.4(1.9)	0.9(1.2)	结构刚度较大时(如二级减速器低速级)	
				0.6～1.2	0.3～0.6
	变动较大	1.5(1.65)	0.7(1.1)	结构刚度较小时	
				0.4～0.8	0.2～0.4
悬臂配置	变动较小	0.8	0.55		
	变动较大	0.6	0.4		

注：括号内的数值用于人字齿轮，其齿宽是两个半人字齿轮齿宽之和。

4. 螺旋角

齿轮螺旋角 β 越大，产生轴向力越大，应尽量使轴面重合度 $\varepsilon_\beta\approx1\sim1.2$，这样一方面保证了运转安静，另一方面满足不使轴向力太大的要求。应该注意，螺旋角 β 大小相同的大小齿轮，其齿向不同(一个右旋，一个左旋)。螺旋角 β 的选择推荐为：一般斜齿轮和八字齿轮 $\beta\approx8°\sim20°$；人字齿轮 $\beta\approx30°\sim45°$。

4.3　标准直齿圆柱齿轮传动的强度计算

4.3.1　直齿轮的受力分析

转矩 T_1 由主动轮传给从动轮。若忽略齿面间的摩擦力，轮齿间法向力 F_n 的方向始终沿啮合线。将法向力 F_n 在节点 P 处分解为两个相互垂直的分力，即圆周力 F_t 与径向力 F_r（单位均为 N），如图 4-9 所示，由此得

$$\begin{cases} F_t = \dfrac{2T_1}{d_1} \\[2mm] F_r = F_t \tan\alpha \\[2mm] F_n = \dfrac{F_t}{\cos\alpha} \end{cases} \tag{4-1}$$

式中，T_1 为主动齿轮传递的转矩，N·mm；d_1 为主动齿轮的节圆直径，mm；α 为啮合角，对标准齿轮，$\alpha = 20°$。

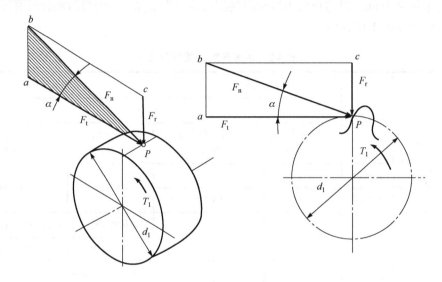

图 4-9　直齿圆柱齿轮轮齿的受力分析

主动轮所受圆周力与主动轮转向相反，主动轮与从动轮各自径向力均指向各自轮心中心。

4.3.2　齿轮传动的计算载荷

实际传动中由于原动机、工作机性能的影响以及制造误差的影响，载荷会有所增大。为了能尽可能真实地计算啮合所产生的力，应考虑载荷影响系数。计算齿轮强度用的载荷系数，包括使用系数、动载系数、齿间载荷分配系数及齿向载荷分布系数，即

$$K = K_A K_V K_\alpha K_\beta \tag{4-2}$$

1. 使用系数

使用系数 K_A 是考虑齿轮啮合时外部因素所引起的附加动载荷影响的系数。这种附加载荷取决于原动机和从动机械的特性、质量比、联轴器类型以及运行状态等。表 4-3 所列的 K_A 值可供参考。

表 4-3　使用系数 K_A

载荷状态	工作机器	原动机			
		电动机、均匀运转的蒸汽机、燃气轮机	蒸汽机、燃气轮机液压装置	多缸内燃机	单缸内燃机
均匀平稳	发电机、均匀传送的带式输送机或板式输送机、螺旋输送机、轻微升降机、包装机、机床进给机构、通风机、均匀密度材料搅拌机等	1.00	1.10	1.25	1.50
轻微冲击	不均匀传送的带式输送机或板式输送机、机床的主传动机构、重型升降机、工业与矿用风机、重型离心机、变密度材料搅拌机等	1.25	1.35	1.50	1.75
中等冲击	橡胶挤压机、橡胶和塑料作间断工作的搅拌机、轻型球磨机、木工机械、钢坯初轧机、提升装置、单缸活塞泵等	1.50	1.60	1.75	2.00
严重冲击	挖掘机、重型球磨机、橡胶揉合机、破碎机、重型给水泵、旋转式钻探装置、压砖机、带材冷轧机、压坯机等	1.75	1.85	2.00	≥2.25

2. 动载系数

动载系数 K_V 是考虑齿轮副自身啮合误差引起的内部附加动载荷影响的系数。

产生附加动载荷的主要因素有：①齿轮制造产生的基节误差和齿形误差；②在啮合传动中，同时参加啮合轮齿的对数及位置在循环变化，轮齿啮合刚度也随之变化；③轮齿受载变形；④齿轮支承件的弹性变形等。上述因素导致啮合节点位置变化，故从动轮转速变化，产生附加动载荷。

减少齿轮啮合动载荷措施有：①适当提高制造精度；②降低齿轮圆周速度；③增加轮齿及支承件的刚度；④对齿轮进行修形等。

对于一般的齿轮传动的动载系数，可参考图 4-10 选用。图中 6~12 为齿轮传动的精度系数，它与齿轮的精度有关。若按齿轮精度查取 K_V 值，是偏于安全的。若为直齿锥齿轮传动，应按照比图中低一级的精度线及锥齿轮平均分度圆处的圆周速度查取。

3. 齿间载荷分配系数

齿间载荷分配系数 K_α 是考虑同时啮合的各对轮齿间载荷分配不均匀的影响系数。

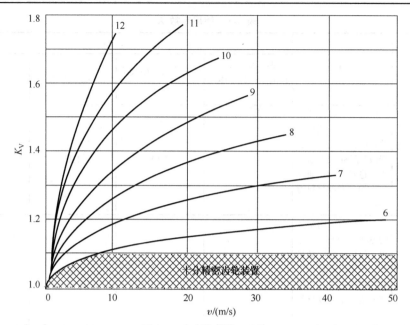

图 4-10　动载系数 K_V 值

　　$K_{H\alpha}$ 为按齿面接触疲劳强度计算时用的齿间载荷分配系数，$K_{F\alpha}$ 为按齿根弯曲疲劳强度计算式用的齿间载荷分配系数。

　　影响齿间载荷分配不均匀的主要因素有：①受载后齿轮的变形；②齿轮的制造误差，特别是基节误差；③齿轮的磨合效果及齿廓修形等。表 4-4 给出了一般工况下(不需要做精确计算)的 K_α 的参考值，其适用条件为基本齿廓符合 GB/T 1356—2001 的钢制外啮合和内啮合直齿轮和 $\beta \leqslant 30°$ 的斜齿轮。

表 4-4　齿间载荷分配系数 K_α

$K_A F_t / b$		$\geqslant 100\text{N/mm}$				$<100\text{N/mm}$
齿轮精度等级		5	6	7	8	5 级或更低
硬齿面直齿轮	$K_{H\alpha}$	1.0		1.1	1.2	$1/Z_\varepsilon^2 \geqslant 12$
	$K_{F\alpha}$					$1/Y_\varepsilon \geqslant 12$
硬齿面斜齿轮	$K_{H\alpha}$	1.0	1.1	1.2	1.4	$\varepsilon_\alpha / \cos^2 \beta_b \geqslant 14$
	$K_{F\alpha}$					
非硬齿面直齿轮	$K_{H\alpha}$	1.0			1.1	$1/Z_\varepsilon^2 \geqslant 12$
	$K_{F\alpha}$					$1/Y_\varepsilon \geqslant 12$
非硬齿面斜齿轮	$K_{H\alpha}$	1.0		1.1	1.2	$\varepsilon_\alpha / \cos^2 \beta_b \geqslant 14$
	$K_{F\alpha}$					

　　注：①硬齿面和软齿面相啮合的齿轮副，齿间载荷分配系数取平均值；
　　②大、小齿轮精度等级不同时，按精度等级较低值取值。

4. 齿向载荷分配系数

　　齿向载荷分布系数 K_β 是考虑沿齿向载荷分布不均匀的影响系数。

　　影响载荷分布不均匀的主要因素有：①齿轮的制造和安装误差；②轮齿、轴系部件以及支座变形；③齿宽及齿面硬度等。提高齿轮的制造安装精度，提高支承系统的刚度，适当减小齿宽，采用齿向修形等，均可改善齿向载荷分布状况。

影响齿向载荷分配系数的因素比较多并且计算复杂，在此仅给出其简化计算方法。考虑齿轮副装配时是否检验调整，其接触疲劳强度的齿向载荷分布系数 $K_{H\beta}$ 查表 4-5。弯曲疲劳强度的齿向载荷分布系数 $K_{F\beta}$ 可按式(4-3)计算：

$$K_{F\beta} = \left(K_{H\beta}\right)^N \tag{4-3}$$

式中，N 为幂指数，与齿轮的齿宽、齿高有关。

$$N = \frac{(b/h)^2}{1 + (b/h) + (b/h)^2} \tag{4-4}$$

表 4-5　接触疲劳强度的齿向载荷分布系数 $K_{H\beta}$

					a_3 （支承方式）			
	\multicolumn{2}{c}{$K_{H\beta} = a_1 + a_2\left[1 + a_3\left(\dfrac{b}{d_1}\right)^2\right]\left(\dfrac{b}{d_1}\right)^2 + a_4 b$}							
	精度等级		a_1	a_2	对称	非对称	悬臂	a_4
调质齿轮 $K_{H\beta}$	装配时不做检验调整	5	1.14	0.18	0	0.6	6.7	2.3×10^{-4}
		6	1.15	0.18	0	0.6	6.7	3.0×10^{-4}
		7	1.17	0.18	0	0.6	6.7	4.7×10^{-4}
		8	1.23	0.18	0	0.6	6.7	6.1×10^{-4}
	装配时检验调整或对研磨合	5	1.10	0.18	0	0.6	6.7	1.2×10^{-4}
		6	1.11	0.18	0	0.6	6.7	1.5×10^{-4}
		7	1.12	0.18	0	0.6	6.7	2.3×10^{-4}
		8	1.15	0.18	0	0.6	6.7	3.1×10^{-4}

					a_3 （支承方式）			
	\multicolumn{2}{c}{$K_{H\beta} = a_1 + a_2\left[1 + a_3\left(\dfrac{b}{d_1}\right)^2\right]\left(\dfrac{b}{d_1}\right)^2 + a_4 b$}							
	\multicolumn{8}{c}{装配时不做检验调整；首先用 $K_{H\beta} \leqslant 1.34$ 计算}							
	精度等级		a_1	a_2	对称	非对称	悬臂	a_4
硬齿面齿轮 $K_{H\beta}$	$K_{H\beta} \leqslant 1.34$	5	1.09	0.26	0	0.6	6.7	2.0×10^{-4}
	$K_{H\beta} > 1.34$		1.05	0.31	0	0.6	6.7	2.3×10^{-4}
	$K_{H\beta} \leqslant 1.34$	6	1.09	0.26	0	0.6	6.7	3.3×10^{-4}
	$K_{H\beta} > 1.34$		1.05	0.31	0	0.6	6.7	3.8×10^{-4}
	\multicolumn{8}{c}{装配时检验调整或对研磨合，首先用 $K_{H\beta} \leqslant 1.34$ 计算}							
	$K_{H\beta} \leqslant 1.34$	5	1.05	0.26	0	0.6	6.7	1.0×10^{-4}
	$K_{H\beta} > 1.34$		0.99	0.31	0	0.6	6.7	1.2×10^{-4}
	$K_{H\beta} \leqslant 1.34$	6	1.05	0.26	0	0.6	6.7	1.6×10^{-4}
	$K_{H\beta} > 1.34$		1.00	0.31	0	0.6	6.7	1.9×10^{-4}

4.3.3　齿面接触疲劳强度计算

1. 齿面接触疲劳强度公式

直齿圆柱齿轮齿面接触疲劳的校核计算公式为

$$\sqrt{\frac{2KT_1}{\phi_d d_1^3} \cdot \frac{u \pm 1}{u}} Z_H Z_E Z_\varepsilon \leqslant [\sigma_H] \tag{4-5}$$

直齿圆柱齿轮齿面接触疲劳的设计计算公式为

$$d_1 \geqslant \sqrt[3]{\frac{2KT_1}{\phi_d} \cdot \frac{u \pm 1}{u} \left(\frac{Z_H Z_E Z_\varepsilon}{[\sigma_H]}\right)^2} \tag{4-6}$$

式中，(1) Z_E 为弹性系数，是用来反应弹性模量和泊松比对接触应力的影响，单位为 $\sqrt{\text{MPa}}$；数值列于表 4-6；

(2) Z_H 为节点区域系数，$Z_H = \sqrt{\dfrac{2}{\sin\alpha\cos\alpha}}$，标准齿轮时，$\alpha = 20°$，$Z_H = 2.5$；

(3) Z_ε 为重合度系数，表示重合度对接触线长度的影响，查表 4-7，其中齿轮端面重合度 $\varepsilon_\alpha = \left[1.88 - 3.2\left(\dfrac{1}{z_1} \pm \dfrac{1}{z_2}\right)\right]\cos\beta$，纵向重合度 $\varepsilon_\beta = 0.318\phi_d z_1 \tan\beta$；

(4) ϕ_d 为齿宽系数，数值参看表 4-2；

(5) σ_H、$[\sigma_H]$ 的单位为 MPa；T_1 的单位为 N·mm；

(6) 接触强度计算中，因两对齿轮的接触应力一样，即 $\sigma_{H1} = \sigma_{H2}$，故按此强度准则设计齿轮传动时，公式中应取 $[\sigma_H]_1$ 和 $[\sigma_H]_2$ 中较小者。

表 4-6　弹性系数 Z_E

齿轮 1			齿轮 2			
材料	弹性模量 E_1/MPa	泊松比 μ_1	材料	弹性模量 E_1/MPa	泊松比 μ_2	$Z_E/\sqrt{\text{MPa}}$
钢	206000	0.3	钢	206000	0.3	189.8
			铸钢	202000		188.9
			球墨铸铁	173000		181.4
			灰铸铁	118000～126000		162.0～165.4
			锡青铜	113000		159.8
			铸锡青铜	103000		155.0
铸钢	202000	0.3	铸钢	202000	0.3	188.0
			球墨铸铁	173000		180.5
			灰铸铁	118000		161.4
球墨铸铁	173000	0.3	球墨铸铁	173000	0.3	173.9
			灰铸铁	118000		156.6
灰铸铁	118000～126000	0.3	灰铸铁	118000	0.3	143.7～146.0

表 4-7 重合度系数 Z_ε

直齿轮	斜齿轮	
$Z_\varepsilon = \sqrt{\dfrac{4-\varepsilon_\alpha}{3}}$	$\varepsilon_\alpha < 1$	$Z_\varepsilon = \sqrt{\dfrac{4-\varepsilon_\alpha}{3}\left(1-\varepsilon_\beta\right)+\dfrac{\varepsilon_\beta}{\varepsilon_\alpha}}$
	$\varepsilon_\alpha \geqslant 1$	$Z_\varepsilon = \sqrt{\dfrac{1}{\varepsilon_\alpha}}$

2. 许用接触应力

$$[\sigma_H] = \frac{\sigma_{Hlim} Z_{NT}}{S_H} \tag{4-7}$$

式中，(1) σ_{Hlim} 为齿轮的接触疲劳极限，由图 4-11 查取，其中 ML、MQ、ME 线分别代表对应于材料和热处理质量达到最低要求、中等要求和很高要求时的接触疲劳极限应力。

(2) Z_{NT} 为齿轮的接触疲劳强度的寿命系数，考虑按有限寿命设计接触弯曲疲劳强度时的系数，Z_{NT} 值可根据应力循环次数 N_L 查图 4-12。设 n 为齿轮的转速 (r/min)；j 为齿轮每转一圈，同一齿面啮合的次数；L_h 为齿轮的工作寿命 (h)，则应力循环次数 N_L 计算公式为

$$N_L = 60njL_h \tag{4-8}$$

(3) S_H 为接触疲劳强度计算的最小安全系数，可参考表 4-8 选取。

表 4-8 最小安全系数 S_H、S_F 的参考值

使用要求	使用场合	S_{Hmin}	S_{Fmin}
高可靠度	特殊工作条件下要求可靠度很高的齿轮	1.50～1.60	2.00
较高可靠度	长期连续运转和较长的维修间隔；设计寿命虽不长，但可靠性要求较高，一旦失效可能造成严重经济损失或安全事故	1.25～1.30	1.60
一般可靠度	通用齿轮和多数工业用齿轮，对设计寿命和可靠度有一定要求	1.00～1.10	1.25
低可靠度	齿轮设计寿命不长，易于更换的不重要齿轮；或者设计寿命虽不短，但对可靠度要求不高	0.85	1.00

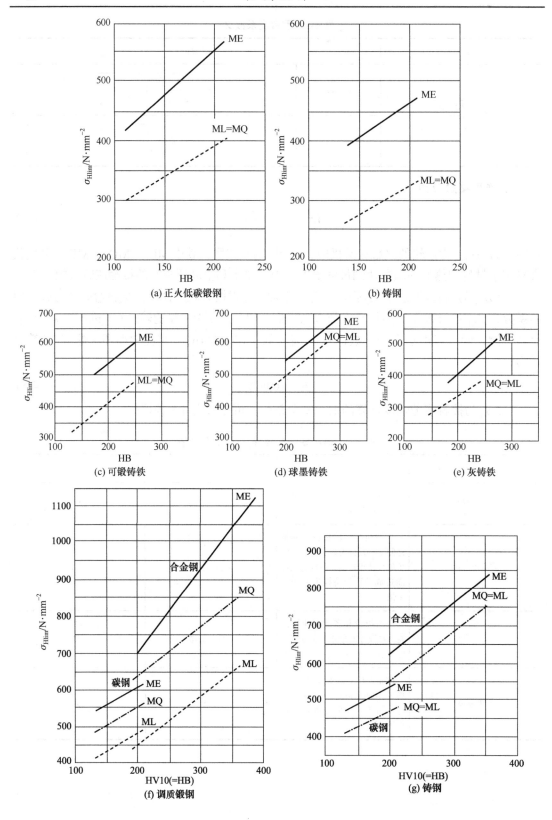

(a) 正火低碳锻钢

(b) 铸钢

(c) 可锻铸铁

(d) 球墨铸铁

(e) 灰铸铁

(f) 调质锻钢

(g) 铸钢

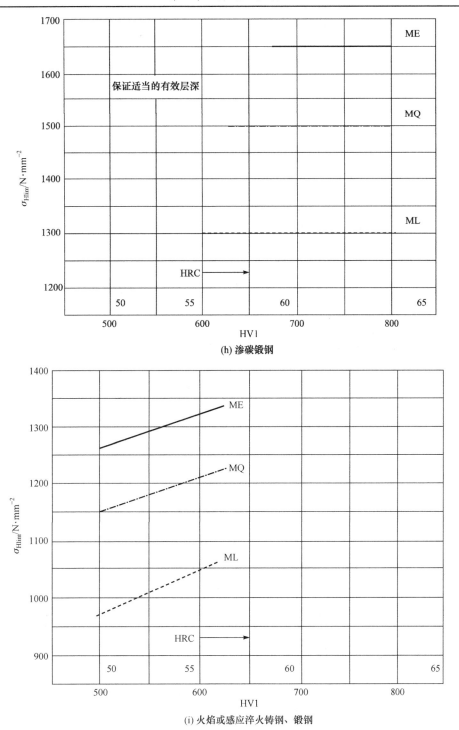

(h) 渗碳锻钢

(i) 火焰或感应淬火铸钢、锻钢

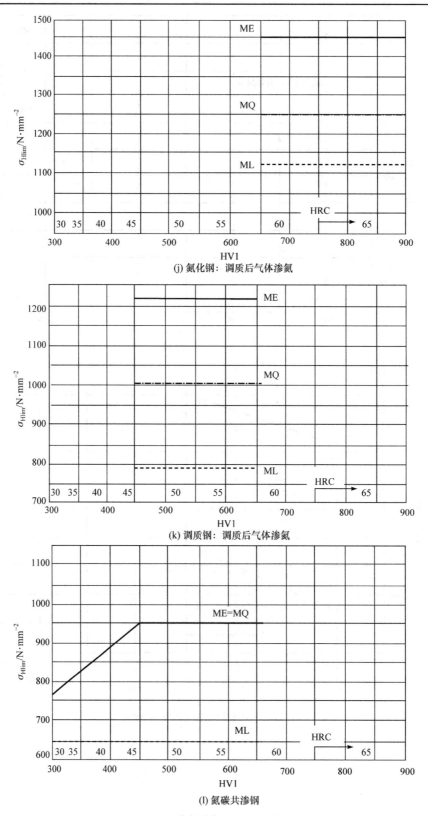

(j) 氮化钢：调质后气体渗氮

(k) 调质钢：调质后气体渗氮

(l) 氮碳共渗钢

图 4-11　齿轮接触疲劳极限应力

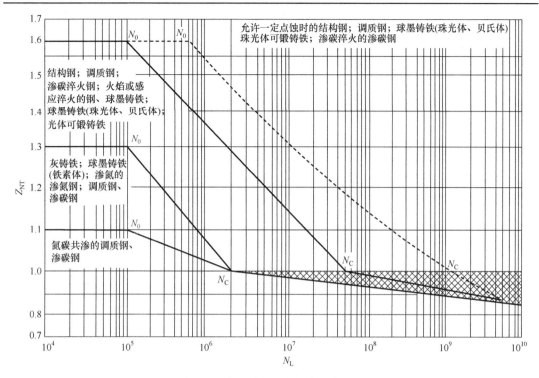

图 4-12　齿面接触疲劳强度寿命系数

3. 齿轮接触疲劳强度的初步设计

齿轮设计之初，因为齿轮尺寸参数未知，无法选定某些系数进行齿轮设计。因此，齿轮在初步设计时首先选取载荷系数 K_t 和齿宽系数 ϕ_d，利用设计式(4-6)计算齿轮的分度圆直径 d_t，然后按 d_t 值计算齿轮的圆周速度，查取相关系数计算载荷系数 K。如 K 与 K_t 相差不大，则不必修改原计算；若相差较大，应按式(4-9)修正分度圆直径。

$$d_1 = d_{1t} \sqrt[3]{\frac{K}{K_t}} \tag{4-9}$$

其中，齿宽系数 ϕ_d 可参考表 4-2 选取。载荷系数一般取 $K = 1.2 \sim 2$。载荷系数在下述情况下可取较小值：载荷平稳、齿宽系数较小、轴承对称布置、轴的刚度较大、齿轮精度较高(6级以上)；反之，取较大值。

4.3.4　齿面弯曲疲劳强度计算

1. 齿根弯曲疲劳强度公式

直齿圆柱齿轮齿根弯曲疲劳强度校核的计算公式为

$$\sigma_F = \frac{2KT_1 Y_{Fa} Y_{Sa} Y_\varepsilon}{\phi_d m^3 z_1^2} \leqslant [\sigma_F] \tag{4-10}$$

直齿圆柱齿轮齿根弯曲疲劳强度设计的计算公式为

$$m \geqslant \sqrt[3]{\frac{2KT_1}{\phi_d z_1^2} \cdot \frac{Y_{Fa} Y_{Sa} Y_\varepsilon}{[\sigma_F]}} \tag{4-11}$$

式中，(1) Y_{Fa} 为齿形系数，只与轮齿的齿廓形状有关，与齿的大小(模数)无关，可查表 4-9。

(2) Y_{Sa} 为应力校正系数，为载荷作用于齿顶时的应力校正系数(数值列于表 4-9)。

(3) Y_ε 为弯曲疲劳强度计算的重合度系数，是将载荷由齿顶转换到单对齿啮合区外界系数，通过式(4-12)进行计算：

$$Y_\varepsilon = 0.25 + \frac{0.75}{\varepsilon_\alpha} \tag{4-12}$$

(4) ϕ_d 为齿宽系数(数值参看表 4-2)。

(5) σ_F、$[\sigma_F]$ 的单位为 MPa；m 的单位为 mm；其余各符号的意义和单位同前。

(6) 弯曲强度计算中，因大小齿轮齿形、材料不同，则大小齿轮的 σ_F、Y_{Fa}、Y_{Sa} 值不同，故按此强度准则设计齿轮传动时，公式中应取 $\dfrac{[\sigma_F]_1}{Y_{Fa1}Y_{Sa1}}$ 和 $\dfrac{[\sigma_F]_2}{Y_{Fa2}Y_{Sa2}}$ 中较小者。

表 4-9　齿形系数 Y_{Fa} 及应力校正系数 Y_{Sa}

$z(z_v)$	17	18	19	20	21	22	23	24	25	26	27	28	29
Y_{Fa}	2.97	2.91	2.85	2.80	2.76	2.72	2.69	2.65	2.62	2.60	2.57	2.55	2.53
Y_{Sa}	1.52	1.53	1.54	1.55	1.56	1.57	1.575	1.58	1.59	1.595	1.60	1.61	1.62
$z(z_v)$	30	35	40	45	50	60	70	80	90	100	150	200	∞
Y_{Fa}	2.52	2.45	2.40	2.35	2.32	2.28	2.24	2.22	2.20	2.18	2.14	2.12	2.06
Y_{Sa}	1.625	1.65	1.67	1.68	1.70	1.73	1.75	1.77	1.78	1.79	1.83	1.865	1.97

2. 许用弯曲应力

$$[\sigma_F] = \frac{\sigma_{Flim}Y_{NT}}{S_F} \tag{4-13}$$

式中，(1) σ_{Flim} 为齿轮的弯曲疲劳极限，由图 4-13 查取，其中 ML、MQ、ME 线分别代表对应材料和热处理质量达到最低要求、中等要求和很高要求时弯曲疲劳极限应力。

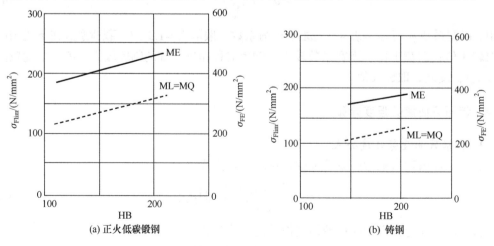

(a) 正火低碳锻钢　　　　　　　　　(b) 铸钢

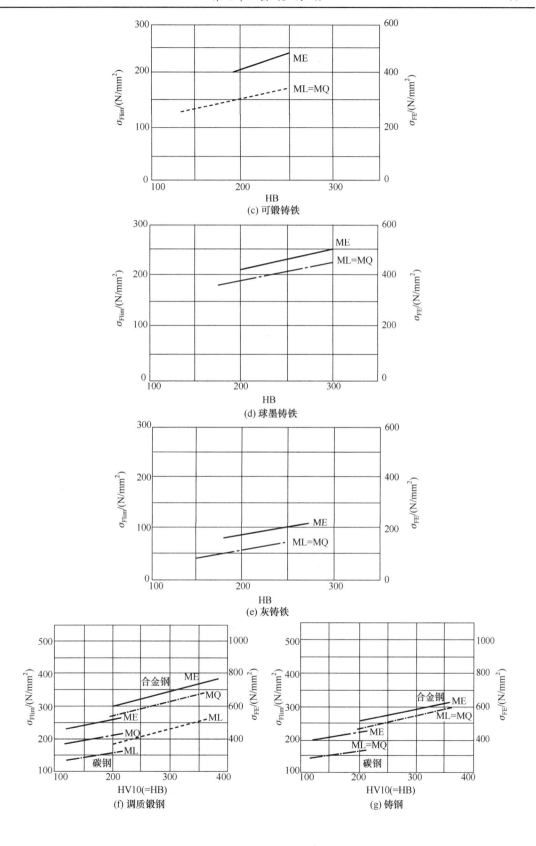

(c) 可锻铸铁

(d) 球墨铸铁

(e) 灰铸铁

(f) 调质锻钢

(g) 铸钢

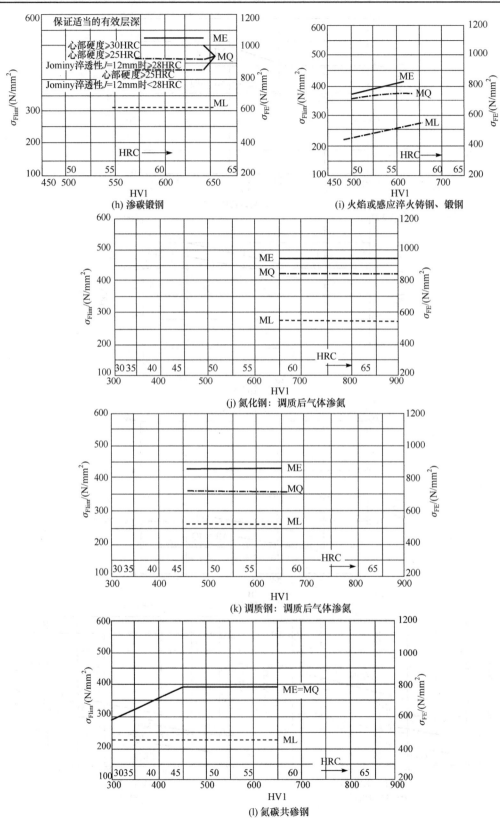

图 4-13　齿轮弯曲疲劳极限应力

（2）Y_{NT} 为齿轮的弯曲疲劳强度的寿命系数，考虑按有限寿命设计齿根弯曲疲劳强度时的系数，Y_{NT} 值可根据应力循环次数 N_L 查图 4-14，N_L 的计算公式为式（4-8）。

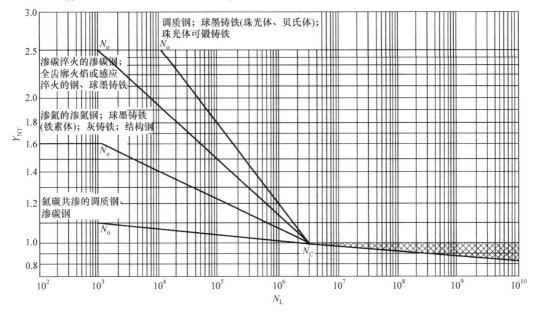

图 4-14 齿根弯曲疲劳强度寿命系数

（3）S_F 为齿根弯曲疲劳强度的安全系数，可参考表 4-8 选取。

3. 齿轮弯曲疲劳强度的初步设计

齿轮按弯曲疲劳强度初步设计时，方法与齿轮接触疲劳强度初步设计内容相同，初选 K_t 和齿宽系数 ϕ_d，按公式确定 m_t，再进行修正。

[例 4-1] 设计一对单级直齿圆柱齿轮减速器中的齿轮。电动机驱动，转向不变。已知输入功率 $P_1 = 10kW$，小齿轮转速 $n_1 = 960r/min$，齿数比 $\mu = 3.2$，齿轮为非对称布置，载荷平稳，工作寿命为 15 年（设每年工作 300 天），两班制，每班 8h。

解 1）按选定齿轮类型、精度等级、材料及齿数

（1）普通减速器，速度不高，故选用 7 级精度。

（2）材料选择。由表 4-1 选择小齿轮材料为 40Cr（调质），硬度为 280HB，大齿轮材料为 45 钢（调质），硬度为 240HB，二者硬度相差 40HB。

（3）选小齿轮齿数 $z_1 = 24$，大齿轮齿数 $z_2 = 3.2 \times 24 = 76.8$，取 $z_2 = 77$。

2）按齿面接触强度设计

由式（4-6）得接触强度计算公式为

$$d_1 \geqslant \sqrt[3]{\frac{2KT_1}{\phi_d} \cdot \frac{u \pm 1}{u} \left(\frac{Z_H Z_E Z_\varepsilon}{[\sigma_H]} \right)^2}$$

（1）确定公式各个计算数值

① 试选载荷系数 $K_t = 1.3$。

② 计算小齿轮的转矩

$$T_1 = 9.55 \times 10^6 \frac{P_1}{n_1} = 9.55 \times 10^6 \times \frac{10}{960} = 9.948 \times 10^4 \, (\text{N} \cdot \text{mm})$$

③ 由表 4-2 选取齿宽系数 $\phi_d = 1$。

④ 重合度系数 Z_ε

$$\varepsilon_\alpha = \left[1.88 - 3.2 \left(\frac{1}{24} + \frac{1}{77} \right) \right] \cos 0° = 1.705$$

$$Z_\varepsilon = \sqrt{\frac{4 - 1.705}{3}} = 0.875$$

⑤ 节点区域系数 $Z_H = 2.5$。

⑥ 由表 4-6 查得材料的弹性系数 $Z_E = 189.8 \sqrt{\text{MPa}}$。

⑦ 由图 4-11 按齿面硬度查得小齿轮的接触疲劳强度极限 $\sigma_{Hlim1} = 600\text{MPa}$，大齿轮的接触疲劳强度极限 $\sigma_{Hlim2} = 550\text{MPa}$。

⑧ 应力循环次数

由式(4-8)得

$$N_1 = 60 n_1 j L_h = 60 \times 960 \times 1 \times (2 \times 8 \times 300 \times 15) = 4.147 \times 10^9$$

$$N_2 = \frac{4.147 \times 10^9}{3.2} = 1.296 \times 10^9$$

⑨ 根据应力循环次数，由图 4-12 取接触疲劳寿命系数 $Z_{NT1} = 0.90$，$Z_{NT2} = 0.95$。

⑩ 计算接触疲劳许用应力

接触疲劳安全系数 $S_H = 1$，由式(4-7)得

$$[\sigma_{H1}] = \frac{\sigma_{Hlim1} Z_{NT1}}{S_H} = 0.9 \times 600 = 540 \, (\text{MPa})$$

$$[\sigma_{H2}] = \frac{\sigma_{Hlim2} Z_{NT2}}{S_H} = 0.95 \times 550 = 522.5 \, (\text{MPa})$$

(2) 设计计算

① 试算小齿轮分度圆直径，代入 $[\sigma_{H1}]$ 和 $[\sigma_{H2}]$ 中较小的值

$$d_1 \geqslant \sqrt[3]{\frac{2 \times 1.3 \times 9.948 \times 10^4}{1} \cdot \frac{4.2}{3.2} \left(\frac{189.8 \times 2.5 \times 0.875}{522.5} \right)^2} = 59.847 \, (\text{mm})$$

② 计算圆周速度

$$v = \frac{\pi d_{1t} n_1}{60 \times 1000} = \frac{\pi \times 59.847 \times 960}{60 \times 1000} = 3.01 \, (\text{m/s})$$

③ 计算齿宽 b

$$b = \phi_d \cdot d_{1t} = 1 \times 59.847 = 59.847 \, (\text{mm})$$

④ 计算齿宽与齿高之比 $\dfrac{b}{h}$

模数　　　　$$m_t = \frac{d_{1t}}{z_1} = \frac{59.847}{24} = 2.494 \, (\text{mm})$$

齿高 $\qquad h = 2.25m_t = 2.25 \times 2.494 = 5.61(\text{mm})$

得 $$\frac{b}{h} = \frac{59.847}{5.61} = 10.67$$

⑤ 计算载荷系数。

根据圆周速度 $v = 3.01\text{m/s}$ 以及 7 级精度，由图 4-10 查得动载系数 $K_V = 1.12$ ；

由表 4-4 查得非硬齿面直齿轮 $K_{H\alpha} = K_{F\alpha} = 1$ ；

由表 4-3 查得使用系数 $K_A = 1$ ；

由表 4-5 查得 7 级精度、小齿轮相对支承非对称布置，装配时做检验调整时，

$$K_{H\beta} = 1.12 + 0.18\left[1 + 0.6(1)^2\right](1)^2 + 2.3 \times 10^{-4} \times 59.847 = 1.422$$

载荷系数

$$K = K_A K_V K_\alpha K_\beta = 1 \times 1.12 \times 1 \times 1.422 = 1.593$$

⑥ 按实际的载荷系数校正所算得的分度圆直径，由式 (4-9) 得

$$d_1 = d_{1t}\sqrt[3]{\frac{K}{K_t}} = 59.847 \times \sqrt[3]{\frac{1.593}{1.3}} = 64.042(\text{mm})$$

⑦ 计算模数 m

$$m = \frac{d_1}{z_1} = \frac{64.042}{24} = 2.67(\text{mm})$$

3) 按齿根弯曲强度计算

由式 (4-11) 得弯曲强度计的公式为

$$m \geqslant \sqrt[3]{\frac{2KT_1}{\phi_d z_1^2} \cdot \frac{Y_{Fa}Y_{Sa}Y_\varepsilon}{[\sigma_F]}}$$

(1) 确定公式各个计算数值

① 由图 4-13 查得小齿轮的弯曲疲劳强度极限 $\sigma_{Flim1} = 500\text{MPa}$ ；大齿轮的弯曲疲劳强度极限 $\sigma_{Flim2} = 380\text{MPa}$ 。

② 由图 4-14 取弯曲疲劳寿命系数 $Y_{NT1} = 0.85$ ， $Y_{NT2} = 0.88$ 。

③ 计算弯曲疲劳许用应力。取弯曲疲劳寿命安全系数 $S_F = 1.4$ ，由式 (4-13) 得

$$[\sigma_F]_1 = \frac{\sigma_{Flim1}Y_{NT1}}{S_F} = \frac{0.85 \times 500}{1.4} = 303.57(\text{MPa})$$

$$[\sigma_F]_2 = \frac{\sigma_{Flim2}Y_{NT1}}{S_F} = \frac{0.88 \times 380}{1.4} = 238.86(\text{MPa})$$

④ 计算载荷系数。

由式 (4-4) 得

$$N = \frac{(b/h)^2}{1 + (b/h) + (b/h)^2} = \frac{(59.847/5.61)^2}{1 + (59.847/5.61) + (59.847/5.61)^2} = 0.907$$

则 $$K_{F\beta} = (K_{H\beta})^N = (1.422)^{0.907} = 1.376$$

$$K = K_A K_V K_\alpha K_\beta = 1 \times 1.12 \times 1 \times 1.376 = 1.541$$

⑤ 查取齿形系数。由表 4-9 查得 Y_{Fa1}=2.65 ； Y_{Fa2}=2.226 。

⑥ 查取应力校正系数。由表 4-9 查得 Y_{Sa1}=1.58 ； Y_{Sa2}=1.764 。

⑦ 弯曲疲劳强度计算的重合度系数。由式(4-12)得

$$Y_\varepsilon = 0.25 + \frac{0.75}{\varepsilon_\alpha} = 0.25 + \frac{0.75}{1.705} = 0.690$$

⑧ 计算大小齿轮的 $\dfrac{[\sigma_F]}{Y_{Fa}Y_{Sa}}$ 并加以比较

$$\frac{Y_{Fa1}Y_{Sa1}}{[\sigma_F]_1} = \frac{2.65 \times 1.58}{303.57} = 0.01379$$

$$\frac{Y_{Fa2}Y_{Sa2}}{[\sigma_F]_2} = \frac{2.226 \times 1.764}{238.86} = 0.01644$$

大齿轮的数值大。

(2) 设计计算

$$m \geqslant \sqrt[3]{\frac{2KT_1}{\phi_d z_1^2} \cdot \frac{Y_{Fa}Y_{Sa}Y_\varepsilon}{[\sigma_F]}} = \sqrt[3]{\frac{2 \times 1.541 \times 9.948 \times 10^4}{1 \times 24^2} \times 0.01644 \times 0.690} = 1.82(\text{mm})$$

对比计算结果，由齿面接触疲劳强度计算的模数 m 大于由齿根弯曲疲劳计算的模数，由于齿轮模数 m 大小主要取决于弯曲疲劳强度所决定的承载能力，可取由弯曲强度算得的模数 1.82mm 并就近圆整为标准值 $m = 2$mm ，按接触疲劳强度算得的分度圆直径 $d_1 = 64.042$mm ，算出小齿轮齿数

$$z_1 = \frac{d_1}{m} = \frac{64.042}{2} = 32$$

$$z_2 = 3.2 \times 32 = 102$$

4) 几何尺寸计算

(1) 计算分度圆直径

$$d_1 = z_1 m = 32 \times 2 = 64(\text{mm})$$

$$d_2 = z_2 m = 102 \times 2 = 204(\text{mm})$$

(2) 计算中心距

$$a = \frac{d_1 + d_2}{2} = \frac{64 + 204}{2} = 134(\text{mm})$$

(3) 计算齿轮宽度

$$b = \phi_d \cdot d_1 = 1 \times 64 = 64(\text{mm})$$

取 $B_2 = 64(\text{mm})$ ， $B_1 = 69$mm 。

5) 齿轮结构及绘制齿轮零件图(从略)

4.4 标准斜齿圆柱齿轮强度计算

4.4.1 斜齿轮的受力分析

如图 4-15 所示，轮矩由主动轮传给从动轮。忽略齿面间的摩擦力，轮齿间法向力 F_n 的方向始终沿啮合线，将法向力 F_n 在节点 P 处分解为三个相互垂直的圆周力 F_t、径向力 F_r 和轴向力 F_a，由此得

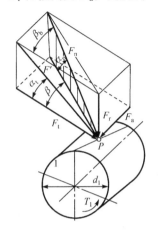

图 4-15 斜齿轮的轮齿受力
分析

$$
\begin{cases}
F_t = \dfrac{2T_1}{d_1} \\[2mm]
F_a = F_t \tan\beta \\[2mm]
F_r = \dfrac{F_t \tan\alpha_n}{\cos\beta} \\[2mm]
F_n = \dfrac{F_t}{\cos\alpha_n \cos\beta} = \dfrac{F_t}{\cos\alpha_t \cos\beta_b}
\end{cases}
\tag{4-14}
$$

式中，β 为节圆螺旋角，对标准齿轮即分度圆螺旋角；β_b 为基圆螺旋角；α_n 为法向压力角，对于标准斜齿轮，$\alpha_n = 20°$；α_t 为端面压力角。

从动轮轮齿上的载荷分解为 F_a、F_t 和 F_r，它们分别与主动轮上各力大小相等，方向相反。各分力方向如下：

(1)圆周力的方向在主动轮上与运动方向相反，在从动轮上与运动方向相同；

(2)径向力的方向对两齿轮都是指向各自的轴心；

(3)轴向力的方向取决于轮齿螺旋方向和齿轮回转方向。对于主动轮，可用左、右手法则判断：左螺旋用左手，右螺旋用右手，拇指伸直与轴线平行，其余四指沿回转方向握住轴线，则拇指的指向即为主动轮的轴向力方向，从动轮所受的轴向力则与主动轮相反。

4.4.2 齿面接触疲劳强度计算

斜齿轮齿面接触疲劳强度校核公式为

$$
\sigma_H = \sqrt{\frac{2KT_1}{bd_1^2} \cdot \frac{u \pm 1}{u}} \cdot Z_H Z_E Z_\varepsilon Z_\beta \leqslant [\sigma_H]
\tag{4-15}
$$

斜齿轮齿面接触疲劳强度设计公式为

$$
d_1 \geqslant \sqrt[3]{\frac{2KT_1}{\phi_d} \frac{u \pm 1}{u} \left(\frac{Z_H Z_E Z_\varepsilon Z_\beta}{[\sigma_H]} \right)^2}
\tag{4-16}
$$

式中，(1) Z_H 为节点区域系数，$Z_H = \sqrt{\dfrac{2\cos\beta_b}{\sin\alpha_t \cos\alpha_t}}$，图 4-16 为 $\alpha_n = 20°$ 的标准斜齿轮节点区域系数。

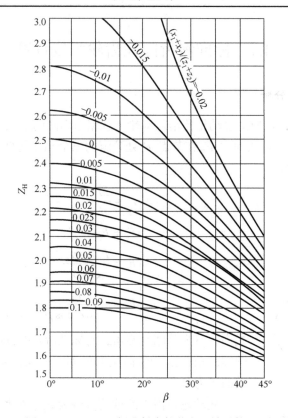

图 4-16　$\alpha_\mathrm{n} = 20°$ 标准斜齿轮节点区域系数 Z_H

（2）Z_β 为螺旋角系数，是考虑螺旋角造成的接触线倾斜对接触应力影响的系数。其计算公式为

$$Z_\beta = \sqrt{\cos \beta} \tag{4-17}$$

（3）其余各符号的意义和单位同直齿轮接触疲劳强度公式。

4.4.3　齿根弯曲疲劳强度计算

斜齿轮齿根弯曲疲劳强度校核公式为

$$\sigma_\mathrm{F} = \frac{2KT_1 Y_\mathrm{Fa} Y_\mathrm{Sa} Y_\varepsilon Y_\beta}{bd_1 m_\mathrm{n}} \leqslant [\sigma_\mathrm{F}] \tag{4-18}$$

斜齿轮齿根弯曲疲劳强度设计公式为

$$m_\mathrm{n} \geqslant \sqrt[3]{\frac{2KT_1 Y_\varepsilon Y_\beta \cos^2 \beta}{\phi_\mathrm{d} z_1^2} \frac{Y_\mathrm{Fa} Y_\mathrm{Sa}}{[\sigma_\mathrm{F}]}} \tag{4-19}$$

式中，（1）Y_Fa 为齿形系数，近似地按当量齿数 $z_\mathrm{v} \approx z/\cos^3 \beta$ 由表 4-9 查取。

（2）Y_Sa 为应力校正系数，按当量齿数由表 4-9 查取。

（3）Y_β 为螺旋角影响系数，是考虑螺旋角造成的接触线倾斜对接触应力影响的系数，查图 4-17。

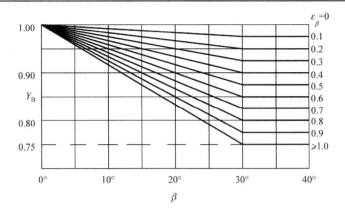

图 4-17　螺旋角影响系数 Y_β

(4) Y_ε 为弯曲疲劳强度重合度系数，按式(4-20)计算。

$$Y_\varepsilon = 0.25 + \frac{0.75}{\varepsilon_{\alpha v}}, \qquad \varepsilon_{\alpha v} = \frac{\varepsilon_\alpha}{\cos^2 \beta_b}, \qquad \cos \beta_b = \sqrt{1 - \left(\sin \beta \cos \alpha_n\right)^2} \qquad (4\text{-}20)$$

其中 $\varepsilon_{\alpha v}$ 为当量齿轮的端面重合度，ε_α 为斜齿轮的端面重合度，β_b 为基圆螺旋角，α_n 为法向压力角。

(5) 其余各符号的意义和单位同直齿轮弯曲疲劳强度公式。

[例 4-2]　按例 4-1 的数据，改用斜齿圆柱齿轮传动，试设计此传动。

解　1) 按选定齿轮类型、精度等级、材料及齿数

(1) 材料及热处理仍按例题 4-1。

(2) 精度等级仍然选用 7 级精度。

(3) 选小齿轮齿数 $z_1 = 24$，大齿轮齿数 $z_2 = 77$。

(4) 选取螺旋角。初选螺旋角 $\beta = 14°$。

2) 按齿面接触强度设计

由式(4-16)得接触强度计算公式为

$$d_1 \geqslant \sqrt[3]{\frac{2KT_1}{\phi_d} \frac{u \pm 1}{u} \left(\frac{Z_H Z_E Z_\varepsilon Z_\beta}{[\sigma_H]}\right)^2}$$

(1) 确定公式各个计算数值

① 试选载荷系数 $K_t = 1.6$。

② 由图 4-16 选取 $Z_H = 2.433$。

③ 螺旋角系数 $Z_\beta = \sqrt{\cos \beta} = 0.985$。

④ 重合度系数 Z_ε

$$\varepsilon_\alpha = \left[1.88 - 3.2\left(\frac{1}{24} + \frac{1}{77}\right)\right]\cos 14° = 1.654$$

得

$$Z_\varepsilon = \sqrt{\frac{1}{1.654}} = 0.776$$

⑤ 许用接触应力取 $[\sigma_H]_1$ 和 $[\sigma_H]_2$ 中较小值，即 $[\sigma_H] = 522.5\,\text{MPa}$。

其余参数均与例 4-1 相同。

(2) 设计计算

① 试算小齿轮分度圆直径，由计算公式得

$$d_{1t} \geqslant \sqrt[3]{\frac{2 \times 1.6 \times 9.948 \times 10^4}{1} \times \frac{4.2}{3.2} \times \left(\frac{2.433 \times 189.8 \times 0.776 \times 0.985}{522.5}\right)^2} = 57.56(\text{mm})$$

② 计算圆周速度

$$v = \frac{\pi d_{1t} n_1}{60 \times 1000} = \frac{\pi \times 57.56 \times 960}{60 \times 1000} = 2.89(\text{m/s})$$

③ 计算齿宽 b 及模数 m

$$b = \phi_d \cdot d_{1t} = 1 \times 57.56 = 57.56(\text{mm})$$

模数：
$$m_{nt} = \frac{d_{1t} \cos\beta}{z_1} = \frac{57.56 \times \cos 14°}{24} = 2.33(\text{mm})$$

齿高：
$$h = 2.25 m_{nt} = 2.25 \times 2.33 = 5.24(\text{mm})$$

$$\frac{b}{h} = \frac{57.56}{5.24} = 10.98$$

④ 计算纵向重合度

$$\varepsilon_\beta = 0.318 \phi_d z_1 \tan\beta = 0.318 \times 1 \times 24 \times \tan 14° = 1.903$$

⑤ 计算载荷系数

根据圆周速度 $v = 2.89\text{m/s}$ 以及 7 级精度，由图 4-10 查得动载系数 $K_V = 1.11$。

由表 4-3 查得使用系数 $K_A = 1$。

由表 4-5 查得 7 级精度、小齿轮相对支承非对称布置，装配时做检验调整时，

$$K_{H\beta} = 1.12 + 0.18\left[1 + 0.6(1)^2\right](1)^2 + 2.3 \times 10^{-4} \times 57.56 = 1.421$$

由表 4-4 查得非硬齿面直齿轮 $K_{H\alpha} = K_{F\alpha} = 1.1$，故载荷系数

$$K = K_A K_V K_\alpha K_\beta = 1 \times 1.11 \times 1.1 \times 1.421 = 1.735$$

⑥ 按实际的载荷系数校正所算得的分度圆直径，由式(4-9)得

$$d_1 = d_{1t} \sqrt[3]{\frac{K}{K_t}} = 57.56 \times \sqrt[3]{\frac{1.735}{1.6}} = 59.16(\text{mm})$$

⑦ 计算模数 m_n

$$m_n = \frac{d_1 \cos\beta}{z_1} = \frac{59.16 \times \cos 14°}{24} = 2.39(\text{mm})$$

3) 按齿根弯曲强度计算

由式(1-19)得弯曲强度计算公式为

$$m_n \geqslant \sqrt[3]{\frac{2KT_1 Y_\varepsilon Y_\beta \cos^2\beta}{\phi_d z_1^2} \frac{Y_{Fa} Y_{Sa}}{[\sigma_F]}}$$

(1)确定公式各个计算数值

① 计算载荷。由式(4-4)得

$$N = \frac{(b/h)^2}{1 + (b/h) + (b/h)^2} = 0.910$$

则

$$K_{F\beta} = (1.421)^{0.910} = 1.377$$

$$K = K_A K_V K_\alpha K_\beta = 1 \times 1.11 \times 1.1 \times 1.377 = 1.681$$

② 计算当量齿数

$$z_{v1} \approx \frac{z_1}{\cos \beta^3} = \frac{24}{\cos^3 14°} = 26.27$$

$$z_{v2} \approx \frac{z_2}{\cos \beta^3} = \frac{77}{\cos^3 14°} = 84.29$$

③ 查取齿形系数。由表 4-9 查得 $Y_{Fa1} = 2.592$ ；$Y_{Fa2} = 2.211$。

④ 查取应力校正系数。由表 4-9 查得 $Y_{Sa1} = 1.596$ ；$Y_{Sa2} = 1.774$。

⑤ 弯曲疲劳强度计算的重合度系数。由式(4-20)得

$$\cos \beta_b = \sqrt{1 - (\sin \beta \cos \alpha_n)^2} = 0.974$$

$$\varepsilon_{\alpha v} = \frac{\varepsilon_\alpha}{\cos^2 \beta_b} = \frac{1.654}{0.974^2} = 1.743$$

$$Y_\varepsilon = 0.25 + \frac{0.75}{\varepsilon_{\alpha v}} = 0.68$$

⑥ 由图 4-17 得螺旋角影响系数 $Y_\beta = 0.88$。

⑦ 计算大小齿轮的 $\dfrac{Y_{Fa} Y_{Sa}}{[\sigma_F]}$ 并加以比较

$$\frac{Y_{Fa1} Y_{Sa1}}{[\sigma_F]_1} = \frac{2.592 \times 1.596}{303.57} = 0.01363$$

$$\frac{Y_{Fa2} Y_{Sa2}}{[\sigma_F]_2} = \frac{2.211 \times 1.774}{238.86} = 0.01642$$

大齿轮的数值大。

(2)设计计算

$$m_n \geqslant \sqrt[3]{\frac{2 \times 1.681 \times 9.948 \times 10^4 \times 0.68 \times 0.88 \times (\cos 14°)^2}{1 \times 24^2} \times 0.01642} = 1.75 \text{(mm)}$$

对比计算结果，由齿面接触疲劳强度计算的法面模数 m_n 大于由齿根弯曲疲劳计算的法面模数，由于齿轮模数 m 大小主要取决于弯曲疲劳强度所决定的承载能力，可取由弯曲强度算得的法面模数 1.75mm 并就近圆整为标准值 $m_n = 2$mm，按接触疲劳强度算得的分度圆直径 $d_1 = 59.34$mm，算出小齿轮齿数

$$z_1 = \frac{d_1 \cos \beta}{m_n} = \frac{59.16 \cos 14°}{2} = 28.70$$

取 $z_1 = 29$ ，则 $z_2 = uz_1 = 3.2 \times 29 = 93$ 。

4）几何尺寸计算

（1）计算中心距

$$a = \frac{(z_1 + z_2)m_n}{2\cos\beta} = \frac{(29+93)\times 2}{2\cos14°} = 125.73(\text{mm})$$

将中心距圆整为126mm。

（2）将圆整后的中心距修正螺旋角

$$\beta = \arccos\frac{(z_1 + z_2)m_n}{2a} = \arccos\frac{(29+93)\times 2}{2\times126} = 14.47°$$

因 β 值改变不多，故参数 ε_α 、 K_β 、 Z_H 等不必修正。

（3）计算大、小齿轮分度圆直径

$$d_1 = \frac{z_1 m_n}{\cos\beta} = \frac{29\times 2}{\cos14.47°} = 59.90(\text{mm})$$

$$d_2 = \frac{z_2 m_n}{\cos\beta} = \frac{93\times 2}{\cos14.47°} = 192.09(\text{mm})$$

（4）计算齿轮宽度

$$b = \phi_d \cdot d_1 = 1\times59.9 = 59.9(\text{mm})$$

取 $B_2 = 60\text{mm}$ ， $B_1 = 65\text{mm}$ 。

5）齿轮结构及绘制齿轮零件图（从略）

4.5　锥齿轮传动强度计算

4.5.1　锥齿轮传动基本类型

如图 4-18 所示，锥齿轮传动基本类型有直齿、斜齿和曲齿三种，用来传递相交或交叉轴的旋转运动和转矩。一般来说，两轴线以任意角度相交于 M 点，但大多数情况下 $\sum = 90°$ 。

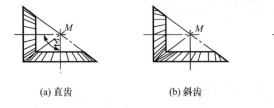
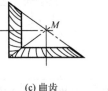

(a) 直齿　　　　　　(b) 斜齿　　　　　　(c) 曲齿　　　　　(d) 偏移锥齿轮

图 4-18　锥齿轮传动的基本类型

（1）直齿锥齿轮：主要用于低速传动，例如手动起重机传动、防护卷场机、千斤顶或较小功率的一般传动（通常 $v \leqslant 6\text{m/s}$ ，对于磨齿 $v \leqslant 20\text{m/s}$ ）。

（2）斜齿锥齿轮：由于其重合度较大，比直齿锥齿轮运转更平稳、噪声较小。它主要用于高功率和高转速的场合，例如通用传动，作为多级圆锥齿轮传动高速输入级，也用于机床传动（铣齿或刨齿 $v \leqslant 40\text{m/s}$ ，磨齿 $v \leqslant 60\text{m/s}$ ，极限可达 $v \leqslant 100\text{m/s}$ ）。

（3）曲齿锥齿轮：主要用于运转噪声、齿根承载能力要求特别高的场合。由于齿廓的几何形状，曲齿锥齿轮只有一部分齿宽承受载荷，对轴向位移误差不敏感。可用在大功率传动装置和汽车的差速装置上（$v \leqslant 30\mathrm{m/s}$，磨齿可达 $v \leqslant 60\mathrm{m/s}$）。锥齿轮传动装置在制造、安装（齿轮位置调整）和支承中需要非常谨慎，因为它很大程度上决定了运转噪声和寿命。对于曲齿锥齿轮的计算和设计，可根据机床制造商的相关资料实施。

4.5.2　标准直齿锥齿轮传动几何关系

由于工作要求的不同，锥齿轮传动可设计成不同的形状。本章节只讨论轴交角 $\sum = 90°$ 的标准直齿锥齿轮传动的强度计算。

1. 直齿锥齿轮传动啮合特点

一对锥齿轮的啮合传动相当于其当量齿轮传动。因此其有如下特点。

（1）正确啮合条件：$m_1 = m_2 = m$；$\alpha_1 = \alpha_2 = \alpha$；$\sum = \delta_1 + \delta_2$。

（2）连续传动条件：重合度 $\varepsilon > 1$。

（3）不根切的最少齿数：$z_{\min} = z_{v\min} \cos\delta$。

（4）传动比：$u = \dfrac{z_2}{z_1} = \dfrac{d_2}{d_1} = \cot\delta_1 = \tan\delta_2$。

2. 标准直齿锥齿轮传动主要几何尺寸计算

直齿锥齿轮传动是以大端参数为标准值的。在强度计算时，则以齿宽中点处的当量齿轮作为计算的依据，如图 4-19 所示，标准直齿锥齿轮传动的主要几何尺寸计算公式见表 4-10。

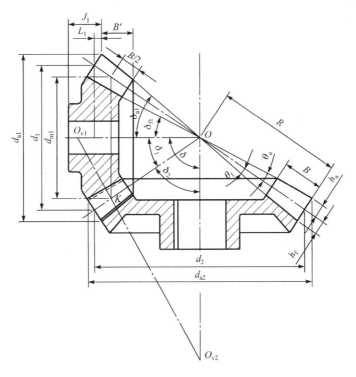

图 4-19　直齿锥齿轮传动的几何参数

表 4-10　标准直齿锥齿轮传动的主要几何尺寸计算公式

名称	代号	小齿轮	大齿轮
齿数比	u	$u = \dfrac{z_2}{z_1} = \dfrac{d_2}{d_1} = \cot \delta_1 = \tan \delta_2$	
锥距	R	$R = \dfrac{1}{2}\sqrt{(d_1)^2 + (d_2)^2} = \dfrac{d_1}{2}\sqrt{u^2 + 1}$	
齿宽系数	ϕ_R	$\phi_R = b/R$，通常取 $0.25\sim0.35$，最常用的值为 $1/3$	
齿宽	b	$b = \phi_d R$，适当圆整	
平均分度圆直径	d_m	$d_{m1} = d_{a1}(1 - 0.5\phi_R)$	$d_{m2} = d_{a2}(1 - 0.5\phi_R)$
当量分度圆直径	d_v	$d_{v1} = \dfrac{d_{m1}}{\cos \delta_1}$	$d_{v2} = \dfrac{d_{m2}}{\cos \delta_2}$
当量齿数	z_v	$z_{v1} = \dfrac{z_1}{\cos \delta_1}$	$z_{v2} = \dfrac{z_2}{\cos \delta_2}$
平均模数	m_n	$m_n = m(1 - 0.5\phi_R)$，m 为大端模数	
当量齿轮齿数比	u_v	$u_v = z_{v2}/z_{v1} = u^2$	

4.5.3　锥齿轮受力分析

直齿锥齿轮齿面上所受的法向载荷 F_n 作用在平均分度圆上，即在齿宽中点的法向截面 $N-N$（$Pabc$ 平面）内，如图 4-20 所示。将法向载荷 F_n 分解为切于分度圆锥面的切向力 F_t、径向力 F_r 和轴向力 F_a。

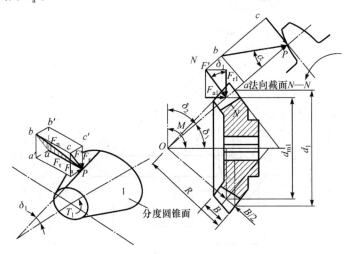

图 4-20　直齿锥齿轮的轮齿受力分析

$$
\begin{cases}
F_t = \dfrac{2T_1}{d_{m1}} \\[2mm]
F_{r1} = F_t \tan \alpha \cos \delta_1 = F_{a2} \\[2mm]
F_{a1} = F_t \tan \alpha \sin \delta_1 = F_{r2} \\[2mm]
F_n = \dfrac{F_t}{\cos \alpha}
\end{cases}
\tag{4-21}
$$

式中，T_1 为小齿轮的转矩；d_{m1} 为小齿轮齿宽中点分度圆直径。

锥齿轮各分力方向如下。

(1)切向力：主动轮切向力与其回转方向相反，从动轮切向力与其回转方向相同。

(2)径向力：分别由啮合点指向各自圆心。

(3)轴向力：指向齿轮大端。

4.5.4　齿面接触疲劳强度计算

直齿锥齿轮的齿面接触疲劳强度可近似地按平均分度圆处的当量圆柱齿轮进行计算，并忽略重合度的影响。

直齿锥齿轮齿面接触疲劳强度校核公式为

$$\sigma_H = Z_H Z_E \sqrt{\frac{4KT_1}{\phi_R(1-0.5\phi_R)^2 d_1^3 u}} \leqslant [\sigma_H] \qquad (4\text{-}22)$$

直齿锥齿轮齿面接触疲劳强度设计公式为

$$d_1 \geqslant \sqrt[3]{\left(\frac{Z_E Z_H}{[\sigma_H]}\right)^2 \frac{4KT_1}{\phi_R(1-0.5\phi_R)^2 u}} \qquad (4\text{-}23)$$

式中，(1)载荷系数 K 与前面直齿圆柱齿轮相同，只是齿向载荷分布系数有所改变。$K_{H\beta} = K_{F\beta} = 1.5K_{H\beta be}$，其中 $K_{H\beta be}$ 为轴承系数，可从表 4-11 中查取。

(2)公式中各参数符号的意义和单位同前。

表 4-11　轴承系数 $K_{H\beta be}$

应用范围	锥齿轮副承情况		
	两轮均用两端支承	一轮两端支承一轮悬臂支承	两轮均用悬臂支承
工业机器、船舶	1.10	1.25	1.50
车辆、飞机	1.00	1.10	1.25

4.5.5　齿根弯曲疲劳强度计算

直齿锥齿轮的弯曲疲劳强度可近似地按平均分度圆处的当量圆柱齿轮进行计算，并忽略重合度的影响。

直齿锥齿轮齿根弯曲疲劳强度校核公式为

$$\sigma_F = \frac{KF_t Y_{Fa} Y_{Sa}}{bm(1-0.5\phi_R)} \leqslant [\sigma_F] \qquad (4\text{-}24)$$

直齿锥齿轮齿根弯曲疲劳强度设计公式为

$$m \geqslant \sqrt[3]{\frac{4KT_1}{\phi_R(1-0.5\phi_R)^2 z_1^2 \sqrt{u^2+1}} \frac{Y_{Fa} Y_{Sa}}{[\sigma_F]}} \qquad (4\text{-}25)$$

式中，(1)Y_{Fa}、Y_{Sa} 分别为齿形系数及应力校正系数，按当量齿数查表 4-9；

(2)公式中各参数符号的意义和单位同前。

[例 4-3] 按例 4-1 的数据改用直齿锥齿轮传动，试设计此传动。

解 1)按选定齿轮类型、精度等级、材料及齿数

(1)材料及热处理仍按例 4-1。

(2)精度等级仍然选用 7 级精度。

(3)选小齿轮齿数 $z_1 = 24$，大齿轮齿数 $z_2 = 77$。

2)按齿面接触强度设计

由式(4-23)得接触强度计算公式为

$$d_1 \geqslant \sqrt[3]{\left(\frac{Z_E Z_H}{[\sigma_H]}\right)^2 \frac{4KT_1}{\phi_R (1 - 0.5\phi_R)^2 u}}$$

(1)确定公式各个计算数值。

① 试选载荷系数 $K_t = 1.6$。

② 计算小齿轮的转矩

$$T_1 = 9.55 \times 10^6 \frac{P_1}{n_1} = 9.55 \times 10^6 \times \frac{10}{960} = 9.948 \times 10^4 (\text{N} \cdot \text{mm})$$

③ 由表 4-6 查得材料的弹性系数 $Z_E = 189.8\sqrt{\text{MPa}}$。

④ 节点区域系数 $Z_H = 2.5$。

⑤ 取齿宽系数 $\phi_R = 1/3$。

⑥ 传动比 $u = 3.2$。

⑦ 由图 4-11 按齿面硬度查得小齿轮的接触疲劳强度极限 $\sigma_{\text{Hlim1}} = 600\text{MPa}$，大齿轮的接触疲劳强度极限 $\sigma_{\text{Hlim2}} = 550\text{MPa}$。

⑧ 计算应力循环次数。由式(4-8)得

$$N_1 = 60n_1 jL_h = 60 \times 960 \times 1 \times (2 \times 8 \times 300 \times 15) = 4.147 \times 10^9$$

$$N_2 = \frac{4.147 \times 10^9}{3.2} = 1.296 \times 10^9$$

⑨ 由图 4-12 取接触疲劳寿命系数 $Z_{\text{NT1}} = 0.90$，$Z_{\text{NT2}} = 0.95$。

⑩ 计算接触疲劳许用应力。接触疲劳安全系数 $S_H = 1$，由式(4-7)得

$$[\sigma_{H1}] = \frac{\sigma_{\text{Hlim1}} Z_{\text{NT1}}}{S_H} = 0.9 \times 600 = 540(\text{MPa})$$

$$[\sigma_{H2}] = \frac{\sigma_{\text{Hlim2}} Z_{\text{NT2}}}{S_H} = 0.95 \times 550 = 522.5(\text{MPa})$$

(2)设计计算

① 试算小齿轮分度圆直径，代入 $[\sigma_{H1}]$ 和 $[\sigma_{H2}]$ 中较小的值

$$d_{1t} \geqslant \sqrt[3]{\left(\frac{Z_E Z_H}{[\sigma_H]}\right)^2 \frac{4KT_1}{\phi_R (1 - 0.5\phi_R)^2 u}} = \sqrt[3]{\left(\frac{189.8 \times 2.5}{522.5}\right)^2 \frac{4 \times 1.6 \times 9.948 \times 10^4}{Y_3 \times (1 - 0.513)^2 \times 3.2}} = 87.10(\text{mm})$$

② 齿宽平均分度圆直径

$$d_{m1} = d_{1t}(1 - 0.5\phi_R) = 72.58(\text{mm})$$

③ 计算齿宽中点圆周速度

$$v = \frac{\pi d_{m1} n_1}{60 \times 1000} = \frac{\pi \times 72.58 \times 960}{60 \times 1000} = 3.65 (\text{m/s})$$

④ 计算载荷系数

根据圆周速度 $v = 3.65\text{m/s}$ 以及 7 级精度（按 6 级精度选取），由图 4-10 查得动载系数 $K_V = 1.07$ ；

由表 4-3 查得使用系数 $K_A = 1$ ；

由表 4-4 查得 $K_{H\alpha} = K_{F\alpha} = 1.0$ ；

由表 4-11 ， $K_{H\beta} = K_{F\beta} = 1.5 K_{H\beta be} = 1.5 \times 1.1 = 1.65$ ， 得载荷系数 $K = K_A K_V K_\alpha K_\beta = 1 \times 1.07 \times 1 \times 1.65 = 1.766$ 。

⑤ 按实际的载荷系数校正所算得的分度圆直径，由式(4-9)得

$$d_1 = d_{1t} \sqrt[3]{\frac{K}{K_t}} = 87.10 \times \sqrt[3]{\frac{1.766}{1.6}} = 90.01 (\text{mm})$$

⑥ 计算小齿轮大端模数 m

$$m = \frac{d_1}{z_1} = \frac{90.01}{24} = 3.75 (\text{mm})$$

3) 按齿根弯曲强度计算

由式(4-25)得弯曲强度计算公式为

$$m \geqslant \sqrt[3]{\frac{4KT_1}{\phi_R (1 - 0.5\phi_R)^2 z_1^2 \sqrt{u^2 + 1}} \frac{Y_{Fa} Y_{Sa}}{[\sigma_F]}}$$

(1) 确定公式各个计算数值

① 小齿轮和大齿轮的弯曲疲劳强度极限同前。

② 由图 4-14 取弯曲疲劳寿命系数 $Y_{NT1} = 0.85$ ， $Y_{NT2} = 0.88$ 。

③ 计算弯曲疲劳许用应力。取弯曲疲劳寿命安全系数 $S_F = 1.4$ ，则由式(4-13)得

$$[\sigma_F]_1 = \frac{\sigma_{Flim1} Y_{NT1}}{S_F} = \frac{0.85 \times 500}{1.4} = 303.57 (\text{MPa})$$

$$[\sigma_F]_2 = \frac{\sigma_{Flim2} Y_{NT2}}{S_F} = \frac{0.88 \times 380}{1.4} = 238.86 (\text{MPa})$$

④ 计算载荷系数

$$K = K_A K_V K_\alpha K_\beta = 1.766$$

⑤ 查取齿形系数。由 $\mu = \cot\delta_1 = \cot\delta_2$ 得 $\delta_1 = 17.35°$ ， $\delta_2 = 72.65°$ 。

当量齿数

$$z_{v1} = \frac{z_1}{\cos\delta_1} = \frac{24}{0.9545} = 25.14 ， \quad z_{v2} = \frac{z_2}{\cos\delta_2} = \frac{77}{0.2983} = 258.13$$

由表 4-9 查得 $Y_{Fa1} = 2.62$ ； $Y_{Fa2} = 2.06$ 。

⑥ 查取应力校正系数。由表 4-9 查得 $Y_{Sa1} = 1.59$ ； $Y_{Sa2} = 1.97$ 。

⑦ 计算大小齿轮的 $\dfrac{[\sigma_F]}{Y_{Fa} Y_{Sa}}$ 并加以比较

$$\frac{Y_{Fa1}Y_{Sa1}}{[\sigma_F]_1} = \frac{2.62 \times 1.59}{303.57} = 0.01372$$

$$\frac{Y_{Fa2}Y_{Sa2}}{[\sigma_F]_2} = \frac{2.06 \times 1.97}{238.86} = 0.01699$$

大齿轮的数值大。

(2) 设计计算

$$m \geqslant \sqrt[3]{\frac{4KT_1}{\phi_R(1-0.5\phi_R)^2 z_1^2 \sqrt{u^2+1}} \frac{Y_{Fa}Y_{Sa}}{[\sigma_F]}} = \sqrt[3]{\frac{4 \times 1.766 \times 9.948 \times 10^4}{447.00}0.01699} = 2.99(\text{mm})$$

对比计算结果，由齿面接触疲劳强度计算的模数 m 大于由齿根弯曲疲劳计算的模数，由于齿轮模数 m 大小主要取决于弯曲疲劳强度所决定的承载能力，可取由弯曲强度算得的模数 2.99mm 并就近圆整为标准值 $m = 3\text{mm}$，按接触疲劳强度算得的分度圆直径 $d_1 = 90.01\text{mm}$，算出小齿轮齿数为

$$z_1 = \frac{d_1}{m} = \frac{90.01}{3} = 30$$

$$z_2 = 3.2 \times 30 = 96$$

4) 几何尺寸计算

(1) 计算分度圆直径

$$d_1 = z_1 m = 30 \times 3 = 90(\text{mm})$$

$$d_2 = z_2 m = 96 \times 3 = 288(\text{mm})$$

(2) 锥距

$$R = \frac{1}{2}\sqrt{(d_1)^2 + (d_2)^2} = 150.87(\text{mm})$$

(3) 计算齿轮宽度

$$b = \phi_R \cdot R = 50.29(\text{mm})$$

5) 锥齿轮结构及绘制齿轮零件图（从略）

4.6　齿轮的结构设计

齿轮的结构设计是在其性能设计确定了齿轮的主要尺寸基础上，确定齿轮的结构形式、其余结构尺寸及轴的连接形式（除齿轮轴）。

齿轮结构设计原则如下。

(1) 齿轮结构形式：按齿轮直径大小选定。

(2) 齿轮与轴的连接设计：考虑连接的承载能力、平衡及对中等，选定连接形式如单键、双键和花键等。

(3) 尺寸设计：综合考虑毛坯加工方法、材料、使用要求及经济性等因素进行结构设计，如齿圈、轮辐、轮毂等结构形式及尺寸大小。

齿轮结构设计通常有以下几种。

4.6.1　齿轮轴

对于直径很小的圆柱齿轮时，若齿根圆到键槽底部的距离 $e<2m_t$（m_t 为端面模数）；当为锥齿轮时，按齿轮小端尺寸计算而得的 $e<1.6m$ 时，均应将齿轮和轴做成一体，叫作齿轮轴（图 4-21）。若 e 值超过上述尺寸时，齿轮与轴以分开制造为合理。

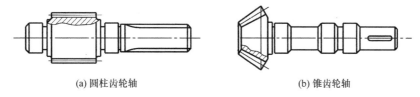

(a) 圆柱齿轮轴　　　　　　　　(b) 锥齿轮轴

图 4-21　齿轮轴

4.6.2　实心式齿轮

当齿顶圆直径 $d_a\leqslant 200$mm 或高速传动且要求低噪声时，可以做成实心结构的齿轮，如图 4-22 所示。

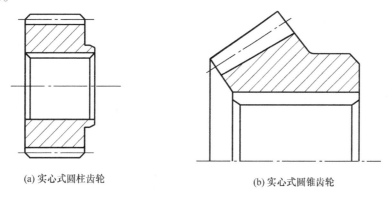

(a) 实心式圆柱齿轮　　　　　　　(b) 实心式圆锥齿轮

图 4-22　实心式齿轮

4.6.3　腹板式齿轮

当齿顶圆直径 $d_a\leqslant 500$mm 时，通常做成腹板式结构的齿轮（图 4-23），以减轻质量。通常用锻钢毛坯。腹板上开孔的数目按结构尺寸大小及需要而定。

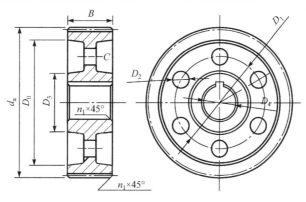

(a)

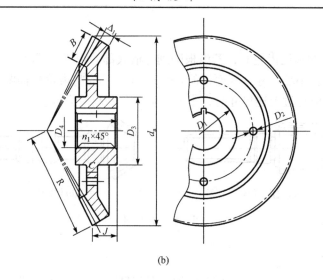

(b)

图 4-23　腹板式齿轮

$D_1 \approx (D_0 + D_3)/2; D_2 \approx (0.25 \sim 0.35)(D_0 - D_3); D_3 \approx 1.6D_4$(钢材)；$D_3 \approx 1.7D_4$(铸铁)；$n_1 \approx 0.5m_n$；

圆柱齿轮：$D_0 \approx d_a - (10 \sim 14)m_n$；$C \approx (0.2 \sim 0.3)B$. 圆锥齿轮：$l \approx (1 \sim 1.2)D_4$；$C \approx (3 \sim 4)m$；$\Delta_1 = (0.1 \sim 0.2)B$；

尺寸 J 由结构设计而定，常用齿轮的 C 值不应小于，航空用齿轮可取 $C \approx 3 \sim 6$mm

4.6.4　轮辐式齿轮

当齿顶圆直径 $d_a > 500$mm，常做成轮辐式结构的齿轮(图 4-24)，不宜锻造毛坯，常用铸铁或铸钢的铸造毛坯。轮辐剖面形状可采用椭圆形(轻载)、十字形(中载)、工字形(重载)等。

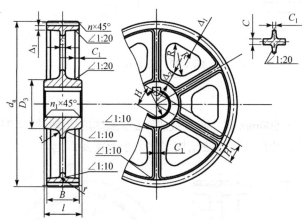

图 4-24　轮辐式结构齿轮

$B < 240$mm；$D_3 \approx 1.6D_4$(钢材)；$D_3 \approx 1.7D_4$(铸铁)；$\Delta_1 = (3 \sim 4)m_n$，但不应小于 8mm；$\Delta_2 \approx (1 \sim 1.2)\Delta_1$；$H \approx 0.8D_4$(铸钢)；

$H \approx 0.9D_4$(铸铁)；$H_1 \approx 0.8H$；$C \approx \dfrac{H}{5}$；$C_1 \approx \dfrac{H}{6}$；$R \approx 0.5H$；$1.5D_4 > l \geqslant B$；轮辐数常取为 6

4.6.5　镶套式齿轮

对于大直径齿轮，为了节省材料可采用镶套式结构的齿轮(图 4-25)。如用优质锻钢做轮缘，用铸钢或铸铁做轮芯，两者用过盈连接，再配合接缝上用个紧定螺钉连接起来。

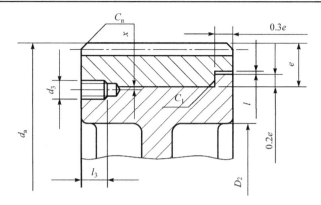

图 4-25　镶套式结构齿轮

$$e \approx 5m; d_3 \approx 0.05d_0 \,(\, d_0 \text{为孔的直径}\,); D_2 \approx d_a - 18m; l_3 \approx 0.15d_0; x \approx (1 \sim 3) \text{mm}; \text{接缝螺钉数为 } 4 \sim 8$$

4.6.6　焊接式齿轮

对于单件生产、尺寸过大且不宜铸造或锻造设备能力限制也不宜锻造轮坯的齿轮，常做出焊接式结构的齿轮 (图 4-26)。焊接出的轮坯并经充分的实效处理以消除应力后，才能加工齿轮的轮齿部分。

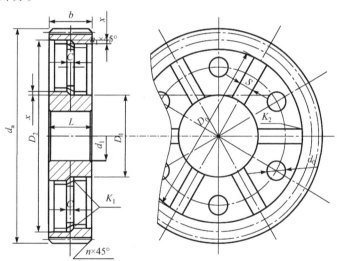

图 4-26　焊接式结构齿轮

$$D_1 \approx 1.6d_1; \quad L = (1.2 \sim 1.5)d_1 \geqslant b; \quad \delta_0 \approx 2.5m(m_n) \geqslant 8\text{mm}; \quad C = (0.1 \sim 0.15)b \geqslant 8\text{mm};$$

$$S \approx 0.8C; \quad x = 5\text{mm}; D_0 \approx 0.5(D_1 + D_2); \quad d_0 \approx 0.2(D_2 - D_1); \quad n = 0.5m(m_n); \quad K_1 = K_2 = \frac{2}{3}C$$

拓　　展

谐波齿轮传动是由 CM.Musser 发明的一种新型传动，它是利用机械波控制柔性齿轮的弹性变形来实现运动和力的传递的一种新型传动装置。由三个基本构件组成，如图 4-27 所示，包括一个有内齿的刚轮，一个工作时可产生径向弹性变形并带有外齿的柔轮和一个装在柔轮内部、呈椭圆形、外圈带有柔性滚动轴承的波发生器。柔轮的外齿数少于刚轮的内齿数。在波发生器转动时，相应于长轴方向的柔轮外齿正好完全啮入刚轮的内齿；在短轴方向，则外齿全脱开内齿。当刚轮固定，波发生器发生转动时，柔轮的外齿将依次啮入和啮出刚轮的内齿，柔轮齿圈上的任意一点的径向位移将呈近似于正弦波形的变化，所以这种传动称为谐波传动。

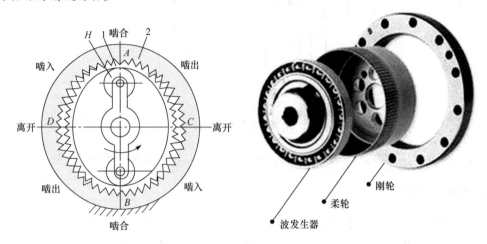

图 4-27　谐波齿轮图

它具有以下特点：

(1)传动比大，单级为 50~300，双极可达 2×106。

(2)传动平稳，承载能力高，传递单位扭矩的体积和重量小。在相同条件下，体积可减少 20%~50%。

(3)齿面磨损小而均匀，传动效率高。当结构合理润滑效果良好时，对 $i=100$ 的传动，效率可达 0.85。

(4)传动精度高。在制造精度相同的情况下，谐波传动的精度可比普通齿轮传动高一级。若齿面经过很好的研磨，则谐波齿轮传动的精度要比普通齿轮传动高 4 倍。

(5)回差小。精密谐波传动的回差一般可小于 3′，甚至可以实现无回差传动。

(6)可以通过密封壁传递运动，这是其他传动机构很难实现的。

习　　题

4-1　直齿圆锥齿轮的强度计算，一般用齿宽_____处的当量圆柱齿轮进行强度计算。(中南大学考研题)

4-2　闭式软齿面齿轮传动的设计计算路线是：按_____进行设计，确定参数后，再校核轮齿的_____。(西安交通大学考研题)

4-3　直齿圆锥齿轮正确啮合的条件：两轮_____，_____，_____。(厦门大学考研题)

4-4　斜齿圆柱齿轮传动，取_____面模数为标准模数。(重庆理工大学考研题)

4-5　圆柱齿轮传动，当直径不变，而减小模数时，可以(　　)。(中南大学考研题)

　　A. 提高轮齿的弯曲强度　　　　　　　　　　B. 提高齿轮的接触强度

C. 提高齿轮的静强度　　　　　　　　　　D. 改善传动的平稳性

4-6　一对齿轮啮合传动时，大小齿轮上齿面的接触应力为（　　）。（重庆大学考研题）

A. $\sigma_{H1} = \sigma_{H2}$　　　　　　　　　　　　　B. $\sigma_{H1} > \sigma_{H2}$

C. $\sigma_{H1} < \sigma_{H2}$　　　　　　　　　　　　　D. 不能判断大小关系

4-7　高速重载且散热条件不良的闭式齿轮传动，最可能出现的失效形式为（　　）。（重庆理工大学考研题）

A. 轮齿折断　　　　　　　　　　　　　B. 齿面磨粒磨损

C. 齿面胶合　　　　　　　　　　　　　D. 齿面塑性变形

4-8　齿轮传动的主要失效形式有哪些？开式和闭式齿轮传动的失效形式有什么不同？设计准则通常是按照哪种失效形式制定的？

4-9　设计一闭式斜齿圆柱齿轮传动。若传递功率 $P = 5\text{kW}$，转速 $n_1 = 970\text{r}/\text{min}$，传动比 $i = 3$，载荷有中等冲击，单向传动，工作寿命为 10 年，单班制工作，每天工作 8h，齿轮为不对称布置。

4-10　题 4-10 图所示为第二级斜齿圆柱齿轮减速器，第一级斜齿轮螺旋角的旋向已给出。

（1）为使轴承所受的轴向力较小，试确定第二级斜齿轮螺旋角的旋向，并说明轮 2、轮 3 所受的轴向力、径向力及圆周力的方向。

（2）若已知第一级齿轮的参数为：$z_1 = 19$，$z_2 = 85$，$m_n = 5\text{mm}$，$\alpha_n = 20°$，中心距 $a = 265\text{mm}$，1 轮的传动功率 $P = 6.25\text{kW}$，$n_1 = 275\text{r}/\text{min}$，试求 1 轮上所受各力的大小。（武汉理工大学考研题）

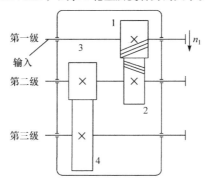

题 4-10 图　二级斜齿圆柱齿轮减速器

第5章 蜗杆传动

5.1 蜗杆传动的特点与分类

5.1.1 蜗杆传动的特点

蜗杆传动是一种齿轮传动，两轴一般直角交错(交错角$\sum$=90°)。蜗杆传动由蜗杆(圆柱蜗杆或环面(圆弧面)蜗杆，大多数情况为主动件)和从属的蜗轮组成。斜齿轮构成的螺旋滚动传动为点接触，而蜗杆传动与之不同，其在啮合区域为线接触。蜗杆可以是单齿或者多齿，它如螺旋线一样以相等的导程绕在蜗杆轴上。蜗杆的头数z_1为端面截面上的齿数。根据齿廓方向分为右旋和左旋蜗杆，一般偏向于采用右旋齿廓方向。

与其他齿轮传动相比，其优点为：传动平稳，噪声小，并且在相同的功率和传动比下可以更小更轻。由于是线接触，所以与圆柱齿轮传动和锥齿轮传动相比，蜗杆传动的齿面压力和磨损更小。单级传动比(一般只用于减速)可达$i_{max}\approx100$，在特殊的场合，如分度机构可以更高。

缺点：齿面间的相对滑动会导致剧烈磨损、功率损耗大，效率低(与圆柱齿轮传动和锥齿轮传动相比)；轴向力很大，尤其是在蜗杆上，因此对轴的支承要求很高；蜗杆传动对于中心距的误差很敏感。

5.1.2 蜗杆传动的分类

1. 根据结构形式分类

蜗杆和蜗轮可以是圆柱形，或者圆弧/环面形。根据结构形式可分为以下3种。

(1)圆柱蜗杆传动：由圆柱蜗杆和圆弧面蜗轮(图5-1(a))构成，是最常用的蜗杆传动形式。

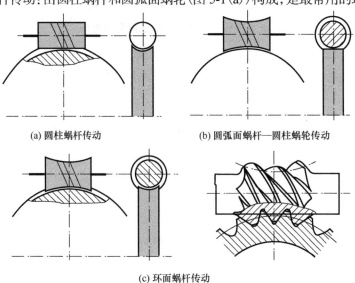

(a) 圆柱蜗杆传动　　　　　　(b) 圆弧面蜗杆—圆柱蜗轮传动

(c) 环面蜗杆传动

图 5-1　蜗杆传动

(2)圆弧面蜗杆-圆柱蜗轮传动：由圆弧面蜗杆和圆柱蜗轮(图 5-1(b))构成，由于这种蜗杆制造昂贵，因此很少使用。

(3)环面蜗杆传动：由圆弧面蜗杆和圆弧面蜗轮(图 5-1(c))构成，由于制造昂贵，只有在大功率传动中使用。

2. 根据齿形分类

根据由制造方法形成的齿形，可将最常使用的圆柱蜗杆(Z)分为以下 4 种。

(1)ZA 型蜗杆：其蜗杆齿在轴截面上的齿形为梯形(图 5-2(a))。齿形是通过水平放置在蜗杆轴线所在平面的梯形车刀加工而成。也可用相应的成形刀具进行铣削或磨削加工出该齿形。

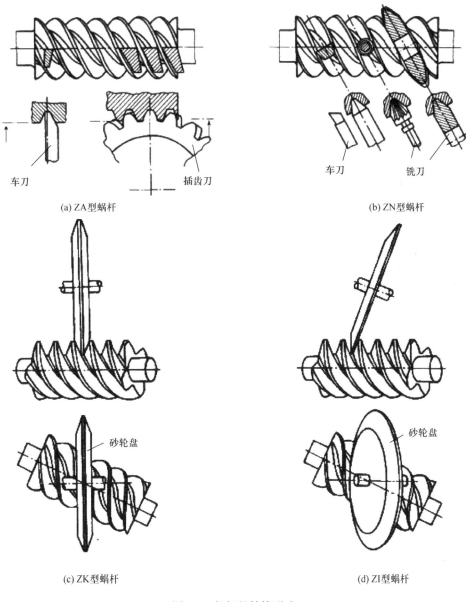

(a) ZA型蜗杆

(b) ZN型蜗杆

(c) ZK型蜗杆

(d) ZI型蜗杆

图 5-2　蜗杆的结构形式

(2)ZN 型蜗杆：其法截面齿形为梯形(图 5-2(b))。刀具要相应地转动螺旋升角 γ_m。

(3)ZK 型蜗杆：其齿形是弯曲的(曲线)。在车刀的位置(图 5-2(c))是一个旋转的刀具(盘形铣刀、砂轮)，其偏转角度为螺旋升角。齿形弯曲程度取决于刀具直径。由于加工经济性好，故应用广泛。

(4)ZI 型蜗杆：其端面为标准渐开线(图 5-2(d))。ZI 型蜗杆也可当作螺旋角 β 很大的斜齿圆柱齿轮。可以用车刀或滚铣刀进行成形加工。由于良好的经济加工性，所以 ZI 型蜗杆具有重要意义。

5.1.3 蜗杆传动的应用

蜗杆传动作为一种通用的传动方式，用于大功率和高转速下的大传动比场合，如电梯、卷扬机、卷筒和起重机，此外可驱动带式输送机和螺旋输送机，还可用于滑轮组和车辆转向机构。

5.2 蜗杆传动的主要参数和几何尺寸

5.2.1 蜗杆传动主要参数

1. 传动比

蜗杆传动的传动比不仅可以通过转速和齿数表达，在力传动时也经常用转矩来表达。考虑到效率，主动件为蜗杆的传动比 i 为

$$i = \frac{n_1}{n_2} = \frac{z_2}{z_1} = \frac{T_2}{T_1 \eta} \tag{5-1}$$

式中，n_1、n_2 分别为蜗杆、蜗轮的转速；z_1、z_2 分别为蜗杆头数、蜗轮的齿数；T_1、T_2 分别为蜗杆、蜗轮上的转矩；η 为蜗杆传动的总效率。

一般情况下，最小传动比为 $i_{min} \approx 5$，最大传动比为 $i_{max} \approx 50 \sim 60$。当 $i > 60$ 时结构比例会不合理且蜗杆磨损剧烈。为了使磨损均匀，多头蜗杆的传动比 i 尽量不取整数。用于蜗杆传动减速装置的传动比公称值为 5、7.5、10、12.5、15、20、30、40、50、60、70、80。其中 10、20、40、80 为基本传动比，应优先选用。

2. 中心距

圆柱蜗杆传动标准中心距为

$$a = \frac{1}{2}(d_1 + d_2) = \frac{1}{2}m(q + z_2) \tag{5-2}$$

变位蜗杆传动的中心距为

$$a' = \frac{1}{2}(d_1 + 2xm + d_2) = \frac{1}{2}m(q + 2x + z_2) \tag{5-3}$$

圆柱蜗杆传动的中心距 a，GB/T 10085—1988 规定标准值如下(mm)：40、50、63、80、100、125、160、(180)、200、(225)、250、(280)、315、(355)、400、(450)、500。括号内的数字尽可能不用。大于 500mm 时，可以按照 $R20$ 优先系数选用。

蜗杆变位系数的常用取值范围 $-0.5 < x < +0.5$，为了有利于蜗轮轮齿强度的提高最好取 x 值为正值。

3. 模数和压力角

在中间平面上，蜗轮蜗杆传动正确啮合条件为：蜗杆的轴面模数和压力角应分别相等于蜗轮的端面模数和压力角，即

$$m_{a1} = m_{t2} = m, \quad \alpha_{a1} = \alpha_{t2} \tag{5-4}$$

圆柱蜗杆的模数 m 规定为标准值，按表 5-1 选用。

表 5-1　普通圆柱蜗杆基本参数（$\sum = 90°$）

中心距 a / mm	模数 m / mm	分度圆直径 d_1 / mm	$m^2 d_1$ / mm^3	蜗杆头数 z_1	直径系数 q
40 50	1	18	18	1	18.00
40	1.25	20	31.25	1	16.00
50 63		22.4	35		17.92
50	1.6	20	51.2	1 2 4	12.50
63 80		28	71.68	1	17.50
40 (50) (63)	2	22.4	89.6	1 2 4 6	11.20
80 100		35.5	142	1	17.75
50 (63) (80)	2.5	28	175	1 2 4 6	11.20
100		45	281.25	1	18.00
63 (80) (100)	3.15	35.5	352.25	1 2 4 6	11.27
125		56	555.66	1	17.778
80 (100) (125)	4	40	640	1 2 4 6	10.00
160		71	1136	1	17.75

中心距 a / mm	模数 m / mm	分度圆直径 d_1 / mm	$m^2 d_1$ / mm³	蜗杆头数 z_1	直径系数 q
100	5	50	1250	1	10.00
(125)				2	
(160)				4	
(180)				6	
200		90	2250	1	18.00
125	6.3	63	2500.47	1	10.00
(160)				2	
(180)				4	
(200)				6	
250		112	4445.28	1	17.778

ZA 蜗杆的轴向压力角为标准值20°，其余三种（ZN / ZI / ZK）蜗杆的法向压力角为标准值20°，蜗杆轴向压力角与法向压力角的关系为

$$\tan\alpha_a = \frac{\tan\alpha_n}{\cos\gamma} \tag{5-5}$$

式中，γ 为导程角。

4. 直径系数

在蜗杆传动中，为了保证蜗杆与配对蜗轮的正确啮合，常用与蜗杆具有同样尺寸的蜗轮滚刀来加工与其配对的蜗轮。这样，只要有一种尺寸的蜗杆，就得有一种对应的蜗轮滚刀。对于同一模数，可以有很多不同直径的蜗杆，因而对每一模数就要配备很多蜗轮滚刀。显然，这样很不经济。为了限制蜗轮滚刀的数目及便于滚刀的标准化，就对每一标准模数规定了一定数量的蜗杆分度圆直径，并把其分度圆直径和模数的比称为直径系数 q，即

$$q = \frac{d_1}{m} \tag{5-6}$$

常用的标准模数和蜗杆分度圆直径及直径系数 q 见表 5-1。

5. 导程角

蜗杆的直径系数和蜗杆头数选定之后蜗杆分度圆柱上的导程角也就确定了。

$$\tan\gamma = \frac{p_z}{\pi d_1} = \frac{z_1 p_a}{\pi d_1} = \frac{z_1 m}{d_1} = \frac{z_1}{q} \tag{5-7}$$

式中，p_a 为轴向齿距，p_z 为导程。

5.2.2 蜗杆传动的主要几何尺寸

蜗杆传动的基本几何尺寸见图 5-3 和表 5-2。

表 5-2　蜗杆传动的主要几何尺寸

名称	代号	计算公式
蜗杆轴向齿距	P_a	$P_a = \pi m$
蜗杆导程	P_z	$P_z = \pi m z_1$
蜗杆分度圆直径	d_1	$d_1 = qm$
蜗杆齿顶圆直径	d_{a1}	$d_{a1} = d_1 + 2h_a^* m$
蜗杆齿根圆直径	d_{f1}	$d_{f1} = d_1 - 2(h_a^* m + c)$
蜗轮分度圆直径	d_2	$d_2 = m z_2 = 2a - d_1 - 2xm$
蜗轮喉圆直径	d_{a2}	$d_{a2} = d_2 + 2h_{a2} = d_2 + 2m(h_a^* + x)$
蜗轮齿根圆直径	d_{f2}	$d_{f2} = d_2 - 2h_{f2} = d_2 - 2m(h_a^* - x + c^*)$

注：取齿顶高系数 $h_a^* = 1$，径向间隙系数 $c^* = 0.2$。

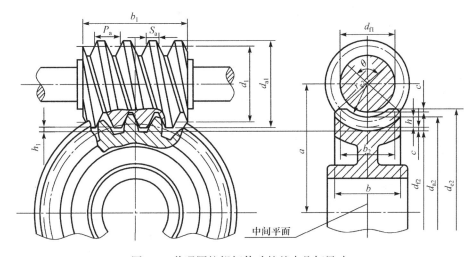

图 5-3　普通圆柱蜗杆传动的基本几何尺寸

5.3　蜗杆传动的初步设计

5.3.1　材料的选择

蜗轮、蜗杆的材料不仅要求具有足够的强度，更重要的是具有良好的跑合性能、耐磨性能和抗胶合性能。

蜗杆：一般是用碳钢或合金钢制成。高速重载蜗杆常用 15Cr 或 20Cr，并经渗碳淬火；也可用 40 钢、45 钢或 40Cr 并经淬火。这样可以提高表面硬度，增加耐磨性。通常要求蜗杆淬火后的硬度为 40～55HRC，氮化处理后的硬度为 55～62HRC。一般不太重要的低速中载的蜗杆，可采用 40 钢或 45 钢，并经调质处理，其硬度为 220～300HB。

蜗轮：常用的蜗轮材料为铸造锡青铜（ZCuSn10P1、ZCuSn5Pb5Zn5）、铸造铝铁青铜（ZCuAl10Fe3）及灰铸铁（HT150、HT200）等。锡青铜耐磨性最好，但价格较高，用于滑动

速度 $v_s \geqslant 3m/s$ 的重要传动；铝铁青铜的耐磨性较锡青铜差一些，但价格便宜，一般用于滑动速度 $v_s \leqslant 4m/s$ 的传动；如果滑动速度不高（$v_s < 2m/s$），效率要求也不高时，可用灰铸铁。为了防止变形，常对蜗轮进行时效处理。

5.3.2　蜗杆头数和蜗轮齿数

蜗杆头数可根据要求的传动比和效率来选择，单头蜗杆传动的传动比可以较大，但效率较低；但蜗杆头数过多，又会给加工带来困难。通常蜗杆头数取为 1、2、4、6。

蜗轮齿数的多少，影响运转的平稳性和承载能力，其值主要根据传动比来确定。一般 z_2 取 28～80。应注意：为了避免用蜗轮滚刀切制蜗轮时产生根切与干涉，理论上应使 $z_{2min} \geqslant 17$。但当 $z_2 < 26$ 时，啮合区要显著减小，将影响传动的平稳性，而 $z_2 \geqslant 30$ 时，则可始终保持有两对以上的齿啮合，所以通常规定 $z_2 > 28$。另一方面，也不能过多，当 $z_2 > 80$ 时（对于动力传动），蜗轮直径将增大过多，在结构上相应就必须增大蜗杆两支承点间的跨距，影响蜗杆轴的刚度和啮合精度；对一定直径的蜗轮，如 z_2 取得过大，模数就越小，将使轮齿的弯曲强度削弱，容易产生挠曲而影响正常的啮合。z_1 和 z_2 的推荐值见表 5-3。

表 5-3　蜗杆头数 z_1 和蜗轮齿数 z_2 的荐用值

$i=z_2/z_1$	≈5	7～15	14～30	29～82
z_1	6	4	2	1
z_2	29～31	29～61	29～61	29～82

5.3.3　失效形式和设计准则

蜗杆传动的失效形式和齿轮传动类似，有疲劳点蚀、胶合、磨损、轮齿折断等。由于材料和结构的原因，蜗杆螺旋齿部分的强度总是高于蜗轮轮齿的强度，蜗轮是该传动的薄弱环节。因此，一般只对蜗轮轮齿进行承载力的计算。由于蜗杆和蜗轮齿面间有较大的滑动，从而增加了产生胶合和磨损失效的可能性，尤其在润滑不良的情况下，蜗杆传动因齿面胶合而失效的可能性更大。因此，蜗杆传动的承载能力往往受到抗胶合能力的限制。

开式传动主要失效形式是齿面磨损及过度磨损引起轮齿折断，因此要以保证齿根弯曲疲劳强度作为开式传动的主要设计准则。

闭式传动主要失效形式是齿面胶合或点蚀，因此，通常是按齿面接触疲劳强度进行设计，而按齿根弯曲疲劳强度进行校核。此外，闭式蜗杆传动，由于散热较为困难，还应做热平衡核算。

5.4　蜗杆传动的强度设计

5.4.1　蜗杆传动的受力分析

图 5-4 所示是以右旋蜗杆为主动件，并沿图示的方向旋转时，蜗杆螺旋面上的受力情

况。设 F_n 为集中作用于节点 P 处的法向载荷，它作用于法向截面 $Pabc$ 内。F_n 可分解为三个相互垂直的分力，即圆周力 F_t、径向力 F_r 和轴向力 F_a。显然，在蜗轮蜗杆间，相互作用着 F_{t1} 与 F_{a2}、F_{r1} 与 F_{r2} 和 F_{a1} 与 F_{t2} 这三对大小相等、方向相反的力。

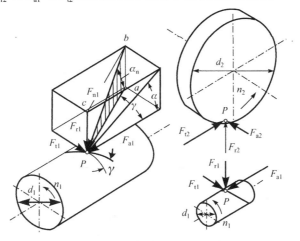

图 5-4 蜗杆传动的受力分析

$$\begin{cases} F_{t1} = F_{a2} = \dfrac{2T_1}{d_1} \\[2mm] F_{a1} = F_{t2} = \dfrac{2T_2}{d_2} \\[2mm] F_{r1} = F_{r2} = F_{t2} \tan\alpha \\[2mm] F_n = \dfrac{F_{a1}}{\cos\alpha_n \cos\gamma} = \dfrac{F_{t2}}{\cos\alpha_n \cos\gamma} = \dfrac{2T_2}{d_2 \cos\alpha_n \cos\gamma} \end{cases} \tag{5-8}$$

式中，T_1、T_2 分别为蜗杆、蜗轮上的转矩，N·mm；d_1、d_2 分别为蜗杆、蜗轮的分度圆直径，mm。

5.4.2 蜗轮齿面接触疲劳强度计算

蜗轮齿面接触疲劳强度校核公式为

$$\sigma_H = Z_E \sqrt{\dfrac{9400KT_2}{d_1 d_2^2}} \leqslant [\sigma_H] \tag{5-9}$$

蜗轮接触疲劳强度条件设计公式为

$$m^2 d_1 \geqslant 9400 \left(\dfrac{Z_E}{z_2 [\sigma_H]} \right)^2 KT_2 \tag{5-10}$$

式中，(1) Z_E 为弹性系数，单位为 $\sqrt{MPa}$，青铜或铸铁蜗轮与钢蜗杆配对时取 $Z_E = 160\sqrt{MPa}$。

(2) K 为载荷系数，$K = K_A K_\beta K_V$，其中使用系数 K_A 查表 5-4；齿向载荷分布系数 K_β，当蜗杆传动在平稳载荷下工作时，载荷分布不均现象将由工作表面良好的磨合而得到改善，此时可取 $K_\beta = 1$，当载荷变化较大，或有冲击、振动时，可取 $K_\beta = 1.3 \sim 1.6$；动载系数 K_V，由于蜗杆传动一般较平稳，动载荷要比齿轮传动小得多，故 K_V 值可取定如下：对于精确制造，且蜗轮圆周速度 $v_2 \leqslant 3\text{m/s}$ 时，取 $K_V = 1.0 \sim 1.1$ ； $v_2 > 3\text{m/s}$ 时， $K_V = 1.1 \sim 1.2$ 。

(3)计算出 $m^2 d_1$ 后，可从表 5-1 中查出相应的参数。

(4)蜗轮齿面的接触应力与许用接触应力分别为 σ_H 、 $[\sigma_H]$ ，单位为 MPa 。

表 5-4 使用系数 K_A

参数 工作类型	I	II	III
载荷性质	均匀、无冲击	不均匀、小冲击	不均匀、大冲击
每小时启动次数	<25	25～50	>50
启动载荷	小	较大	大
K_A	1	1.15	1.2

当蜗轮材料为灰铸铁或高强度青铜时（ $\sigma_b \geqslant 300\text{MPa}$ ）时，蜗杆传动的主要失效形式为齿面胶合。因尚无完善的胶合强度计算公式，则按接触疲劳强度进行条件性计算，在查取蜗轮齿面的许用接触应力时，要考虑相对滑动速度大小。由于胶合不属于疲劳失效，$[\sigma_H]$ 的值与应力循环次数 N 无关，因而可直接从表 5-5 中查出许用接触应力 $[\sigma_H]$ 的值。

表 5-5 青铜及灰铸铁蜗轮的许用接触应力 $[\sigma_H]$

材料		滑动速度 v_s /(m/s)						
蜗杆	蜗轮	<0.25	0.25	0.5	1	2	3	4
20 或 20Cr 渗碳、淬火、45 钢淬火，齿面硬度大于 45HRC	灰铸铁 HT150	206	166	150	127	95		
	灰铸铁 HT200	250	202	182	154	115		
	铸铝铁青铜 ZCuAl10Fe3			250	230	210	180	160
45 钢或 Q275	灰铸铁 HT150	172	139	125	106	79		
	灰铸铁 HT200	208	168	152	128	96		

若蜗轮材料为强度极限 $\sigma_b < 300\text{MPa}$ 的锡青铜，因蜗轮主要失效形式为接触疲劳，故应先从表 5-6 中查出蜗轮的基本许用接触应力 $[\sigma_H]'$ ，再按 $[\sigma_H] = K_{HN}[\sigma_H]'$ 算出许用接触应力的值，式中 K_{HN} 为接触强度的寿命系数， $K_{HN} = \sqrt[8]{\dfrac{10^7}{N}}$ 。其中，应力循环次数 $N = 60 j n_2 L_h$ ，此处 n_2 为蜗轮转速，r/min ； L_h 为工作寿命，h ； j 为蜗轮每转一圈，每个轮齿啮合的次数。

表 5-6 铸锡青铜蜗轮的基本许用接触应力 $[\sigma_h]'$

蜗轮材料	铸造方法	蜗杆螺旋面的硬度	
		≤ 45HRC	> 45HRC
铸锡青铜 ZCuSn10P1	砂模铸造	150	180
	金属模铸造	220	268

蜗轮材料	铸造方法	蜗杆螺旋面的硬度	
		≤ 45HRC	> 45HRC
铸锡锌铅青铜 ZCuSn5Pb5Zn5	砂模铸造	113	135
	金属模铸造	128	140

注：锡青铜的基本许用接触应力为应力循环次数 $N=10^7$ 时之值，当 $N \neq 10^7$ 时，需将表中数值乘以寿命系数 K_{HN}；当 $N > 25 \times 10^7$，取 $N = 25 \times 10^7$；当 $N < 2.6 \times 10^5$，取 $N = 2.6 \times 10^5$。

5.4.3　蜗杆齿根弯曲疲劳强度计算

蜗轮齿根弯曲疲劳强度校核公式为

$$\sigma_F = \frac{1.53KT_2}{d_1 d_2 m} Y_{Fa} Y_\beta \leqslant [\sigma_F] \tag{5-11}$$

蜗轮齿根弯曲疲劳强度设计公式为

$$m^2 d_1 \geqslant \frac{1.53KT_2}{z_2 [\sigma_F]} Y_{Fa} Y_\beta \tag{5-12}$$

式中，(1) σ_F 为蜗轮齿根弯曲应力；

(2) Y_β 为螺旋角影响系数，$Y_\beta = 1 - \dfrac{\gamma}{120°}$；

(3) Y_{Fa} 为蜗轮齿形系数：可由蜗轮的当量齿数 $z_n = \dfrac{z_2}{\cos^3 \gamma}$ 及蜗轮的变位系数 x 从图 5-5 中查得。

(4) $[\sigma_F]$ 为蜗轮的许用弯曲应力，单位为 MPa。$[\sigma_F] = [\sigma_F]' K_{FN}$，其中 $[\sigma_F]'$ 为计入齿根应力校正系数后蜗轮的基本许用应力，由表 5-7 中选取；K_{FN} 为寿命系数，$K_{FN} = \sqrt[9]{\dfrac{10^6}{N}}$，其中应力循环次数 N 的计算方法同前。

(5) 计算出 $m^2 d_1$ 后，可从表 5-1 中查出相应的参数。

表 5-7　蜗轮的基本许用弯曲应力 $[\sigma_F]'$

蜗轮材料		铸造方法	单侧工作 $[\sigma_{0F}]'$	双侧工作 $[\sigma_{-1F}]'$
铸锡青铜 ZCuSn10P1		砂模铸造	40	29
		金属模铸造	56	40
铸锡锌铅青铜 ZCuSn5Pb5Zn5		砂模铸造	26	22
		金属模铸造	32	26
铸铝铁青铜 ZCuAl10Fe3		砂模铸造	80	57
		金属模铸造	90	64
灰铸铁	HT150	砂模铸造	40	28
	HT200	砂模铸造	48	34

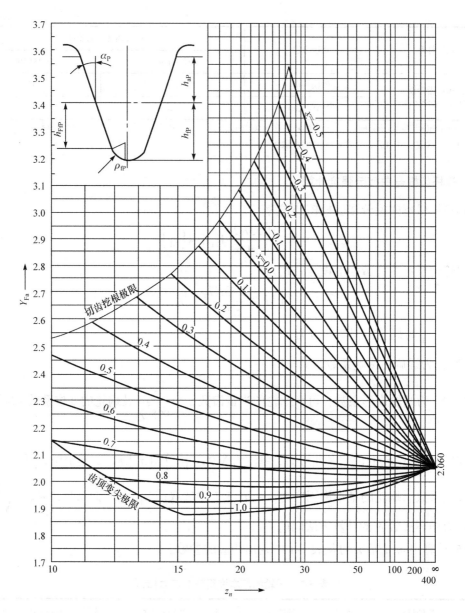

图 5-5　蜗轮的齿形系数（$\alpha_P = 20°$，$h_{aP}/m_n = 1$，$h_{fP}/m_n = 1.25$，$\rho_{fP}/m_n = 0.3$）

5.4.4　蜗杆的刚度计算

蜗杆受力后如产生加大的变形，就会造成轮齿上的载荷集中，影响蜗杆与蜗轮的正确啮合，所以蜗杆还须进行刚度校核。校核蜗杆的刚度时，通常是把蜗杆螺旋部分看作以蜗杆齿根圆直径为直径的轴段，主要是校核蜗杆的弯曲刚度，其最大挠度可按式（5-13）作近似计算，并得其刚度条件为

$$y = \frac{\sqrt{F_{t1}^2 + F_{r1}^2}}{48EI} L^3 \leqslant [y] \tag{5-13}$$

式中，F_{t1} 为蜗杆所受的圆周力；F_{r1} 为蜗杆所受的径向力；E 为蜗杆材料的弹性模量；I 为

蜗杆危险截面的惯性矩，$I = \dfrac{\pi d_{f1}^4}{64}$，其中 d_{f1} 为蜗杆齿根圆直径；L 为蜗杆两端支承间的跨距，视具体结构要求而定，初步计算时可取 $L \approx 0.9 d_2$，d_2 为蜗轮分度圆直径；$[y]$ 为许用最大挠度，$[y] = \dfrac{d_1}{1000}$，此处 d_1 为蜗杆分度圆直径。

5.5 蜗杆传动的效率

5.5.1 蜗杆的滑动速度

$$v_s = \frac{v_1}{\cos \gamma} = \frac{\pi d_1 n_1}{60 \times 1000 \cos \gamma} \tag{5-14}$$

式中，v_1 为蜗杆分度圆的圆周速度，m/s；d_1 为蜗杆分度圆直径，mm；n_1 为蜗杆的转速，r/min；γ 为蜗杆的导程角。

5.5.2 蜗杆传动的效率

闭式蜗杆传动的功率损耗主要包括三部分，即啮合摩擦损耗 η_1、轴承摩擦损耗 η_2 和零件浸入油池中的搅油损耗 η_3，因此总效率 η 为

$$\eta = \eta_1 \eta_2 \eta_3 \tag{5-15}$$

当蜗杆主动时，啮合摩擦损耗效率 η_1 为

$$\eta_1 = \frac{\tan \gamma}{\tan (\gamma + \varphi_v)} \tag{5-16}$$

式中，γ 为蜗杆的导程角；φ_v 为当量摩擦角，$\varphi_v = \arctan f_v$，其值可根据滑动速度 v_s 由表 5-8 选取。

由于轴承摩擦及溅油这两项功率损耗不大，一般取 $\eta_2 \cdot \eta_3 = 0.95 \sim 0.96$。则总效率 η 为

$$\eta = (0.95 \sim 0.96) \frac{\tan \gamma}{\tan (\gamma + \varphi_v)} \tag{5-17}$$

在设计之初，为近似求出蜗杆轴上的转矩 T_2，η 值可按表 5-9 估算。

表 5-8　普通圆柱蜗杆传动的 f_v、φ_v 值

蜗轮齿圈材料	锡青铜				无锡青铜		灰铸铁			
蜗杆齿面硬度	≥45HRC		其他		≥45HRC		≥45HRC		其他	
滑动速度 v_s / (m/s)	f_v	φ_v	f_v	φ_v	f_v	φ_v	f_v	φ_v	f_v	φ_v
0.01	0.110	6°17′	0.120	6°51′	0.180	10°12′	0.180	10°12′	0.190	10°45′
0.05	0.090	5°09′	0.100	5°43′	0.140	7°58′	0.140	7°58′	0.160	9°05′
0.10	0.080	4°34′	0.090	5°09′	0.130	7°24′	0.130	7°24′	0.140	7°58′
0.25	0.065	3°43′	0.075	4°17′	0.100	5°43′	0.100	5°43′	0.120	6°51′
0.50	0.055	3°09′	0.065	3°43′	0.090	5°09′	0.090	5°09′	0.100	5°43′
1.0	0.045	2°35′	0.055	3°09′	0.070	4°00′	0.070	4°00′	0.090	5°09′

蜗轮齿圈材料	锡青铜				无锡青铜		灰铸铁			
蜗杆齿面硬度	≥45HRC		其他		≥45HRC		≥45HRC		其他	
滑动速度 v_s /(m/s)	f_v	φ_v	f_v	φ_v	f_v	φ_v	f_v	φ_v	f_v	φ_v
1.5	0.040	2°17′	0.050	2°52′	0.065	3°43′	0.065	3°43′	0.080	4°34′
2.0	0.035	2°00′	0.045	2°35′	0.055	3°09′	0.055	3°09′	0.070	4°00′
2.5	0.030	1°43′	0.040	2°17′	0.050	2°52′				
3.0	0.028	1°36′	0.035	2°00′	0.045	2°35′				
4	0.024	1°22′	0.031	1°47′	0.040	2°17′				
5	0.022	1°16′	0.029	1°40′	0.035	2°00′				
8	0.018	1°02′	0.026	1°29′	0.030	1°43′				

注：① 当滑动速度与表中数值不一致时，可采用插值法求得 f_v、φ_v 值。

② 蜗杆齿面经磨削或抛光并仔细磨合、正确安装，以及采用黏度合适的润滑油进行充分的润滑。

表 5-9　总效率估算值

蜗杆头数/ z_1	1	2	4	6
总效率/ η	0.7	0.8	0.9	0.95

5.6　蜗杆传动的热平衡计算

　　由于蜗杆传动效率低、发热量大，若不及时散热，会引起箱体内油温升高、润滑失效，导致轮齿磨损加剧，甚至出现胶合。所以，必须根据单位时间内的发热量等于同时间内的散热量的条件进行热平衡计算，以保证油温稳定地处于规定的范围内。

　　由于摩擦损耗的功率 $P_f = P(1-\eta)$，则产生的热流量（单位为 1W=1J/s ）为

$$\Phi_1 = 1000P(1-\eta)$$

式中，P 为蜗杆传递的功率。

　　以自然冷却的方式，从箱体外壁散发到周围空气中取的热流量（单位为 W）为

$$\Phi_2 = \alpha_d S(t_0 - t_a)$$

式中，α_d 为箱体的表面传热系数，可取 $\alpha_d = 8.15\sim17.45\mathrm{W}/\left(\mathrm{m}^2 \cdot ℃\right)$，当周围空气流通良好时，取偏大值；$S$ 为内表面能被润滑油飞溅到，而外表面又可为周围空气冷却的箱体表面面积，m^2；t_0 为油的工作温度，一般限制在 60~70℃，最高不应超过 80℃；t_a 为周围空气的温度，通常情况可取为 20℃。

　　热平衡条件下，$\Phi_1 = \Phi_2$，可求得在既定工作条件下的油温 t_0 为

$$t_0 = t_a + \frac{1000P(1-\eta)}{\alpha_d S} \tag{5-18}$$

保持正常工作温度所需要的散热面积 S（单位为 m^2）为

$$S = \frac{1000P(1-\eta)}{\alpha_d(t_0 - t_a)} \tag{5-19}$$

在 $t_0 > 80℃$ 或有效的散热面积不足时，则必须采取措施，以提高散热能力。通常采取以下措施。

（1）加散热片以增加散热面积；

（2）在蜗杆轴端加装风扇以加速空气的流通，如图 5-6(a)所示；

（3）在传动箱内装循环冷却管路，如图 5-6(b)所示；

（4）采用压力喷油润滑冷却，如图 5-6(c)所示。

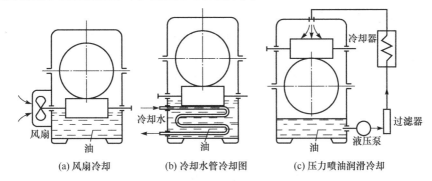

图 5-6 提高散热能力措施

5.7 圆柱蜗杆和蜗轮的结构设计

5.7.1 蜗杆结构

蜗杆螺旋部分的直径不大,所以常和轴做成一个整体,结构形式见图 5-7,其中图 5-7(a)所示结构无退刀槽，加工螺旋部分只能用铣制的办法；图 5-7(b)所示的结构有退刀槽，螺旋部分可以车制，也可以铣制，但这种结构刚度比前一种差。当蜗杆螺旋部分直径较大时，可以将蜗杆与轴分开制作。

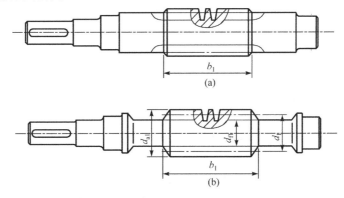

图 5-7 蜗杆的结构形式

5.7.2　蜗轮结构

常用的蜗轮结构形式有如下几种。

1. 齿圈式（图 5-8(a)）

这种结构由青铜齿圈及铸铁轮芯组成。齿圈与轮芯配合多采用过盈配合，并在轮芯的配合面旁加台阶用以轴向定位、沿接合面圆周方向加装 4～6 个螺钉以增强连接的可靠性。由于齿圈部分与轮芯部分材料软硬不同，为了便于钻孔，应将螺孔中心线由配合缝向材料较硬的轮芯部分偏移，以使得钻孔时能够准确定位。由于这种结构主要靠过盈配合来传递扭矩，故选用时必须考虑工作温度变化，否则会由于温度变化时两种不同材料线膨胀系数的不同改变配合质量。因此，这种结构多用于尺寸不大或工作温度变化较小的地方。

2. 螺栓连接式（图 5-8(b)）

这种结构的青铜齿圈与铸铁轮芯可采用过渡配合，用普通螺栓连接；也可采用间隙配合，用铰制孔螺栓连接。蜗轮的圆周力靠螺栓组连接来传递，因此螺栓的尺寸和数目必须经过严格的强度计算确定。这种结构工作可靠、拆卸方便，多用于尺寸较大或容易磨损需经常更换齿圈的蜗轮。

3. 整体浇铸式（图 5-8(c)）

主要用于铸铁蜗轮或尺寸很小的青铜蜗轮。

4. 拼铸式（图 5-8(d)）

在铸铁轮芯上加铸青铜齿圈，然后切齿。只用于成批制造蜗轮。

蜗轮的几何尺寸可根据蜗轮计算公式及图 5-3、图 5-8 所示结构尺寸来确定；轮芯部分的结构尺寸可参考齿轮的结构尺寸。

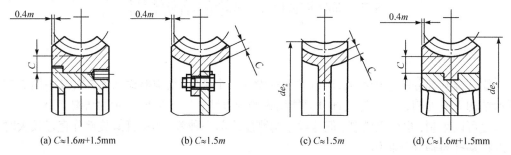

(a) $C \approx 1.6m + 1.5$mm　　(b) $C \approx 1.5m$　　(c) $C \approx 1.5m$　　(d) $C \approx 1.6m + 1.5$mm

图 5-8　蜗轮的结构

拓　展

说起 AWD 轿车驱动系统人们不能不想到奥迪的 Quattro，正是奥迪的大胆创新并义无反顾才使得越来越多的人享受到 AWD 带来的驾驶乐趣，而奥迪 Quattro AWD 的核心正是托森 LSD 差速器系统。

托森差速器（Torsen）又叫 Torsen 自锁差速器，它是 Quattro 全时四驱系统的核心技术。Torsen 这个名字取自 Torque-sensing Traction——感觉扭矩牵引。Torsen 的核心是蜗轮、蜗杆齿轮啮合系统，从 Torsen 差速器的结构视图 5-9 中可以看到双蜗轮、蜗杆结构，正是它们的相互啮合互锁以及扭矩单向地从蜗轮传送到蜗杆齿轮的构造实现了差速器锁止功能，这一特性限制了滑动。在弯道正常行驶时，前、后差速器的作用是传统差速器，蜗杆齿轮不影响半轴输出速度的不同，如车向左转时，右侧车轮比差速器快，而左侧速度低，左右速度不同的蜗轮能够严密地匹配同步啮合齿轮。此时蜗轮蜗杆并没有锁止，因为扭矩是从蜗轮到蜗杆齿轮。而当一侧车轮打滑时，蜗轮蜗杆组件发挥作用，通过托森差速器或液压式多盘离合器，极为迅速地自动调整动力分配。

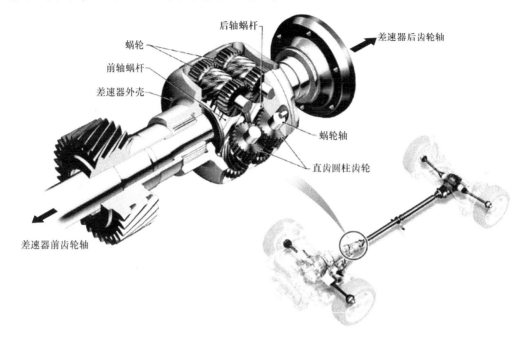

后轴蜗杆

蜗轮

前轴蜗杆

差速器外壳

差速器后齿轮轴

蜗轮轴

直齿圆柱齿轮

差速器前齿轮轴

图 5-9　奥迪 A4 Quatto 四驱系统托森差速器

它具有以下几个特点：

(1)托森差速器是恒时四驱，牵引力被分配到了每个车轮，于是就有了良好的弯道、直线(干/湿)驾驶性能。Torsen 自锁中心差速器确保了前后轮均匀的动力分配。任何速度的不同，如前轮遇到冰面时，系统会快速做出反应，75%的扭矩会转向转速慢的车轮，在这里也就是后轮。

(2)托森差速器实现了恒时、连续扭矩控制管理，它持续工作，没有时间上的延迟，但不介入总扭矩输出的调整，也就不存在着扭矩的损失，与牵引力控制和车身稳定控制系统相比具有更大的优越性。因为没有传统的自锁差速器所配备的多片式离合器，也就不存在着磨损，并实现了免维护。纯机械LSD具有良好的可靠性。

(3)托森差速器可以与任何变速器、分动器实现匹配，与车辆其他安全控制系统 ABS、TCS(Traction Control Systems，牵引力控制系统)、SCS(Stability Control Systems，车身稳定控制系统)相容。Torsen 差速器是纯机械结构，在车轮刚一打滑的瞬间就会发生作用，它具有线性锁止特性，是真正的恒时四驱，在平时正常行驶时扭矩前后分配是 50∶50。缺点是它的价格很贵。

[例 5-1]　设计一带式输送机用闭式圆柱蜗杆减速传动，已知输入功率 $P_1 = 4\text{kW}$，电动机驱动，蜗杆转速 $n_1 = 1440\text{r}/\text{min}$，传动比 $i_{12} = 30$，搅拌机为大批量生产，传动不反向，工作载荷较稳定，但有不大的冲击，要求寿命 L_h 为 8000h。

解

1）确定蜗杆传动结构类型

选定圆柱蜗杆（选加工经济性好的 ZK 蜗杆）和圆弧面蜗轮组成的圆柱蜗杆传动。

2）选择材料

考虑到蜗杆传动功率不大，速度中等，故蜗杆选用 45 钢表面淬火，表面硬度为 45～55HRC。蜗轮选用铸锡磷青铜 ZCuSn10P1，金属模铸造。

3）按齿面接触疲劳强度设计

根据闭式蜗杆传动的设计准则，先按式(5-10)的齿面接触疲劳强度进行设计，再按式(5-11)校核齿根弯曲疲劳强度。

$$m^2 d_1 \geqslant 9400 \left(\frac{Z_E}{z_2 [\sigma_H]} \right)^2 K T_2$$

（1）确定公式各个计算数值

① 确定载荷系数 K。因工作载荷较稳定，故取载荷分布不均匀系数 $K_\beta = 1$；由表 5-4 选取使用系数 $K_A = 1.15$；由于转速不高，冲击不大，可取动载荷系数 $K_v = 1.05$。

$$K = K_A K_\beta K_v = 1.21$$

② 计算蜗轮的转矩 T_2。按 $z_1 = 2$ 由表 5-9 估取效率 $\eta = 0.8$。

$$T_2 = 9.55 \times 10^6 \frac{P_2}{n_2} = 9.55 \times 10^6 \frac{P\eta}{n_1 / i_{12}} = 636.7 \times 10^5 (\text{N} \cdot \text{mm})$$

③ 确定弹性影响系数 Z_E。因选用的铸锡磷青铜蜗轮和钢蜗杆相匹配，则 $Z_E = 160\sqrt{\text{MPa}}$。

④ 确定许用接触应力 $[\sigma_H]$。根据蜗轮材料为铸锡磷青铜 ZCuSn10P1，金属模铸造，蜗杆齿面硬度 > 45HRC，可从表 5-6 中得蜗轮的基本许用接触应力 $[\sigma_H]' = 268\text{MPa}$。

应力循环次数： $N = 60 j n_2 L_h = 60 \times 1 \times \dfrac{1440}{30} \times 8000 = 2.3 \times 10^7$

寿命系数： $K_{HN} = \sqrt[8]{\dfrac{10^7}{2.3 \times 10^7}} = 0.901$

则 $[\sigma_H] = K_{HN} [\sigma_H]' = 0.901 \times 268 = 241 (\text{MPa})$

（2）设计计算

$$m^2 d_1 \geqslant 9400 \left(\frac{Z_E}{z_2 [\sigma_H]} \right)^2 K T_2 = 9400 \left(\frac{160}{60 \times 241} \right)^2 \times 1.21 \times 636.7 = 886.7$$

根据 GB/T 10085—1988 规定 $m^2 d_1$ 标准值，取 $m^2 d_1 = 1250$，$m = 5$，$q = 10$。

（3）蜗杆与蜗轮主要参数和几何尺寸

① 蜗杆。蜗杆头数 $z_1 = 2$

蜗杆直径系数： $q = 10$

蜗杆分度圆直径： $d_1 = qm = 10 \times 5 = 50(\text{mm})$

蜗杆齿顶圆直径： $d_{a1} = d_1 + 2h_a^* m = 50 + 2 \times 1 \times 5 = 60(\text{mm})$

蜗杆齿根圆直径： $d_{f1} = d_1 - 2(h_a^* m + c) = 50 - 2 \times (1 \times 5 + 1.6) = 36.8(\text{mm})$

蜗杆导程角：
$$\tan \gamma = \frac{mz_1}{d_1} = \frac{z_1}{q} = \frac{2}{10} = 0.2$$

$$\gamma = \arctan 0.2 = 11.31°$$

② 蜗轮

蜗轮齿数：
$$z_2 = 60$$

中心距：
$$a = \frac{m(q + z_2)}{2} = 175$$

蜗轮分度圆直径：
$$d_2 = mz_2 = 5 \times 60 = 300(\text{mm})$$

蜗轮喉圆直径：
$$d_{a2} = d_2 + 2h_{a2} = 300 + 2 \times 5 = 310(\text{mm})$$

蜗轮齿根圆直径：
$$d_{f2} = d_2 - 2h_{f2} = 300 - 2 \times 5 \times (1 + 0.2) = 288(\text{mm})$$

4) 校核齿根弯曲疲劳强度

$$\sigma_F = \frac{1.53KT_2}{d_1 d_2 m} Y_{Fa} Y_\beta \leqslant [\sigma_F]$$

(1) 确定公式各个计算数值

① 确定齿形系数

$$z_n = \frac{z_2}{\cos^3 \gamma} = \frac{60}{(\cos 11.31°)^3} = 63.64$$

从图 5-5 中可查得齿形系数 $Y_{Fa} = 2.3$。

② 确定螺旋角影响系数

$$Y_\beta = 1 - \frac{\gamma}{120°} = 1 - \frac{11.31°}{120°} = 0.9058$$

③ 确定许用弯曲应力 $[\sigma_F]$。从表 5-7 中查得 ZCuSn10P1 制造的蜗轮基本许用弯曲应力 $[\sigma_F]' = 56\text{MPa}$。

寿命系数：
$$K_{FN} = \sqrt[9]{\frac{10^6}{N}} = \sqrt[9]{\frac{10^6}{2.3 \times 10^7}} = 0.705$$

$$[\sigma_F] = [\sigma_F]' K_{FN} = 56 \times 0.705 = 39.48(\text{MPa})$$

(2) 校核计算

$$\sigma_F = \frac{1.53KT_2}{d_1 d_2 m} Y_{Fa} Y_\beta = \frac{1.53 \times 1.21 \times 636700}{50 \times 300 \times 5} \times 2.3 \times 0.9058 = 32.74\text{MPa} < [\sigma_F]$$

弯曲强度满足要求。

5) 验算效率

已知 $\gamma = 11.31°$；$\varphi_v = \arctan f_v$；f_v 与滑动速度 v_s 有关。

$$v_s = \frac{v_1}{\cos \gamma} = \frac{\pi d_1 n_1}{60 \times 1000 \cos \gamma} = \frac{\pi \times 50 \times 1440}{60 \times 1000 \cos 11.31°} = 3.845(\text{m/s})$$

从表 5-8 中用插值法得 $f_v = 0.025$，$\varphi_v = 1°25'$。

$$\eta = (0.95 \sim 0.96) \frac{\tan \gamma}{\tan(\gamma + \varphi_v)} = 0.85$$，大于原估计值，因此不用重算。

6)精度等级公差和表面粗糙度的确定

考虑到所设计的蜗杆传动是动力传动，属于通用机械减速器，GB/T 10089—1988 圆柱蜗杆、蜗轮精度选择 8 级精度，侧隙种类为 f，标注为 8f GB/T 10089—1988。然后由有关手册查得要求的公差项目及表面粗糙度，此处从略。

7)热平衡核算(略)

8)绘制工作图(略)

习　　题

5-1　减速蜗杆传动中，主要的失效形式为_____、_____、_____和_____，常发生在_____。(北京航空航天大学考研题)

5-2　普通圆柱蜗杆传动中，右旋蜗杆与_____旋蜗轮才能正确啮合，为获得较高的传动效率，蜗杆升角 λ 应具有较_____值，在已确定蜗杆头数的情况下，其直径系数 q 应选取较_____值。(北方交通大学考研题)

5-3　普通圆柱蜗杆传动变位的主要目的是_____和_____。(中国地质大学考研题)

5-4　在润滑良好的情况下，减摩性好的蜗轮材料是_____，蜗杆传动较理想的材料组合是_____。(中南大学考研题)

5-5　蜗杆传动中，蜗杆导程角为 γ，分度圆圆周速度为 v_1，则其滑动速度 v_s 为_____，它使蜗杆蜗轮的齿面更容易产生_____和_____。(哈尔滨工程大学考研题)

5-6　蜗杆传动中，当其他条件相同时，增加蜗杆的头数，则传动效率(　　)。(中南大学考研题)

　　A. 降低　　　　　　B. 提高　　　　　　C. 不变　　　　　　D. 可能提高，可能降低

5-7　蜗杆传动的正确啮合条件中，应除去(　　)。(浙江大学考研题)

　　A. $m_{a1} = m_{t2}$　　　　　　　　　　　　B. $\alpha_{a1} = \alpha_{t2}$

　　C. $\beta_1 = \beta_2$　　　　　　　　　　　　D. 螺旋方向相同

5-8　在蜗杆传动中，引进直径系数 q 的目的是(　　)。(浙江大学考研题)

　　A. 便于蜗杆尺寸的计算　　　　　　　　B. 容易实现蜗杆传动中心距的标准化

　　C. 提高蜗杆传动的效率　　　　　　　　D. 减少蜗轮滚刀的数量，利于刀具标准化

5-9　计算蜗杆传动比时，公式(　　)是错误的。(北京航空航天大学考研题)

　　A. $i = \omega_1/\omega_2$　　　　　　　　　　　B. $i = n_1/n_2$

　　C. $i = d_2/d_1$　　　　　　　　　　　　D. $i = z_2/z_1$

5-10　其他条件相同时，仅增加蜗杆头数，则滑动速度(　　)。(国防科学技术大学考研题)

　　A. 增加　　　　　B. 保持不变　　　　C. 减少　　　　　D. 可能增加或减少

5-11　在蜗杆传动中，对于滑动速度 $v_1 \geqslant 40\text{m/s}$ 的重要传动，应该采用(　　)做蜗轮齿圈的材料。(国防科学技术大学考研题)

　　A. HT200　　　　　　　　　　　　　　B. ZCuSn10P1

　　C. 45 号钢调质　　　　　　　　　　　D. 18CrMnTi 渗碳淬火

5-12　与齿轮传动相比较，蜗杆传动的失效形式有何特点？为什么？

5-13　试述蜗杆直径系数的意义，为何要引入蜗杆直径系数？

5-14　设计一生产线输送带驱动用的闭式蜗杆传动。蜗杆每天工作两班，每天工作 8h，要求使用寿命

为 5 年(每年按 250 个工作日计算)。蜗杆输入功率 $P_1 = 8.5\text{kW}$,转速 $n_1 = 1440\text{r/min}$,传动比 $i = 30$ 。

5-15 题 5-15 图所示为一简易手动起重设备,按图示方向转动手柄提升重物。试确定:

(1)蜗杆与蜗轮的旋向(即螺旋线方向)。

(2)蜗轮在啮合点处各分力 F_t、F_r、F_a 的方向。

(3)若手柄反转使重物下降,试问蜗轮上作用的各分力的方向有无变化?(重庆理工大学考研题)

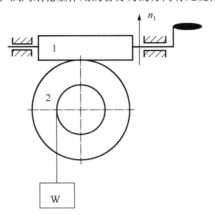

题 5-15 图 手动起重设备

第6章 滚动轴承

6.1 概　述

在机械和仪器设备中广泛使用滚动轴承作为支承件，主要用于支承有相对运动的零件，尤其是相对转动零件的支承，承受外力(相对于运动轴线径向、轴向和倾斜方向)并将其传递到基座、机壳或零件上。轴承及支承件合称为轴承支承。滚动轴承具有摩擦阻力小、效率高、启动灵活、轴向尺寸小、安装维修方便和价格便宜等优点。其缺点是承受冲击载荷能力较差，高速重载下轴承寿命较低，振动和噪声大。滚动轴承已经标准化，一般由专业轴承厂批量生产。在机械设计中，只需根据具体的工作条件正确地选择轴承的类型和尺寸，进行支承结构设计。

6.1.1　滚动轴承的基本结构

滚动轴承是将运转的轴颈与轴承座之间的滑动摩擦变为滚动摩擦，从而减少摩擦的一种机械元件。滚动轴承一般由内圈 1、外圈 2、滚动体 3 和保持架 4 等四部分组成，如图 6-1 所示。内圈与轴颈相配合，外圈与轴承座相配合，通常是内圈随轴颈回转，外圈固定，但一些场合下，也可以是外圈回转而内圈不动，或是内、外圈同时回转。轴承内、外圈有滚道，可限制滚动体沿轴向移动的作用。滚动体是借助保持架均匀地将滚动体分布在内圈和外圈之间。常用的滚动体如图 6-2 所示，有球、圆柱滚子、圆锥滚子、球面滚子、滚针等几种。保持架的主要作用是均匀地分隔开滚动体，防止滚动体脱落，引导滚动体旋转。如果没有保持架，则相邻滚动体转动时将会由于接触处产生较大的相对滑动速度而引起磨损。

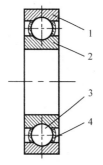

图 6-1　滚动轴承的基本结构

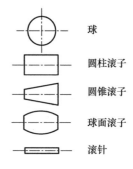

图 6-2　常用的滚动体

轴承内、外圈和滚动体，一般采用铬轴承钢 GCr15，热处理后硬度达到 61～65HRC，保持架多数用低碳钢冲压制成，也有用铜合金、铝合金和工程塑料制成的实体保持架。

6.1.2　滚动轴承的特点及应用

滚动轴承的优点在于：正确安装的滚动轴承在工作时几乎没有摩擦(μ=0.002～0.01)，其启动转矩稍大于工作转矩，启动力矩小；润滑剂消耗量小，润滑简单；维护保养简单；

轴向尺寸较小；滚动轴承属于标准件，具有互换性，安装、拆卸和维修方便。

滚动轴承的缺点在于：径向尺寸大，接触应力高，高速重载下轴承寿命较低且噪声大，抗冲击能力差，由于对污染较为敏感，所以密封成本较高（易磨损、功率消耗大的部位）。

在实际中，是选择滑动轴承，还是选择滚动轴承，没有强制性的规定。对于轴承的选择，由轴承的优缺点决定，其他的决定因素还包括载荷大小和类型、转速大小、所需轴承寿命以及工作实践中的使用经验。

滚动轴承应优先应用场合如下：

（1）无须维护和可靠性高的一般需求场合，如减速器、电动机、机床、提升机械、车辆等。

（2）要求在静止状态或转速较低，以及重载运行时摩擦很小和转速变化的支承，如吊车钩、主轴支承、旋转塔臂和车辆驱动装置等。

6.2　滚动轴承的主要类型及其代号

6.2.1　滚动轴承的主要类型、性能与特点

按滚动轴承所承受载荷的方向不同可分为向心轴承、推力轴承和向心推力轴承三大类，图 6-3 为它们承载情况的示意图。其中主要承受径向载荷 F_r 的轴承叫向心轴承，部分向心轴承可同时承受较小的轴向载荷；主要承受轴向载荷 F_a 的轴承叫推力轴承，推力轴承中与轴颈配合的元件叫轴圈，与机座孔配合的元件叫座圈；可同时承受径向载荷和轴向载荷的轴承叫向心推力轴承。

轴承的径向平面（垂直于轴线）和压力线之间的夹角 α 称为轴承的接触角。它是滚动轴承的一个重要参数，直接影响轴承承受轴向载荷的能力，接触角越大，能够承受的轴向载荷越大。轴承实际所承受的径向载荷 F_r 与轴向载荷 F_a 的合力与半径方向的夹角 β，则称为载荷角（图 6-3(c)）。图 6-3(a)向心轴承的径向平面与压力线重合，因此 α 为 0。

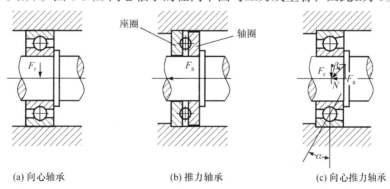

(a) 向心轴承　　　　　　(b) 推力轴承　　　　　　(c) 向心推力轴承

图 6-3　不同类型的轴承的承载情况

表 6-1 中将常用滚动轴承的类型、主要性能、特点和应用场合进行了简要介绍。除表 6-1 中介绍的滚动轴承之外，标准的滚动轴承还有双列深沟球轴承（类型代号 4）、双列角接触球轴承（类型代号 0）以及各类组合轴承等。

除了标准结构类型的轴承外，滚动轴承制造商还提供了许多特殊结构类型的轴承，如需要可查滚动轴承相关目录。此外还有一些专用轴承和特殊轴承。

表6-1　常用滚动轴承的类型、主要性能和特点

类型代号	简图	类型名称	结构代号	基本额定动载荷比	极限转速比	轴向承载能力	轴向限位能力	性能和特点	应用场合
1		调心球轴承	10000	0.6~0.9	中	少量	I	因外圈滚道表面是以轴承中点为中心的球面，故能自动调心。允许内圈（轴）相对外圈（外壳）轴线偏斜量≤2°～3°。一般不宜承受纯轴向载荷	安装有误差或有很大挠度的轴的支承，如运输机械、提升机械、农业机械等
2		调心滚子轴承	20000	1.8~4	低	少量	I	性能、特点与调心球轴承相同，但具有较大的径向承载能力，允许内圈轴线偏斜量≤1.5°～2.5°	重载滚轮、绳轮、船上的轴、转向舵、曲轴和其他重载支承
		推力调心滚子轴承	29000	1.6~2.5	低	很大	II	用于承受以轴向载荷为主的轴向、径向联合载荷，但径向载荷不得超过轴向载荷的55%。运转中滚动体受离心力作用，滚动体与滚道间产生滑动，并导致轴圈与座圈分离，为保证正常工作，需施加一定轴向预载荷。允许轴圈对座圈轴线偏斜量≤1.5°～2.5°	起重机立柱的支承，船用螺旋传动轴承，蜗杆和受压轴承
3		圆锥滚子轴承 α=10°～18°	30000	1.5~2.5	中	较大	II	可以同时承受径向载荷及轴向载荷（30000型以径向载荷为主，30000B型以轴向载荷为主），外圈可分离，安装时可调整轴承的游隙。一般成对使用	车辆的轮毂支承，绳轮支承，机床主轴支承，蜗轮和锥齿轮轴的支承
		大锥角圆锥滚子轴承 α=27°～30°	30000B	1.1~2.1	中	很大			

续表

类型代号	简图	类型名称	结构代号	基本额定动载荷比	极限转速比	轴向承载能力	轴向限位能力	性能和特点	应用场合
5		推力球轴承	51000	1	低	只能承受单向的轴向载荷	II	只能承受轴向载荷，高速时离心力大，钢球与保持架磨损、发热严重，寿命降低，故极限转速很低。为了防止钢球与滚道之间的滑动，工作时必须加有一定的轴向载荷。轴承座圈与轴线必须垂直，载荷必须与轴线重合，以保证钢球载荷的均匀分配	用于轴向载荷很大且不能采用向心轴承的场合，以及轴向载荷小且不宜采用向心轴承的场合，例如用向心轴承的场合，例如钻床主轴、尾座顶尖、蜗牛顶尖、涡轮和螺旋传动
		双向推力球轴承	52000	1	低	能承受双向的轴向载荷	I		
6		深沟球轴承	60000	1	高	少量	I	主要承受径向载荷，也可同时承受小的轴向载荷。当量来承受纯轴向载荷时，可用来承受纯轴向载荷，接触角 α 在允许范围下正常工作，外圈轴线偏斜量 ≤8'～16'，大量生产，价格最低	在机械制造领域应用最广泛，制造的所有领域应用广泛。带装深沟球轴承，当 $F_a/F<0.3$ 时，只能用于一些特殊场合，例如应用于衣物机制造
7		角接触球轴承	70000C α=15°	1.0～1.4	高	一般	II	可以同时承受径向载荷及轴向载荷，也可以单独承受轴向载荷，能在较高转速下工作。由于一个轴承只能承受单向的轴向力，因此，一般成对使用。承受轴向载荷的能力与接触角 α 有关。接触角 α 越大，承受轴向载荷的能力也越高	机床的主轴支承、车辆传动装置、齿轮和精轮支承
			70000AC α=25°	1.0～1.3		较大			
			70000B α=40°	1.0～1.2		更大			
N		外圈无挡边的圆柱滚子轴承	N0000	1.5～3.0	高	无	III		

续表

类型代号	简图	类型名称	结构代号	基本额定动载荷比	极限转速比	轴向承载能力	轴向限位能力	性能和特点	应用场合
N		内圈无挡边的圆柱滚子轴承	NU0000		高	无	Ⅲ	有较大的径向承载能力。外圈（或内圈）可以分离，故不能承受轴向载荷，滚子由内圈（或外圈）的挡边轴向定位，工作时允许内、外圈有少量的轴向错动。内圈的允许偏斜量很小（2′～4′），此类轴承还可以不带外圈或内圈	减速器、电动机、有机机车心轴承、轧机支承；一般用于承受大径向载荷的支承和作为游动支承使用
		内圈有单挡边的圆柱滚子轴承	NJ0000	1.5～3.0	高	少量	Ⅱ		
NA		滚针轴承	NA0000	—	低	无	Ⅲ	在同样内径条件下，与其他类型轴承相比，其外径最小。工作时允许内、外圈可以分离，内圈的轴向错动。有较大的径向承载能力。一般不带保持架。摩擦系数较大	主要用于较小至中等转速和摆动运动的场合，（例如连杆支承、摇臂支承、主轴支承、旋转臂、摆动轴承）等，一般还适用于径向尺寸受限制的场合
UC		带顶丝球面球轴承	UC000	1	中	少量	Ⅰ	内部结构与深沟球轴承相同，但内圈具有球形外表面，与带有回球面的轴承座相配能自动调心。常用紧定螺钉、偏心套或套将轴承内圈固定在轴上。轴心线还允许偏心套轴承（UEL型、UE型），带紧定套轴承（UK型、UK+H型），两端平头轴承（UD型）等	

6.2.2 滚动轴承的代号

在常用的各类滚动轴承中,每一种类型又可做成几种不同的结构、尺寸和公差等级,以便适应不同的技术要求。为了统一表征各类轴承的特点,便于组织生产和选用,GB/T 272—1993 规定了轴承代号的表示方法。

滚动轴承代号由基本代号、前置代号和后置代号组成,用字母和数字等表示。轴承代号的构成见表 6-2。滚动轴承的前置、后置代号是轴承在结构形状、尺寸、公差和技术要求等有改变时,在其基本代号左右添加的补充代号。

表 6-2 滚动轴承代号的构成

前置代号	基本代号					后置代号						
	五	四	三	二	一	内部结构代号	密封与防尘结构代号	保持架及其材料代号	特殊轴承材料代号	公差等级代号	游隙代号	多轴承配置代号	其他代号
轴承分部件代号	类型代号	尺寸系列代号		内径代号								
		宽度系列代号	直径系列代号									

注:基本代号下面的一到五表示代号自右向左的位置序数。

1. 前置代号

轴承的前置代号用于表示轴承的分部件,用字母表示。如用 L 表示可分离轴承的可分离套圈,如 LNU207 即表示内圈是可分离的 NU207 轴承;K 表示轴承的滚动体与保持架组件;GS 表示推力圆柱滚子轴承座圈等。一般轴承无须作此说明,则前置代号可以省略。

2. 后置代号

轴承的后置代号是用字母和数字等表示轴承内部结构、公差等级、游隙及一些特殊要求等。后置代号的内容很多,下面介绍几个常用的代号。

(1)内部结构代号。同一类型轴承的不同内部结构,用字母紧跟基本代号之后表示。例如,接触角 α 为 15°、25°和 40°的角接触球轴承分别用 C、AC 和 B 表示内部结构的不同。

(2)轴承公差等级代号。该代号表示不同的尺寸精度和旋转精度的特殊组合。分为 2 级、4 级、5 级、6 级(或 6x 级)和 0 级,共 6 个级别,依次由高级到低级,其代号分别为/P2、/P4、/P5、/P6(或/6x)和/P0。其中 6x 级仅适用于圆锥滚子轴承;0 级为普通级,在轴承代号中不标出,是最常用的轴承公差等级。

(3)轴承游隙代号。表示轴承径向的游隙组别,分为 1 组、2 组、0 组、3 组、4 组和 5 组,共 6 个组别,径向游隙依次由小到大。其中 0 组游隙是常用的游隙组别,在轴承代号中不标出,其余的游隙组别在轴承代号中分别用/C1、/C2、/C3、/C4、/C5 表示。

3. 基本代号

轴承的基本代号由类型代号、尺寸系列代号和内径代号组成。按顺序自左向右依次排列。

1)轴承内径代号

表示轴承内圈内径的大小，用两位数字表示，常用字母 d 表示。基本代号右起第一、二位数字为内径代号。对常用内径 $d=20\sim480\mathrm{mm}$ 的轴承，内径一般为内径代号乘以 5 得到。如 06 表示 $d=30\mathrm{mm}$；12 表示 $d=60\mathrm{mm}$ 等。内径代号还有一些例外的，如对于内径为10mm、12mm、15mm和17mm的轴承，内径代号依次为00、01、02 和 03。此处介绍的内径代号仅适用于常规的滚动轴承，对于 $d\geqslant500\mathrm{mm}$ 的特大型轴承和 $d<10\mathrm{mm}$ 的微型轴承，其内径代号不在此列。

2)轴承尺寸系列代号

由轴承的宽度系列代号和直径系列代号组合而成。

(1)直径系列代号。表示滚动轴承在结构、内径相同情况下，轴承外径和宽度的变化系列。用基本代号右起第三位数字表示。直径系列代号有 7、8、9、0、1、2、3、4 和 5，对应于相同内径轴承的外径尺寸依次递增。部分直径系列之间的尺寸对比如图 6-4 所示。

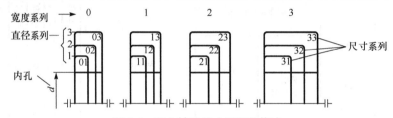

图 6-4　向心轴承尺寸系列的构成

直径系列为7、8、9、0、1、2、3、4、5+直径增加，宽度系列为8、0、1、2、3、4、5、6+宽度增加

(2)轴承的宽度系列。表示滚动轴承在结构、内径和直径系列都相同的情况下，轴承宽度方面的变化系列。对于推力轴承，是指高度系列。用基本代号右起第四位数字表示。宽度系列代号有 8、0、1、2、3、4、5 和 6，对应同一直径系列的轴承，其宽度依次递增。多数轴承在代号中不标出代号0，但对于调心滚子轴承和圆锥滚子轴承，宽度系列代号 0 应标出。

3)轴承类型代号

用基本代号左起第一个数字(或字母)表示，其表示方法见表 6-1。

4. 代号举例

6202——内径为 15 mm 的深沟球轴承，尺寸系列 02，0 级公差，0 组游隙。

7212C——内径为 60 mm 的角接触球轴承，尺寸系列 02，接触角 15°，0 级公差，0 组游隙。

30208——内径为 40 mm 的圆锥滚子轴承，尺寸系列 02，0 级公差，0 组游隙。

N408/P5——内径为 40 mm 的外圈无挡边圆柱滚子轴承，尺寸系列 04，5 级公差，0 组游隙。

6.3　滚动轴承类型选择及受载情况

6.3.1　滚动轴承类型选择

如果给定的轴承工作条件和对支承的要求，可按表 6-1 所列常用滚动轴承的类型、主要性能和特点并结合以下应考虑的主要因素合理地选择轴承类型。

1. 根据轴承的载荷选择

轴承所受载荷的大小、方向和性质是选择轴承类型的主要依据。根据受载大小，承受载荷较大的，宜选用滚子轴承，承受中等或较轻载荷的优先选用球轴承。根据受载的方向不同，对只承受轴向载荷，一般选用推力轴承。较小的纯轴向载荷可选用推力球轴承；较大的纯轴向载荷可选用推力滚子轴承。对于纯径向载荷，一般选用深沟球轴承、圆柱滚子轴承或滚针轴承。当轴承在承受径向载荷的同时，还有较小的轴向载荷时，可选用深沟球轴承或接触角不大的角接触球轴承或圆锥滚子轴承；当轴向载荷较大时，可选用接触角较大的角接触球轴承或圆锥滚子轴承，或者选用向心轴承和推力轴承组合在一起的结构，分别承担径向载荷和轴向载荷。

2. 根据轴承的转速选择

在一般转速下，转速的高低对类型的选择不发生影响，只有在转速较高时，才会有比较显著的影响。轴承标准中对各种类型、各种规格尺寸的轴承都规定了油润滑及脂润滑时的极限转速 n_{lim} 值。

根据工作转速选择轴承时可以参考以下几点：

（1）球轴承比滚子轴承有较高的极限转速和旋转精度，故在高速时应优先选用球轴承。

（2）在内径相同的条件下，外径越小，则滚动体就越小，运转时滚动体加在外圈滚道上的离心力也就越小，因而也就更适于在更高的转速下工作。故在高速时，宜选用相同内径而外径较小的轴承。若用一个外径较小的轴承而承载能力达不到要求时，可再并装一个相同的轴承，或者考虑采用宽系列的轴承。外径较大的轴承，宜用于低速重载的场合。

（3）保持架的材料与结构对轴承转速影响极大。实体保持架比冲压保持架允许高一些的转速，青铜实体保持架允许更高的转速。

（4）推力轴承的极限转速均很低。当工作转速高时，若轴向载荷不十分大，可以采用角接触球轴承承受纯轴向力。

（5）若工作转速略超过样本中规定的极限转速，可以选用较高公差等级的轴承，或者选用较大游隙的轴承，采用循环润滑或油雾润滑，加强对循环油的冷却等措施来改善轴承的高速性能。若工作转速超过极限转速较多，应选用特制的高速滚动轴承。

此外，轴承类型的选择还可按表 6-3 所示的要求和设计准则选择合适的轴承。

表 6-3 滚动轴承选取辅助决策表

要求/结构	滚动轴承结构类型																	
	a	b	c	d	e	f	g	h	i	k	l	m	n	o	p	q	r
可径向受载	3	3	3	3	1	3	4	4	4	4	4	4	4	4	0	0	1
可轴向受载	2	3[1]	3	3	3	1	0	2[1]	2	0	4[1]	4	2	3	3	3[1]	3[1]
轴承中可补偿轴向误差	0	0	0	0	0	0	4	2[1]	0	2	0	0	0	0	0	0	0
采用滑动配合补偿轴向误差	2	2[2]	2	2	0	2	0	0	2[5]	0	0	2	2	2	0	0	0
整体式轴承	j	j	j	0	0	j	0	0	0	0	0	0	j	j	0	0	0
单支点双向固定轴承	3	4[2]	4	3	3	2	0	2[2]	3	0	0	4	3	3	0	0	0
游动轴承	2	2[2]	2	2	0	2	4	2[1]	1	4	0	1	2	2	0	0	0

续表

要求/结构	滚动轴承结构类型																
	a	b	c	d	e	f	g	h	i	k	l	m	n	o	p	q	r
游动支承	4	4	0	j	0	3	0	2	0	0	4	0	2	2	3[1]	4	4
轴承间隙调节	0	0	0	0	0	0	0	0	0	0	j	j	0	0	j	j	j
偏心补偿	1	0	0	0	0	4	0	0	0	0	0	0	4	4	2[6]	2[6]	4
转速高	4	4[3]	3	2	1	3	4	3[4]	3[4]	2[4]	2	1	2	2	2	1	1
刚度高	2	3[2]	3	3	2	1	3	3	3	3	2	4	3	3	2	2	3
摩擦小	4	3	2	2	2	3	3	3[4]	3[4]	3[4]	2	2	2	2	2	1	1
运行噪声小	4	3	2	1	1	1	2	1	1	1	1	1	1	1	1	0	0
可适应锥形孔	0	0	0	0	0	j	j	0	0	0	0	0	j	j	0	0	0

a	深沟球轴承	g	圆锥滚子轴承 N，NU	n	球面滚子轴承
b	角接触球轴承，单列	h	圆锥滚子轴承 NJ	o	调心滚子轴承
c	角接触球轴承对，每个为单	i	圆锥滚子轴承 NUP	p	推力深沟球轴承，单列
d	角接触球轴承，双列	k	滚针轴承	q	推力深沟球轴承，双列
e	四点接触球轴承	l	圆锥滚子轴承	r	推力调心滚子轴承
f	调心球轴承	m	圆锥滚子轴承对		

4	非常适合	0	不适合	3)	避免成对安装
3	很适合	j	是的	4)	轴向受限很小
2	适合/可能	1)	仅沿一个方向	5)	仅在外圈上
1	适合性受限制	2)	成对安装	6)	球形支承面

　　注：由于深沟球轴承具有精度高、成本低和安装空间小，所以在选择轴承时应优先考虑。只有当其不能满足所给要求时，才选择其他适合的轴承。

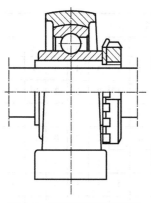

图 6-5　带座外球面球轴承
（安装在紧定衬套上）

3. 根据调心要求选择

　　当轴的中心线与轴承座中心线不重合而有角度误差时，或因轴较长刚度小受力后易发生弯曲变形的，宜采用有一定调心性能的调心轴承或带座外球面球轴承，如图 6-5 所示。

　　滚子轴承对轴承的偏斜最为敏感，这类轴承在偏斜状态下的承载能力可能低于球轴承。因此在轴的刚度和轴承座孔的支承刚度较低时，或有较大偏转力矩作用时，应尽量避免使用这类轴承。

4. 根据安装空间选择轴承

　　如果轴承安装空间轴向尺寸受到限制，宜选用较窄宽度系列的轴承；如果轴承安装空间径向尺寸受到限制时，宜选用较小直径系列轴承；如果径向尺寸要求小且径向载荷较大时，宜选用滚针轴承。

5. 根据轴承的拆装要求选择轴承

装拆方便也是选择轴承类型时应考虑的一个因素。在轴承座没有剖分面而必须沿轴向安装和拆卸轴承部件时，应优先选用内外圈可分离的轴承(如 N0000、NA0000、30000 等)。当轴承在长轴上安装时，为了便于装拆，可以选用其内圈孔为 1∶12 的圆锥孔(用于安装在紧定衬套上)的轴承(图 6-5)。

6.3.2 滚动轴承的受载情况分析

以向心滚动轴承为例，滚动轴承工作时，并非所有的滚动体都同时受载，滚动体同时受载的程度与轴承所受的轴向力的大小有关。实际应用中，一般以控制半圈滚动体受载为宜。

轴承转动时，承受径向载荷 F_r，外圈固定(也可能外圈转动，内圈不动)。当内圈随轴转动时，滚动体滚动，内外圈与滚动体的接触点不断发生变化，表明其接触应力按脉动循环规律变化。滚动在非承载区不受载荷作用，在承载区时，正对径向力作用方向处所受载荷最大，两侧所受载荷逐渐减小。固定圈受载最大处的工作状态最为恶劣。

向心推力轴承(如：角接触轴承和单列圆锥滚子轴承)，由于存在压力角 α (图 6-6)，在纯径向力 F_r 作用下会产生派生轴向力 F_d，也称为内部轴向力，导致轴承运转不稳定。因此，一般将这类轴承作 O 型或 X 型支承(图 6-7)布置，即将两个轴承相对安装，这样，派生轴向力就作为外力 F_a 作用在相对轴承上。如果支承(图 6-6)还承受轴向载荷 F_a，那么就要对每个轴承分别计算其实际所受的轴向力。对于派生轴向力的计算按下面的方法：

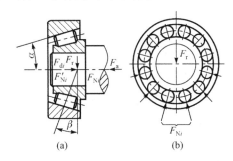

图 6-6 圆锥滚子轴承的受力

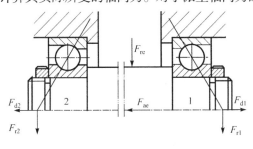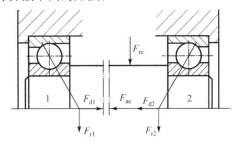

(a) O 型(或称为反装) (b) X 型(或称为正装)

图 6-7 角接触球轴承轴向载荷分析

当只有一个滚动体受力时

$$F_d = F_r \tan\alpha \tag{6-1}$$

当有半圈滚动体受力时，圆锥滚子轴承派生轴向力 F_d 可按表 6-4 中公式计算。

表 6-4 约有半数滚动体接触时派生轴向力 F_d 的计算公式

圆锥滚子轴承	角接触球轴承		
	70000C（$\alpha=15°$）	70000AC（$\alpha=25°$）	70000B（$\alpha=40°$）
$F_d=F_r/2Y$ [①]	$F_d=e$ [②] F_r	$F_d=0.68F_r$	$F_d=1.14F_r$

注：①Y 是对应表 6-7 中 $F_a/F_r>1$ 的 Y 值。②e 值由表 6-7 中查出。

6.3.3 轴承的失效形式和计算准则

1. 失效形式

滚动轴承可能出现的失效形式主要有：

（1）疲劳点蚀。轴承在安装、润滑、维护良好的条件下工作时，由于各承载元件承受周期性应变力的作用，各接触表面的材料将会产生局部脱落，产生疲劳点蚀，它是滚动轴承主要的失效形式。轴承发生点蚀破坏后，通常在运转时会出现比较强烈的振动、噪声和发热现象，轴承的旋转精度将逐渐下降，直至丧失正常的工作能力。

（2）塑性变形。在过大的静载荷或冲击载荷作用下，轴承承载元件间的接触应力超过了元件材料的屈服极限，接触部位发生塑性变形，形成凹坑，使轴承性能下降、摩擦力矩增大。这种失效多发生在低速重载或做往复摆动的轴承中。

（3）磨损。由于润滑不充分、密封不好或润滑油不清洁及工作环境多尘，一些金属屑或磨粒灰尘进入了轴承的工作部位，轴承将会发生严重的磨损，导致轴承内、外圈与滚动体间隙增大、振动加剧及旋转精度降低而报废。

（4）胶合。在高速重载条件下工作的轴承，因摩擦发热而使温度急骤升高，导致轴承元件的回火，严重时将产生胶合失效。

2. 计算准则

针对上述失效形式，应对滚动轴承进行寿命和强度计算以保证其可靠地工作，计算准则为：

（1）一般转速（$n>10$r/min）轴承的主要失效形式为疲劳点蚀，应进行疲劳寿命计算。

（2）极慢转速（$n<10$r/min）或低速摆动的轴承，其主要失效形式是表面塑性变形，应按静强度计算。

（3）高速轴承的主要失效形式为由发热引起的磨损、烧伤，因此不仅要进行疲劳寿命计算，还要校验其极限转速。

6.4 滚动轴承的尺寸选择和寿命计算

所需的滚动轴承类型和尺寸取决于对承载能力、使用寿命和工作可靠性的要求。

根据工作方式，而不是载荷的作用方式，可以将滚动轴承的承载能力分为静承载能力和动承载能力。

6.4.1 滚动轴承寿命的计算公式

1. 基本概念

（1）轴承寿命。轴承中任一滚动体或内、外圈滚道上出现疲劳点蚀前所转过的总转数，或在一定转速下的工作小时数称为轴承寿命。

(2) 基本额定寿命。一组在相同条件下运转的近于相同的轴承，10%的轴承发生点蚀破坏，90%的轴承未发生点蚀破坏前的转数 L_{10}（以 10^6 转为单位）或在一定转速下的工作小时数 L_h，称为轴承的基本额定寿命。即，对于一批轴承，能达到或超过基本额定寿命的轴承有 90%，而对每一个轴承来说，它能达到或超过基本额定寿命的概率为 90%。

(3) 基本额定动载荷 C。所谓轴承的基本额定动载荷，就是使轴承的基本额定寿命恰好为 10^6r(转)时，轴承所能承受的载荷，用字母 C 代表。对于内圈旋转和外圈静止的向心轴承，基本额定动载荷 C 是一个纯径向且大小方向不变的载荷，并称为径向基本额定动载荷，用 C_r 表示；对于推力轴承是一个纯轴向的载荷，并称为轴向基本额定动载荷，用 C_a 表示；对于角接触球轴承或圆锥滚子轴承，指的是使套圈间产生纯径向位移的载荷的径向分量。

基本额定动载荷代表了不同型号轴承的承载特性，已通过大量的试验和理论分析得到，在轴承样本中对每个型号的轴承都给出了基本额定动载荷，在使用时可直接查取。

(4) 当量动载荷 P。滚动轴承的基本额定动载荷是在一定的运转条件下确定的，如载荷条件为：向心轴承仅承受纯径向载荷 F_r，推力轴承仅承受纯轴向载荷 F_a。实际上，轴承在许多应用场合，常常同时承受径向载荷 F_r 和轴向载荷 F_a。因此，在进行轴承寿命计算时，必须把实际载荷转换为与确定基本额定动载荷的载荷条件相一致的当量动载荷，当量动载荷用字母 P 来表示，是一个计算值，见式(6-2)。这个当量动载荷，对于以承受径向载荷为主的轴承，称为径向当量动载荷，用 P_r 表示；对于以承受轴向载荷为主的轴承，称为轴向当量动载荷，用 P_a 表示。

2. 寿命的计算公式

对于具有基本额定动载荷 C（C_a 或 C_r）的轴承，当它所受的当量动载荷 P 恰好为 C 时，其基本额定寿命就是 10^6r。而实际中一般当量动载荷 P 不等于基本额定动载荷 C。因此当所受的当量动载荷 P 不等于 C 时，轴承的寿命如何计算是需要解决的一类问题。轴承寿命计算所要解决的另一类问题是当轴承所受的当量动载荷等于 P 且要求轴承具有的预期计算寿命为 L'_h 时，需选用多大基本额定动载荷的轴承。

大量实验结果表明，滚动轴承的极限载荷与额定寿命 L 之间的关系，其函数方程式为

$$P^\varepsilon L_{10} = C^\varepsilon = 常数 \tag{6-2}$$

式中，L_{10} 的单位为 10^6r；ε 为寿命指数，对于球轴承 $\varepsilon = 3$，对于滚子轴承 $\varepsilon = 10/3$。

式(6-2)也可表示为

$$L_{10} = \left(\frac{C}{P}\right)^\varepsilon \tag{6-3}$$

实际计算时，用小时数表示寿命比较方便。这时可将式(6-3)改写。如令 n 表示轴承的转速(单位为 r/min)，则以小时数表示的轴承基本额定寿 L_h 为

$$L_h = \frac{10^6}{60n}\left(\frac{C}{P}\right)^\varepsilon \tag{6-4}$$

如果载荷 P 和转速 n 为已知，预期计算寿命 L'_h 又已取定，则所需轴承应具有的基本额定动载荷 C（单位为 N）可根据式(6-4)计算得出

$$C = P \sqrt[\varepsilon]{\frac{60nL'_{\mathrm{h}}}{10^6}} \tag{6-5}$$

考虑到轴承在温度高于 120℃下工作时，基本额定动载荷 C 有所下降，故引进温度系数 f_{t}（$f_{\mathrm{t}} \leqslant 1$），对 C 值予以修正。f_{t} 可查表 6-5。考虑到工作中的冲击和振动会使轴承寿命降低，为此又引进载荷系数 f_{p}，f_{p} 值可查表 6-6。

表 6-5　温度系数 f_{t}

轴承工作温度/ ℃	≤120	125	150	175	200	225	250	300	350
温度系数 f_{t}	1.00	0.95	0.90	0.85	0.80	0.75	0.70	0.60	0.50

表 6-6　载荷系数 f_{p}

载荷性质	f_{p}	举例
无冲击或轻微冲击	1.0～1.2	电动机、汽轮机、通风机、水泵等
中等冲击或中等惯性冲击	1.2～1.8	车辆、动力机械、起重机、造纸机、冶金机械、选矿机、卷扬机、机床等
强大冲击	1.8～3.0	破碎机、轧钢机、钻探机、振动筛等

做了上述修正后，寿命计算公式可写为

$$L_{10} = \left(\frac{f_{\mathrm{t}} C}{f_{\mathrm{p}} P} \right)^{\varepsilon} \tag{6-6}$$

$$L_{\mathrm{h}} = \frac{10^6}{60n} \left(\frac{f_{\mathrm{t}} C}{f_{\mathrm{p}} P} \right)^{\varepsilon} \tag{6-7}$$

$$C = \frac{f_{\mathrm{p}} P}{f_{\mathrm{t}}} \sqrt[\varepsilon]{\frac{60nL'_{\mathrm{h}}}{10^6}} \tag{6-8}$$

6.4.2　滚动轴承的当量动载荷

滚动轴承的动承载能力取决于轴承材料的疲劳性能。产生疲劳损坏前的运行时间称为滚动轴承的使用寿命，它与载荷、工作条件和出现第一次疲劳损坏的统计概率有关。在外载荷作用下，轴承套圈与滚动体之间（点接触或线接触）产生弹性变形，由弹性变形产生很小的接触面积来传递载荷。在滚动体经过的材料区域处，局部应力总是超过其可承受的应力，从而会在材料表面下产生极微小的裂纹，在进一步受载时裂纹会扩展到表面上，并形成微小的凹坑，即剥落。然后剥落会快速扩张，滚道的大部分表面就会出现剥落。其结果是滚动受到影响、产生振动和噪声增大，最终可能导致轴承圈断裂。

由于剥落导致轴承失效，所以疲劳损坏的运行时间（疲劳运行时间）以剥落失效为准。将大量相同轴承在同一试验台上，在相同的试验条件下（转速、润滑、载荷）进行试验，它们出现第一次疲劳损坏的运行时间是不同的。因此，滚动轴承疲劳运行时间的这一参数值具有统计特性；它只能说明一组轴承疲劳运行时间的概率。

1. 当量动载荷 P 计算公式

当量动载荷 P（P_r 或 P_a）的一般计算公式为

$$P = XF_r + YF_a \tag{6-9}$$

式中，X 为径向动载荷系数，其值见表 6-7；Y 为轴向动载荷系数，其值见表 6-7。

对于只能承受纯径向载荷 F_r 的轴承（如 N、NA 类轴承），此时 $F_a = 0$，则

$$P = F_r \tag{6-10}$$

对于只能承受纯轴向载荷 F_a 的轴承（如 5 类轴承），此时 $F_r = 0$，则

$$P = F_a \tag{6-11}$$

按式 (6-9)～式 (6-11) 求得的当量动载荷仅为一理论值。实际上，在许多支承中还会出现一些附加载荷，如冲击力、不平衡作用力、惯性力以及轴挠曲或轴承座变形产生的附加力等，这些因素很难从理论上精确计算。为了计及这些影响，可对当量动载荷乘上一个根据经验而定的载荷系数 f_p，其值参见表 6-6。故实际计算时，轴承的当量动载荷应为

$$P = f_p \left(XF_r + YF_a \right) \tag{6-12}$$

$$P = f_p F_r \tag{6-13}$$

$$P = f_p F_a \tag{6-14}$$

表 6-7　径向动载荷系数 X 和轴向动载荷系数 Y

轴承类型		相对轴向载荷	$F_a/F_r \leqslant e$		$F_a/F_r > e$		判断系数 e
名称	代号	F_a/C_0	X	Y	X	Y	
调心球轴承	10000	—	—	1	(Y_1)	0.65	(Y_2)
调心滚子轴承	20000	—	—	1	(Y_1)	0.67	(Y_2)
圆锥滚子轴承	30000	—	1	0	0.40	(Y)	(e)
深沟球轴承	60000	0.025	1	0	0.56	2.0	0.22
		0.040				1.8	0.24
		0.070				1.6	0.27
		0.130				1.4	0.31
		0.250				1.2	0.37
		0.500				1.0	0.44
角接触球轴承	70000C $\alpha=15°$	0.015	1	0	0.44	1.47	0.38
		0.029				1.40	0.40
		0.058				1.30	0.43
		0.087				1.23	0.46
	70000C $\alpha=15°$	0.120	1	0	0.44	1.19	0.47
		0.170				1.12	0.50
		0.290				1.02	0.55
		0.440				1.00	0.56
		0.580				1.00	0.56
	70000AC $\alpha=25°$	—	1	0	0.41	0.87	0.68

续表

轴承类型		相对轴向载荷	$F_a/F_r \leqslant e$		$F_a/F_r > e$		判断系数 e
名称	代号	F_a/C_0	X	Y	X	Y	
角接触球轴承	70000B $\alpha = 40°$	—	1	0	0.35	0.57	1.14

注：① C_0 是轴承基本额定静载荷；α 是接触角。

② 表中括号内的系数 Y、Y_1、Y_2 和 e 值应查轴承手册，对不同型号的轴承，有不同的值。

③ 深沟球轴承的 X、Y 值仅适用于 0 组游隙的轴承，对于其他游隙组轴承的 X、Y 值可查轴承手册。

④ 对于深沟球轴承和角接触球轴承，先根据计算的相对轴向载荷的值查出对应的 e 值，然后再得出相应的 X、Y 值。对于表中未列出的 F_a/C_0 值，可按线性插值法求出相应的 e、X、Y 值。

⑤ 两套相同的角接触球轴承可在同一支点上"背对背"、"面对面"或"串联"安装作为一个整体使用，这种轴承可由生产厂选配组合成套提供，其基本额定动载荷及 X、Y 系数可查轴承手册。

2. 角接触球轴承和圆锥滚子轴承的径向载荷 F_r 与轴向载荷 F_a 的计算

角接触球轴承和圆锥滚子轴承承受径向载荷时，要产生派生的轴向力，为了保证这类轴承正常工作，通常是成对使用的，如图 6-7 所示，图中表示了两种不同的安装方式。

在按式(6-12)计算各轴承的当量动载荷 P 时，其中的径向载荷 F_r 是由外部加载到轴上的径向力 F_{re} 作用于各轴承上产生的径向载荷，可根据力平衡得到；且其中的轴向载荷 F_a 并不完全由外界的轴向作用力 F_{ae} 产生，而是由 F_a 和径向载荷 F_r 作用产生派生轴向力 F_d 共同决定的。

根据力的径向平衡条件，很容易由外界作用到轴上的径向力 F_{re} 计算出两个轴承上的径向载荷 F_{r1}、F_{r2}，当 F_{re} 的大小及作用位置固定时，径向载荷 F_{r1}、F_{r2} 也就确定了。

由 F_{r1}、F_{r2} 派生的轴向力 F_{d1}、F_{d2} 的大小可按照表 6-4 中的公式计算。计算所得的 F_d 值，相当于正常的安装情况，即大致相当于下半圈的滚动体全部受载(轴承实际的工作情况不允许比这样更坏)。

如图 6-7 所示，把派生轴向力的方向与外加轴向载荷 F_{ae} 的方向一致的轴承标为 2，另一端标为轴承 1。取轴和与其相配合的轴承内圈为分离体，如达到轴向平衡时，应满足

$$F_{ae} + F_{d2} = F_{d1} \tag{6-15}$$

如果按表 6-4 中的公式求得的 F_{d1} 和 F_{d2} 不满足上面的关系式时，就会出现下面两种情况：

当 $F_{ae} + F_{d2} > F_{d1}$ 时，则轴有向左窜动的趋势，相当于轴承 1 被"压紧"，轴承 2 被"放松"，但实际上轴必须处于平衡位置(即轴承座必然要通过轴承元件施加一个附加的轴向力来阻止轴的窜动)，所以被"压紧"的轴承 1 所受的总轴向力 F_{a1} 必须与 $F_{ae} + F_{d2}$ 相平衡，即

$$F_{a1} = F_{ae} + F_{d2} \tag{6-16}$$

而被"放松"的轴承 2 只受其本身派生的轴向力 F_{d2}，即

$$F_{a2} = F_{d2} \tag{6-17}$$

当 $F_{ae} + F_{d2} < F_{d1}$ 时，同前理，被"放松"的轴承 1 只受其本身派生的轴向力 F_{d1}，即

$$F_{a1} = F_{d1} \tag{6-18}$$

而被"压紧"的轴承 2 所受的总轴向力为

$$F_{a2} = F_{d1} - F_{ae} \tag{6-19}$$

综上可知，计算角接触球轴承和圆锥滚子轴承所受轴向力的方法可以归结为：

先通过派生轴向力及外加轴向载荷的计算与分析，判定被"放松"或被"压紧"的轴承；然后确定被"放松"轴承的轴向力等于其本身的派生轴向力，被"压紧"轴承的轴向力则为除去本身派生轴向力其余所有轴向力的代数和。

轴承反力的径向分力在轴心线上的作用点叫轴承的压力中心。图 6-7(a)、(b)两种安装方式，对应两种不同的压力中心的位置。但当两轴承支点间的距离不是很小时，常以轴承宽度中点作为支点反力的作用位置，这样计算起来比较方便，且误差也不大。

6.4.3 滚动轴承的静承载能力

如果滚动轴承在载荷作用下静止不动(例如起重机吊钩上用的推力轴承)，或有很小的摆动运动，或者转速 $n < 10r/min$ 时，在这些情况下，滚动接触面上的接触应力过大，而使材料表面引起不允许的塑性变形，导致轴承失效。此时，可以认为滚动轴承只承受静载荷。

1. 基本额定静载荷 C_0

基本额定静载荷 C_0 是一个纯径向(对于推力轴承为一个纯轴向)轴承载荷，对于静止不动的轴承，基本额定静载荷 C_0 是滚动体直径产生 0.01%的塑性变形(在滚动体与滚道之间受载最大的接触处)时所受载荷。它的值在滚动轴承制造商所给的产品规格中列出。但是，由于工作温度和直接支承时工作面硬度的影响，需要对基本额定静载荷进行修正。一般来讲，滚动轴承在不超过 120℃或短时不超过 150℃下工作，此时其基本额定载荷不受影响。若轴承持续工作在较高温度下，则必须增加工艺措施。直接支承(无内圈或外圈的圆柱滚子轴承或滚针轴承)时，轴或轴承孔工作面的硬度至少应为 58 HRC，这样才能完全达到基本额定载荷。

2. 当量静载荷 P_0

当量静载荷 P_0 是一个通过计算得出的值，对于向心轴承是一个纯径向载荷，对于推力轴承是一个纯中心轴向载荷，在它的作用下，滚动体和滚道产生的塑性变形与实际作用的组合载荷一样。当量静载荷一般由下列公式进行计算(推力调心滚子轴承除外)。

轴承上作用的径向载荷 F_r 和轴向载荷 F_a，应折合成一个当量静载荷 P_0，即

$$P_0 = X_0 F_r + Y_0 F_a \tag{6-20}$$

式中，F_r 为径向静载荷；F_a 为轴向静载荷；X_0 为径向静载荷系数，其值可查轴承手册；Y_0 为轴向静载荷系数，其值可查轴承手册。

对于只有径向载荷作用的轴承，此时 $F_a = 0$，则 $P_0 = F_r$。

对于只有轴向载荷作用的轴承，此时 $F_r = 0$，则 $P_0 = F_a$。

3. 按轴承静承载能力选择轴承的公式

$$C_0 \geqslant S_0 P_0 \tag{6-21}$$

式中，S_0 为静强度安全系数。

S_0 的值取决于轴承的使用条件，当要求轴承转动平稳时，则 S_0 应取大于 1，以尽量避免轴承滚动表面的局部塑性变形量过大；当对轴承转动平稳要求不高，又无冲击载荷，或

轴承仅作摆动运动时，则 S_0 可取 1 或小于 1，以尽量使轴承在保证正常运行条件下发挥最大的静载能力。S_0 的选取可参考表 6-8。

表 6-8 静强度安全系数 S_0

旋转条件	载荷条件	S_0	使用条件	S_0
连续旋转轴承	普通载荷	1~2	高精度旋转场合	1.5~2.5
	冲击载荷	2~3	振动冲击场合	1.2~2.5
不常旋转及作摆动运动的轴承	普通载荷	0.5	普通旋转精度场合	1.0~1.2
	冲击及不均匀载荷	1~1.5	允许有变形量	0.3~1.0

6.5 滚动轴承的组合设计

6.5.1 轴承布置

优先采用的双支点支承与工程力学中一端为固定支承另一端为游动支承的静定梁结构相对应，理论上可将其视作固定—游动支承或双支点单向固定支承。双支点支承有游动支承和可调支承两种结构。

1. 固定—游动支承

这种支承形式是轴承一端为固定支承，另一端为游动支承的布置形式，如图 6-8 所示。固定支承必须可以承受径向载荷和双向轴向载荷。为此，这种布置仅适合采用内部不能窜动的轴承或组合轴承，轴承的内外圈应固定在轴和机壳上以防止其沿轴向窜动。

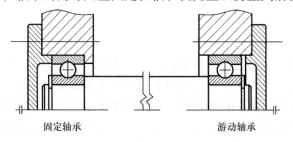

固定轴承　　　　　　　　　　　游动轴承

图 6-8 固定—游动轴承

游动支承只允许承受径向载荷，因此它可以轴向窜动以补偿热变形或加工误差。这种轴向窜动可以在滚针轴承、N 型或 NU 型等结构的圆柱滚子中实现，这些轴承的内外圈像固定支承一样沿轴向是固定的。不可拆分轴承只有在套圈为间隙配合(点受载)，没有轴向约束时，才可实现轴向窜动，其他套圈(圆周受载)应轴向固定。

2. 双支点单向固定支承

这种支承与固定—游动支承类似，由两个轴承共同承担径向载荷，不同点是该支承的每个轴承只能承受一个方向的轴向载荷。这种支承称为单向固定支承。双支点单向固定支承具有游动轴承和可调轴承两种结构。

1)游动轴承。这种支承便于加工，当轴向支承无紧密要求时，可以采用该支承。对于这种支承，应将轴承在轴上和机壳上镜像固定(图 6-9)。为了能够轴向窜动，间隙配合(点承载)的套圈应与端盖间预留出轴向间隙。又如果采用 NJ 型圆柱滚子轴承，可在轴承内部调整轴向间隙，轴承套圈不能采用间隙配合。游动支承的两个轴承每一个只能承受一个方向的轴向载荷(导引载荷)。轴向间隙 S 根据结构条件确定，如果采用圆柱滚子轴承，应通过结构形式对可能出现的轴向间隙加以控制。

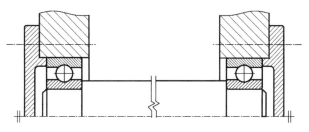

图 6-9　游动支承

2)可调轴承。这种支承一般由两个角接触球轴承或两个圆锥滚子轴承镜像布置而成。通过螺母或螺纹环来对一个轴承套圈进行轴向调节，直至达到满足功能要求的间隙(紧轴向导引)或者按需要将其预紧。在调节好之后，应采用适当的方法将其固定(安全环、开口销、黏接等)。可调支承可用于轮毂支承、机床主轴支承等。

在 O 型或 X 型支承中均可进行调节，如图 6-10 所示。O 型支承的压力线圆锥母线尖点朝外，X 型支承朝里，这样它们的支反力的支点距离 A 不同。O 型支承的倾覆间隙小于 X 型支承。在选择布置方式时，应注意热变形的不同作用。

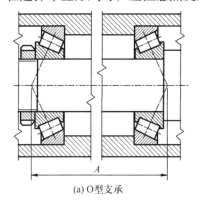 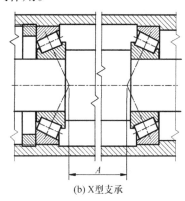

(a) O 型支承　　　　　　　　　　(b) X 型支承

图 6-10　可调支承

3. 轴承组合

单支点双向固定支承和双支点单向固定支承也可以用两个轴承组合在一起构成(结构较小；摩擦热较小)。载荷的分配必须明确。通过将一个纯向心轴承和一个推力轴承组合也可以实现同样的载荷分配。推力轴承必须进行调节(例如通过配合环)，单列推力轴承不需要进行调节。还有其他可能的组合方式。

如图 6-11 所示，单支点双向固定支承或双支点单向固定支承，由两个结构相同的轴承(轴承对，如角接触球轴承)以 O 型(图 6-11(a))、X 型(图 6-11(b))或串联形式布置(图6-11(c))。故轴承应该成对定制。

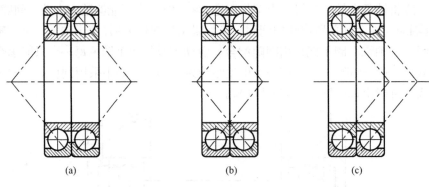

图 6-11　成对结构

X 型或 O 型支承布置可以承受双向轴向载荷。O 型布置在受倾覆力矩时支承刚性好，在工作中热变形不均时，很少出现套圈卡紧现象（应预留轴向间隙）。

如果单向轴向载荷很大，以致一个轴承无法承担这么大的载荷，那么可以采用串联布置方式。轴承对要相对于第 3 个与轴承对反向安装的轴承进行调整。

值得注意的是，原则上只有固定—游动支承或双支点单向固定支承为静定问题。

4. 多支点支承

由于制造存在误差，为便于安装和补偿可能产生的热变形，多支点支承只允许有一个轴承为双向固定支承，它保证轴在轴向方向的固定和承受双向轴向载荷，所有其他轴承均必须为游动轴承且在轴向方向可以任意调整。

6.5.2　支承的配合

1. 连接件的公差选择

轴承的配合是指内圈与轴颈及外圈与外壳孔的配合。轴承的内、外圈，按其尺寸比例一般可认为是薄壁零件，容易变形。当它装入外壳孔或装到轴上后，其内、外圈的不圆度将受到轴颈及外壳孔形状的影响。因此，除了对轴承的内、外径规定了直径公差外，还规定了平均内径和平均外径（用 d_m 或 D_m 表示）的公差，后者相当于轴承在正确制造的轴上或外壳孔中装配后，它的内径或外径的尺寸公差。标准规定，0、6、5、4、2 各公差等级的轴承的平均内径 d_m 和平均外径 D_m 的公差带均为单向制，而且统一采用上偏差为零，下偏差为负值的分布（图 6-12）。详细内容见有关标准。

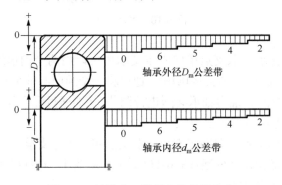

图 6-12　轴承内、外径公差带的分布

　　滚动轴承是标准件,为使轴承便于互换和大量生产,轴承内孔与轴的配合采用基孔制,即以轴承内孔的尺寸为基准;轴承外径与外壳孔的配合采用基轴制,即以轴承的外径尺寸为基准。与内圈相配合的轴的公差带以及与外圈相配合的外壳孔的公差带,均按圆柱公差与配合的国家标准选取。由于 d_m 的公差带在零线之下,而圆柱公差标准中基准孔的公差带在零线之上,所以轴承内圈与轴的配合比圆柱公差标准中规定的基孔制同类配合要紧得多。

　　图 6-13 中表示了滚动轴承配合和它的基准面(内圈内径,外圈外径)偏差与轴颈或座孔尺寸偏差的相对关系,由图中可以看出,对轴承内孔与轴的配合而言,圆柱公差标准中的许多过渡配合在这里实际成为过盈配合,而有的间隙配合,在这里实际变为过渡配合。轴承外圈与外壳孔的配合与圆柱公差标准中规定的基轴制同类配合相比较,配合性质的类别基本一致,但由于轴承外径的公差值较小,因而配合也较紧。

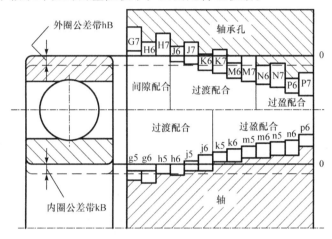

图 6-13　滚动轴承内外径分别与轴和外壳孔的配合

2. 配合种类选择

　　轴承配合种类的选取,应根据轴承的类型和尺寸、载荷的大小和方向以及载荷的性质等来决定。正确选择的轴承配合应保证轴承正常运转,防止内圈与轴、外圈与外壳孔在工作时发生相对转动。一般地说,当工作载荷的方向不变时,转动圈应比不动圈有更紧一些的配合,因为转动圈承受旋转的载荷,而不动圈承受局部的载荷。当转速愈高、载荷愈大和振动愈强烈时,则应选用愈紧的配合,当轴承安装于薄壁外壳或空心轴上时,也应采用较紧的配合。但是过紧的配合是不利的,这时可能因内圈的弹性膨胀和外圈的收缩而使轴承内部的游隙减小甚至完全消失,也可能由于相配合的轴和座孔表面的不规则形状或不均匀的刚性而导致轴承内外圈不规则的变形,这些都将破坏轴承的正常工作。过紧的配合还会使装拆困难,尤其对于重型机械。

　　对开式的外壳与轴承外圈的配合,宜采用较松的配合。当要求轴承的外圈在运转中能沿轴向游动时,该外圈与外壳孔的配合也应较松,但不应让外圈在外壳孔内可以转动。过松的配合对提高轴承的旋转精度、减少振动是不利的。

　　如果机器工作时有较大的温度变化,那么,工作温度将使配合性质发生变化。轴承运转时,对于一般工作机械来说,套圈的温度常高于其相邻零件的温度。这时,轴承内圈可能因热膨胀而与轴松动,外圈可能因热膨胀而与外壳孔胀紧,从而可能使原来需要外圈有轴向游动性能的支承丧失游动性。所以，在选择配合时必须仔细考虑轴承装置各部分的温差和其热传导的方向。

以上介绍了选择轴承配合的一般原则，具体选择时可结合机器的类型和工作情况，参照同类机器的使用经验进行。各类机器所使用的轴承配合以及各类配合的配合公差、配合表面粗糙度和几何形状允许偏差等资料可查阅有关设计手册。

6.5.3　滚动轴承的轴向固定

滚动轴承的轴向紧固的方法很多，内圈紧固的常用方法有：

（1）没有或只有很小的轴向载荷，只要过盈配合即可实现轴承套的轴向固定，如图 6-14（a）所示；

（2）用轴用弹性挡圈嵌在轴的深槽内，主要用于轴向力不大及转速不高时，如图 6-14（b）所示；

（3）用螺钉固定的轴端挡圈紧固，可用于在高速下承受大的轴向力，如图 6-14（c）所示；

（4）用圆螺母和止动垫圈紧固，主要用于轴承转速高，承受较大的轴向力的情况，如图 6-14（d）所示；

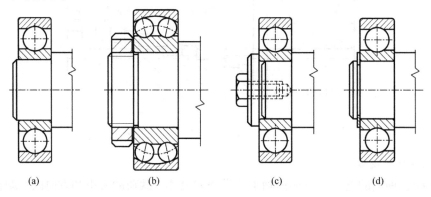

图 6-14　内圈轴向紧固的常用方法

（5）用紧定衬套、止动垫圈和圆螺母紧固，用于光轴上的、轴向力和转速都不大的、内圈为圆锥孔的轴承（图 6-5）。内圈的另一端，常以轴肩作为定位面。为了便于轴承拆卸，轴肩的高度应低于轴承内圈的厚度。

外圈轴向紧固的常用方法有：

（1）用嵌入外壳沟槽内的孔用弹性挡圈紧固，用于轴向力不大且需减小轴承装置尺寸时，如图 6-15（a）所示；

（2）用轴用弹性挡圈嵌入轴承外圈的止动槽内紧固，用于带有止动槽的深沟球轴承，当外壳不便设凸轴肩或外壳为剖分式结构时，如图 6-15（b）所示；

（3）用轴承盖紧固，用于高转速及很大轴向力时的各类向心、推力和向心推力轴承，如图 6-15（c）所示；

（4）用螺纹环紧固，用于轴承转速高、轴向载荷大，而不适于使用轴承盖紧固的情况，如图 6-15（d）所示。

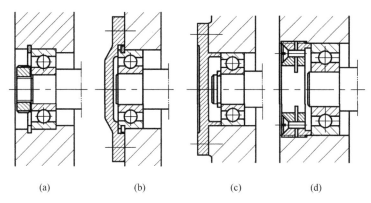

图 6-15　外圈轴向紧固的常用方法

6.5.4　滚动轴承的预紧

为了提高轴承的旋转精度，增加轴承装置的刚性，减小机器工作时轴的振动，常采用预紧的滚动轴承。例如机床的主轴轴承，常用预紧来提高其旋转精度与轴向刚度。

所谓预紧，就是在安装时用某种方法在轴承中产生并保持一轴向力，以消除轴承中的轴向游隙，并在滚动体和内、外圈接触处产生初变形。预紧后的轴承受到工作载荷时，其内、外圈的径向及轴向相对移动最要比未预紧的轴承大大地减少。

常用的预紧装置有：

(1)夹紧一对圆锥滚子轴承的外圈而预紧，如图 6-16(a)所示；

(2)用弹簧预紧，可以得到稳定的预紧力，如图 6-16(b)所示；

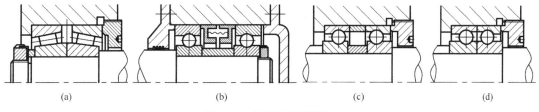

图 6-16　轴承的预紧结构

(3)在一对轴承中间装入长度不等的套筒而预紧，预紧力可由两套筒的长度差控制，如图 6-16(c)所示，这种装置刚性较大；

(4)夹紧一对磨窄了的外圈而预紧，如图 6-16(d)所示；反装时可磨窄内圈并夹紧。这种特制的成对安装角接触球轴承，可由生产厂选配组合成套提供。在滚动轴承样本中可以查到不同型号的成对安装角接触球轴承的预紧载荷值及相应的内圈或外圈的磨窄量。

6.5.5　滚动轴承的润滑

润滑的目的在于防止滚动体、轴承套圈和保持架之间直接的金属接触并防止表面的磨损和腐蚀。为了达到这个目的，前提条件是保证在所有工作状态下，功能表面总是有足够的润滑剂。润滑的效果是影响滚动轴承使用寿命的主要因素。

滚动轴承可采用润滑脂、油或固体润滑剂(特殊情况下)进行润滑。润滑和润滑剂的类型主要取决于轴承转速和工作温度。

选用哪一类润滑方式，这与轴承的速度有关，一般用滚动轴承的 dn 值(d 为滚动轴承内径，mm ；n 为轴承转速，r / min ）表示轴承的速度大小。适用于脂润滑和油润滑的 dn 值界限列于表 6-9 中，可作为选择润滑方式时的参考。

表6-9　适用于脂润滑和油润滑的 dn 值界限（表值$\times 10^4$ mm · r/min）

轴承类型	脂润滑	油润滑			
		油浴	滴油	循环油(喷油)	油雾
深沟球轴承	16	25	40	60	>60
调心球轴承	16	25	40	52	
角接触球轴承	16	25	40	60	>60
圆柱滚子轴承	12	25	40	60	>60
圆锥滚子轴承	10	16	23	30	
调心滚子轴承	8	12	20	25	
推力球轴承	4	6	12	15	

1. 脂润滑

润滑脂形成的润滑膜强度高，能承受较大的载荷，不易流失，容易密封，一次加脂可以维持相当长的一段时间。对于那些不便经常添加润滑剂的地方，或那些不允许润滑油流失而致污染产品的工业机械来说，这种润滑方式十分适宜。但它只适用于较低的 dn 值。滚动轴承的装脂量一般以轴承内部空间容积的 1/3～2/3 为宜。

润滑脂的主要性能指标为锥入度和滴点。当轴承的 dn 值大、载荷小时，应选锥入度较大的润滑脂；反之，应选用锥入度较小的润滑脂。此外，轴承的工作温度应低于润滑脂的滴点，对于矿物油润滑脂，应低 10～20℃；对于合成润滑脂，应低 20～30℃。

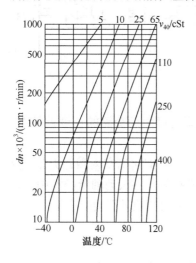

图 6-17　润滑油选择用线图

2. 油润滑

在下列情况下，滚动轴承应采取油润滑：

(1) 在重载下的高转速或中等转速场合；

(2) 工作温度不允许使用脂润滑的场合；

(3) 需要润滑油进行散热冷却的场合；

(4) 临近构件已采用油润滑的场合。

润滑油类型的选择应根据传动零件的要求进行，只要对滚动轴承没有不利之处便可。润滑油的主要性能指标是黏度，转速越高，应选用黏度较低的润滑油；载荷越大，应选用高黏度的润滑油。根据工作温度及 dn 值，参考图 6-17，可选出润滑油应具有的黏度值，然后按黏度值从润滑油产品目录中选出相应的润滑油牌号。

当水平支承轴的 dn 值<0.5$\times 10^6$ mm · r / min 和转速比≤ 0.4 时，油浴润滑或浸油润滑(图 6-18(a))是最简便的润滑方式，旋转的轴承零件将油带上来，在轴承中各处润滑，然后又流回油池。在静止不动的轴承中，油液面大约浸到最下面滚动体的中心位置(对于减速器箱体，应注意齿轮浸入深度)。

当轴承转速 n >5000 r / min 时，为避免温度过高(>80℃)，应采用较为节约的滴油润滑(图 6-18(b))或带提升盘的喷油润滑或离心润滑更为有利。直接喷油润滑对于恶劣的工作条件（*dn*值>0.8×10⁶ mm·r/min）的润滑特别有效。润滑油从侧面通过喷油嘴喷入内圈与保持架之间的间隙中。

当 *dn* 值<0.8×10⁶ mm·r/min，且需要将自身和外部产生的热量散发出去时，可以采用循环油润滑或流动润滑，以避免经常更换润滑油。用液压泵维持润滑油的流动，但有时还是要将轴承浸入油池中，以保证在启动或油泵出故障时还能保证轴承的润滑。流过轴承的油在经过过滤器清洁后，有时还要进行冷却，然后再流回轴承。回流的油应尽可能使温度小于70℃。

油雾润滑（图 6-18（c））将油用压缩空气（0.5～1 bar）雾化后喷入轴承支承架中。这种润滑方式可以定量地使用润滑油，常常用于 *dn* 值<1×10⁶ mm·r/min 的快速旋转支承中（例如磨床主轴承）。

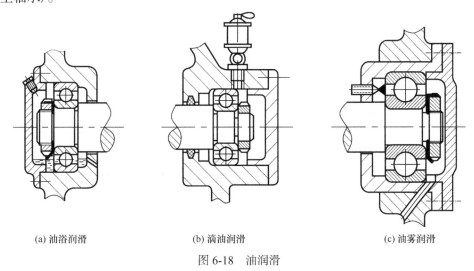

(a) 油浴润滑   (b) 滴油润滑   (c) 油雾润滑

图 6-18 油润滑

3. 固体润滑

当不希望或不允许使用脂或油润滑时，可以采用固体润滑，例如在低温或高温、真空、辐射环境条件下工作的滚动轴承；或要避免润滑剂气化形成覆膜危险时，可以采用固体润滑，例如光学系统。

最重要的几种固体润滑剂为石墨、二硫化钼（MoS₂）和聚四氟乙烯（PTFE）。它们作为干润滑层涂抹于轴承上，为了使它与轴承表面更好接合，应将轴承表面酸洗或用磷酸盐处理。

另一种是形成 2～4 µm 厚的薄滑动蜡层，它含有适量的固体润滑剂，用于低速支承中。对于重载滚动轴承，尤其是球轴承，当转速较低时，如果支承不能满足动压润滑理论的要求时，那么应该用固体润滑剂作为补充润滑剂（粉剂与支承润滑油或润滑脂组合）。

6.5.6 滚动轴承的密封

滚动轴承支承的工作可靠性和使用寿命与密封的有效性有很大关系，良好的密封性可防止污染物和潮湿侵入，防止润滑剂损失。进入轴承的异物在滚动体和滚道之间滚动并嵌入其中，从而导致增大工作噪声并且降低使用寿命。一些磨料污染物会导致轴承磨损，使其间隙扩大，从而降低运转精度和影响轴承功能的发挥。侵入轴承中的水、蒸汽和腐蚀性流体会降低润滑剂的有效性，甚至会使其完全失效并会腐蚀滚动体和滚道。因此密封是十分有必要的，密封的类型取决于外部工作条件（污染情况、湿度、腐蚀性介质）、所需的使用寿命和功能以及轴承的转速。

密封装置可分为接触式和非接触式两大类。

1. 接触式密封

在轴承盖内放置软材料与转动轴直接接触而起密封作用。常用的软材料有毛毡、橡胶、皮革、软木等，或者放置减摩性好的硬质材料(如加强石墨、青铜、耐磨铸铁等)与转动轴直接接触以进行密封。常用的结构形式有毡圈油封、唇型密封圈、密封环。

1)毡圈油封。在轴承盖上开出梯形槽，将毛毡按标准制成环形(尺寸不大时)或带形(尺寸较大时)，放置在梯形槽中以与轴密合接触(图6-19(a))；或者在轴承盖上开缺口放置毡圈油封，然后用另外一个零件压在毡圈油封上，以调整毛毡与轴的密合程度(图6-19(b))，从而提高密封效果。这种密封主要用于脂润滑的场合，它的结构简单，但摩擦较大，只用于滑动速度小于4~5 m/s的地方。当与毡圈油封相接触的轴表面经过抛光且毛毡质量高时，可用到滑动速度达7~8 m/s之处。

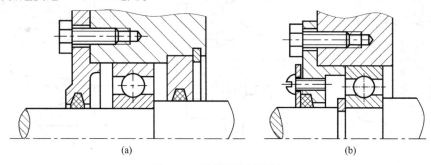

|(a)|(b)|

图6-19 用毡圈油封密封

2)唇形密封圈。在轴承盖中，放置一个用耐油橡胶制的唇形密封圈，靠弯折了的橡胶的弹力和附加的环形螺旋弹簧的扣紧作用而紧套在轴上，以起密封作用。有的唇形密封圈还装在一个钢套内，可与端盖较精确地装配。唇形密封圈密封唇的方向要朝向密封的部位。即如果主要是为了封油，密封唇应对着轴承(朝内)；如果主要是为了防止外物浸入，则密封唇应背着轴承(朝外，图6-20(a))；如果两个作用都要有，最好使用密封唇反向放置的两个唇形密封圈(图6-20(b))。它可用到接触面滑动速度小于10 m/s(当轴颈是精车的)或小于15 m/s(当轴颈是磨光的)处。轴颈与唇形密封圈接触处最好经过表面硬化处理，以增强耐磨性。

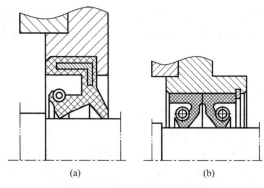

(a)　(b)

图6-20 用唇形密封圈密封

3)密封环。密封环是一种带有缺口的环状密封件，把它放置在套筒的环槽内(图6-21)，套筒与轴一起转动，密封环靠缺口被压拢后所具有的弹性而抵紧在静止件的内孔壁上，即可起到密封的作用。各个接触表面均需经硬化处理并磨光。密封环用含铬的耐磨铸铁制造，可用于滑动速度小于 100 m/s 之处。若滑动速度为 60～80 m/s ，也可以用锡青铜制造密封环。

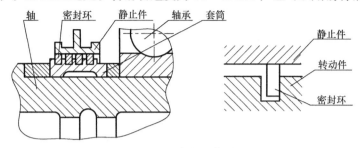

图 6-21　密封环密封

2. 非接触式密封

使用接触式密封，总要在接触处产生滑动摩擦。使用非接触式密封，就能避免此缺点。常用的非接触式密封有隙缝密封、甩油密封、曲路密封。

1) 隙缝密封。在轴和轴承盖的通孔壁之间留一个极窄的隙缝，半径间隙通常为 0.1～0.3 mm 。这对使用脂润滑的轴承来说，已具有一定的密封效果。如果在轴承盖上车出环槽 (图 6-22(b))，在槽中填以润滑脂，可以提高密封效果。

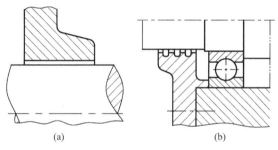

图 6-22　隙缝密封

2) 甩油密封。油润滑时，在轴上开出沟槽 (图 6-23(a))，或装入一个环 (图 6-23(b))，都可以把欲向外流失的油沿径向甩开，再经过轴承盖的集油腔及与轴承腔相通的油孔流回。或者在紧贴轴承处装一甩油环，在轴上车有螺旋式送油槽 (图 6-23(c))，可有效地防止油外流。但这时轴必须只按一个方向旋转，以便把欲向外流失的润滑油借螺旋的输送作用而送回到轴承腔内。

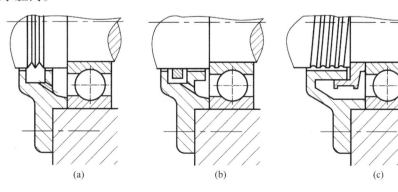

图 6-23　甩油密封

　　3)曲路密封。当环境比较脏和比较潮湿时,采用曲路密封是相当可靠的。曲路密封是由旋转的和固定的密封零件之间拼合成的曲折的隙缝所形成的。隙缝中填入润滑脂,可增加密封效果。根据部件的结构,曲路的布置可以是径向的(图 6-24(a))或轴向的(图6-24(b))。采用轴向曲路时,端盖应为剖分式。当轴因温度变化而伸缩或采用调心轴承作为支承时,都有使旋转片与固定片相接触的可能,设计时应加以考虑。

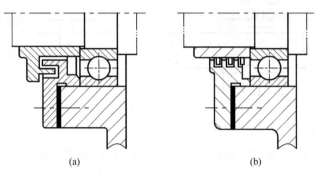

(a)　　　　　　　　　　　　　(b)

图 6-24　曲路密封

　　以上介绍的各种密封装置,在实践中可以把它们适当组合起来使用。

　　其他有关润滑、密封方法及装置可参看有关手册。

6.6　滚动支承结构件

　　除了滚动轴承外,滚动轴承制造商还提供了一系列的滚动支承结构件。这些支承结构件可以根据运动机械零件的旋转或纵向导轨结构的不同应用于支承中或应用于丝杠运动中。下面所述的轴承座部件、滚轮、回转支承部件同滚动轴承一样都属于旋转导向装置部件。

6.6.1　轴承座部件

　　最常用的轴承座部件是普通轴承座(图 6-25)和法兰式轴承座(图 6-26)。普通轴承座为分体结构,大多数由灰铸铁制造。

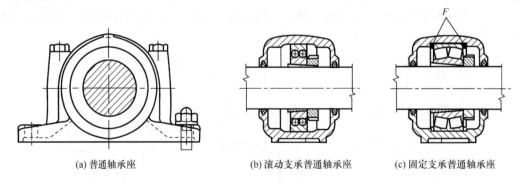

(a) 普通轴承座　　　　　　(b) 滚动支承普通轴承座　　　　　(c) 固定支承普通轴承座

图 6-25　立式轴承座

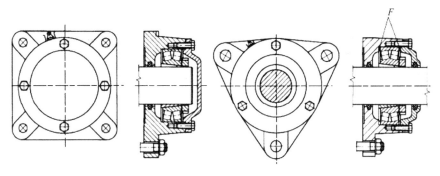

(a) 带有四个固定孔，采用调心滚子轴承　　　　　(b) 带有三个固定孔，采用调心滚子轴承
作为游动支承的端轴承座结构　　　　　　　　　作为固定支承的中间轴承座结构

图 6-26　法兰式轴承座

图 6-25（a）所示为一普通轴承座，图 6-25（b）所示为采用调心球轴承作为游动支承（外圈在轴承孔中可窜动）的普通轴承座，图 6-25（c）所示为采用调心滚子轴承为固定支承（外圈用挡圈 F 进行轴向固定）的普通轴承座。润滑一般采用存量脂润滑。为防止润滑脂损失和污染采用毡圈进行密封，也可采用双唇橡胶密封圈、径向密封圈和曲路密封。

普通轴承座既可以作为端轴承座（单边开口），也可以作为中间轴承座（两边开口）。

法兰式轴承座具有多种结构类型。其结构与普通轴承座相似，只是不剖分。

6.6.2　滚轮

滚轮同滚动轴承一样，区别在于其外圈加固。外圈可以是圆柱形的（图 6-27（a））、球形的、带导向槽的（图 6-27（b））或凸缘式的（图 6-27（c））。它分为单列（图 6-27（c））和双列（图 6-27（a）和（b））两种结构以及带轴销和不带轴销两种不同结构（图 6-27（a）带轴销，图 6-27（b）和（c）不带轴销）。

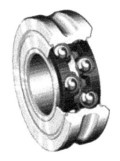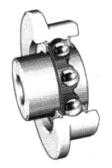

(a) 外圈为圆柱形，带轴销　　　　　　(b) 外圈带导向槽　　　　　　(c) 外圈为凸缘式

图 6-27　滚轮

6.6.3　回转支承

在有大倾翻力矩（例如回转机构）需要大支承直径的情况下，应采用回转支承（图 6-28），它由法兰、定心环和连接孔构成。

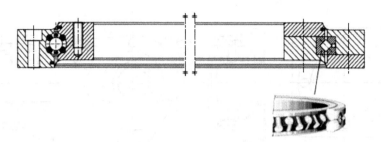

图 6-28　回转支承

6.6.4　直线运动球轴承

直线运动球轴承用于圆柱形零件(转轴、心轴、活塞杆)的纵向导引,摩擦小且无爬行。这些圆柱形零件既可以本身就是运动零件,也可以作为导杆(导引转轴、心轴和活塞杆)。这种轴承由多个沿轴承体圆周上布置的钢球运动单元构成。直线运动球轴承有闭型(图6-29(b))和开口型(图 6-29(c))以及不密封、单面封闭、双面封闭等结构类型。在安装时,滚珠衬套被压入到相应的轴类定位下凹槽中。

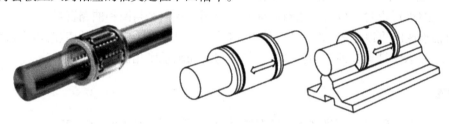

(a) 功能示意图　　　　(b) 闭型直线运动球状轴承的导路　　　(c) 开口型直线运动球轴承的导路

图 6-29　直线运动球轴承

6.6.5　滚动螺旋传动

图 6-30　滚动螺旋传动

滚动螺旋传动(图 6-30)属于螺旋传动件。通过滚动体导引将螺旋传动中的滑动摩擦变为滚动摩擦。螺纹牙做成球轴承滚道形状,在螺母内装有钢球。在螺母端头,沿螺旋线切线方向做出导管,通过导管钢球又返回来。滚动螺旋传动在反向运动时无间隙且运动均匀(无爬行)。

应用:车辆转向器、无自锁要求的机床进给传动装置、工厂自动化装置、定位轴和其他主轴传动装置。

6.7　其他轴承介绍

6.7.1　汽车轮毂轴承

汽车轮毂轴承是汽车的关键零部件之一,其主要作用是承载重量和为轮毂的转动提供精确引导,这就要求它不仅承受轴向载荷还承受径向载荷。传统的汽车车轮用轴承是由两套圆锥滚子轴承或球轴承组合而成的,轴承的安装、涂油、密封以及游隙的调整都是在汽车生产线上完成。该结构使得其在汽车生产厂装配困难、成本高、可靠性差，而且汽车在维修点维护时，还需要对轴承进行清洗、涂油和调整。轮毂轴承单元是在标准角接触球轴承和圆锥滚子轴承的基础上发展起来的，它将两套轴承作为一体，具有组装性能好、可省略游隙调整、重量轻、结构紧凑、载荷容量大、为密封轴承可事先装入润滑脂、省略外部轮毂密封及免于维修等优点，已广泛用于轿车中，在载重汽车中也有逐步扩大应用的趋势。

轮毂轴承根据与汽车传动系统其他元件集成方式不同，可分为第一代、第二代、第三代和第四代轮毂轴承。目前应用最广泛的是第三代轮毂轴承。它一般由滚子轴承单元、一个集成了内圈的轮毂轴和安装转向节的带凸缘的外圈组成。轮毂轴承通过外圈凸缘实现支撑车身的作用，同时通过法兰盘与汽车车轮轮毂相连接实现传动的作用。第一代是由双列角接触轴承组成。第二代在外滚道上有一个用于将轴承固定的法兰，可简单地将轴承套到轮轴上用螺母固定，使得汽车的维修变得容易。第三代轮毂轴承单元是采用了轴承单元和防抱刹系统 ABS 相配合，轮毂单元设计成有内法兰和外法兰，内法兰用螺栓固定在驱动轴上，外法兰将整个轴承安装在一起。

6.7.2 混合陶瓷轴承

混合陶瓷轴承具有轴承钢制的轴承圈和轴承级氮化硅制的滚动体。由于氮化硅陶瓷材料的电气绝缘性能极佳，因此混合陶瓷轴承可有效地将交流和直流电动机以及发电机的轴承座与轴绝缘。除了作为极佳的绝缘体之外，在相同的工作条件下，混合陶瓷轴承比相同尺寸的钢制滚动体轴承具有更高的转速性能和更长的使用寿命。混合陶瓷轴承在振动或者振荡条件下也具有极好的性能表现。在这些工况下，通常无需对轴承施加预载荷，或使用特殊油脂。

6.8　计 算 示 例

[例 6-1]　设某支承根据工作条件决定选用深沟球轴承。轴承径向载荷 $F_r = 5500\text{N}$，轴向载荷 $F_a = 2700\text{N}$，轴承转速 $n = 1250\text{r}/\text{min}$，装轴承处的轴颈直径可在 $50 \sim 60\text{ mm}$ 范围内选择，运转时有轻微冲击，预期计算寿命 $L'_h = 5000\text{h}$。试选择其轴承型号。

解　1) 求比值

$$\frac{F_a}{F_r} = \frac{2700}{5500} = 0.49$$

根据表 6-7，深沟球轴承的最大 e 值为 0.44，故此时

$$\frac{F_a}{F_r} > e$$

2) 初步计算当量动载荷 P。根据式 (6-12) 有

$$P = f_p (XF_r + YF_a)$$

按照表 6-6，$f_p = 1.0 \sim 1.2$，取 $f_p = 1.2$。

按照表 6-7，$X = 0.56$，Y 值需在已知型号和基本额定静载 C_0 后才能求出。现暂选以近似中间值，取 $Y = 1.5$，则

$$P = 1.2 \times (0.56 \times 5500 + 1.5 \times 2700) = 8556 \text{(N)}$$

3）根据式（6-5），求轴承应有的基本额定动载荷值为

$$C = P\sqrt[\varepsilon]{\frac{60nL'_h}{10^6}} = 8556 \times \sqrt[\varepsilon]{\frac{60 \times 1250 \times 5000}{10^6}} = 61699 \text{(N)}$$

4）按照轴承样本或设计手册选择 $C = 61800$ N 的 6310 轴承。

此轴承的基本额定静载荷 $C_0 = 38000$ N。验算如下：

（1）求相对轴向载荷对应的 e 和 Y 值。相对轴向载荷为 $\dfrac{F_a}{C_0} = \dfrac{2700}{38000} = 0.07105$，在（表 6-7）

中介于 $0.07 \sim 0.13$ 之间，对应的 e 值为 $0.27 \sim 0.31$，Y 值为 $1.6 \sim 1.4$。

（2）用线性插值法求 Y 值。

$$Y = 1.4 + \frac{(1.6 - 1.4) \times (0.13 - 0.07105)}{0.13 - 0.07} = 1.597$$

故　　　　　　　　　　　　$X = 0.56$，　　　　　$Y = 1.597$

（3）求当量动载荷 P。

$$P = 1.2 \times (0.56 \times 5500 + 1.597 \times 2700) = 8870.28 \text{(N)}$$

（4）验算 6310 轴承的寿命，根据式（6-4）

$$L_h = \frac{10^6}{60n}\left(\frac{C}{P}\right)^\varepsilon = \frac{10^6}{60 \times 1250} \times \left(\frac{61800}{8870.28}\right)^3 = 4509.12 \text{(h)} < 5000\text{h}$$

即低于预期计算寿命。因题中的轴径尺寸允许取为 $50 \sim 60$ mm，故可改用 6311 或 6312 轴承，验算从略。

[例 6-2]　一工程机械传动装置中的轴，根据工作条件决定采用一对角接触球轴承，如图 6-31 所示，并暂定轴承型号为 7208 AC。已知轴承载荷 $F_{r1} = 1000$N，$F_{r2} = 2060$N，$F_A = 880$N，转速 $n = 5000$r / min，运转中受中等冲击，预期计算寿命 $L'_h = 2000$h，试问所选轴承型号是否恰当。（注：AC 表示 $\alpha = 25°$）

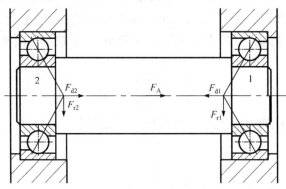

图 6-31　例 6-2 图

解　1）先计算轴承 1、2 的轴向力 F_{a1}，F_{a2}

由表 6-4 查得轴的内部轴向力为

$$F_{d1} = 0.68F_{r1} = 0.68 \times 1000 = 680 \text{(N)}$$

$$F_{d2} = 0.68F_{r2} = 0.68 \times 2060 = 1400(N)$$

因为 $\qquad F_{d2} + F_A = 1400 + 880 = 2280(N) > F_{d1}$

所以轴承 1 为压紧端 $\qquad F_{a1} = F_{d2} + F_A = 2280N$

而轴承 2 为放松端 $\qquad F_{a2} = F_{d2} = 1400N$

2）计算轴承 1、2 的当量动载荷

由表 6-7 查得 $e = 0.68$，而

$$\frac{F_{a1}}{F_{r1}} = \frac{2280}{1000} = 2.28 > 0.68$$

$$\frac{F_{a2}}{F_{r2}} = \frac{1400}{2060} = 0.68 = e$$

查表 6-7 可得 $X_1 = 0.41$、$Y_1 = 0.87$，$X_2 = 1$、$Y_2 = 0$。故当量动载荷为

$$P_1 = X_1 F_{r1} + Y_1 F_{a1} = 0.41 \times 1000 + 0.87 \times 2280 = 2394(N)$$

$$P_2 = X_2 F_{r2} + Y_2 F_{a2} = 1 \times 2060 + 0 \times 1400 = 2060(N)$$

3）计算所需的径向基本额定动载荷 C_r

因轴的结构要求两端选择同样尺寸的轴承，今 $P_1 > P_2$，故应以轴承 1 的径向当量动载荷 P_1 为计算依据。因受中等冲击载荷，查表 6-6 得 $f_p = 1.5$；工作温度正常，查表 6-5 得 $f_t = 1$。所以由式（6-8）得

$$C_{r1} = \frac{f_p P_1}{f_t}\left(\frac{60n}{10^6} L_h'\right)^{1/3} = \frac{1.5 \times 2394}{1} \times \left(\frac{60 \times 5000}{10^6} \times 2000\right)^{1/3} = 30290(N)$$

4）由手册查得轴承的径向基本额定动载荷 $C_r = 35200N$。因为 $C_{r1} < C_r$，故所选 7208 AC 轴承适用。

[例 6-3] 通用圆柱齿轮传动的主动轴（图 6-32）需要确定适合的深沟球轴承。由强度和初步设计得到：轴径 $d = 60mm$，轴颈的直径 $d_1 = 50mm$，轴承间距 $l = 310mm$，$l_1 = 120mm$，齿轮最大受载为 $F = 10.6kN$，分度圆直径为 $D = 364mm$，轴的转速为 $n = 315r/min$，工作情况相对有利。

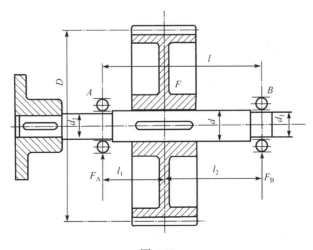

图 6-32

解　由平衡方程 $\sum M_B = 0$ 得

$$F_A = \frac{F \cdot l_2}{l} = \frac{106 \cdot 19}{31} = 6.5(\text{kN})$$

由 $\sum F = 0$ 得

$$F_B = F - F_A = 10.6 - 6.5 = 4.1(\text{kN})$$

对于受载最大且只受到径向载荷的轴承 A , $P = F_r = F_A = 6.5\text{kN}$ 。

由式(6-5)求所需基本额定动载荷为

$$C \geqslant P \sqrt[\varepsilon]{\frac{60 \cdot n \cdot L_{10}}{10^6}} = 6.5 \times \sqrt[3]{\frac{60 \times 315 \times (4000 \sim 14000)}{10^6}}$$

$$C = (27.5 \sim 41.7)\text{kN}$$

查阅轴承设计手册,对于额定寿命 $L_{10} = (4000\sim14000)$ h,轴承孔径 $d_1 = 50\text{mm}$,初选6210,基本额定动载荷 $C = 36.5\text{kN}$ 。

为了生产简单和廉价,轴承 B 处安装同样的轴承。在结构设计时还应注意,一端为固定支承,一端为游动支承。

拓　　展

陶瓷滚动轴承是 20 世纪 60 年代以来随着陶瓷材料的开发应用发展起来的一种新型的轴承。世界上第一套陶瓷轴承是由美国航空航天局(NASA)1972 年研制成功的。

用于制造陶瓷滚动轴承的材料主要采用 Si3N4 陶瓷。Si3N4 的密度是轴承钢的 40%,硬度是轴承钢硬度的 2~3 倍,高硬度提高了其抗磨损、抗黏结、抗剥蚀损坏能力;Si3N4 的热膨胀系数大约为轴承钢的 1/4,低的热膨胀系数可以使轴承在高温工作条件下变形减小;Si3N4 陶瓷的高温性使其更适合于高温工矿,在能使轴承钢丧失原有硬度和强度的温度下,Si3N4 陶瓷的硬度和强度依然不会降低,高温强度好。此外,Si3N4 陶瓷在极高温度下具有良好的尺寸稳定性,而轴承钢只有在进行特殊热处理后才能保证其高温下的尺寸稳定性。Si3N4 陶瓷的耐腐蚀性能强,适用于在水、酸和碱介质的应用领域,因而比塑料、玻璃或不锈钢滚动体组成的轴承应用范围广。

按陶瓷材料在轴承零件上的应用情况,陶瓷滚动轴承可分为三类:第一类为滚动体用陶瓷材料制成,而内外圈仍用轴承钢制造;第二类为滚动体和内圈用陶瓷材料,而外圈用轴承钢;第三类为滚动体和内外圈都用陶瓷材料制成。第一类和第二类叫作混合陶瓷轴承,第三类叫作全陶瓷轴承。

现代工业上应用的混合陶瓷轴承大多数为滚动体陶瓷材料,陶瓷球内外圈为轴承钢的结构(图 6-33)。混合陶瓷轴承的破坏形式与钢轴承相似,表现为内外套圈的破坏和陶瓷滚动体的疲劳剥落。在高速条件下,陶瓷球轴承比钢轴承的寿命长 3~6 倍。混合陶瓷轴承的转速比高速钢轴承转速提高 60%,轴承温升降低 35%~60%,刚度提高 11%。另外,由于陶瓷与钢分子亲和力很小,摩擦系数小,而且有一定的自润滑性能,运转性能好,因此混合陶瓷轴承可有效防止因油膜破坏引起的烧黏。目前混合陶瓷轴承多用于高速精密机床主轴,如日本某公司的加工中心,其主轴最高转速达到 15000r/min,有的甚至达到 25000r/min。

全陶瓷轴承为滚动体与内外套圈均为陶瓷材料制造(图 6-34)。同钢轴承相比,全陶瓷轴承更耐腐蚀、耐高温、耐磨以及具有高刚度等性能。在航空航天工业中，陶瓷滚动轴承有极其优良的高速性能。在高温环境下，全陶瓷轴承能在 $800\sim1000\,℃$ 条件下可靠工作；在腐蚀性介质中，全陶瓷轴承更能显示出其独特的优越性，化学工业用的各种耐酸泵、真空泵、离心泵和涡轮分子泵都应用了全陶瓷轴承。此外，电机工业和电力机车用全陶瓷轴承作绝缘轴承，航空航天飞行器采用全陶瓷轴承可减轻重量和提高飞行速度。

图 6-33　混合陶瓷轴承

图 6-34　全陶瓷轴承

采用陶瓷材料制造轴承，可极大地扩展滚动轴承在各个领域的应用范围。目前世界各国研究、生产、销售陶瓷轴承的公司很多，但大多为混合轴承。

习　　题

6-1　滚动轴承预紧的目的是什么？预紧力是否越大越好？为什么？（中国科学技术大学，中科院考研题）

6-2　为什么角接触球轴承与圆锥滚子轴承往往成对使用且"面对面"或"背对背"配置？分析其各自特点及适用的场合？

6-3　何谓滚动轴承基本额定动载荷？何谓当量动载荷？它们有何区别？当量动载荷超过基本额定动载荷时，该轴承是否可用？

6-4　滚动轴承类型的选择应考虑哪些因素？高速轻载的工作条件宜选用哪类轴承？低速重载又适用哪一类？

6-5　试说明下列各轴承的内径有多大？哪个轴承公差等级最高？哪个允许的极限转速最高？哪个承受径向载荷能力最高？哪个不能承受径向载荷？

N309　　62203　　30207　　10110　　71208AC/P4

6-6　某减速器输入轴选用两个深沟球轴承支承，其中受载较大的轴承所受的径向载荷 $F_r=2000\text{N}$，轴向载荷 $F_a=1000\text{N}$，轴的转速 $n=970\text{r/min}$，轴的直径 $d=55\text{mm}$，载荷稍有波动，常温下工作，预期寿命 $L_h'=15000\text{h}$。试选择轴承型号。

6-7　某深沟球轴承需在径向载荷 $F_r=7150\text{N}$ 作用下，以 $n=1800\text{r/min}$ 的转速工作 3800h。试求此轴承应有的基本额定动载荷 C。

6-8　如题 6-8 图所示齿轮传动装置中，轴由两个角接触球轴承支承。已知圆锥齿轮受轴向力 $F_{A1}=3000\text{N}$；斜齿轮受轴向力 $F_{A2}=4000\text{N}$，径向力 $F_{R2}=7500\text{N}$；温度系数 $f_t=1.0$，载荷系数 $f_p=1.0$，轴承参数如题 6-9 表所示。试计算：

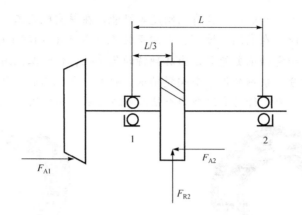

题 6-8 图

(1)两轴承所受的轴向力 F_{a1}、F_{a2}。

(2)确定当量动载荷 P_1、P_2 的大小。

(3)若齿轮轴转速 n=1000r/min，轴承的额定动载荷 C=32800N，则轴承的寿命 L_h 为多少？（同济大学考研题）

题 6-9 表

判断系数 e	派生轴向力 F_d	$F_a/F_r \leqslant e$	$F_a/F_r > e$
e=0.68	F_d=0.68F_r	X=1，Y=0	X=0.41，Y=0.87

6-9　如题 6-9 图所示，已知圆锥滚子轴承安装在零件 1 的轴承座孔内。由于结构限制，设计时不能改变零件 1 的尺寸。试问：采用何种方法以便于轴承外圈拆卸？并在右侧图上画出零件 1 的结构。（中科院考研题）

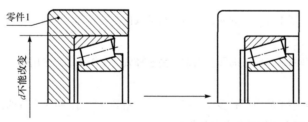

题 6-9 图

第7章 滑 动 轴 承

滑动轴承具有承载能力高、抗振性好、噪声小、寿命长等优点，适用于高速、重载、高精度、轴承结构要求剖分以及径向尺寸受限制等场合。因此，滑动轴承在大型汽轮机、轧钢机、内燃机、高速磨床、雷达以及天文望远镜等设备中应用广泛。

滑动轴承的种类很多，根据工作表面间润滑状态不同分为液体润滑轴承、非完全液体润滑轴承和自润滑轴承。根据承受载荷方向的不同，可分为向心轴承(承受径向载荷)和止推轴承(承受轴向载荷)。

滑动轴承设计的主要内容包括：①确定轴承的结构形式；②选择轴瓦和轴承衬的材料；③选择润滑剂和润滑方法；④确定轴承结构参数并计算轴承工作能力。

7.1 滑动轴承的主要结构形式

7.1.1 整体式径向滑动轴承

整体式径向滑动轴承的结构形式见图 7-1。它由轴承座和由减摩材料制成的整体轴套组成。轴承座上面设有安装润滑油杯的螺纹孔。在轴套上开有油孔，并在轴套的内表面上开有油槽。

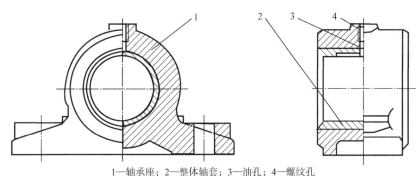

1—轴承座；2—整体轴套；3—油孔；4—螺纹孔

图 7-1 整体式径向滑动轴承

这种轴承的优点是结构简单、成本低廉。缺点是轴套磨损后，轴承间隙过大时无法调整。另外，只能从轴颈端部装拆，对于重型机器的轴或具有中间轴颈的轴，装拆很不方便或无法安装。所以这种轴承多用在低速、轻载或间歇性工作的机器中，如某些农业机械、手动机械等。整体有衬正滑动轴承结构尺寸选用见 JB/T 2560—2007。

7.1.2 对开式径向滑动轴承

对开式径向滑动轴承的结构形式见图 7-2。它是由轴承座、轴承盖、剖分式轴瓦和双头螺柱等组成。轴承盖和轴承座的剖分面常制成阶梯形，以便对中和防止横向错动。轴承盖上部开有螺纹孔，用以安装油杯或油管。剖分式轴瓦由上、下两半组成，通常是下轴瓦承受载荷，上轴瓦不承受载荷。在轴瓦内壁不承受载荷的表面上开设油槽，润滑油通过油孔和油槽流进轴承间隙。这类轴承装拆方便，轴瓦磨损后可通过减少剖分面处的垫片厚度来调整轴承间隙。对开式径向滑动轴承结构尺寸选用见 JB/T 2561－2007。

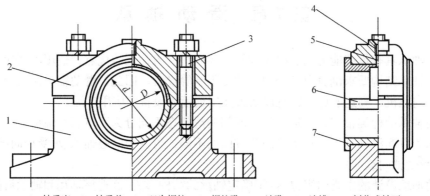

1—轴承座；2—轴承盖；3—双头螺柱；4—螺纹孔；5—油孔；6—油槽；7—剖分式轴瓦

图 7-2　对开式径向滑动轴承

7.1.3　止推滑动轴承

止推滑动轴承由轴承座和止推轴颈组成。常用的结构形式有空心式、单环式和多环式，其结构尺寸见表 7-1。通常不用实心式轴颈，因其端面上的压力分布极不均匀，靠近中心处的压力很高，对润滑极为不利。空心式轴颈接触面上压力分布较均匀，润滑条件较实心式有所改善。单环式是利用轴颈的环形端面止推，而且可以利用纵向油槽输入润滑油，结构简单，润滑方便，广泛用于低速、轻载的场合。多环式止推轴承不仅能承受较大的轴向载荷，有时还可承受双向轴向载荷。

表 7-1　止推滑动轴承形式及尺寸

空心式	单环式		多环式
F_a	F_a	F_a	F_a
d_2 由轴的结构设计拟定； $d_1 = (0.4 \sim 0.6)d_2$； 若结构上无限制，应采取 $d_1 = 0.5d_2$	d_1，d_2 由轴的结构 设计拟定		d 由轴的结构设定； $d_2 = (1.2 \sim 1.6)d$； $d_1 = 1.1d$； $h = (0.12 \sim 0.15)d$； $h_0 = (2 \sim 3)h$；

7.2 轴瓦结构

轴瓦是滑动轴承中的重要零件，它的结构设计是否合理对轴承性能影响很大。有时为了节省贵重材料或者由于结构上的需要，常在轴瓦的内表面上浇铸或轧制一层轴承合金，称为轴承衬。轴瓦应具有一定的强度和刚度，在轴承中定位可靠，便于输入润滑剂，容易散热，并且装拆、调整方便。为此，轴瓦应在外形结构、定位、油槽开设和配合等方面采用不同的形式以适应不同的设计要求。

1. 轴瓦的形式和构造

常见的轴瓦有整体式和对开式两种结构。

整体式轴瓦按材料及制法不同，可分为整体轴套(图7-3)和单层、双层或多层材料的卷制轴套(图7-4)。非金属整体式轴瓦既可以是整体非金属轴套，也可以是钢套上镶衬非金属材料。

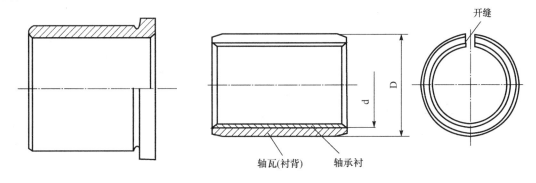

图 7-3 整体轴套 　　　　　　　　　　　　　图 7-4 卷制轴套

对开式轴瓦有厚壁轴瓦和薄壁轴瓦之分。厚壁轴瓦用铸造方法制造(图7-5)，内表面可附有轴承衬，并通过离心铸造法浇注在轴瓦内表面上。轴瓦内表面上常制出各种形式的榫头、凹沟或螺纹，以保证轴承合金与轴瓦贴附牢靠。

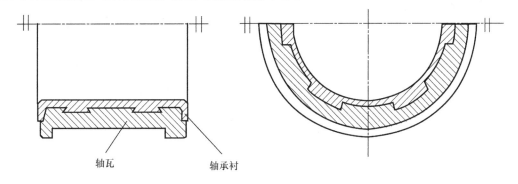

图 7-5 对开式厚壁轴瓦

薄壁轴瓦(图7-6)由于能用双金属板连续轧制等新工艺进行大量生产，故质量稳定，成本低，但轴瓦刚性小，装配时不再修刮轴瓦内圆表面，轴瓦受力后，其形状完全取决于轴承座的形状，因此，轴瓦和轴承座均需精密加工。薄壁轴瓦在汽车发动机、柴油机上得到广泛应用。

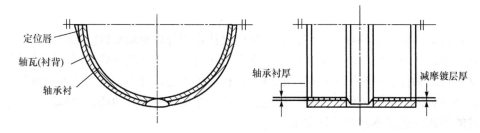

图 7-6　对开式薄壁轴瓦

2. 轴瓦的定位

轴瓦和轴承座不允许有相对移动。为了防止轴瓦沿周向和轴向移动，可将其两端做出凸缘来做轴向定位，也可用紧定螺钉(图 7-7(a))或销钉(7-7(b))将其固定在轴承座上，或在轴瓦剖分面上冲出定位唇(凸耳)以供定位用。

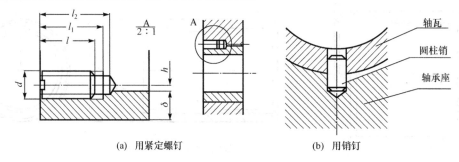

(a)　用紧定螺钉　　　　　　　　　　　　(b)　用销钉

图 7-7　轴瓦的固定

3. 油孔及油槽

轴瓦或轴颈上须开设油孔或油槽以利于润滑油导入整个摩擦面。油孔和油槽的位置和形状对轴承的工作能力和寿命影响很大。通常，油孔应设置在油膜压力最小的地方，油沟应开在轴承不受力或油膜压力较小的区域，要求既便于供油又不降低轴承的承载能力。

对于液体动压径向轴承，有轴向油槽和周向油槽两种形式。轴向油槽分为单轴向油槽和双轴向油槽。对于整体式径向轴承，轴颈单向旋转时，载荷方向变化不大，单轴向油槽最好开在最大油膜厚度位置(图 7-8)，以保证润滑油从压力最小的地方输入轴承。对开式径向轴承，常把轴向油槽开在轴承剖分面处(剖分面与载荷作用线成 90°)，如果轴颈双向旋转，可在轴承剖分面上开设双轴向油槽(图 7-9)，通常轴向油槽应较轴承宽度稍短，以便在轴瓦两端留出封油面，防止润滑油从端部大量流失。轴向油槽适用于载荷方向变动范围超过180°的场合，它常设在轴承宽度中部，把轴承分为两个独立部分；当宽度相同时，设有周向油槽轴承的承载能力低于设有轴向油槽的轴承(图 7-10)。对于不完全液体润滑径向轴承，常用油槽形式如图 7-11 所示，设计时，可以将油槽从非承载区延伸到承载区。油槽尺寸可查有关手册。

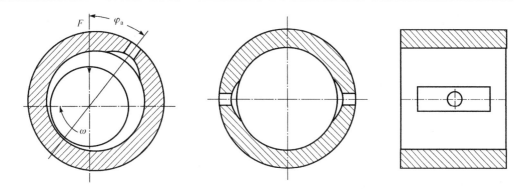

图 7-8 单轴向油槽开在最大油膜厚度位置　　　图 7-9 双轴向油槽开在轴承剖分面上

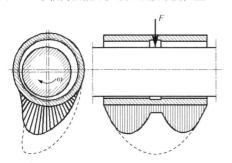
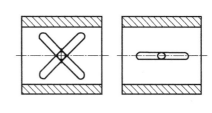

图 7-10 周向油槽对轴承承载能力的影响　　　图 7-11 不完全液体润滑轴承常用油槽形状

7.3 轴承的材料及润滑剂的选用

7.3.1 轴承的材料

　　轴瓦和轴承衬的材料统称为轴承材料。轴瓦的主要失效形式是磨损和胶合，此外还有疲劳破坏和腐蚀等。为保证轴承正常工作，轴承材料应满足以下要求：①有足够的抗压强度和疲劳强度；②低摩擦系数、有良好的耐磨性、抗胶合性、跑和性，嵌入型和顺应性；③热膨胀系数小，有良好的导热和润滑性以及耐磨性；④有良好的工艺性。显然，没有一种轴承材料能够全面具备上述性能，因此，设计时应根据具体情况，满足主要使用要求，综合考虑进行选择。

　　常用的轴承材料可分为三类：金属材料(如轴承合金、铝基合金、青铜、减摩铸铁等)、多孔质金属材料(粉末冶金材料)、非金属材料(如塑料、橡胶、木材等)。

　　1. 轴承合金

　　轴承合金(通称巴氏合金或白合金)是锡、铅、锑、铜的合金，它以锡或铅作基体，其内含有锑锡或铜锡的硬晶粒。硬晶粒起抗磨作用，软基体则增加材料的塑性。轴承合金的弹性模量和弹性极限都很低，在所有轴承材料中，它的嵌入性及摩擦顺行性最好，很容易和轴颈磨合，也不易与轴颈发生胶合。但轴承合金的强度很低，不能单独制作轴瓦，只能贴附在青铜、钢或铸铁轴瓦上作轴承衬。轴承合金适用于重载、中高速场合，价格较贵。

　　2. 铜合金

　　铜合金具有较高的强度，较好的减摩性和耐磨性。由于青铜的减摩性和耐磨性比黄铜好，故青铜是最常用的材料。青铜有锡青铜、铅青铜和铝青铜等几种，其中锡青铜的减摩性和耐磨性最好，应用较广。但锡青铜比轴承合金硬度高，磨合性及嵌入性差，适用于重载及中速场合。铅青铜抗黏附能力强，适用于高速、重载轴承。铝青铜的强度及硬度较高，抗黏附能力较差，适用于低速、重载轴承。

3. 铝基轴承合金

铝基轴承合金在许多国家获得广泛应用。它有相当好的耐蚀性和较高的疲劳强度，摩擦性能亦较好。这些品质使铝基轴承合金在部分领域取代了较贵的轴承合金和青铜。铝基轴承合金可以制成单金属零件(如轴套、轴承等)，也可制成双金属零件，双金属轴瓦以铝基轴承合金为轴承衬，以钢作衬背。

4. 铸铁

普通灰铸铁或加有镍、钛、铬等合金成分的耐磨铸铁，或者球墨铸铁，都可以用作轴承材料。这类材料中的片状或球状石墨在材料表面上覆盖后，可以形成一层起润滑作用的石墨层，故具有一定的减摩性和耐磨性。另外，石墨能吸附碳氢化合物，有助于提高边界润滑性能，故采用灰铸铁作轴承材料时，应加润滑油。由于铸铁性脆、磨合性差，故只适用于轻载低速和不受冲击载荷的场合。

5. 多孔质金属材料

将不同的金属粉末经压制、烧结而成的多孔结构材料，孔隙约占体积的 10%～35%。使用前先把轴承在热油中浸渍数小时，使孔隙中充满润滑油，运转时储存于孔隙中的油因热膨胀而自动进入摩擦表面润滑轴承，故又称含油轴承。停车时，因毛细管作用，润滑油被吸回孔隙中。含油轴承加一次油可工作较长时间，常用于轻载，不便加油的场合。

6. 非金属材料

非金属轴承材料主要有塑料、石墨、橡胶、木材。其中应用最多的是各种塑料(聚合物材料)，如酚醛树脂、尼龙、聚四氟乙烯等。聚合物的特性是：与许多化学物质不起反应，抗腐蚀能力特别强，例如聚四氟乙烯能抗强酸弱碱；具有一定的自润滑性，可以在无润滑条件下工作，在高温条件下具有一定的润滑能力；具有包容异物的能力(嵌入性好)，不易擦伤配偶表面；减摩性及耐磨性能都比较好。

选择轴瓦材料时，主要依据载荷、速度、温度、环境条件、经济性等方面进行考虑。常用金属材料许用值和性能见表 7-2。

表 7-2　常用金属轴承材料许用值和性能比较

材料类别	牌号(名称)	最大许用值[1]			最高工作温度/℃	轴颈硬度/HB	性能比较[2]				备注
		$[p]$/MPa	$[v]$/(m/s)	$[pv]$/(MPa·m/s)			抗咬黏性	顺应性	嵌入性	耐蚀性	疲劳强度	
锡基轴承合金	ZSnSb11Cu6 ZSnSb8Cu4	平稳载荷			150	150	1	1		1	5	用于高速、重载下工作的重要轴承，变载荷下易于疲劳，较贵
		25	80	20								
		冲击载荷										
		20	60	15								

续表

材料类别	牌号(名称)	最大许用值[1]			最高工作温度/℃	轴颈硬度/HB	性能比较[2]				备注
		[p]/MPa	[v]/(m/s)	[pv]/(MPa·m/s)			抗咬黏性	顺应嵌入性性	耐蚀性	疲劳强度	
铅基轴承合金	ZPbSb16Sn16Cu2	15	12	10	150	150	1	1	3	5	用于中速、中等载荷的轴承,不宜受显著冲击。可作为锡锑轴承合金的代用品
	ZPbSb15Sn5Cu3Cu2	5	8	5							
锡青铜	ZCuSn10P1 (10-1 锡青铜)	15	10	15	280	300~400	3	5	1	1	用于中速、重载及受变载荷的轴承
	ZCuSn5Pb5Zn5 (5-5-5 锡青铜)	8	3	15							用于中速、中载的轴承
铅青铜	ZCuPb30 (30 铅青铜)	25	12	30	280	300	3	4	4	2	用于高速、重载轴承,能承受变载和冲击
铝青铜	ZCuAl10Fe3 (10-3 铝青铜)	15	4	12	280	300	5	5	5	2	最宜用于润滑充分的低速重载轴承
黄铜	ZCuZn16Si4 (16-4 硅黄铜)	12	2	10	200	200	5	5	1	1	用于低速、中载轴承
	ZCuZn40Mn2 (40-2 锰黄铜)	10	1	10	200	200	5	5	1	1	用于高速、中载轴承,是较新的轴承材料,强度高、耐腐蚀、表面性能好。可用于增压强化柴油机轴承
铝基轴承合金	2%铝锡合金	28~35	14	—	140	300	4	3	1	2	
三元电镀合金	铝-硅-镉镀层	14~35	—	—	170	200~300	1	2	2	2	镀铝锡青铜作中间层,再镀10~30μm 三元减摩层,疲劳强度高,嵌入性好
银	镀层	28~35	—	—	180	300~400	2	3	1	1	镀银,上附薄层铅,再镀铟,常用于飞机发动机、柴油机轴承
耐磨铸铁	HT300	0.1~6	3~0.75	0.3~4.5	150	<150	4	5	1	1	宜用于低速、轻载的不重要轴承,价廉
灰铸铁	HT150~HT250	1~4	2~05	—	—	—	4	5	1	1	

注: ① [pv] 为不完全液体润滑下的许用值;
② 性能比较: 1~5 依次由佳到差。

7.3.2　润滑剂的选用

轴承润滑的目的主要是减小摩擦功耗，降低磨损率，同时可起冷却、防尘、防锈以及吸振等作用。

常用的润滑材料是润滑油和润滑脂。

1. 润滑油及其选择

对于液体动压润滑轴承，润滑油的黏度是最重要的指标，也是选择轴承用油的主要依据。选择时应考虑轴承压力、滑动速度、摩擦表面状况、润滑方式等条件。

一般选用原则如下。

(1)在压力大或冲击、变载等工作条件下，应选用黏度较高的油；

(2)滑动速度高时，容易形成油膜，为了减小摩擦功耗，应采用黏度较低的油；

(3)加工粗糙或未经磨合的表面，应选用黏度较高的油；

(4)循环润滑、芯捻润滑或油垫润滑时，应选用黏度较低的油；飞溅润滑应选用高品质、能防止与空气接触而氧化变质或因激烈搅拌而乳化的油；

(5)低温工作的轴承应选用凝点低的油。

非完全液体润滑轴承的润滑油选择可参考表 7-3。

表 7-3　非完全液体润滑轴承的润滑油选择（工作温度<60℃）

轴颈圆周速度 v/(m/s)	平均压力 p<3MPa	轴颈圆周速度 v/(m/s)	平均压力 p=(3～7.5)MPa
<0.1	L-AN68、100、150	<0.1	L-AN150
0.1～0.3	L-AN68/100	0.1～0.3	L-AN100、150
0.3～2.5	L-AN46、68	0.3～0.6	L-AN100
2.5～5.0	L-AN32、46	0.6～1.2	L-AN68、100
5.0～9.0	L-AN15、22、32	1.2～2.0	L-AN68
>9.0	L-AN7、10、15		

注:表中的润滑油是以40℃时运动黏度为基础的牌号。

2. 润滑脂及其选择

润滑脂属于半固体润滑剂，流动性差，无冷却效果。常用于那些要求不高、难以经常供油或者低速重载以及作摆动运动的非完全液体摩擦滑动轴承。

润滑脂选择的一般原则如下。

(1)当压力高和滑动速度低时，选择针入度小的牌号；

(2)所用润滑脂的滴点，一般应较轴承的工作温度高 20～30℃，以免工作时润滑脂过多地流失；

(3)在有水淋或潮湿的环境下，应选择防水性强的钙基或铝基润滑脂；在温度较高处应选用钠基或复合钙基润滑脂。

滑动轴承润滑脂的选择见表 7-4。

表 7-4　滑动轴承润滑脂的选择

压力 p/MPa	轴颈圆周速度 v/(m/s)	最高工作温度/℃	选用的牌号
≤1.0	≤1	75	3 号钙基脂
1.0~6.5	0.5~5	55	2 号钙基脂
≥6.5	≤0.5	75	3 号钙基脂
≤6.5	0.5~5	120	2 号钠基脂
>6.5	≤0.5	110	1 号钙钠基脂
1.0~6.5	≤1	−50~100	锂基脂
>6.5	0.5	60	2 号压延基脂

注: ① "压力"或"压强",本书统用"压力";

② 在潮湿环境,温度 75~120℃的条件下,应考虑用钙—钠基润滑脂;

③ 在超市环境,工作温度在 75℃以下,没有 3 号钙基脂时也可以考虑用铝基脂;

④ 工作温度在 110~120℃可用锂基脂或钡基脂;

⑤ 集中润滑时,稠度要小些。

7.4　非完全液体润滑滑动轴承的设计

非完全液体润滑滑动轴承工作时,因其摩擦表面不能被润滑油完全隔开,只能形成边界油膜,存在局部金属表面的直接接触,轴承只能在混合摩擦润滑状态(即边界润滑和液体润滑同时存在的状态)下运转。这类轴承的设计准则是维持边界油膜不遭破裂。但由于边界油膜的强度和破裂温度的影响机理尚未完全清楚,目前的设计计算只能是间接、条件性的。

7.4.1　非完全液体润滑径向滑动轴承设计

在设计时,通常是已知轴承所承受径向载荷 F(单位为 N)、轴颈转速 n(单位为 r/min)及轴颈直径 d(单位为 mm),然后进行以下验算。

1. 限制轴承的平均压力 p

应限制平均压力 p,以保证润滑油不被过大的压力所挤出,避免工作表面的过度磨损,即

$$p = \frac{F}{dB} \leqslant [p] \tag{7-1}$$

式中, B 为轴承宽度, mm(根据宽径比 B/d 确定); $[p]$ 为轴瓦材料的许用压力(MPa)。

2. 限制轴承的 pv

轴承的发热量与其面积上的摩擦功耗 fpv 成正比(f 是摩擦系数),限制 pv 值就是限制轴承的温升,即

$$pv = \frac{F}{Bd} \frac{\pi dn}{60 \times 1000} = \frac{Fn}{19100B} \leqslant [pv] \tag{7-2}$$

式中, v 为轴颈圆周速度,即滑动速度, m/s; $[pv]$ 为轴承材料的 pv 值。

3. 限制滑动速度 v

当滑动轴承平均压力 p 较小时，即使 p 与 pv 都在许用范围内，也可能由于滑动速度过高而加速磨损，因此要求

$$v = \frac{\pi dn}{60 \times 1000} \leqslant [v] \tag{7-3}$$

式中，$[v]$ 为许用滑动速度，m/s。

滑动轴承所选用的材料及尺寸经验算合格后，应选取恰当的配合，一般可选 $\dfrac{H9}{d9}$ 或 $\dfrac{H8}{f7}$、$\dfrac{H7}{f6}$。

7.4.2　非完全液体润滑推力滑动轴承的计算

在设计推力滑动轴承时，通常已知轴承所受轴向载荷 F_a（单位为 N）、轴颈转速 n（单位为 r/min）、轴环直径 d_2 和轴承孔直径 d_1（单位为 mm）、以及轴环数目（参考表 7-1 中的图），处于混合润滑状态下的止推轴承需要校核 p 和 pv。

1. 验算轴承的平均压力 p（单位为 MPa）

$$p = \frac{F_a}{A} = \frac{F_a}{z\frac{\pi}{4}(d_2^2 - d_1^2)} \leqslant [p] \tag{7-4}$$

式中，d_1 为轴承孔直径，mm；d_2 为轴环直径，mm；F_a 为轴向载荷，N；

$[p]$ 为许用压力，MPa，见表 7-5。对于多环式止推轴承，由于载荷在各环间分布不均，因此，许用压力 $[p]$ 比单环式的降低 50%。

2. 验算轴承的 pv（单位为 MPa·m/s）值

因轴承的环形支承面平均直径处的圆周速度 v（单位为 m/s）为

$$v = \frac{\pi n(d_1 + d_2)}{60 \times 1000 \times 2}$$

故应满足　　　$$pv = \frac{4Fa}{z\pi(d_2^2 - d_1^2)} \times \frac{\pi n(d_1 + d_2)}{60 \times 1000 \times 2} = \frac{nF_a}{3000z(d_2 - d_1)} \leqslant [pv] \tag{7-5}$$

式中，n 为轴颈的转速，r/min；$[pv]$ 为 pv 的许用值，MPa·m/s，见表 7-5。同样，由于多环式止推轴承中的载荷在各环间分布不均，因此，$[pv]$ 值也应比单环式的降低 50%。

表 7-5　止推滑动轴承的 $[p]$、$[pv]$ 值

轴（轴环端面、凸缘）	轴承	$[p]$/MPa	$[pv]$/(MPa·m/s)
未淬火钢	铸铁	2.0~2.5	1~2.5
	青铜	4.0~5.0	
	轴承合金	5.0~6.0	
淬火钢	青铜	7.5~8.0	1~2.5
	轴承合金	8.0~9.0	
	淬火钢	12~15	

7.5 液体动压润滑径向滑动轴承的设计

7.5.1 流体动力润滑的承载机理

如图 7-12（a）所示为 A、B 两平行板，板间充满有一定黏度的润滑油。若板 B 静止不动，板 A 以速度 v 向左运动。由于润滑油的黏性及它与平板间的吸附作用，与板 A 紧贴的流层的流速等于板速 v，其他各流层的流速则按直线规律分布。这种流动是由于油层受到剪切作用而产生的，所以称为剪切流。这时通过两平行板间的任何垂直截面处的流量皆相等，润滑油虽能维持连续流动，但油膜对外载荷无承载能力（这里忽略了流体受到挤压作用而产生压力的效应）。

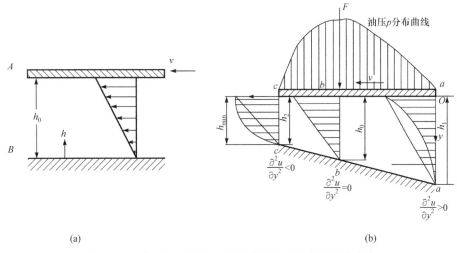

图 7-12 两相对运动平板间油层中的速度分布和压力分布

如果板 A 与板 B 不平行，板间的间隙沿运动方向由大到小呈收敛的楔形，并且板 A 上承受载荷 F，如图 7-12(b)所示。当板 A 运动时，两端的速度按照虚线所示的三角形分布，则必然进油多而出油少。由于液体实际上是不可压缩的，液体分子必将在间隙内"拥挤"而形成压力，迫使进口端的速度曲线向内凹，出口端的速度曲线向外凸，不会再是三角形分布。进口端间隙 h_1 大而速度曲线内凹，出口端 h_2 小而速度曲线外凸，于是有可能使带进油量等于带出油量。同时，间隙内形成的液体压力将与外载荷 F 平衡。这就说明在间隙内形成了压力油膜。这种借助相对运动而在轴承间隙中形成的压力油膜成为动压油膜。图中还表明从截面 $a-a$ 到 $c-c$ 之间，各截面的速度图是各不相同的，但必有一截面 $b-b$，润滑油的速度呈三角形分布。

7.5.2 流体动压润滑基本方程

为描述油压与表面滑动速度及润滑油黏度间的关系，19 世纪末，雷诺基于黏性流体力学方程和流体连续方程，对被润滑油隔开的两刚体平板（其中一板水平移动，另一板静止）的流体动力学问题进行了研究，并假设：流体为牛顿流体；润滑油流动是层流；忽略压力对流体黏度的影响；不计油的惯性和重力；认为流体不可压缩；流体膜中的压力膜厚方向是不变的等。如图 7-13 所示，现从层流运动的油膜中取一微单位体进行分析。

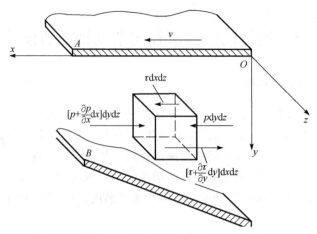

图 7-13　被油膜隔开的两平行板的相对运动情况

由图 7-13 可见，作用在此微单元体右面和左面的压力分别为 p 及 $p+\dfrac{\partial p}{\partial x}\mathrm{d}x$，作用在单元体上、下两面的切应力分别为 τ 及 $\tau+\dfrac{\partial \tau}{\partial y}\mathrm{d}y$，根据 x 方向的平衡条件，得

$$p\mathrm{d}y\mathrm{d}z + \tau\mathrm{d}x\mathrm{d}z - \left(p+\frac{\partial p}{\partial x}\mathrm{d}x\right)\mathrm{d}y\mathrm{d}z - \left(\tau+\frac{\partial \tau}{\partial y}\mathrm{d}y\right)\mathrm{d}x\mathrm{d}z = 0$$

整理后得

$$\frac{\partial p}{\partial x} = -\frac{\partial \tau}{\partial y} \tag{7-6}$$

将牛顿黏性定律 $\tau=-\eta\dfrac{\partial u}{\partial y}$ 对 y 求导后代入式(7-6)，得

$$\frac{\partial p}{\partial x} = \eta\frac{\partial^2 u}{\partial y^2} \tag{7-7}$$

该式表示了压力沿 x 轴方向变化与速度沿 y 轴方向变化的关系。

对上式积分，并利用 $y=0$ 和 $y=h$(为相应于所取单元处的油膜厚度)处的速度边界条件，即可求出油层的速度分布，进而可得到

$$\frac{\partial p}{\partial x} = 6\eta u\frac{h-h_0}{h^3} \tag{7-8}$$

式中，h_0 为油压最大处的油膜厚度；h 为任意截面处的油膜厚度。

式(7-8)是一维雷诺动力润滑方程。它是计算流体动压润滑轴承的基本方程(简称流体动压方程)。利用这一公式，对 x 经一次积分后可求得油膜上各点压力 p 沿 x 方向的分布，再将该压力分布对面积积分，便可求得油膜的承载能力。可以看出，油膜压力的变化与润滑油的黏度、两表面间相对滑动速度和油膜厚度的变化量有关。油膜上各点压力 p 沿 x 方向的分布如图 7-12(b)所示。

根据以上分析可知，形成动压油膜的必要条件是：

(1)两工作表面间必须有楔形间隙；

(2)两工作表面间必须连续充满润滑油或其他黏性流体；

(3)两工作表面间必须有相对滑动速度，其运动方向必须保证润滑油从大截面流进，从

小截面流出。

7.5.3　径向滑动轴承动压油膜形成过程

径向滑动轴承的轴颈与轴承孔间必须留有间隙，如图 7-14（a）所示，当轴颈静止时，轴颈处于轴承孔的最低位置，并与轴瓦接触。此时，两表面间自然形成一收敛的楔形空间。当轴颈开始转动时，速度较低，带入轴承间隙中的油量较少，这时轴瓦对轴颈摩擦力的方向与轴颈表面圆周速度方向相反，迫使轴颈在摩擦力作用下沿孔壁向右爬升（图 7-14（b））。随着转速的增大，轴颈表面的速度增大，带入楔形空间的油量也逐渐增多。这时，右侧楔形油膜产生了一定的动压力，将轴颈向左浮起。当轴颈达到稳定运转时，轴颈便稳定在一定的偏心位置上（图 7-14（c））。这时，轴承处于流体动压润滑状态，油膜产生的动压力与外载荷 F 相平衡。此时，由于轴承内的摩擦阻力仅为液体的内阻力，故摩擦系数达到最小值。

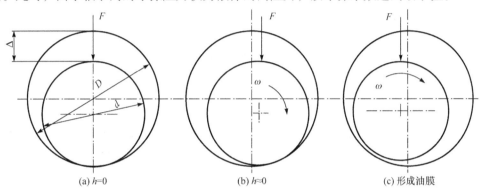

(a) $h=0$　　　　　　(b) $h\approx0$　　　　　　(c) 形成油膜

图 7-14　径向滑动轴承形成液体动压润滑的过程

7.5.4　径向滑动轴承的主要几何参数

图 7-15 为轴承工作时轴颈所在的位置。轴承孔与轴颈的连心线 OO_1 与外载荷 F（载荷作用在轴颈中心上）的方向形成一偏位角 φ_a。轴承孔和轴颈直径分别用 D 和 d 表示，则轴承直径间隙为

$$\Delta = D - d \tag{7-9}$$

半径间隙为轴承孔半径 R 与轴颈半径 r 之差，则

$$\delta = R - r = \frac{\Delta}{2} \tag{7-10}$$

直径间隙与轴颈公称直径之比称为相对间隙，以 ψ 表示，则

$$\psi = \frac{\Delta}{d} = \frac{\delta}{r} \tag{7-11}$$

轴颈在稳定运转时，其中心 O 与轴承中心 O_1 的距离，称为偏心距，用 e 表示。而偏心距与半径间隙的比值，称为偏心率，以 χ 表示，则

$$\chi = \frac{e}{\delta} \tag{7-12}$$

由图 7-15 可知，最小油膜厚度为

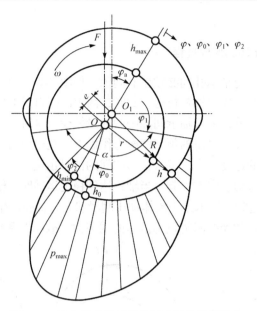

图 7-15　径向滑动轴承的几何参数和油压分布

$$h_{\min} = \delta - e = \delta(1-\chi) = r\psi(1-\chi) \tag{7-13}$$

对于径向滑动轴承，采用极坐标述较方便。采用极坐标系：取轴颈中心 O 为极点，连心线 OO_1 为极轴，对应于任意角 φ（包括 φ_0、φ_1、φ_2 均由 OO_1 算起）的油膜厚度为 h 近似表示为

$$h = \delta(1 + \chi\cos\varphi) = r\psi(1 + \chi\cos\varphi) \tag{7-14}$$

在油压最大处的油膜厚度 h_0 为

$$h_0 = \delta(1 + \chi\cos\varphi_0) \tag{7-15}$$

式中，φ_0 对应于最大压力处的极角。

7.5.5　径向滑动轴承的设计计算

径向滑动轴承的工作能力计算是在轴承结构参数和润滑油参数初步选定后进行的工作，目的是校核参数选择的合理正确性。通过工作能力计算，若确定了参数选择是正确的，则轴承的设计工作基本完成，否则需要重新选择有关参数并再进行相应的计算。

1. 轴承承载能力计算

滑动轴承油膜承载能力可利用雷诺方程求得。先对雷诺方程进行一次积分后可获得油膜上各点压力 p 沿 x 方向的分布，再将该压力分布对面积进行积分，就可求得油膜的承载能力。

设轴承为无限宽。将 $\mathrm{d}x = r\mathrm{d}\varphi$，$v = r\omega$ 及式（7-13）、式（7-14）代入雷诺方程式（7-8），得到极坐标形式的雷诺方程

$$\frac{\mathrm{d}p}{\mathrm{d}\varphi} = 6\eta\frac{\omega}{\psi^2}\frac{\chi(\cos\varphi - \cos\varphi_0)}{(1 + \chi\cos\varphi)^3} \tag{7-16}$$

式（7-16）从油膜起始角 φ_1 到任意角 φ 进行积分，得任意位置的压力为

$$p_\varphi = 6\eta\frac{\omega}{\psi^2}\int_{\varphi_1}^{\varphi}\frac{\chi(\cos\varphi - \cos\varphi_0)}{(1 + \chi\cos\varphi)^3}\mathrm{d}\varphi \tag{7-17}$$

压力 p_φ 在外载荷方向上的分量为

$$p_{\varphi y} = p_\varphi \cos[180° - (\varphi_a + \varphi)] = -p_\varphi \cos(\varphi_a + \varphi) \tag{7-18}$$

把上式在 φ_1 到 φ_2 的油膜区间内积分，即得出在轴承单位宽度上的油膜承载力为

$$p_y = \int_{\varphi_1}^{\varphi_2} p_{\varphi y} r \mathrm{d}\varphi = -\int_{\varphi_1}^{\varphi_2} p_\varphi \cos(\varphi_a + \varphi) r \mathrm{d}\varphi$$

$$= 6\frac{\eta \omega r}{\psi^2} \int_{\varphi_1}^{\varphi_2} \left[\int_{\varphi_1}^{\varphi} \frac{\chi(\cos\varphi - \cos\varphi_0)}{(1 + \chi\cos\varphi)^3} \mathrm{d}\varphi \right][-\cos(\varphi_a + \varphi)] \mathrm{d}\varphi \tag{7-19}$$

理论上，油膜承载能力只需将 p_y 与轴承宽度 B 相乘即可。但在实际轴承中，轴承并非无限宽度，润滑油会从轴承两端流出，导致油膜压力降低，压力沿轴承宽度的变化呈抛物线分布(图 7-16)。因此，油膜承载能力计算必须考虑润滑油端泄的影响。这种影响引入系数 C' 进行修正，C' 的值取决于宽径 B/d 和偏心率 χ 的大小。这样，在 φ 角和距轴承中线为 z 处的油膜压力为

$$p_y' = p_y C'\left[1 - \left(\frac{2z}{B}\right)\right] \tag{7-20}$$

因此，对有限宽度轴承，油膜的总承载能力为

$$F = \int_{-B/2}^{+B/2} p_y' \mathrm{d}z$$

$$= 6\frac{\eta \omega r}{\psi^2} \int_{-B/2}^{+B/2} \int_{\varphi_1}^{\varphi_2} \int_{\varphi_1}^{\varphi} \left[\frac{\chi(\cos\varphi - \cos\varphi_0)}{(1 + \chi\cos\varphi)^3} \mathrm{d}\varphi \right][-\cos(\varphi_a + \varphi) \mathrm{d}\varphi] C'\left[1 - \left(\frac{2z}{B}\right)^2\right] \mathrm{d}z \tag{7-21}$$

令

$$C_p = 3 \int_{-B/2}^{+B/2} \int_{\varphi_1}^{\varphi_2} \int_{\varphi_1}^{\varphi} \left[\frac{\chi(\cos\varphi - \cos\varphi_0)}{B(1 + \chi\cos\varphi)^3} \mathrm{d}\varphi \right][-\cos(\varphi_a + \varphi) \mathrm{d}\varphi] C'\left[1 - \left(\frac{2z}{B}\right)^2\right] \mathrm{d}z \tag{7-22}$$

将式(7-21)简化为

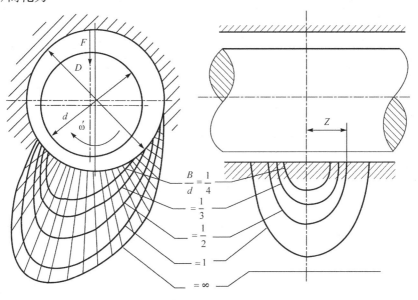

图 7-16 不同宽径比时沿轴承周向和轴向的压力分布

$$F = \frac{\eta \omega d B}{\psi^2} C_p \tag{7-23}$$

式(7-22)也可表达为

$$C_p = \frac{F \psi^2}{\eta \omega d B} = \frac{F \psi^2}{2\eta v B} \tag{7-24}$$

式中，C_p 为承载量系数；η 为润滑油在轴承平均工作温度下的动力黏度（$N \cdot s/m^2$）；B 为轴承宽度，m；F 为外载荷，N；v 为轴颈圆周速度，m/s。

由式(7-22)可知，在给定边界条件时，C_p 是轴颈在轴承中位置的函数，其值取决于轴承的包角 α（指轴承表面上的连续光滑部分包围轴颈的角度，即入油口到出油口间所包轴颈的夹角），相对偏心率 χ 和宽径比 B/d。由于 C_p 是一个无量纲得量，故称之为轴承的承载量系数。当轴承的包角 α（$\alpha = 120°$、$180°$ 或 $360°$）给定时，经过一系列换算，C_p 可以表示为

$$C_p \propto (\chi, B/d) \tag{7-25}$$

系数 C_p 计算非常困难，因而采用数值积分的方法进行计算，并制成相应的线图或表格供设计者使用。若轴承是在非承载区内进行无压力供油，且设液体动压力是在轴颈与轴承衬的 $180°$ 弧内产生时，则不同 χ 和 B/d 的 C_p 值见表 7-6。

表 7-6 有限宽轴承的承载量系数 C_p

B/d	χ													
	0.3	0.4	0.5	0.6	0.65	0.70	0.75	0.80	0.85	0.90	0.925	0.95	0.975	0.99
	承载量系数 C_p													
0.3	0.0522	0.0862	0.128	0.203	0.259	0.347	0.475	0.699	1.122	2.074	3.352	5.73	15.15	50.52
0.4	0.0893	0.141	0.216	0.339	0.431	0.573	0.776	1.079	1.775	3.195	5.055	8.393	21.00	65.26
0.5	0.133	0.209	0.317	0.493	0.622	0.819	1.098	1.572	2.428	4.261	6.615	10.706	25.62	75.86
0.6	0.182	0.283	0.427	0.655	0.819	1.070	1.418	2.001	3.036	5.214	7.956	12.64	29.17	83.21
0.7	0.234	0.361	0.538	0.816	1.014	1.312	1.720	2.399	3.580	6.029	9.072	14.14	31.88	88.90
0.8	0.287	0.439	0.647	0.972	1.199	1.538	1.965	2.754	4.053	6.721	9.992	15.37	33.99	92.89
0.9	0.339	0.515	0.754	1.118	1.371	1.745	2.248	3.067	4.459	7.294	10.753	16.37	35.66	96.35
1.0	0.391	0.589	0.853	1.253	1.528	1.929	2.469	3.372	4.808	7.772	11.38	17.18	37.00	98.95
1.1	0.440	0.658	0.947	1.377	1.669	2.097	2.664	3.580	5.106	8.816	11.91	17.86	38.12	101.15
1.2	0.487	0.732	1.033	1.489	1.796	2.247	2.838	3.878	5.364	8.533	12.35	18.43	39.04	102.90
1.3	0.529	0.784	1.111	1.590	1.912	2.379	2.990	3.968	5.586	8.831	12.73	18.91	39.81	104.42
1.5	0.610	0.891	1.248	1.763	2.099	2.600	3.242	4.266	5.947	9.304	13.34	19.68	41.07	106.84
2.0	0.763	1.091	1.483	2.070	2.446	2.981	3.671	4.778	6.545	10.091	14.34	20.97	43.11	110.79

2. 最小油膜厚度 h_{min} 的计算

动压轴承保证液体润滑条件的设计准则是最小油膜厚度 h_{min} 大于许用值 $[h_{min}]$。许用油膜厚度 $[h_{min}]$ 应考虑轴颈、轴瓦工作表面的表面粗糙度与轴颈挠度，并引入安全系数 S，得

$$h_{\min} = r\psi(1-\chi) \geqslant [h] \tag{7-26}$$

$$[h_{\min}] = S(R_{z1} + R_{z2}) \tag{7-27}$$

式中，S 为安全系数，常取 $S \geqslant 2$ ；R_{z1}、R_{z2} 分别为轴颈、轴瓦工作表面的粗糙度（十点高度），μm。

3. 轴承温升

轴承工作时摩擦功耗将转变为热量，使润滑油温度升高。润滑油温度升高将使油的黏度降低，则轴承承载能力就要降低。因此轴承工作时油的温升 Δt 需控制在允许的范围内。

供油方式对轴承温升有很大的影响。供油方式不同，轴承温升计算方法也不同。对非压力供油的轴承，轴承达热平衡时单位时间内发热量与散热量相同；单位时间内轴承摩擦所产生的热量 Q 等于同时间内流动油所带走的热量 Q_1 与轴承散发的热量 Q_2 之和，即

$$Q = Q_1 + Q_2 \tag{7-28}$$

轴承中的热量由摩擦损失的功转变而来。单位时间内在轴承中产生的热量 Q（单位为 W ）为

$$Q = fFv \tag{7-29}$$

由流出的油带走的热量 Q_1（单位为 W ）为

$$Q_1 = q\rho c(t_0 - t_i) \tag{7-30}$$

式中，q 为润滑油流量（m^3/s），按润滑油流量系数求出；ρ 为润滑油的密度，对矿物油为 $850 \sim 900\,kg/m^3$ ；c 为润滑油的比热容，对矿物油为 $1675 \sim 2090\,J/(kg \cdot ℃)$ ；t_0 为油的出口温度（℃）；t_i 为油的入口温度，通常由于冷却设备的限制，取为 $35 \sim 40℃$。

轴承金属表面通过传导和辐射散发的热量 Q_2，与轴承的散热表面的面积、空气流动速度等有关。这部分热量的精确计算很难，通常采用近似计算，则

$$Q_2 = \alpha_s \pi dB(t_0 - t_i) \tag{7-31}$$

式中，α_s 为轴承的表面传热系数，随轴承结构的散热条件而定。对于轻型结构的轴承，或周围的介质温度高和难于散热的环境（如轧钢机轴承），取 $\alpha_s = 50W/(m^2 \cdot ℃)$ ；对于中型结构或一般通风条件，取 $\alpha_s = 80W/(m^2 \cdot ℃)$ ；在良好冷却条件下（如周围介质温度很低，轴承附件有其他特殊用途的水冷或气冷的冷却设备）工作的重型轴承，可取 $\alpha_s = 140W/(m^2 \cdot ℃)$。

轴承到达热平衡时，将式（7-29）、式（7-30）和式（7-31）代入式（7-28），则轴承温升 Δt（单位为℃）为

$$\Delta t = t_0 - t_i = \dfrac{\dfrac{f}{\psi}p}{c\rho\dfrac{q}{\psi vBd} + \dfrac{\pi\alpha_s}{\psi v}} \tag{7-32}$$

式中，$\dfrac{q}{\psi vBd}$ 为润滑油流量系数，是一个无量纲数，可根据轴承的宽径比 B/d 及偏心率 χ 由图 7-17 查出；v 为轴颈圆周速度，m/s ；f 为动压润滑滑动轴承液体摩擦状态下的摩擦系数，采用如下公式得到

$$f = \dfrac{\pi}{\psi}\dfrac{\eta\omega}{p} + 0.55\psi\xi \tag{7-33}$$

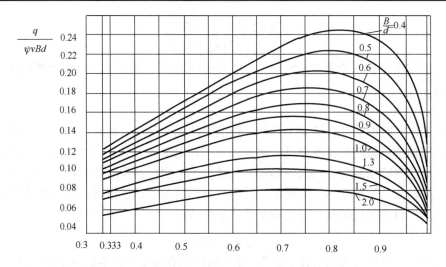

图 7-17　润滑油流量系数线图(指速度供油的耗油量)

式中，ξ 为随轴承宽径比变化的系数，对于 $B/d < 1$ 的轴承，$\xi = \left(\dfrac{d}{B}\right)^{\frac{3}{2}}$，对于 $B/d \geqslant 1$ 的轴承，

$\xi = 1$；ω 为轴颈角速度，rad/s；p 为轴承的平均压力，Pa；η 为润滑油的动力黏度，Pa·s。

式(7-32)仅求出了润滑油平均温度差，实际上轴承各点的温度不同。润滑油从入口至出口，温度是逐渐升高的。计算轴承承载能力时，应采用润滑油平均温度下的黏度。平均温度为

$$t_{\mathrm{m}} = t_{\mathrm{i}} + \frac{\Delta t}{2} \tag{7-34}$$

一般平均温度不应超过75°，进油温度 t_{i} 一般控制在35～75℃（t_{i} 太低，外部冷却困难）。

7.5.6　轴承参数选择

在设计液体动压润滑的滑动轴承时，需正确选择轴承的宽径比 B/d 、相对间隙 ψ，润滑油的黏度等参数，这些参数的选择对轴承的工作性能影响很大。

1. 宽径比 B/d

一般轴承的宽径比 B/d 在 0.3～1.5。宽径比小，有利于提高运转稳定性，增大端泄量以降低温升。但轴承宽度减小，轴承承载能力也随之降低。

高速重载轴承温升高，宽径比宜取小值；低速重载轴承，为提高轴承整体刚性，宽径比宜取大值；高速轻载轴承，如对轴承刚性无过高要求，可取小值；需要对轴有较大支承刚性的机床轴承，宜取较大值。

一般机器常用的 B/d 值为：汽轮机、鼓风机 $B/d = 0.3～1$；电动机、发电机、离心泵、齿轮变速器 $B/d = 0.6～1.5$；轧钢机 $B/d = 0.6～0.9$.

2. 相对间隙 ψ

相对间隙主要根据载荷和速度选取。速度越大，ψ 值应越大；载荷越大，ψ 值应越小。此外，直径大、宽径比小，调心性能好，加工精度高，ψ 值取小值，反之取大值。

一般轴承，按转速取 ψ 值的经验公式为

$$\psi \approx \frac{\left(\dfrac{n}{60}\right)^{\frac{4}{9}}}{10^{\frac{31}{9}}} \tag{7-35}$$

式中，n 为轴颈转速，$r/\min$。

一般机器中常用的 ψ 值为：汽轮机、电动机、齿轮减速器 $\psi=0.001\sim0.002$；轧钢机、铁路车辆 $\psi=0.0002\sim0.0015$；机床、内燃机 $\psi=0.0002\sim0.00125$；鼓风机、离心泵 $\psi=0.001\sim0.003$。

3. 润滑油的黏度 η

黏度大，则轴承承载能力高，但摩擦功耗大，流量小，轴承温升高。因此，润滑油的黏度应根据载荷大小、运动速度高低选取。一般原则为，载荷大、速度低，选用黏度大的润滑油；载荷小、速度高、选用黏度小的润滑油。对于一般轴承，可按转速用下式计算

$$\eta' = \frac{\left(\dfrac{n}{60}\right)^{\frac{1}{3}}}{10^{\frac{7}{6}}} \tag{7-36}$$

[例7-1] 设计一机床用的液体动力润滑径向滑动轴承，载荷垂直向下，工作情况稳定，采用对开式轴承。已知工作载荷 $F=100000\,\mathrm{N}$，轴颈直径 $d=200\mathrm{mm}$，转速 $n=500\mathrm{r}/\min$，在水平剖分面单侧供油。

解 （1）选择轴承宽径比。

根据机床轴承常用的宽径比范围，取宽径比为1。

（2）计算轴承宽度。

$$B = (B/d) \times d = 1 \times 0.2 = 0.2(\mathrm{m})$$

（3）计算轴颈圆周速度。

$$n = \frac{\pi d n}{60 \times 1000} = \frac{\pi \times 200 \times 500}{60 \times 1000} = 5.23(\mathrm{m/s})$$

（4）计算轴承工作压力。

$$p = \frac{F}{dB} = \frac{100000}{0.2 \times 0.2} = 2.5(\mathrm{MPa})$$

（5）选择轴瓦材料。

查表 7-2，在保证 $p \leqslant [p]$、$n \leqslant [n]$、$pn \leqslant [pn]$ 的条件下，选定轴承材料为 ZCuSn10P1。

（6）初估润滑油动力黏度。

由式（7-36）

$$\eta' = \frac{\left(\dfrac{n}{60}\right)^{\frac{1}{3}}}{10^{\frac{7}{6}}} = \frac{\left(\dfrac{500}{60}\right)^{\frac{1}{3}}}{10^{\frac{7}{6}}} = 0.034(\mathrm{Pa \cdot s})$$

(7)计算相应的运动黏度。

取润滑油密度 $\rho = 900\text{kg/m}^3$，得运动黏度为

$$v' = \frac{\eta'}{\rho} \times 10^6 = \frac{0.034}{900} \times 10^6 = 38(\text{cSt})$$

(8)选定平均油温。现选平均油温 $t_m = 50\,℃$。

(9)选定润滑油牌号。参照表 1-3 选定黏度等级为 68 的润滑油。

(10)按 $t_m = 50\,℃$ 查出黏度等级为 68 的润滑油的运动黏度。由图 1-18 查得，$v_{50} = 40\text{cSt}$。

(11)换算出润滑油在 50℃时的运动黏度

$$\eta_{50} = \rho v_{50} \times 10^{-6} = 900 \times 40 \times 10^{-6} = 0.036(\text{Pa} \cdot \text{s})$$

(12)计算相对间隙。由式(7-35)

$$\psi \approx \frac{\left(\dfrac{n}{60}\right)^{\frac{4}{9}}}{10^{\frac{31}{9}}} = \frac{\left(\dfrac{500}{60}\right)^{\frac{4}{9}}}{10^{\frac{31}{9}}} \approx 0.001 \text{，取为 } 0.00125。$$

(13)计算直径间隙。

$$\Delta = \psi d = 0.00125 \times 200 = 0.25(\text{mm})$$

(14)计算承载量系数。

由式(7-24)

$$C_p = \frac{F\psi^2}{2\eta v B} = \frac{100000 \times (0.00125)^2}{2 \times 0.036 \times 5.23 \times 0.2} = 2.075$$

(15)求出轴承偏心率。根据 C_p 及 B/d 的值查表 7-6，经过插算求出偏心率 $\chi = 0.713$。

(16)计算最小油膜厚度。由式(7-26)

$$h_{min} = \frac{d}{2}\psi(1 - \chi) = \frac{200}{2} \times 0.00125 \times (1 - 0.713) = 35.8(\mu\text{m})$$

(17)确定轴颈、轴承孔表面粗糙度十点高度。按加工精度要求选取轴颈表面粗糙度(十点高度)为 $R_{z1} = 0.0032\text{mm}$，轴承孔 $R_{z2} = 0.0063\text{mm}$。

(18)计算许用油膜厚度。取安全系数 $S = 2$，由式(7-27)

$$[h] = S(R_{z1} + R_{z2}) = 2 \times (0.0032 + 0.0063)\text{mm} = 19\mu\text{m}$$

因 $h_{min} > [h]$，故满足工作可靠性要求。

(19)计算轴承与轴颈的摩擦系数。因轴承的宽径比 $B/d = 1$，取随宽径比变化的系数 $\xi = 1$，按式(7-33)计算摩擦系数

$$f = \frac{\pi}{\psi}\frac{\eta\omega}{p} + 0.55\psi\xi = \frac{\pi \times 0.036 \times \left(2\pi \times \dfrac{500}{60}\right)}{0.00125 \times 2.5 \times 10^6} + 0.55 \times 0.00125 \times 1 = 0.00258$$

(20)查出润滑油流量系数。由宽径比 $B/d = 1$ 及偏心率 $\chi = 0.713$ 查图 7-17，得润滑油流量系数 $\dfrac{q}{\psi v B d} = 0.145$。

（21）计算润滑油温升。按润滑油密度 $\rho = 900\text{kg/m}^3$，取比热容 $c = 1800\text{J/(kg} \cdot {}^\circ\text{C)}$，表面传热系数 $\alpha_s = 80\text{W/(m}^2 \cdot {}^\circ\text{C)}$，由式（7-32）

$$\Delta t = \frac{\left(\dfrac{f}{\psi}\right)p}{c\rho\left(\dfrac{q}{\psi vBd}\right) + \dfrac{\pi\alpha_s}{\psi v}} = \frac{\dfrac{0.00258}{0.00125} \times 2.5 \times 10^6}{1800 \times 900 \times 0.145 + \dfrac{\pi \times 80}{0.00125 \times 5.23}} = 18.866({}^\circ\text{C})$$

（22）计算润滑油入口温度。由式（7-34）

$$t_i = t_m - \frac{\Delta t}{2} = 50 - \frac{18.866}{2} = 40.567({}^\circ\text{C})$$

因一般取 $t_i = 35 \sim 40\,{}^\circ\text{C}$，故上述入口温度合适。

（23）选择配合。依据 GB/T 1801—2009，选配合 $\dfrac{\text{F6}}{\text{d7}}$，查得轴承孔尺寸公差为 $\phi 200^{+0.079}_{+0.050}$，轴颈尺寸公差为 $\phi 200^{-0.170}_{-0.216}$。

（24）求最大、最小间隙。

$$\Delta_{\max} = 0.079 - (-0.216) = 0.295(\text{mm})$$

$$\Delta_{\min} = 0.050 - (-0.170) = 0.22(\text{mm})$$

因 $\Delta = 0.25\text{mm}$ 在 $\Delta_{\max}$ 与 $\Delta_{\min}$ 之间，故所选配合合适。

（25）校核轴承的承载能力、最小油膜厚度及润滑油温升。

分别按 $\Delta_{\max}$ 及 $\Delta_{\min}$ 进行校核，如果在允许范围内，则绘制轴承工作图；否则需要重新选择参数，再做设计及校核计算。

7.6 其他滑动轴承简介

7.6.1 多油楔轴承

动压轴承依据油楔数目分为单油楔式轴承和多油楔式轴承。只有一个油楔产生油膜压力的径向轴承，称为单油楔滑动轴承。这类轴承在轻载、高速条件下运转时，容易出现失稳现象（即如果轴颈受到某个微小的外力干扰时，轴心容易偏离平衡位置作有规律或无规律的运动，难于自动返回原来的平衡位置）。多油楔轴承的轴瓦则制成可以在轴承工作时产生多个油楔的结构形式，这种轴瓦可分成固定的和可倾的两类。

1. 固定瓦多油楔轴承

图 7-18（a）、（b）分别为双油楔椭圆轴承及双油楔错位轴承示意图。显然，前者可以用于双向回转的轴，后者只能用于单向回转的轴。

图 7-19（a）、（b）分别为 3 油楔和 4 油楔轴承示意图。它们都是固定瓦多油楔轴承。工作时，各油楔中同时产生油膜压力，以助于提高轴的旋转精度及轴承的稳定性。但是与同样条件的单油楔轴承相比，承载能力有所降低，功耗有所增大。

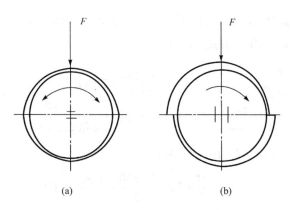

图 7-18　双油楔椭圆轴承和双油楔错位轴承示意图

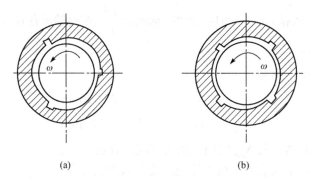

图 7-19　3 油楔和 4 油楔轴承示意图

2. 可倾瓦多油楔轴承

图 7-20 为可倾瓦多油楔径向轴承,轴瓦由 3 块或 3 块以上(通常为奇数)的扇形块组成。扇形块以其背面的球窝支承在调整螺钉尾端的球面上。球窝的中心不在扇形块中部,而是沿圆周偏向轴颈旋转方向的一边。由于扇形块是支承在球面上,所以它的倾斜度可以随轴颈位置的不同而自动地调整,以适应不同的载荷、转速和轴的弹性变形偏斜等情况,保持轴颈与轴瓦间的适当间隙,因而能够建立起可靠的液体摩擦的润滑油膜。间隙的大小可用球端螺钉进行调整。

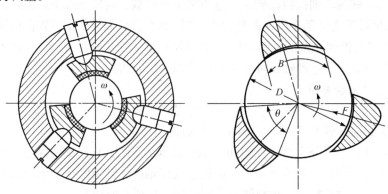

图 7-20　可倾瓦多油楔径向轴承示意图

这类轴承的共同特点是：即使在空载运转时，轴与各个轴瓦也相对处于某个偏心位置上，即形成几个有承载能力的油楔，而这些油楔中产生的油膜压力有助于轴的稳定运转。

图 7-21 所示为可倾瓦止推轴承的示意结构。轴颈端面仍为一平面，轴承是由数个（3～20）支承在圆柱面或球面上的扇形块组成。扇形块用钢板制成，其滑动表面敷有轴承衬材料。轴承工作时，扇形块可以自动调位，以适应不同的工作条件。

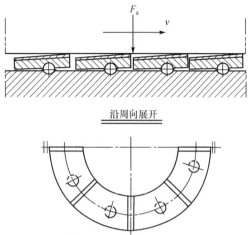

图 7-21 可倾瓦止推轴承示意图

7.6.2 液体静压及动静压轴承

1. 液体静压轴承

液体静压轴承依靠液压系统供给压力油，强制在轴承间隙里形成压力油膜以隔开摩擦表面，从而保证轴颈在任何转速（包括转速为零）和预定载荷下都与轴承处于液体摩擦状态。液体静压径向轴承的典型结构如图 7-22 所示。

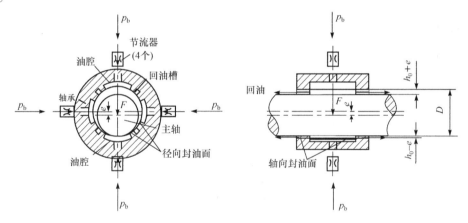

图 7-22 液体静压径向轴承示意图

液体静压轴承为完全液体润滑，故具有摩擦阻力小，使用寿命长，能长期保持高的运转精度，转速应用范围广（包括速度为零），抗振性能好等优点，但也存在一些缺点，如需要专门的供油装置，维护保养成本高，标准化实现较难等。

2. 液体动静压轴承

静压轴承在工作转速足够高时将产生动压效应，计入这一因素影响的轴承称为动静压轴承。

液体动静压轴承兼有静压和动压轴承的优点。它正常工作的速度范围较大。动静压轴承在结构上与静压轴承、动压轴承也有不同。

液体动静压轴承也可分为径向轴承和推力轴承两类。液体径向动压轴承的结构形式分为高压小油腔结构动静压轴承、阶梯腔动静压轴承、倾斜腔动静压轴承等。液体动静压推力轴承的结构形式分为油腔式、直油槽式和环油槽式。具体见相关设计资料。

7.6.3　气体润滑轴承

当轴颈转速极高（$n > 100000 \text{r/min}$）时，用液体润滑剂的轴承即使在液体摩擦状态下工作，摩擦损失也还是很大的。过大的损失将降低机器的效率，引起轴承过热。由于气体黏度显著低于液体黏度（如在 20℃时，全损耗系统用油的黏度为 0.072Pa·s，而空气的黏度为 $0.89 \times 10^{-5} \text{Pa·s}$，两者之比为 8100），采用气体润滑剂可极大地降低摩擦损失，这类轴承称为气体润滑轴承（简称气体轴承）。气体轴承也可分为动压轴承、静压轴承及动静压轴承，其工作原理与液体润滑轴承相同。气体润滑剂主要为空气，空气无需特别制造，用过以后也不必回收。特殊场合可采用氢气、氮气等。氢气的黏度比空气低 1/2，适用于高速；氮气具有惰性，在高温时使用可使机件不致生锈。

气体润滑剂除了具有黏度低特点之外，其黏度随温度的变化也小，而且具有耐辐射性及对机器不会发生污染等，因而在高速（例如转速在每分钟十几万转以上甚至超过每分钟百万转）、要求摩擦很小、高温（600℃以上）、低温以及有放射线存在的场合，显示了其独特的优势。如气体轴承应用于高速磨头、高速离心分离机、原子反应堆、陀螺仪表、电子计算机记忆装置等尖端技术装备上。

7.6.4　电磁轴承

电磁轴承设计利用的是可控磁悬浮技术，其基本工作原理如图 7-23 所示。

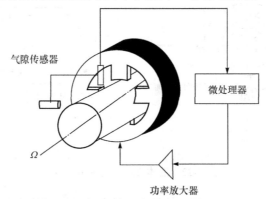

图 7-23　磁悬浮轴承的工作原理

电磁轴承具有许多传统轴承所不具备的优点：

（1）可以达到较高的转速。一般说来，在相同轴颈直径下，电磁轴承所达到的转速比滚动轴承大约高 5 倍，比流体动压滑动轴承高约 2.5 倍；

（2）摩擦功耗小，只有流体动压滑动轴承的 10%～20%。

（3）由于磁悬浮轴承依靠磁场力悬浮转子，因此在相对运动表面之间不接触，没有由磨损和接触疲劳所带来的寿命问题。

（4）无须润滑。由于不存在润滑剂对环境所造成的污染问题，在真空、辐射和禁止润滑剂介质污染的场合，磁悬浮轴承有着无可比拟的优势。

(5)可控制、可在线工况检测；但结构复杂，要求条件苛刻，对环境有磁干扰。

目前，磁悬浮轴承已经应用在 300 多种不同的旋转或往复运动机械上，其中如航天器中的姿态控制陀螺、水泵、风泵、离心机、压缩机、高速电动机、发电机、斯特林制冷机、各种超高速磨、铣切削机床、飞轮蓄能装置和搬运系统等。

拓 展

水润滑橡胶合金轴承(Water Lubrication Rubber Bearing)及传动系统是一类用新型高分子工程复合材料替代传统金属材料作为传动部件工作界面，用自然水替代矿物油作为传动系统润滑介质的资源节约与环境友好型轴承系统，具有节能、减排、减振、降噪、安全、可靠、耐磨、高效、长寿命和无污染等优点，是解决船舶推进系统润滑油泄漏污染水环境的关键零部件。因此，水润滑复合橡胶轴承，广泛应用于各种船舶、舰艇、潜艇及其他水中兵器推进系统，以及各种水泵、油田钻机、水轮机、洗衣机其他工业设备的机械传动系统。

水润滑橡胶合金轴承的结构形式如图 7-24 所示。其在船舶推进系统中安装与工作原理如图 7-25 所示，轴承一般通过过盈配合或通过螺栓固定在推进系统艉轴轴承座上。水润橡胶轴承中水流的流动方向与船舶行驶方向相反，即水流从安装有螺旋桨一端流出。由于水润滑橡胶轴承完全浸没在水中，且轴承两端没有安装密封装置，通过江河湖海的自然水流润滑。

图 7-24　水润滑橡胶合金轴承结构形式

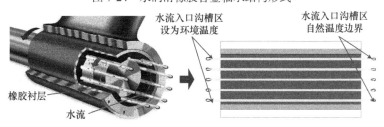

图 7-25　水润滑橡胶合金轴承安装及工作原理示意图

习 题

7-1 滑动轴承的摩擦状态有几种? 各有什么特点?

7-2 试分析动压滑动轴承与静压滑动轴承在形成压力油膜机理上的异同。(北京交通大学考研题)

7-3 非液体摩擦滑动轴承的主要失效形式是什么? 设计准则是什么?(南京理工大学考研题)

7-4 通过直接求解雷诺方程, 可以求出轴承间隙中润滑油的_____。(北京理工大学考研题)

    A. 流量分布   B. 流速分布

    C. 温度分布   D. 压力分布

7-5 设计动压向心滑动轴承, 若通过热平衡计算, 发现轴承温升过高, 在下列改进设计的措施中, 有效的是_____。(大连理工大学考研题)

    A. 增大轴承的宽径比 B/d B. 减少供油量

    C. 增大相对间隙 ψ D. 换用黏度较高的油

7-6 液体动压润滑轴承形成动压润滑的必要条件是_____、_____、_____。(北京航空航天大学考研题)

7-7 验算非液体摩擦滑动轴承的 pv 值是为了防止_____; 验算轴承速度 v 是为了防止_____。(华南理工大学考研题)

7-8 有一非液体摩擦向心滑动轴承, 已知轴颈直径 d=100mm, 轴瓦宽度 B=100mm, 轴的转速 n=1200r/min, 轴承材料的许用值 $[p]$=15MPa, $[pv]$=15MPa·m/s, $[v]$=10m/s。求轴承所能承受的最大径向载荷?(北京理工大学考研题)

7-9 发电机转子的径向滑动轴承, 轴瓦包角 180°, 轴颈直径 d=150mm, 宽径比 B/d=1, 半径间隙 δ = 0.0675mm, 承受工作载荷 F = 50000N, 轴颈转速 n = 1000r/min。采用锡青铜, 其 $[p]$ = 15MPa, $[v]$ = 10m/s, $[pv]$ = 20MPa·m/s, 轴颈的表面微观不平度的十点平均高度 R_{z1} = 0.002mm, 轴瓦的表面微观不平度的十点平均高度 R_{z2} = 0.003mm, 润滑油平均温度下的黏度 η = 0.014Pa·s。

(1)验算此轴承是否产生过度磨损和发热;

(2)验算轴承十点能形成液体动力润滑。

附: $C_p = \dfrac{F\psi^2}{2\eta vB}$, $v = \dfrac{\pi dn}{60 \times 1000}$ (m/s)

ε	0.4	0.5	0.6	0.65	0.7	0.75	0.80	0.85	0.90	0.925
C_p	0.589	0.853	1.253	1.528	1.929	2.469	3.372	4.828	7.772	11.38

(北京理工大学考研题)

第8章 轴

8.1 概　　述

8.1.1 轴的用途及分类

　　轴是组成机器的重要零件之一。凡是作回转运动的传动零件(如齿轮、蜗轮等)，都必须安装在轴上才能进行运动及动力的传递。因此轴的主要功用是支承回转零件以及传递运动和动力。

　　根据所承受载荷的不同，轴可分为转轴、心轴和传动轴三类。工作中既承受弯矩又承受扭矩的轴称为转轴，这类轴在各种机器中最为常见。只承受弯矩而不承受扭矩的轴称为心轴，心轴又分为转动心轴和固定心轴两种。只承受扭矩而不承受弯矩(或弯矩很小)的轴称为传动轴。三类轴的承载情况和特点见表8-1。

　　轴还可按照轴线形状的不同，分为直轴、曲轴(图8-1)和钢丝软轴(图8-2)。直轴根据外形的不同，可分为光轴(表8-1中的心轴和传动轴)和阶梯轴(表8-1中的转轴)两种。光轴各段

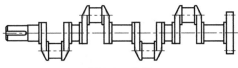

图 8-1　曲轴

直径不变，形状简单，加工容易，应力集中源少，但轴上的零件不易装配及定位；阶梯轴则正好与光轴相反。因此光轴主要用于心轴和传动轴，阶梯轴则常用于转轴。曲轴通过连杆可以将旋转运动改变为往复直线运动，或作相反的运动变换。钢丝软轴是由多组钢丝分层卷绕而成的，具有良好的挠性，可以把转矩和回转运动灵活地传到任何位置(图8-3)。

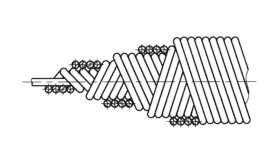

图 8-2　钢丝软轴

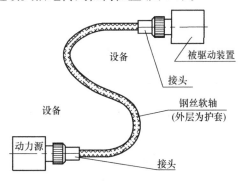

图 8-3　钢丝软轴的应用

表 8-1　转轴、心轴和传动轴的承载情况及特点

类种	举例	受力简图	特点
转轴			既承受弯矩又承受扭矩，是机器中最常用的一种轴。剖面上受弯曲应力和扭转切应力的复合作用

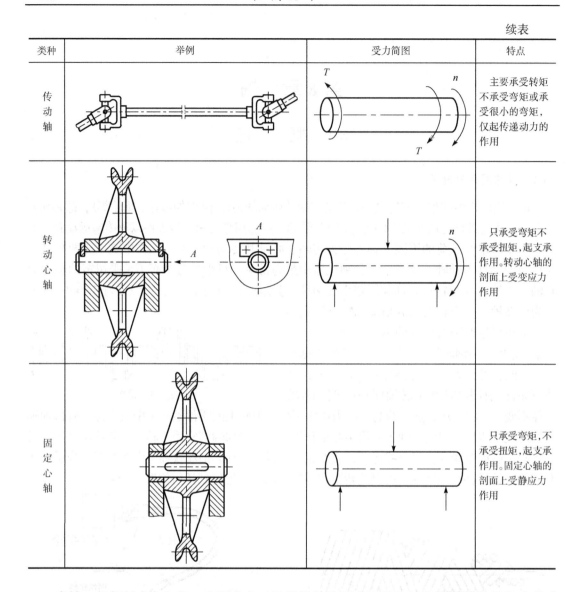

类种	举例	受力简图	特点
传动轴			主要承受转矩不承受弯矩或承受很小的弯矩,仅起传递动力的作用
转动心轴			只承受弯矩不承受扭矩,起支承作用。转动心轴的剖面上受变应力作用
固定心轴			只承受弯矩,不承受扭矩,起支承作用。固定心轴的剖面上受静应力作用

　　直轴一般都制成实心的。在那些由于机器结构的要求而需在轴中装设其他零件或者减小轴质量的场合,则将轴制成空心的(图 8-4)。空心轴内径与外径的比值通常为 0.5~0.6,以保证轴的刚度及扭转稳定性。

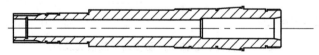

图 8-4　空心轴

　　根据截面形状不同可将轴分为圆形截面轴和非圆形截面轴。本章主要讨论常用的圆形截面阶梯轴的设计问题。

8.1.2　轴设计的主要内容和一般设计步骤

　　轴的设计也和其他零件的设计相似,包括结构设计和工作能力计算两方面的内容。

　　轴的结构设计是根据轴上零件的安装、定位以及轴的制造工艺等方面的要求，合理地确定轴的结构形式和尺寸。轴的结构设计不合理，会影响轴的工作能力和轴上零件的工作可靠性，还会增加轴的制造成本和造成轴上零件装配的困难等。因此，轴的结构设计是轴设计中的重要内容。

　　轴的工作能力计算指的是轴的强度、刚度和振动稳定性等方面的计算。多数情况下，轴的工作能力主要取决于轴的强度。这时只需对轴进行强度计算，以防止断裂或塑性变形。而对刚度要求高的轴(如车床主轴)和受力大的细长轴，还应进行刚度计算，以防止工作时产生过大的弹性变形。对高速运转的轴，还应进行振动稳定性计算，以防止发生共振而破坏。

　　轴的结构设计和计算要考虑其所支承的轴上零件和轴承等，也就是说要根据整体结构来进行，具体如下。

　　情况 1　心轴或转轴的安装空间由已经确定的总体结构尺寸给定，如汽车心轴受汽车宽度限制或者是链式输送机的传动轴受到箱体宽度限制(图 8-5 中 $B=315mm$)。对这类情形，轴承、轴上传动件(如链轮、齿轮等)的距离尺寸已确定或至少可以准确估计出，这样在初步设计时就可以相对精确地得到的弯矩和转矩，从而足够精确地对轴进行设计计算。然后再对之进行结构设计。

　　情况 2　安装空间未预先给定，例如减速器轴(图 8-6)。在轴系零、部件的具体结构未确定之前，轴上力的作用点和支点间的跨距无法精确确定，故弯矩大小和分布情况不能求出。此时必须把轴的强度计算和轴系零、部件的结构设计交错进行，边画图，边计算，边修改。具体步骤：选择轴的材料→结构设计(拟定轴上零件的装配方案、初步估算轴的最小直径、确定各轴段的直径和长度)→强度校核计算(必要时，进行轴的刚度计算或振动稳定性计算)→画出轴的零件工作图。(设计过程详见例 8-1 和例 8-2)。

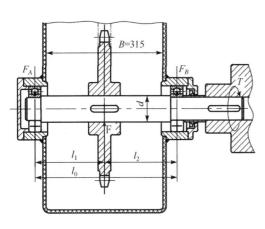

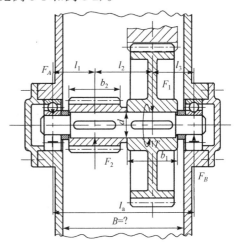

图 8-5　给定安装尺寸的输送机传动轴(示意图)　　图 8-6　预先未知安装尺寸的传动转轴(示意图)

8.2　轴 的 材 料

　　轴的材料种类很多，设计时主要根据对轴的强度、刚度和其他机械性能等的要求，采用相应的热处理方式，同时考虑到制造加工工艺性来选择轴的材料，力求经济合理。

轴的材料主要是碳素钢和合金钢。

碳素钢强度虽然较合金钢低，但价格低廉，对应力集中的敏感性低，故应用较广。常用的碳素钢有 35、45 和 50 钢，其中以 45 钢最为常用。为保证其力学性能，应进行调质或正火等热处理。对于载荷不大或不重要的轴，也可用 Q235、Q275 等普通碳素钢，无需热处理。

合金钢比碳素钢具有更高的力学性能和更好的淬火性能，但对应力集中比较敏感，价格较贵。对于受载大并要求尺寸紧凑、重量轻或耐磨性要求较高的重要轴，或处于非常温或腐蚀条件下工作的轴，常采用合金钢。常用的合金钢有 20Cr、40Cr、20CrMnTi、35CrMo、40MnB 等。由于在一般工作温度下(低于 200℃)，合金钢与碳素钢的弹性模量相差无几，所以当其他条件相同时，用合金钢代替碳素钢并不能提高轴的刚度。

轴一般由轧制圆钢或锻件经切削加工制造。锻件的内部组织比较均匀强度较高，因此重要的轴以及大尺寸或阶梯尺寸变化较大的轴，应采用锻件毛坯。对于外形复杂的轴(如凸轮轴、曲轴)可采用高强度铸铁和球墨铸铁铸造。铸铁具有流动性好，易于铸造成形以获得形状复杂的零件，价格低廉，有良好的吸振性和耐磨性，以及对应力集中不敏感等优点。

表 8-2 中列出了轴的常用材料及其主要力学性能。

表 8-2 轴的常用材料及其主要力学性能

材料	牌号	热处理	毛坯直径 /mm	硬度 /HB	抗拉强度极限 σ_b	屈服强度极限 σ_s	弯曲疲劳极限 σ_{-1}[①]	扭转疲劳极限 τ_{-1}	许用弯曲应力[σ_{-1}]	备注
					MPa					
普通碳素钢	Q235A	热轧或锻后空冷	—	—	440	240	180	105	40	用于不重要或载荷不大的轴
优质碳素钢	45	正火回火	≤100	170~217	600	300	240	140	55	应用最广泛
			>100~300	162~217	580	290	235	135		
		调质	≤200	217~255	650	360	270	155	60	
合金钢	40Cr	调质	≤100	241~286	750	550	350	200	70	用于载荷较大，无很大冲击的重要轴
			>100~300	229~269	700	500	320	185		
	35SiMn (42SiMn)	调质	≤100	229~286	800	520	355	205	70	性能接近 40Cr，用于中小型轴
			>100~300	217~269	750	450	320	185		
	40MnB	调质	≤200	241~286	750	500	335	195	70	性能接近 40Cr，用于重要的轴

续表

材料	牌号	热处理	毛坯直径/mm	硬度/HB	抗拉强度极限 σ_b	屈服强度极限 σ_s	弯曲疲劳极限 σ_{-1}[①]	扭转疲劳极限 τ_{-1}	许用弯曲应力 $[\sigma_{-1}]$	备注
					MPa 不小于					
	40CrNi	调质	≤100	270~300	900	735	430	260	75	低温性能好,用于很重要的轴
			>100~300	240~270	785	570	370	210		
	38SiMnMo	调质	≤100	229~286	750	600	360	210	70	性能接近40CrNi,用于重载荷轴
			>100~300	217~269	700	550	335	195		
	20Cr	渗碳淬火回火	15	表面50~62HRC	850	550	375	215	60	用于要求强度和韧度较高的轴
			≤60		650	400	280	160		
	20CrMnTi		15	表面50~62HRC	1100	850	525	300	90	
	1Cr18Ni9Ti[②]	淬火	≤60	≤192	550	220	205	120	45	用于在高、低温及强腐蚀状况下工作的轴
			>60~100		540	200	195	115		
			>100~200		500	200	185	105		
球墨铸铁	QT400-15	—	—	156~197	400	300	145	125	30	用于结构形状复杂的轴
	QT600-3	—	—	197~269	600	420	215	185	40	

注: ① 表中所列疲劳极限 σ_{-1} 值是按下列关系式计算的, 供设计时参考。碳钢: $\sigma_{-1} \approx 0.43\sigma_b$; 合金钢: $\sigma_{-1} \approx 0.2(\sigma_b + \sigma_s) + 100$; 不锈钢: $\sigma_{-1} \approx 0.27(\sigma_b + \sigma_s)$; $\tau_{-1} = 0.156(\sigma_b + \sigma_s)$; 球墨铸铁: $\sigma_{-1} = 0.36\sigma_b$; $\tau_{-1} \approx 0.31\sigma_b$。
② 1Cr18Ni9Ti(GB 1221—1992)可选用, 但不推荐。

8.3　轴的结构设计

轴的结构设计包括定出轴的合理外形和全部结构尺寸。

由于需考虑的因素很多, 轴的结构设计具有较大的灵活性和多样性。但是, 不论何种具体条件, 轴的结构都应满足: 轴和装在轴上的零件要有准确的工作位置; 轴上的零件应便于装拆和调整; 轴应具有良好的制造工艺性; 轴应受力合理, 有利于提高强度和刚度等。

轴的结构设计时, 一般已知装配简图、轴的转速、传递的功率及传动零件的类型和尺寸等。下面以单级减速器的高速轴(图 8-7)为例,说明轴的结构设计中要解决的几个主要问题。

8.3.1　拟定轴上零件的装配方案

拟定轴上零件的装配方案是进行轴的结构设计的前提, 它决定着轴的基本形式。所谓装配方案，就是预定出轴上主要零件的装配方向、顺序和相互关系。如图 8-7 所示的高速轴，该轴上安装的主要零件为齿轮、轴承和联轴器。为保证主要零件的正常工作还需要一些其他辅助零件，如套筒、键、轴承端盖和密封圈等。考虑到轴上零件的定位和固定以及便于加工装配等因素，将轴制成阶梯形，其直径自中间轴环向两端逐渐减小。轴上零件可从轴的左端、右端依次装配。由于受轴上零件的布置、定位和固定方式以及装配工艺等多种因素的影响，装配方案不止一种，应通过对比分析，择优选取。图 8-7 的装配方案是：首先将平键 9 装在轴上，再从右端依次装入齿轮、套筒、右轴承，从左端装入左轴承，然后将轴置于减速器箱体的轴承孔中，装上左、右轴承端盖，再装上平键 8，最后从右端安装半联轴器。

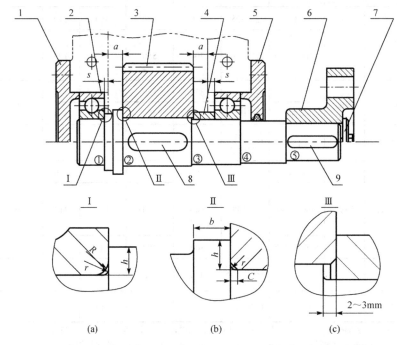

1、5—左、右轴承端盖；2—滚动轴承；3—齿轮；4—套筒；6—半联轴器；7—轴端挡圈；8、9—平键

图 8-7 单级减速器高速轴轴上零件装配方案与轴的结构

8.3.2 轴上零件的定位

为了防止轴上零件受力时发生沿轴向或周向的相对运动，轴上零件除了有游动或空转的要求者外，都必须进行轴向和周向定位，以保证其准确的工作位置。

1. 零件的轴向定位

轴上零件的轴向定位方法有两类：一是利用轴本身的组成部分，如轴肩、轴环、圆锥面等；另一类是采用附件，如套筒、锁紧挡圈、圆螺母和止动垫圈、轴端挡圈及挡板、弹性挡圈、紧定螺钉等。

1) 轴肩和轴环。阶梯轴上截面变化处叫轴肩。若相邻轴肩的轴向尺寸较小时，该轴段也称为轴环。该轴向定位方便可靠，结构简单能承受较大的轴向载荷，应用较多。如图 8-7 所示，轴环①轴向定位滚动轴承，轴环②定位齿轮，轴环⑤轴向定位联轴器。

2) 套筒。在轴的中部，当两个零件间距离较小时，常用套筒作相对固定，如图 8-7 所示的套筒 4。采用套筒定位，轴上不需要开槽、钻孔和切制螺纹，因而不影响轴的疲劳强度。但套筒与轴的配合较松，不宜用于高速旋转。

3）圆螺母定位。当轴上相邻两零件间距较大，使用套筒定位会使套筒过长，这时可采用双圆螺母（图 8-8（a））或圆螺母与止动垫片（图 8-8（b））两种形式。这种固定方式能传递较大的轴向力且装拆方便，但螺纹处有很大的应力集中，为避免过多地削弱轴的强度，一般用细牙螺纹。这种结构也用于固定轴端的零件。

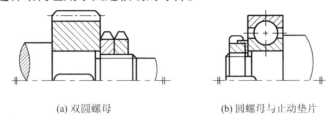

(a) 双圆螺母 　　　　　　　　　　　(b) 圆螺母与止动垫片

图 8-8 　圆螺母定位

4）轴端挡圈和圆锥形轴头。在轴端部安装零件时，常采用这两种方法。轴端挡圈可采用单螺钉固定（图 8-9），为了防止轴端挡圈转动造成螺钉松脱，可加圆柱销锁定轴端挡圈（图 8-9（a）），也可采用双螺钉加止动垫片防松（图 8-9（b））等固定方法。由于圆锥形轴头与轮毂锥面连接（图 8-10）能使轴上零件与轴保持较高的同心度，轴上零件装拆方便，且可兼作周向固定，因此常用于有振动或冲击载荷的情况。

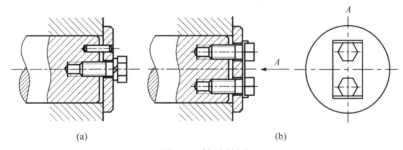

(a) 　　　　　　　　　　　　　(b)

图 8-9 　轴端挡圈

5）弹性挡圈、紧定螺钉与锁紧挡圈。弹性挡圈大多与轴肩联合使用，也可在零件两边各用一个挡圈（图 8-11（a）），但只适用于轴向力不大的情况。轴上的沟槽引起应力集中，会削弱轴的强度。紧定螺钉（图 8-12）与锁紧挡圈（图 8-13）多用于光轴上零件的固定，优点是轴的结构简单，零件位置可以调整，紧定螺钉还可以兼作周向固定，但这种结构只能承受较小的力，而且不适用于高速转动的轴。

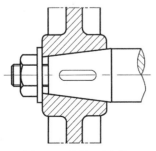

图 8-10 　圆锥面定位

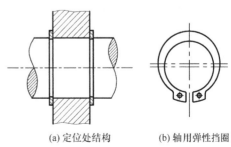

(a) 定位处结构 　　　(b) 轴用弹性挡圈

图 8-11 　弹性挡圈定位图

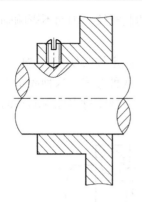

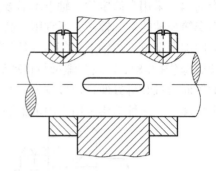

图 8-12   紧定螺钉   图 8-13   锁紧挡圈

2. 零件的周向定位

周向定位的目的是限制轴上零件与轴发生相对转动。常用的周向定位零件有键、花键、型面、弹性环胀紧、销和过盈配合以及紧定螺钉等，如图 8-14 所示，其中紧定螺钉(图 8-12)只用在传力不大之处。图 8-7 中，轴上齿轮用平键 9 作周向固定；联轴器用平键 8 作周向固定；滚动轴承内圈靠它与轴之间的过盈配合来实现周向固定。

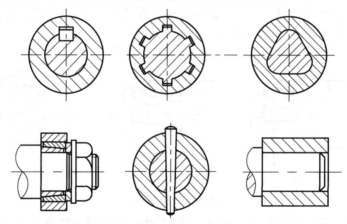

图 8-14   轴上零件的周向固定方法

8.3.3   初步估算轴的最小直径

零件在轴上的定位和装拆方案确定后，轴的形状便大体确定。各轴段所需的直径与轴上的载荷大小有关。初步确定轴的直径时，通常还不知道支反力的作用点，不能决定弯矩的大小与分布情况，因而还不能按轴所受的具体载荷及其引起的应力来确定轴的直径。但在进行轴的结构设计前，通常已能求得轴所受的扭矩。因此，可按轴所受的扭矩初步估算轴所需的直径。由材料力学可知，当实心圆轴受扭矩作用时，其强度条件为

$$\tau_T = \frac{T}{W_T} \approx \frac{9550 \times 10^3 P}{0.2 d^3 n} \leqslant [\tau_T] \tag{8-1}$$

式中，τ_T 为轴的扭转切应力，MPa ；T 为轴所受的扭矩，N · mm；W_T 为抗扭截面系数，mm³，P 为轴传递的功率，kW ；n 为轴的转速，r / min ；d 为计算截面处轴的直径，mm ；$[\tau_T]$

为材料的许用扭转切应力，MPa，见表 8-3。

由式 (8-1) 可得轴的直径为

$$d \geqslant \sqrt[3]{\frac{9550000P}{0.2[\tau_T]n}} = \sqrt[3]{\frac{9550000P}{0.2[\tau_T]}}\sqrt[3]{\frac{P}{n}} = A_0\sqrt[3]{\frac{P}{n}} \tag{8-2}$$

式中，$A_0 = \sqrt[3]{\frac{9550000}{0.2[\tau_T]}}$，查表 8-3，对于空心轴，则

$$d \geqslant A_0\sqrt[3]{\frac{P}{n(1-\beta^4)}} \tag{8-3}$$

式中，$\beta = \dfrac{d_1}{d}$，即空心轴的内径 d_1 与外径 d 之比，通常取 $\beta = 0.5 \sim 0.6$。

表 8-3 轴常用集中材料的 $[\tau_T]$ 及 A_0 值

轴的材料	Q235-A、20	Q275、35 (1Cr18Ni9Ti)	45	45Cr、35SiMn 38SiMnMo、3Cr13
$[\tau_T]$/MPa	15~25	20~35	25~45	35~55
A_0	149~126	135~112	126~103	112~97

注：① 表中 $[\tau_T]$ 值是考虑了弯矩影响而降低了许用扭转切应力。

② 在下述情况时，$[\tau_T]$ 取较大值，A_0 取较小值：弯矩较小或只受扭矩作用、载荷较平稳、无轴向载荷或只有较小的轴向载荷、减速器的低速轴、轴只作单向旋转；反之 $[\tau_T]$ 取较小值，A_0 取较大值。

应当指出，当轴截面上开有键槽时，应增大轴径以考虑键槽对轴的强度的削弱。对于直径 $d > 100\text{mm}$ 的轴，有一个键槽时，轴径增大 3%；有两个键槽时，应增大 7%。对于直径 $d \leqslant 100\text{mm}$ 的轴，有一个键槽时，轴径增大 5%~7%；有两个键槽时，应增大 10%~15%。然后将轴径圆整为标准直径。应当注意，这样求出的直径，只能作为承受扭矩作用的轴段的最小直径 $d_{\min}$。

减速器的高速轴或低速轴，其外伸轴处直径为最小轴径。如果外伸轴是通过联轴器与电动机或工作机相连，此时还需同时考虑联轴器的孔径要求，最终确定出 $d_{\min}$。

8.3.4 各轴段直径和长度的确定

从初步确定的最小直径 $d_{\min}$ 开始，考虑轴上零件的装配方案和定位要求，依次确定各轴段 (包括轴肩、轴环等) 的直径。在具体设计时应注意以下几个方面：

(1) 轴肩分定位轴肩 (图 8-7 中的轴肩①②⑤) 和非定位轴肩 (轴肩③④) 两类。为保证轴上零件能紧靠定位面，定位轴肩的圆角半径 r 必须小于相配零件毂孔端部的倒角 C 或圆角半径 R (图 8-7 (a)、(b))。轴肩的高度 h 必须大于 C 或 R，一般取 h 为 $(2\sim3)C$ 或 $(2\sim3)R$。轴和轴上零件的倒角和圆角尺寸的常用范围见表 8-4。固定滚动轴承的轴肩高度 h 及圆角半径 r 应按滚动轴承的安装尺寸查取。至于非定位轴肩，其直径变化仅为了装配方便或区别配合性质不同的表面 (包括配合表面与非配合表面) 以及加工精度、表面粗糙度值不同的表面，故轴肩高度 h 无严格要求，只要两轴段的直径稍有变化即可，一般直径差取 3~5mm。

(2)安装标准件(如滚动轴承、联轴器、密封圈等)部位的轴径，应取与标准件孔径相一致的标准系列尺寸及所要求的配合公差。

(3)轴上螺纹部分必须符合螺纹标准。

(4)有配合要求的轴段，应尽量采用标准直径(表 8-5)。

(5)非配合的轴段，可不取标准尺寸，但一般应取成整数。

表 8-4 零件倒角 C 与圆角半径 R 的推荐值 mm

直径	>6~10		>10~18	>18~30	>30~50		>50~80	>80~120	>120~180
C 或 R	0.5	0.6	0.8	1	1.2	1.6	2	2	3

表 8-5 标准直径尺寸系列 mm

10	12	14	16	18	20	22	24	25	26	28
30	32	34	36	38	40	42	45	48	50	53
56	60	63	67	71	75	80	85	90	95	100

注：该表摘自 GB 2822—2005。

轴的各段长度主要是根据各轴上零件与轴配合部分的轴向尺寸和相邻零件间必要的空隙(如图 8-7 中尺寸 a、s)来确定的。设计时应尽可能使结构紧凑，并注意以下几点：

(1)轴上零件(如齿轮和联轴器)靠套筒、圆螺母或轴端挡圈轴向固定时，为了保证轴向定位可靠，与轴上零件相配合部分的轴段长度一般应比轮毂长度短 2~3 mm (图 8-7(c))。

(2)轴段长度的确定应考虑轴上各零件之间的相互关系和装拆工艺要求，如图 8-15 中的轴伸出端盖外长度 l_B 需按拆卸所需空间尺寸 B 来确定。具体尺寸可查机械设计手册。

(3)轴环宽度一般可取 $b = (0.1~0.15)d$ 或 $b \approx 1.4h$ (图 8-7(b))，并圆整为整数。

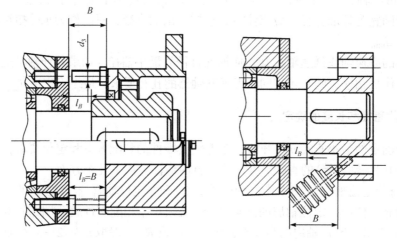

图 8-15 轴伸出端盖外长度及拆卸所需空间

8.3.5 提高轴的强度和刚度的常用措施

工程上提高轴的强度和刚度的常规办法是：改用高强度钢，提高轴的强度；加大轴的直径，提高轴的强度和刚度。但加大直径使零件尺寸增大及质量增加，导致整个设备重量增加。因此，应重点在轴和轴上零件的结构、工艺以及轴上零件的安装布置上采取相应的措施，以提高轴的承载能力。

1. 采取相应措施以减小轴的载荷

1) 合理设计轴的支点位置，以减小轴的载荷。

锥齿轮传动中，通常小齿轮悬臂布置(图 8-16(a))。若改为简支结构(图 8-16(b))，则不仅可提高轴的强度和刚度，还可以改善锥齿轮的啮合状况(但从结构设计来讲，不及图 8-17(a)简便，故一般不被采用)。此外，一对角接触向心轴承支承的轴，零件悬臂布置时采用轴承"反装"结构，可减小悬臂长度；零件简支布置时采用轴承"正装"结构，可缩短支承跨度。这些都有利于提高轴的强度和刚度。

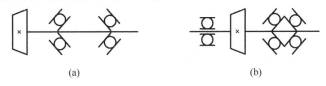

(a)   (b)

图 8-16 小锥齿轮轴承支承方案简图

2) 合理布置轴上零件以减小轴的载荷。

当转矩由一个传动件输入，而由几个传动件输出时，为了减小轴上的扭矩，应将输入件放在中间，而不要置于一端。如图 8-17 所示，输入转矩为 $T_1 = T_2 + T_3 + T_4$，轴上各轮按(图 8-17(a))的布置方式，轴所受最大扭矩为 $T_2 + T_3 + T_4$，如改为图 8-17(b)的布置方式，最大扭矩仅为 $T_3 + T_4$。

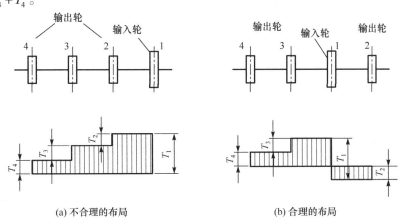

(a) 不合理的布局   (b) 合理的布局

图 8-17 轴上零件的布置

3) 通过改进轴上零件的结构以减小轴上的载荷。

例如图 8-18 所示起重卷筒的两种安装方案中，图 8-18(a)的方案是大齿轮和卷筒连在一起，转矩经大齿轮直接传给卷筒，卷筒轴只受弯矩而不受扭矩；而图 8-18(b)的方案是大齿轮将转矩通过轴传到卷筒，因而卷筒轴既受弯矩又受扭矩。在同样的载荷 F 作用下，图 8-18(a)中轴的直径显然可比图 8-18(b)中的轴径小。

4) 采用力平衡或局部相互抵消的办法，减小轴的载荷。

例如同一轴上的两个斜齿轮或蜗杆、蜗轮，只要正确设计轮齿的螺旋方向，可使轴向力相互抵消一部分。单独一对斜齿轮传动，必要时可用人字齿轮传动代替，使轴向力内部抵消。又如行星轮减速器，可以对称布置行星轮，使太阳轮轴只受转矩不受弯矩。

图 8-18　起重卷筒的两种安装方案

5)优先采用固定心轴。相对于转动心轴，它的载荷状况更好。

2. 改进轴的结构以减小应力集中的影响

轴通常是在变应力条件下工作的，轴的截面尺寸发生突变处要产生应力集中，轴的疲劳破坏往往在此处发生。为了提高轴的疲劳强度，应尽量减少应力集中源和降低应力集中的程度。

(1)相邻阶梯的轴径比 D/d 不能超过 1.4。同时轴肩处应采用较大的过渡圆角半径 r 来降低应力集中。一般取 $r = d/20 \sim d/10$。但对定位轴肩，还必须保证零件得到可靠的定位。当靠轴肩定位的零件的圆角半径很小时(如滚动轴承内圈的圆角)，为了增大轴肩处的圆角半径，可采用内凹圆角(图 8-19(a))或加装隔离环(图 8-19(b))。

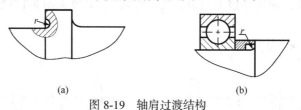

(a)　　　　　　　　　(b)

图 8-19　轴肩过渡结构

(2)当轴与轮毂为过盈配合时，配合边缘处会产生较大的应力集中(图 8-20(a))。为了减小应力集中，可在轮毂上或轴上开减载槽(图 8-20(b)、(c))；或者加大配合部分的直径(图 8-20(d))。由于配合的过盈量愈大，引起的应力集中也愈严重，因而在设计中应合理选择轮毂与轴的配合。

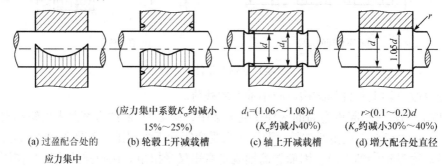

| (a) 过盈配合处的应力集中 | (b) 轮毂上开减载槽（应力集中系数K_σ约减小 15%～25%） | (c) 轴上开减载槽 $d_1 = (1.06 \sim 1.08)d$（K_σ约减小40%） | (d) 增大配合处直径 $r > (0.1 \sim 0.2)d$（K_σ约减小30%～40%） |

图 8-20　轮毂配合处的应力集中及其降低方法

(3)尽量避免在轴上受应力较大部位采用弹性挡圈定位。因为安装弹性挡圈的槽会产生很大的应力集中，提高疲劳断裂的危险。

(4)用盘铣刀加工的键槽比用键槽铣刀加工的键槽在过渡处对轴的截面削弱较为平缓，因而应力集中较小。渐开线花键比矩形花键在齿根处的应力集中小，在做轴的结构设计时应妥加考虑。此外，由于切制螺纹处的应力集中较大，故应尽可能避免在轴上受载较大的区段切制螺纹。

3. 改进轴的表面质量以提高轴的疲劳强度

轴的表面粗糙度和表面强化处理方法也会对轴的疲劳强度产生影响。轴的表面愈粗糙，疲劳强度也愈低。因此，应合理减小轴的表面及圆角处的加工粗糙度值。当采用对应力集中甚为敏感的高强度材料制作轴时，表面质量尤应予以注意。

对配合轴段进行表面强化处理，可有效提高轴的抗疲劳能力。表面强化处理的方法有：表面高频淬火等热处理；表面渗碳、氰化、氮化等化学热处理；碾压、喷丸等强化处理。通过碾压、喷丸进行表面强化处理时，可使轴的表层产生预压应力，从而提高轴的抗疲劳能力。

4. 采用空心轴，提高轴的刚度

采用空心轴对提高轴的刚度、减小轴的质量具有显著的作用。由计算知，内外径之比为 0.6 的空心轴与质量相同的实心轴相比，截面系数可增大 70%。

8.3.6 轴的结构工艺性

轴的结构工艺性是指轴的结构形式应便于加工和装配轴上的零件，并且生产率高，成本低。一般地说，轴的结构越简单，工艺性越好。因此，在满足使用要求的前提下，轴的结构形式应尽量简化。设计时应注意以下几方面问题：

1)轴的直径变化应尽可能少，应尽量限制轴的最大直径及各轴段间的直径差，这样既能简化结构、节省材料，又可减少切削量。

2)为了便于装配零件并去掉毛刺，各段轴端应制出 45° 的倒角；需要切制螺纹的轴段，应留有退刀槽(图 8-21(a))。需要磨削加工的轴段，应留有砂轮越程槽，这样便于砂轮自由退出(图 8-21(b)及图 8-22(a)砂轮越程槽 E)。如轴肩表面也需磨削，可考虑图 8-22(b)所示的砂轮越程槽(形状 F)；它们的尺寸可参看标准或手册。

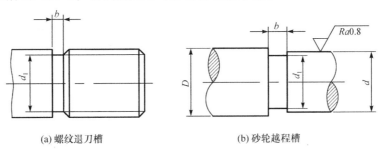

(a) 螺纹退刀槽　　　　　　　　(b) 砂轮越程槽

图 8-21　螺纹退刀槽和砂轮越程槽

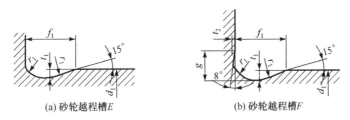

(a) 砂轮越程槽 E　　　　　　(b) 砂轮越程槽 F

图 8-22　砂轮越程槽

3) 为使滚动轴承便于拆卸，其定位轴肩（如图 8-7 中的轴肩①）高度必须低于轴承内圈端面的高度，轴肩的高度可查手册中轴承的安装尺寸。如果轴肩高度无法降低，则应在轴上开槽，便于放入拆卸器的钩头，如图 8-23 所示。

4) 为了使与轴过盈配合的零件易于装配，相配轴段的压入端应制出锥度（图 8-24），或在同一轴段的两个部位上采用不同的尺寸公差（图 8-25）。

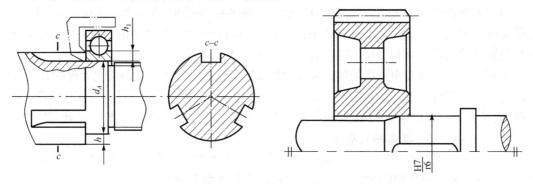

图 8-23　高定位轴肩处的开槽结构图　　　　　　图 8-24　轴的装配锥度图

5) 设计时使轴上的键槽靠近传动件装入一侧，以便于装配时轮毂上的键槽易与轴上的键对准，如图 8-26(a) 所示，$\Delta=1\sim3$mm。图 8-26(b) 的结构不正确，因 Δ 值过大而对准困难，同时，键槽开在轴的过渡圆角处会加重应力集中。为了减少装夹工件的时间，同一轴上不同轴段的键槽应布置在轴的同一母线上。

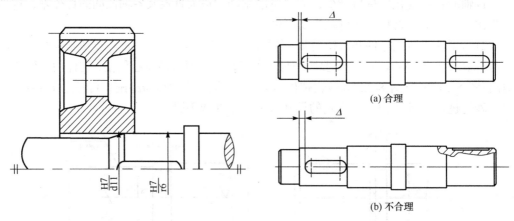

图 8-25　采用不同的尺寸公差　　　　　　图 8-26　键槽的合理布置图

6) 为了减少加工刀具种类和提高劳动生产率，轴上直径相近处的圆角、倒角、键槽宽度、砂轮越程槽宽度和退刀槽宽度等应尽可能采用相同的尺寸。

[例 8-1]　某化工设备中的输送装置，运转平稳，工作转矩变化很小，以圆锥—圆柱齿轮减速器作为减速装置，其简图如图 8-27 所示，试对该减速器的输出轴进行结构设计。已知输入轴与电动机、输出轴与工作机均通过弹性柱销联轴器连接；输出轴旋转方向从左向右看为顺时针，单向旋转；电动机型号为 Y160M-6；两级齿轮传动均为 8 级精度。

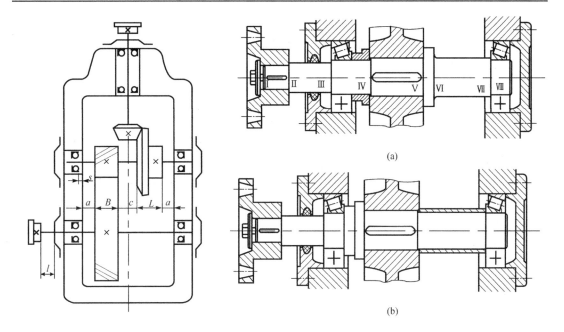

图 8-27 圆锥-圆柱齿轮减速器简图　　　　图 8-28 输出轴的两种结构方案图

齿轮机构的参数列于下表：

级别	Z_1	Z_2	m_n / mm	m_t / mm	β	α	h_a^*	齿宽
高速级	20	75		3.5		20°	1	大锥齿轮轮毂长 L=40mm
低速级	23	95	4		8°06′34″			b_1=85mm，b_2=80mm

解 1）确定输出轴运动和动力参数

（1）确定电动机额定功率 P 和满载转速 n_1。

由 Y160M-6，查标准 JB/T 5271—2010 得

$$P = 7.5\text{kW}, n_1 = 970\text{r/min}$$

（2）确定相关件效率。

若取弹性柱销联轴器效率 $\eta_1 = 0.995$，锥齿轮啮合效率 $\eta_2 = 0.96$，圆柱齿轮啮合效率 $\eta_3 = 0.97$，一对滚动轴承的效率 $\eta_4 = 0.98$。

则电动机—输出轴总效率为

$$\eta = \eta_1 \cdot \eta_2 \cdot \eta_3 \cdot \eta_4^2 = 0.995 \times 0.96 \times 0.97 \times 0.98^2 = 0.89$$

（3）输出轴的输入功率 P_3 为

$$P_3 = P\eta = 7.5 \times 0.89 = 6.68(\text{kW})$$

（4）输出轴的转速 n_3 为

$$n_3 = n_1/i = 970 \times 20 \times 23/(75 \times 95) = 62.62(\text{r/min})$$

（5）输出轴上输入转矩 T_3 为

$$T_3 = 9.55 \times 10^6 P_3/n_3 = 9.55 \times 10^6 \times 6.68/62.62 = 1018748(\text{N} \cdot \text{mm})$$

2）初步确定轴的最小直径

先按式（8-2）初步估算轴的最小直径。选取轴的材料为 45 钢，调质处理。根据表 8-3，取 $A_0 = 110$，于是得

$$d_{0min} = A_0 \sqrt[3]{P/n} = 110 \sqrt[3]{6.68/62.62} = 52.17 (\text{mm})$$

单键槽轴径应增大 5%～7%，即增大至 54.78～55.82mm。

输出轴的最小直径显然是安装联轴器处轴的直径 d_{I-II}（图 8-28(a)）。为了使轴的直径 d_{I-II} 与联轴器的孔径相适应，故需同时选取联轴器型号。

联轴器的计算转矩 $T_{ca} = K_A T_3$，查表 10-2，考虑到转矩变化很小，故取 $K_A = 1.3$，则

$$T_{ca} = K_A T_3 = 1.3 \times 1018748 = 1324372 (\text{N} \cdot \text{mm})$$

按照计算转矩 T_{ca} 应小于联轴器公称转矩的条件，查标准 GB/T 5015—2003 或手册，选用 LZ4 型弹性柱销联轴器，其公称转矩为 1800N·m，许用转速 4200r/min，满足使用要求。半联轴器的孔径 $d_r = 55$mm，故取 $d_{I-II} = 55$mm，半联轴器与轴配合的毂孔长度 $L_1 = 84$mm。

3）轴的结构设计

（1）拟定轴上零件的装配方案。

如图 8-28 所示，齿轮可分别从轴的左右两端安装。但从右安装（图 8-28(b)）比从左安装（图 8-28(a)）其轴向定位的套筒长，质量大，故图(a)所示方案较为合理。

（2）确定各轴段的尺寸。

如图 8-28(a)所示，为方便表述，记轴的左端面为 I，并从左向右每个截面变化处依次标记为 II、III…对应每轴段的直径和长度则分别记为 $d_{12}, d_{23}, \cdots$ 和 $L_{12}, L_{23}, \cdots$

表 8-6　轴的结构设计

轴段号	径向尺寸 d_i 的确定	轴向尺寸 L_i 的确定
I - II	d_{12}——装联轴器处直径，$d_{12} = 55$mm	半联轴器与轴配合的毂孔长度 $L_1 = 84$，为保证半联轴器轴向定位的可靠性，L_{12} 应略小于 L_1 故取 $L_{12} = 82$mm
II - III	d_{23}——联轴器轴向固定轴肩，直径变化 5～10mm，并考虑密封件的尺寸，取 $d_{23} = 65$mm	参见图 8-27 及图 8-28(a)，轴承端盖的总厚度（由结构设计确定）为 20mm，为便于轴承端盖的拆卸及对轴承添加润滑剂，取端盖外端面与半联轴器右端面间的距离 $l = 30$mm，$L_{23} = l + 20 = 50(\text{mm})$
III - IV	d_{34}——装轴承处直径，取 $d_{34} = d_{78} > d_{23}$，查轴承样本，选用型号为 30314 的单列圆锥滚子轴承，其内径 $d = 70$mm，外径 $D = 150$mm，宽度 $T = 38$mm，故取 $d_{34} = d_{78} = 70$mm	参见图 8-27 及图 8-29，$a = 16$mm，根据轴承 $dn = 70 \times 62.62 = 4383.4(\text{mm} \cdot \text{r/min})$，选择其润滑方为脂润滑，为了便于安放挡油环，故取 $s = 8$mm，则 $L_{34} = T + s + a + (B - L_{45})$ $= 38 + 8 + 16 + (80 - 78) = 64(\text{mm})$
IV - V	d_{45}——装齿轮处直径，为便于齿轮装拆，d_{45} 应略大于 d_{34}，取标准直径 $d_{45} = 75$mm	为使套筒端面可靠地压紧齿轮，L_{45} 应略小于齿轮轮毂的宽度 $B = 80$mm，取 $L_{45} = 78$mm
V - VI	d_{56}——轴环直径，$d_{56} = d_{45} + 2h$，齿轮的定位轴肩高度取 $h = 5$mm，则 $d_{56} = 85$mm	L_{56} 由轴环宽度确定，$b \approx 1.4h = 1.4 \times 6 = 8.4(\text{mm})$，取 $L_{56} = 10$mm

轴段号	径向尺寸 d_i 的确定	轴向尺寸 L_i 的确定
Ⅵ-Ⅶ	d_{67}——轴承轴向固定轴肩直径，查轴承 30314 安装尺寸 $d_a = 82\text{mm}$，则 $d_{67} = d_a = 82\text{mm}$	参见图 8-27 及图 8-29，$c = 20\text{mm}$，考虑挡油环要冒出箱体内壁 1mm，则 $$L_{67} = c + L + a - L_{56} - 1 = 20 + 50 + 16 - 10 - 1 = 75(\text{mm})$$
Ⅶ-Ⅷ	d_{78}——装左轴承处直径，同一轴上两轴承型号相同，$d_{78} = d_{34} = 70\text{mm}$	参见图 8-27 及图 8-29 $$L_{78} = 9 + (T - 2) = 45(\text{mm})$$

（3）轴上零件的周向定位。

齿轮、半联轴器与周向定位均采用平键连接。按 $d_{Ⅳ\text{-}Ⅴ}$ 由表 9-1 查得平键截面 $b \times h = 20\text{mm} \times 12\text{mm}$，键槽用键槽铣刀加工，长为 63mm，同时为了保证齿轮与轴配合有良好的对中性，故选择齿轮轮毂与轴的配合为 H7/n6；同样，半联轴器与轴的连接，选用平键为 16mm×10mm×70mm，半联轴器与轴的配合为 H7/k6。滚动轴承与轴的周向定位是由过渡配合来保证的，此处选轴的直径尺寸公差为 k5。

（4）确定轴上圆角和倒角尺寸。

参考表 8-4，取轴端倒角为 2×45°，各轴肩处的圆角半径见图 8-29。

4）绘制轴的结构与装配草图

轴的结构与装配草图如图 8-29 所示。

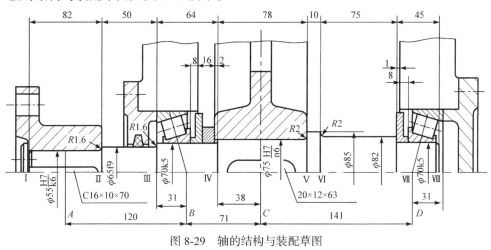

图 8-29 轴的结构与装配草图

8.4 轴 的 计 算

轴的计算通常都是在初步完成结构设计后进行校核计算，计算准则是满足轴强度或刚度要求，必要时还应校核轴的振动稳定性。

8.4.1 轴的强度校核计算

进行轴的强度校核计算时，应根据轴的具体受载及应力情况，采取相应的计算方法，并恰当地选取其许用应力。对于仅仅(或主要)承受扭矩的轴(传动轴),应按扭转强度条件计算;对于只承受弯矩的轴(心轴),应按弯曲强度条件计算;对于既承受弯矩又承受扭矩的轴(转轴),应按弯扭合成强度条件进行计算,需要时还应按疲劳强度条件进行精确校核。此外,对于瞬时过载很大或应力循环不对称性较为严重的轴,还应按尖峰载荷校核其静强度,以免产生过量的塑性变形。下面介绍几种常用的计算方法。

1. 按扭转强度条件计算

扭转强度条件用于传动轴的强度计算;对于转轴,通常用这种方法初步估算轴径,经结构设计后再对其进行弯扭合成强度校核。对于不大重要的轴,也可作为最后计算结果。实心圆轴的扭转强度条件和设计公式分别为式(8-1)和式(8-2)。

2. 按弯扭合成强度条件计算

通过轴的结构设计,轴的主要结构尺寸,轴上零件的位置,以及外载荷和支反力的作用位置均已确定,轴上的载荷(弯矩和扭矩)已可以求得,因而可按弯扭合成强度条件对轴进行强度校核计算。一般的轴用这种方法计算即可。其计算步骤如下:

1)绘出轴的计算简图(即力学模型)

轴所受的载荷是从轴上零件(齿轮、带轮)传来的。计算时,常将轴上零件沿装配宽度的分布载荷简化为集中力,并视为作用在轮毂宽度的中点上;作用在轴上的扭矩,一般从传动件轮毂宽度的中点算起;略去轴和轴上零件的自重;通常将轴上轴承视为铰链,支座反力作用在铰链上,其作用点的位置与轴承的类型和布置方式有关,可按图 8-30 来确定。图 8-30(b)中的 a 值可查滚动轴承样本或手册,图 8-30(d)中的 e 值与滑动轴承的宽径比 B/d 有关。当 $B/d \leqslant 1$ 时,取 $e = 0.5B$;当 $B/d > 1$ 时,取 $e = 0.5d$,但不小于 $(0.25 \sim 0.35)B$;对于调心轴承,$e = 0.5B$。

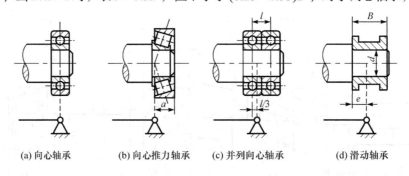

(a) 向心轴承　　　(b) 向心推力轴承　　　(c) 并列向心轴承　　　(d) 滑动轴承

图 8-30　轴的支座反力作用点

在绘制计算简图时,应选定坐标系,求出轴上受力零件的载荷(若为空间力系,应把空间力分解为圆周力、径向力和轴向力,然后把它们全部转化到轴上),并将其分解为水平分力和垂直分力,如图 8-31(a)所示。然后求出各支承处的水平反力 F_{NH} 和垂直反力 F_{NV}(轴向反力可表示在适当的面上,图 8-31(c)是表示在垂直面上,故标以 F_{NV1}')。

2)做出弯矩图

根据上述简图,分别按水平面和垂直面计算各力产生的弯矩,并按计算结果分别做出水平面上的弯矩 M_H 图(图 8-31(b))和垂直面上的弯矩 M_V 图(图 8-31(c));然后按下式计算总弯矩并做出 M 图(图 8-31(d))。

$$M = \sqrt{M_H^2 + M_V^2}$$

3) 做出扭矩图

扭矩图如图 8-31(e)所示。

4) 校核轴的强度

已知轴的弯矩和扭矩后，可针对某些危险截面(即弯矩和扭矩大而轴径可能不足的截面)做弯扭合成强度校核计算。按第三强度理论，计算应力

$$\sigma_{ca} = \sqrt{\sigma^2 + 4\tau^2}$$

通常由弯矩所产生的弯曲应力 σ 是对称循环应变力，而由扭矩所产生的扭转切应力 τ 则常常不是对称循环变应力。为了考虑两者循环特性不同的影响，引入折合系数 α，则计算应力为

$$\sigma_{ca} = \sqrt{\sigma^2 + 4(\alpha\tau)^2} \qquad (8\text{-}4)$$

式中的弯曲应力为对称循环应变力。当扭转切应力为静应力时，取 $\alpha \approx 0.3$；当扭转切应力为脉动循环变应力时，取 $\alpha \approx 0.6$；若扭转切应力亦为对称循环变应力时，则取 $\alpha = 1$。

对于直径为 d 的圆轴，弯曲应力为 $\sigma = \dfrac{M}{W}$，扭转切应力 $\tau = \dfrac{T}{W_T} = \dfrac{T}{2W}$，将 σ 和 τ 代入式(8-4)，则轴的弯扭合成强度条件为

$$\sigma_{ca} = \sqrt{\left(\frac{M}{W}\right)^2 + 4\left(\frac{\alpha T}{2W}\right)^2} = \frac{\sqrt{M^2 + (\alpha T)^2}}{W} \leqslant [\sigma_{-1}]$$
$$(8\text{-}5)$$

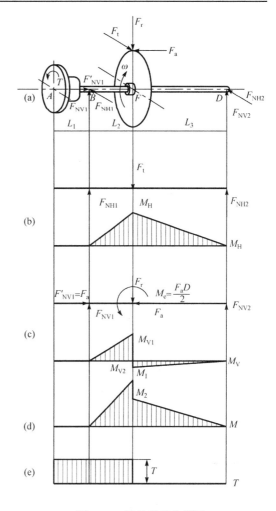

图 8-31　轴的载荷分析图

式中，σ_{ca} 为轴的计算应力，MPa；M 为轴所受的弯矩，N·mm；T 为轴所受的扭矩，N·mm；W 为轴的抗弯截面系数，mm³，计算公式按表 8-7 选用。

表 8-7　抗弯、抗扭截面系数计算公式

截面	W	W_T
(实心圆截面，直径 d)	$\dfrac{\pi d^3}{32} \approx 0.1d^3$	$\dfrac{\pi d^3}{16} = 0.2d^3$
(空心圆截面，外径 d，内径 d_1)	$\dfrac{\pi d^3}{32}(1-\beta^4) \approx 0.1d(1-\beta^4)$ $\beta = \dfrac{d_1}{d}$	$\dfrac{\pi d^3}{16}(1-\beta^4) \approx 0.2d^3(1-\beta^4)$ $\beta = \dfrac{d_1}{d}$

截面	W	W_{T}
	$\dfrac{\pi d^3}{32} - \dfrac{bt(d-t)^2}{2d}$	$\dfrac{\pi d^3}{16} - \dfrac{bt(d-t)^2}{2d}$
	$\dfrac{\pi d^3}{32} - \dfrac{bt(d-t)^2}{d}$	$\dfrac{\pi d^3}{16} - \dfrac{bt(d-t)^2}{d}$
	$\dfrac{\pi d^3}{32}\left(1-1.54\dfrac{d_1}{d}\right)$	$\dfrac{\pi d^3}{16}\left(1-\dfrac{d_1}{d}\right)$
	$[\pi d^4+(D-d)(D+d)^2 zb]/32D$ 式中，z 为花键齿数	$[\pi d^4+(D-d)(D+d)^2 zb]/16D$ 式中，z 为花键齿数

注：近似计算时，单、双键槽一般可忽略，花键轴截面可视为直径等于平均直径的圆截面。

3. 按弯曲强度条件计算

由于心轴工作时只承受弯矩而不承受扭矩，所以计算时，可利用式(8-5)，取 $T=0$。转动心轴的弯矩在轴截面上所引起的应力是对称循环变应力。对于固定心轴，考虑启动、停车等的影响，弯矩在轴截面上所引起的应力可视为脉动循环变应力，所以在应用式(8-5)时，固定心轴的许用应力应为 $[\sigma_0]$（$[\sigma_0]$ 为脉动循环变应力时的许用弯曲应力），$[\sigma_0]\approx 1.7[\sigma_{-1}]$。

4. 按疲劳强度条件进行精确校核

上述各种强度条件的计算方法，对于一般用途的轴已足够精确。但在变应力下工作的重要轴，还需要精确评定轴的安全性，精确校核轴危险截面的疲劳强度。在已知轴的外形、尺寸及载荷的基础上，即可通过分析确定出一个或几个危险截面(这时不仅要考虑弯曲应力和扭转切应力的大小，而且要考虑应力集中、表面状态和绝对尺寸等因素影响的程度)，按式(8-6)求出计算安全系数 S_{ca}，并应使其稍大于或至少等于设计安全系数 S，即

$$S_{ca}=\frac{S_\sigma \cdot S_\tau}{\sqrt{S_\sigma^2+S_\tau^2}}\geqslant S \tag{8-6}$$

仅有法向应力时，应满足

$$S_\sigma = \frac{\sigma_{-1}}{K_\sigma \sigma_a + \phi_\sigma \sigma_m} \geqslant S \qquad (8-7)$$

仅有扭转切应力时,应满足

$$S_\tau = \frac{\tau_{-1}}{K_\tau \tau_a + \phi_\tau \tau_m} \geqslant S \qquad (8-8)$$

以上诸式中的符号及有关数据已在第一章内说明,此处不再重复。设计安全系数值可按下述情况选取。

$S = 1.3 \sim 1.5$,用于材料均匀,载荷与应力计算精确时;

$S = 1.5 \sim 1.8$,用于材料不够均匀,计算精确度较低时;

$S = 1.8 \sim 2.5$,用于材料均匀性及计算精确度很低,或轴的直径 $d > 200\text{mm}$ 时。

5. 按静强度条件进行校核

静强度校核的目的在于评定轴对塑性变形的抵抗能力。这对那些瞬时过载很大,或应力循环的不对称性较为严重的轴是很必要的。即使轴受到的尖峰载荷作用时间很短和出现次数很少,虽不足以引起疲劳破坏,但却能使轴产生塑性变形,所以轴的静强度是根据轴上作用的最大瞬时载荷来校核的。静强度校核时的强度条件为

$$S_{S_{ca}} = \frac{S_{S_\sigma} \cdot S_{S_\tau}}{\sqrt{S_{S_\sigma}^2 + S_{S_\tau}^2}} \geqslant S_s \qquad (8-9)$$

式中,$S_{S_{ca}}$ 为危险截面静强度的计算安全系数;S_s 为按屈服强度的设计安全系数;$S_s = 1.2 \sim$ 1.4 用于高塑性材料($\sigma_s / \sigma_b \leqslant 0.6$)制成的钢轴; $S_s = 1.4 \sim 1.8$ 用于中等塑性材料($\sigma_s / \sigma_b = 0.6 \sim 0.8$)制成的钢轴;$S_s = 1.8 \sim 2$ 用于低塑性材料的钢轴;$S_s = 2 \sim 3$ 用于铸造轴; S_{S_σ} 为只考虑弯矩和轴向力时的安全系数

$$S_{S_\sigma} = \frac{\sigma_s}{\dfrac{M_{max}}{W} + \dfrac{F_{amax}}{A}} \qquad (8-10)$$

S_{S_τ} 为只考虑扭矩时的安全系数

$$S_{S_\tau} = \frac{\tau_s}{T_{max} / W_T} \qquad (8-11)$$

式中,σ_s、τ_s 分别为材料的抗弯和抗扭屈服极限,单位为 MPa,其中 $\tau_s = (0.55 \sim 0.62)\sigma_s$;$M_{max}$、$T_{max}$ 分别为轴的危险截面上所受的最大弯矩和最大扭矩,单位为 N·mm;F_{amax} 为轴的危险截面上所受的最大轴向力,单位为 N;A 为轴的危险截面的面积,单位为 mm²;W、W_T 分别为危险截面的抗弯和抗扭截面系数,单位为 mm³,见表 8-7。

8.4.2 轴的振动及振动稳定性的概念

受周期性载荷作用的轴,如果载荷的频率与轴的共振频率相同或接近时,就要发生共振,发生共振时的转速称临界转速。如果轴的工作转速与临界转速接近或成整数倍数关系时,轴的变形将迅速增大,致使轴或轴上零件甚至整个机器遭到破坏。

大多数机器中的轴,虽然不受周期性的外载荷作用,但轴上零件由于材质不均,制造、安装误差等使回转零件重心偏移,因而回转时产生离心力,使轴受到周期性载荷作用。因

此，对于高转速的轴和受周期性外载荷的轴，都必须进行振动计算。所谓轴的振动计算，就是计算其临界转速，并使轴的工作转速避开临界转速，避免共振。

轴的临界转速可以有多个，最低的一个称为一阶临界转速 n_{e1}，其余为二阶 n_{e2}、三阶 $n_{e3}\cdots$。在一阶临界转速下，振动激烈，最为危险，因此通常主要计算一阶临界转速。工作转速低于一阶临界转速的轴称为"刚性轴"。工作转速超过一阶临界转速的轴称为"挠性轴"。对于刚性轴，通常使工作转速 $n \leqslant (0.75 \sim 0.8)n_{e1}$；对于挠性轴，使 $1.4n_{e1} \leqslant n \leqslant 0.7n_{e2}$。

[例 8-2]　根据例 8-1 中设计出的轴的结构与装配图(图 8-29)，试对该轴进行强度校核，并绘制其零件工作图。

解　1)求轴上载荷

首先根据轴的结构图(图 8-29)做出轴的计算简图(图 8-31)。在确定轴的支点位置时，应从手册中查取 a 的值(参见图 8-30)。对于 30314 型圆锥滚子轴承，由手册中查得 $a = 31\text{mm}$。因此，作为简支梁的轴的支承跨距

$$L_2 + L_3 = 71 + 141 = 212(\text{mm})$$

(1)计算齿轮受力。

参见例 8-1 中齿轮参数表及图 8-31，因已知低速级大齿轮的分度圆直径为

$$d_2 = \frac{m_n z_2}{\cos \beta} = \frac{4 \times 95}{\cos 8°06'34''} = 383.84(\text{mm})$$

而

$$F_t = \frac{2T_3}{d_2} = \frac{2 \times 1018748}{383.84} = 5308(\text{N})$$

$$F_r = F_t \frac{\tan \alpha_n}{\cos \beta} = 5308 \times \frac{\tan 20°}{\cos 8°06'34''} = 1951(\text{N})$$

$$F_a = F_t \tan \beta = 5308 \times \tan 8°06'34'' = 756(\text{N})$$

F_a 对轴心产生的弯矩

$$M_a = \frac{F_a d_2}{2} = 756 \times \frac{383.84}{2} = 145092(\text{N} \cdot \text{mm})$$

(2)求支反力参见(图 8-31)。

	设计依据及内容	设计结果
水平面 H	$\sum M_D = 0$，$F_{NH1} = L_3 F_t / (L_2 + L_3) = (141 \times 5308) / (71 + 141)$	$F_{NH1} = 3530(\text{N})$
	$\sum M_B = 0$，$F_{NH2} = L_2 F_t / (L_2 + L_3) = (71 \times 5308) / (71 + 141)$	$F_{NH2} = 1778(\text{N})$
垂直面 V	$F_{NV1} = (L_3 F_r + M_e) / (L_2 + L_3)$ $= (141 \times 1951 + 145092) / (71 + 141)$	$F_{NV2} = 1982(\text{N})$
	$F_{NV2} = (L_2 F_r - M_e) / (L_2 + L_3)$ $= (71 \times 1951 - 145092) / (71 + 141)$	$F_{NV2} = -31(\text{N})$

(3)绘制出轴的弯矩图和扭矩图见图 8-31(d)、(e)。

(4)计算危险截面的弯矩及扭矩。

从轴的结构图以及弯矩和扭矩图中可以看出截面 C 是轴的危险截面。现将计算出的截面 C 处的 M_H、M_V 及 M 的值列于下表(参看图 8-31)。

	设计依据及内容	设计结果
水平面 H	$M_H = F_{NH1}L_2 = 3530 \times 71$	$M_H = 250630 (\text{N} \cdot \text{mm})$
垂直面 V	$M_{V1} = F_{NV1}L_2 = 1982 \times 71$	$M_{V1} = 140722 (\text{N} \cdot \text{mm})$
	$M_{V2} = F_{NV2}L_3 = -31 \times 141$	$M_{NV2} = -4371 (\text{N} \cdot \text{mm})$
总弯矩	$M_1 = \sqrt{M_H^2 + M_{V1}^2} = \sqrt{250630^2 + 140722^2}$	$M_1 = 287434 (\text{N} \cdot \text{mm})$
	$M_2 = \sqrt{M_H^2 + M_{V2}^2} = \sqrt{250630^2 + 4371^2}$	$M_2 = 250668 (\text{N} \cdot \text{mm})$

2)按弯扭合成应力校核轴的强度

进行校核时，通常只校核轴上承受最大弯矩和扭矩的截面(即危险截面 C)的强度。根据式(8-5)及上表中的数据，以及轴单向旋转，扭转切应力为脉动循环变应力，取 $\alpha = 0.6$，轴的计算应力为

$$\sigma_{ca} = \frac{\sqrt{M_1^2 + (\alpha T_3)^2}}{W} = \frac{\sqrt{287434^2 + (0.6 \times 1018748)^2}}{0.1 \times 75^3} = 16 (\text{MPa})$$

前已选定轴的材料为 45 钢，调质处理，由表 8-1 查得 $[\sigma_{-1}] = 60\text{MPa}$。因此 $\sigma_{ca} < [\sigma_{-1}]$，故安全。

3)精确校核轴的疲劳强度(略)

4)绘制轴的工作图(图 8-32)

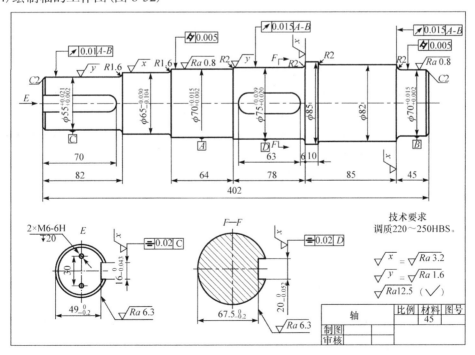

图 8-32　轴的工作图

拓　展

车轴是铁路机车车辆的关键承载部件，直接影响车辆运行的安全性，普通铁道车辆用的车轴大多数是传统的圆截面实心轴，但随着高速铁路迅猛发展，速度不断提高的同时，也给车轴带来了较大冲击和振动，从而降低了车辆运行的安全性。为了减小轮轨间的作用力，应尽量降低车辆簧下质量，最可靠的方法是使用空心车轴代替实心车轴。高速列车采用空心车轴不仅可以降低轮轨磨损(这种磨损在高速运行状况下尤其剧烈)，而且空心车轴在很大程度上可以提高超声波探伤精度，从而降低铁道车辆事故的发生。

与传统的实心车轴相比，空心车轴可减轻 20%～40% 的质量，一般可减 60～100kg，甚至更多。常见的高速列车有日本的新干线、法国的 TGV、德国的 ICE，这些国家对空心车轴的研究比较早，而我国的 CRH 系列高速列车，基于先进技术的引进，近些年来发展迅速，为了更进一步降低成本，提升效益，对影响车辆安全运行的关键部件——空心车轴的研究更显得尤其重要。

车轴中常见的损伤或缺陷主要来自材料、加工和装配工艺。在运行过程中，又受到疲劳载荷、各种复杂环境和其他各种偶然损伤，这些损伤都可以导致车轴破坏，而车轴的损伤和破坏是导致车辆发生事故的重要原因。随着车速的提高，车轴应力循环频率加快，在车轴应力集中处易发生疲劳，在结构设计时应保证车轴具有足够的疲劳寿命和强度。

习　题

8-1　利用公式 $d \geqslant A_0 \sqrt[3]{\dfrac{P}{n}}$ 估算轴的直径时，d 是转轴上哪一个直径？系数 A_0 与什么有关？如何选择？

8-2　轴的设计结构应满足的基本要求是什么？转轴多制成阶梯形，其优点是什么？（中国科学技术大学考研试题）

8-3　轴上零件的周向及轴向固定方法有哪些？各举出至少 3 种方法。（武汉理工大学考研题）

8-4　轴常用的强度计算方法有哪几种？各适用于何种类型的轴？（武汉理工大学考研题）

8-5　提高轴的疲劳强度措施有哪些？（武汉理工大学考研题）

8-6　判断题：若采用轴肩对轴上零件进行轴向定位时，应使轴肩高度 h 和轴肩处的过渡圆角半径 r 均大于零件毂孔端部的倒角尺寸 C（　　）。（华中科技大学考研题）

8-7　按照载荷的不同，轴可以分为三种，自行车的前轴是属于（　　），后轴是属于（　　）。（西安交通大学考研试题）

　　　A. 传动轴　　　　　　　B. 心轴　　　　　　　C. 转轴

8-8　某轴材料为 45 号钢，采用两个深沟球轴承两点支承，验算时发现轴的刚度不足，为提高轴的刚度，可以采取的措施为（　　）。（重庆大学考研题）

　　　A. 将轴的材料改为合金钢　　　　　　　B. 将支承改为滚子轴承

　　　C. 将支承改为滑动轴承　　　　　　　　D. 增大轴的直径

8-9　已知某轴上的最大弯矩 $M=200\mathrm{N \cdot m}$，扭矩 $T=150\mathrm{N \cdot m}$，该轴为频繁双向运转启动，则计算该轴弯矩(当量弯矩) M_{ca} 约为（　　）$\mathrm{N \cdot m}$。

　　　A. 350　　　　　　　　B. 219　　　　　　　C. 250　　　　　　　D. 205

8-10　题 8-10 图所示为一台起重机的起重机构。试分析轴 I～轴 V 所受载荷,并由此判断各轴类型(轴的自重可忽略不计)。(武汉理工大学考研题)

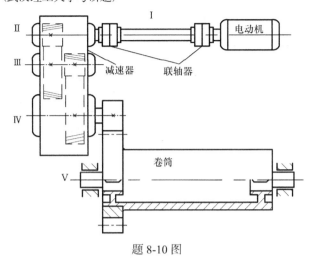

题 8-10 图

8-11　指出题 8-11 图所示的齿轮轴轴系错误结构并改正之,绘出正确的结构装配图(轴承采用脂润滑)。(中国科学技术大学考研题)

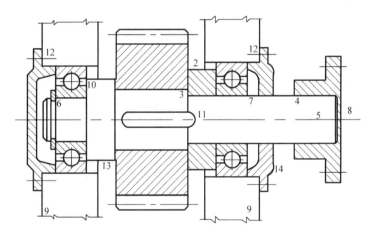

题 8-11 图

8-12　比较题 8-12 图所示三种轴的受力状态,各产生什么应力? 在结构上各有何特点?

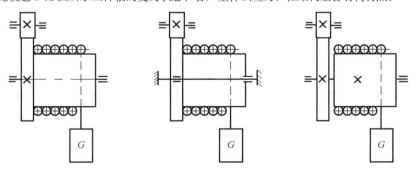

题 8-12 图

8-13 如题 8-13 图所示，有三个齿轮，已知：$z_1 = 28$，$z_2 = 70$，$z_3 = 126$，$m = 4$，$\alpha_n = 20°$，$a_1 = 280\,\text{mm}$，$a_2 = 400\,\text{mm}$，$n_1 = 1000\,\text{r/min}$，$P_1 = 10\,\text{kW}$，不计摩擦。

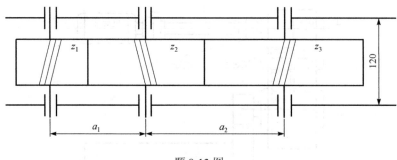

题 8-13 图

(1) 分析中间齿轮的受力；

(2) 求出各轴所受扭矩；

(3) 求出中间轴直径（按弯扭合成强度条件计算）；

(4) 画出中间轴的结构图（齿宽 $b = 60\,\text{mm}$）。

8-14 题 8-14 图所示为某减速器输出轴的结构图，试指出其设计错误，并画出改正图。

8-15 试根据题 8-15 图所示轴系示意图，画出轴系的结构图。（同济大学考研题）

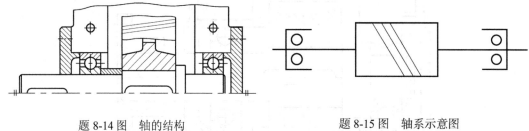

题 8-14 图　轴的结构　　　　　　题 8-15 图　轴系示意图

第9章 轴毂连接

轴与轴上零件(如齿轮、带轮、链轮等)的连接称为轴毂连接,其作用是实现周向固定以传递转矩。常用的轴毂连接有键连接、花键连接、无键连接、销连接和螺钉连接等。本章着重介绍键、花键、无键连接和销连接。

9.1 键 连 接

9.1.1 键连接的种类、特点和应用

键是标准件,键连接的主要类型有:平键连接、半圆键连接、楔键连接和切向键连接。

1. 平键

平键按用途分为普通平键、薄形平键、导向平键和滑键。平键的工作面为两侧面,上表面与轮毂槽底之间留有间隙。工作时,靠键与键槽侧面的互相挤压传递转矩。平键连接结构简单,装拆方便,对中性好,但不能实现轴上零件的轴向固定。

普通平键与薄型平键用于静连接,其端部形状可制成圆头(A 型)、方头(B 型)或单圆头(C 型),如图 9-1 所示。圆头键的轴槽用指状铣刀加工,键在槽中固定良好,但轴槽端部应力集中较大;方头键轴槽用盘形铣刀加工,键卧于槽中(必要时用螺钉紧固);单圆头键常用于轴端。薄型平键与普通平键的区别在于前者的厚度是后者的 60%~70%。所以,薄型平键传递扭矩能力较低,常用于薄壁结构、空心轴及一些径向尺寸受限的场合。为了增加传力能力,可以采用多个平键。在用多个平键进行连接时,平键的通常布置方式为:双键作 180° 对称布置、三键作 120° 均匀布置。

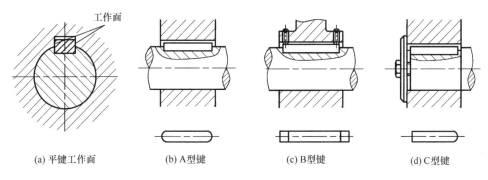

(a) 平键工作面　　(b) A型键　　(c) B型键　　(d) C型键

图 9-1 平键类型及工作面

导向平键和滑键都用于动连接。按端部形状,导向平键分为圆头(A 型)和方头(B 型)两种。导向平键一般用螺钉固定在轴槽中(图 9-2),与轮毂的键槽采用间隙配合,轮毂可沿导向平键轴向移动。为了导向平键装拆方便,在键的中间设有起键螺孔。导向平键适用于轮毂移动距离不大的场合。当轮毂轴向移动距离较大时,如仍采用导向平键则不但因键长度增大使得加工困难而且耗材也较多,此时可采用滑键。滑键固定在轮毂上,在轴上应铣

出长键槽,滑键随轮毂一起沿轴上的键槽移动,如图9-3所示。

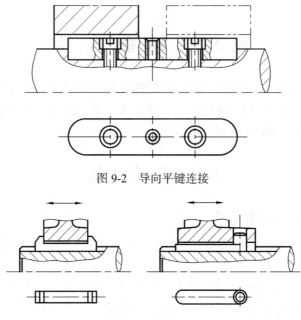

图 9-2　导向平键连接

图 9-3　滑键连接

平键的标记方法为:键"头部类型""键宽b"×"键长L""国标号"。如宽度为8 mm、长度为100 mm的方头普通平键标注为:键 B 8×100 GB/T 1096—2003,A 型头部可不标出,不同类型平键的国标号不同。

2. 半圆键

半圆键(图 9-4)的两侧面为工作面,工作时靠键与键槽侧面的挤压传递转矩。轴上键槽用尺寸与半圆键相同的半圆键槽铣刀铣出。与平键相比,半圆键制造简单,键可以在槽中绕键的几何中心摆动,以适应轮毂槽底面,装拆方便,其缺点是轴上键槽较深,对轴的强度削弱较大。故常用于轻载或锥形轴端与轮毂的连接(图 9-5)。为了减少键槽对轴的削弱,在需要采用多个半圆键以获得较大承载力时,这些半圆键应该分布在同一母线上。

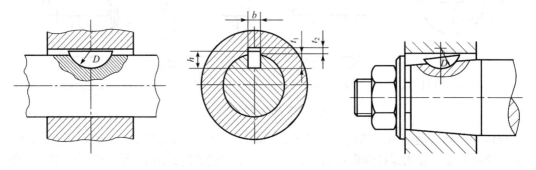

图 9-4　半圆键连接图　　　　　　　图 9-5　半圆键连接示例

半圆键的公称尺寸为键的宽度、高度和半径,根据轴的直径确定。例如,宽度b=6mm、高度h=10mm、半径D=25mm的半圆键的标记方式为:键 6×25 GB/T 1099.1—2003。

3. 楔键

楔键用于静连接，工作面为楔键的上下表面(图 9-6)。楔键的上表面与其相配合的轮毂键槽底部均有 1：100 的斜度。装配后，键楔紧在轴和毂槽的键槽里，工作时，靠键的楔紧作用传递转矩，并能承受单向轴向力。当过载而导致轴与轮毂发生相对转动时，楔键两侧面能像平键侧面那样参加工作。

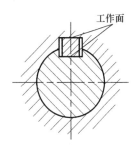

图 9-6　楔键工作面

楔键连接在传递有冲击、振动和较大转矩时，仍能保证连接的可靠性，并具有单向轴向定位功能，但在楔紧时，径向力的存在会破坏轴与轮毂的对中性，使轴产生偏心，所以不宜用于对中要求严格或高速、精密的配合，而只适用与对中性要求不高和低速的场合。

楔键分为普通楔键和钩头楔键两种(图 9-7(c))。普通楔键有圆头(A 型，图 9-7(a))、方头(B 型，图 9-7(b))或单圆头(C 型)三种。钩头楔键便于拆卸，如安装在轴端时应加装防护罩。在采用两个楔键时，一般成 90°～120° 分布。

楔键的公称尺寸为宽度 b 和高度 h。如：宽度 $b=16mm$，高度 $h=10mm$，长度 $L=100mm$ 的圆头普通楔键(A 型)的标记方式为：键 16×100 GB/T 1564—2003。

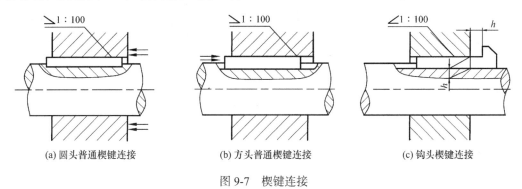

(a) 圆头普通楔键连接　　　　(b) 方头普通楔键连接　　　　(c) 钩头楔键连接

图 9-7　楔键连接

4. 切向键

切向键由一对斜度为 1：100 的楔键组成。装配时，两个楔键分别从轴的两端打入，沿斜面拼合，楔紧后两键沿轴的切线方向合成为切向键(图 9-8)。切向键的工作面是拼合后两

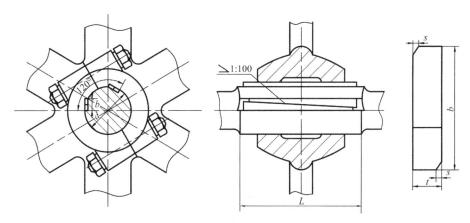

图 9-8　切向键连接

相互平行的窄面,其中一个面必须在通过轴心线的平面内。切向键能传递很大的单向转矩,当传递双向转矩时,应使用两个切向键(成120°～130°分布)。由于切向键对轴的削弱较大,因此常用在直径大于100mm的轴上,对中要求不高而载荷较大的重型机械中。

切向键标记实例:计算厚度 $t = 8\text{mm}$,计算宽度 $b = 24\text{mm}$,长度 $L = 100\text{mm}$ 普通切向键的标记为:切向键 $8 \times 24 \times 100$ GB/T 1974—2003。

9.1.2　键连接的类型选择和强度校核

1. 键的选择

键的类型可根据连接的结构特点、使用要求和工作条件选定。键的截面尺寸(键宽 b 和键高 h)按轴的直径 d 由标准中选定。键的长度可根据轮毂长度确定,轮毂长度一般可取 $1.5d \sim 2d$,键长等于或略短于轮毂的长度;而导向平键按轮毂长度及其滑动距离而定。键的长度还必须符合标准规定的长度系列。表9-1给出了普通平键的主要尺寸及长度系列。

表 9-1　普通平键的主要尺寸(摘自 GB/T 1096—2003)　　　　　　　mm

轴的直径	>6～8	>8～10	>10～12	>12～17	>17～22	>22～30	>30～38	>38～44
$b \times h$	2×2	3×3	4×4	5×5	6×6	8×7	10×8	12×8
轴的直径	>44～50	>50～58	>58～65	>65～75	>75～85	>85～95	>95～110	>110～130
$b \times h$	14×9	16×10	18×11	20×12	22×14	25×14	28×16	32×18
键的长度系列	6、8、10、12、14、16、18、20、22、25、28、32、36、40、45、50、56、63、70、80、90、100、110、125、140、180、200、220、…								

2. 平键连接强度计算

键的材料一般采用抗拉强度不低于600MPa的碳素钢,常用45钢,如果轮毂材料用非金属材料,则键可以采用20钢或Q235钢。平键连接的主要失效形式是较弱零件(通常为轮毂)的工作面压溃和磨损(动连接),除非严重过载,一般不出现键沿图9-9中的 $a-a$ 截面的剪断,所以在一般情况下平键连接只作挤压强度或耐磨性的计算。

设工作压力在键的接触长度内均匀分布,取 $y \approx d/2$,由图9-9可得平键连接的挤压和耐磨性的条件计算公式分别为

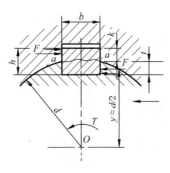

图 9-9　平键受力图

静连接:　　$$\sigma_{\text{p}} = \frac{2T \times 10^3}{kld} \leqslant [\sigma]_{\text{p}} \qquad (9\text{-}1)$$

动连接:　　$$p = \frac{2T \times 10^3}{kld} \leqslant [p] \qquad (9\text{-}2)$$

式中, T 为转矩,N·m; d 为轴径,mm; k 为键与轮毂键槽的接触高度, $k = 0.5h$,此处 h 为键的高度,mm; l 为键的实际接触长度(mm),由于圆头部分不参与接触,所以当键的长度 L 相同时, l 值并不相同,对于 A 型平键 $l = L - b$,对于 B 型平键 $l = L$,对于 C 型平键 $l = L - b/2$, b 为键的宽度,mm; $[\sigma_{\text{p}}]$ 为键、轴、轮毂三者中最弱材料的许用挤压应力,MPa,见表9-2; $[p]$ 为键、轴、轮毂三者中最弱材料的许用压应力,MPa,见表9-2。

表 9-2　键连接的许用挤压应力和许用压力　　　　　MPa

许用值	键、轴、轮毂的材料	载荷性质		
		静载荷	轻微冲击	冲击
$[\sigma_p]$	钢	120~150	100~120	60~90
	铸铁	70~80	50~60	30~45
$[p]$	钢	50	40	30

　　计算后若发现键的余量很大，可减小 L 或选较小尺寸的键。若发现强度不足，可适当增加键和轮毂的长度，或采用多键布置。由于多键布置时，各键的受力不均，所以每键按承载能力的 75%计算，如两个平键按 1.5 个键计算。对于多键布置的半圆键和楔键，计算时也可按此例进行。

　　[例 9-1]　减速器的低速轴与凸缘联轴器采用平键连接，已知轴传递的转矩 $T=1000\text{N·m}$，凸缘联轴器材料为 HT200，工作时有轻微冲击，连接处轴径 $d=70\text{mm}$，轮毂长度 $L_1=125\text{mm}$，试选择键的类型和尺寸。

　　解　采用 A 型普通平键连接，其计算过程如表 9-3 所示。

表 9-3　计算过程

计算项目	计算内容	计算结果
键的截面尺寸 $h\times b$	根据 $d=70\text{mm}$，查表 9-1	20mm×12mm
键长 L	小于轮毂长度 L_1，标准长度系列	取 $L=110\text{mm}$
许用挤压应力	根据有轻微冲击，查表 9-2	取 $[\sigma_p]=55\text{MPa}$
强度条件	$\sigma_p=\dfrac{2T}{kld}=\dfrac{2\times1000\times10^3}{6\times(110-20)\times70}=52.9(\text{MPa})$	满足要求
选定型号		键 20×110 GB/T 1096—2003

3. 半圆键连接强度计算

　　半圆键只用于静连接，其主要失效形式是工作面被压溃。通常按工作面的挤压应力进行强度校核计算，强度公式为式(9-1)。半圆键的接触高度 k 根据键的尺寸从标准中选取，工作长度近似取为 $l=L$，其中 L 为键的公称长度(图 9-10)。

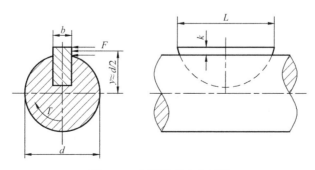

图 9-10　半圆键受力分析图

4. 楔键和切向键连接强度计算

楔键连接的主要失效形式是相互楔紧的工作面被压溃，切向键连接的主要失效是工作面(两相平行的窄面)被压溃，故应校核各工作面的挤压强度。具体计算可参考有关手册。

9.2 花 键 连 接

9.2.1 花键连接的类型和特点

在轴和毂孔周向均布多个键齿构成的连接称为花键连接。花键连接既可用于静连接也可用于动连接。如图 9-11 所示，花键可看成是由多个平键与轴做成一体而形成的，花键齿的工作面是其侧面。与平键相比，花键具有承载能力高、对轴削弱小、定心和导向性好，适用于定心精度高、载荷大或经常滑移的连接。在飞机、汽车、拖拉机、机床和农业机械中，花键都有广泛的应用。

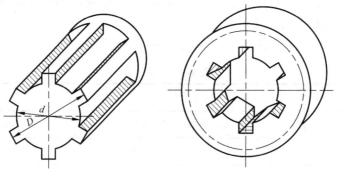

图 9-11　花键连接

常用的花键按其齿形不同，可分为矩形花键(图 9-12)、渐开线花键(图 9-13)。此外，还有主要做辅助连接之用的三角形花键。花键已标准化，花键连接的齿数、尺寸、配合等均应按标准选取。

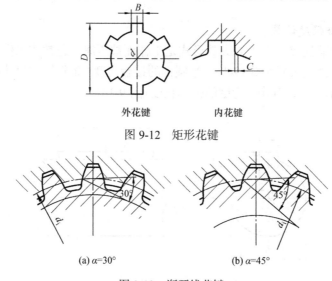

外花键　　　　　　内花键

图 9-12　矩形花键

(a) $\alpha = 30°$　　　　　　(b) $\alpha = 45°$

图 9-13　渐开线花键

1. 矩形花键

为适应不同载荷情况，矩形花键按齿高的不同，在标准中规定了两个尺寸系列：轻系列和中系列。轻系列多用于轻载连接或静连接，中系列多用于中等载荷的连接。

国家标准GB/T 1144—2001《矩形花键尺寸、公差和检验》规定矩形花键用小径定心。其特点是，轴、孔的花键定心面均可进行磨削，定心精度高，有利于简化加工工艺，降低生产成本。

矩形花键在图样上的标注内容为键数 N，及小径 d、大径 D、键（槽）宽 B 的公差带或配合代号。例如，键数 $N=6$、小径 $d=23$mm、大径 $D=26$mm、键（槽）宽 $B=6$mm 的花键在装配图标注方式为

$$6 \times 23 \frac{H7}{f7} \times 26 \frac{H10}{a11} \times 6 \frac{H11}{d10} \qquad (GB/T\ 1144—2001)$$

2. 渐开线花键

渐开线花键的齿形为渐开线，分度圆压力角有 30° 和 45° 两种，可用加工齿轮的方法加工，工艺性较好。渐开线花键齿根部较厚，键齿强度高，由于采用齿形定心(侧面定心)，在各齿面径向力的作用下可实现自动定心，各齿受载均匀，当传递的转矩较大而轴径也大时，宜采用渐开线花键。压力角为 45° 的渐开线花键与压力角为 30° 的渐开线花键相比，由于键齿数多而细小，故适用于轻载和直径较小的静连接，特别适用于薄壁零件的连接。

9.2.2 花键连接的强度计算

花键连接的许用挤压应力、许用压力见表 9-4。

表 9-4 花键连接的许用挤压应力[σ_p]、许用压应力[p]　　　　　　MPa

许用应力	连接工作方式	使用制造情况	齿面未热处理	齿面经热处理
[σ_p]	静连接	不良	35～50	40～70
		中等	60～100	100～140
		良好	80～120	120～200
[p]	空载下移动的动连接	不良	15～20	20～35
		中等	20～30	30～60
		良好	25～40	40～70
	在载荷作用下移动的动连接	不良	—	3～10
		中等	—	5～15
		良好	—	10～20

花键连接的强度计算与平键连接相似，静连接时的主要失效形式为齿面压溃，动连接时的主要失效形式为工作面磨损。计算时，假定载荷在键的工作面上均匀分布，各齿面上压力的合力 F 作用在平均直径处，并引入系数 ψ 来考虑实际载荷在各花键齿分配不均的影响，花键工作时的受力如图 9-14 所示。花键连接的强度条件计算公式为

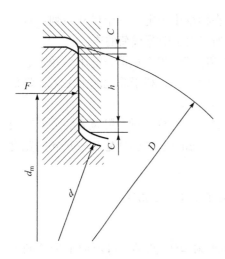

图 9-14　花键受力情况示意

静连接：
$$\sigma_{\mathrm{p}} = \frac{2T \times 10^3}{\psi zhld_{\mathrm{m}}} \leqslant [\sigma_{\mathrm{p}}] \qquad (9\text{-}3)$$

动连接：
$$p = \frac{2T \times 10^3}{\psi zhld_{\mathrm{m}}} \leqslant [p] \qquad (9\text{-}4)$$

式中，ψ 为载荷分布不均系数，一般 $\psi = 0.7 \sim 0.8$，齿数多时取偏小值；z 为花键的齿数；l 为齿的工作长度，mm；h 为花键齿侧面的工作高度，mm，对于矩形花键，$h = (D-d)/2 - 2C$，其中 D 为外花键大径，d 为内花键的小径，C 为倒角尺寸。对于渐开线花键，$\alpha = 30°$ 时，$h = m$，$\alpha = 45°$ 时，$h = 0.8m$，其中 m 为模数；d_{m} 为花键的平均直径，mm，对于矩形花键，$d_{\mathrm{m}} = (D+d)/2$，对于渐开线花键，d_{m} 为分度圆直径；$[\sigma_{\mathrm{p}}]$、$[p]$ 分别为轴、轮毂两者中最弱材料的许用挤压应力和许用压应力，MPa，见表 9-4。

9.3　无 键 连 接

轴和毂的连接不用键或花键时，统称为无键连接（成形连接、弹性环连接、过盈连接等）。这里介绍成形连接和弹性环连接。

9.3.1　成形连接

成形连接又称型面连接，是利用非圆截面的轴与相应的毂孔构成的连接，如图 9-15 所示。轴和毂孔可以做成柱形或锥形的，前者只能传递扭矩，但可以用于动连接（一般是在不带载荷下的移动），而后者除传递扭矩外，还可以传递单方向的轴向力。

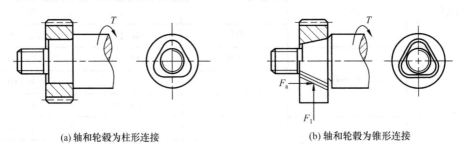

(a) 轴和轮毂为柱形连接　　　　　　　　　(b) 轴和轮毂为锥形连接

图 9-15　成形连接

成形连接装拆方便，在加工精度得到保证时具有良好的对中性能。由于没有键槽及尖角，应力集中小，其与键连接相比可视为一种使轴的整个截面都参与传力的一种连接方式，故可以传递较大的扭矩。

成形连接的加工比较复杂，特别是为了保证配合精度，最后工序多需要在专用机床上进行磨削，成本较高，目前的使用并不普遍。

成形连接的型面也可以采用方形、正六边形及带切口的圆形等，但其定心精度较差。

9.3.2　弹性环连接

弹性环连接也称胀套连接，是利用以锥面贴合并挤紧在轴、毂之间的内外钢环(胀紧连接套，简称胀套)构成的连接。根据胀套形式的不同，JB/T 7934—1999 规定了 20 种类型($Z_1 \sim Z_{20}$)。弹性环连接能传递相当大的转矩和轴向力，没有应力集中，定心性好，装拆方便，但由于要在毂和轴上安装弹性环，应用有时受到结构的限制。这里简要介绍采用 Z_1、Z_2 型的弹性环连接。

采用单个 Z_1 型胀套的连接实例如图 9-16(a)所示。当锁紧螺母，在轴向力的作用下，内外锥套相互楔紧，外锥套胀大撑紧毂，内锥套缩小箍紧轴，使接触面产生压紧力。工作时，利用此压紧力所引起的摩擦力来传递转矩或轴向力。为了传递更大的载荷，可以采用多个胀套，图 9-16(b)所示为采用两个 Z_1 胀套的实例。

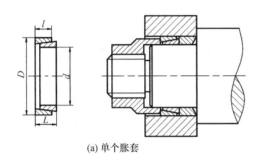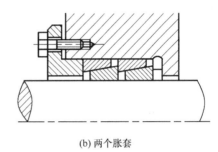

(a) 单个胀套　　　　　　　　　　　(b) 两个胀套

图 9-16　Z_1 胀套连接

图 9-17 所示为 Z_2 型弹性环连接，在锁紧螺栓的作用下，两锥形体相互靠近，内、外锥套接触的锥面使得内、外锥套收缩和扩张，达到连接的作用。

弹性环连接可以视为一种过盈连接。只是在弹性环连接中利用了锥面贴合并挤紧后产生的弹性变形。弹性环连接的强度计算需要考虑胀套、轴、轮毂的挤压强度。对于已经标准化的胀套，其额定的转矩[T]和额定轴向力[F_a]均为已知，选用时只需要根据轴和轮毂尺寸以及传递扭矩的大小，查阅手册选择合适的型号和尺寸。

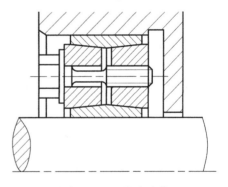

图 9-17　Z_2 胀套连接

9.4　销　连　接

9.4.1　销连接的种类和基本功能

销按其主要功能可分为三种:①定位销,主要用于固定零件之间的相对位置(图 9-18);②连接销,用于轴与毂的连接或其他连接(图 9-19),可传递不大的载荷;③安全销,作为安全装置中的过载保护元件(图 9-20)。

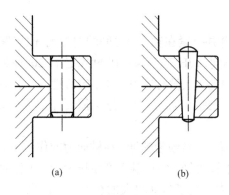

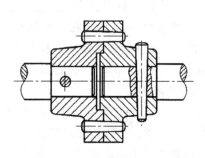

　　　　图 9-18　定位销　　　　　　　　　　　　图 9-19　连接销

　　销根据其外形的不同也可有多种类型，如圆柱销、圆锥销、槽销、销轴、开口销等。

　　圆柱销(图 9-18(a))靠微量的过盈配合固定在铰光的销孔中，由于装拆时的磨损和残余变形的存在，多次装拆将影响连接的可靠性、定位的精确性，不宜于在多次装拆的场合下使用。弹性圆柱销是由弹簧钢带卷制而成的纵向开缝的圆管(图 9-21，销孔无须铰光，靠材料的弹性变形挤紧在销孔中。这种销比实心销轻，可多次装拆。

　　圆锥销(图 9-18(b))有 1∶50 的锥度，可自锁，靠圆锥面的挤压作用固定在铰光的销孔中。可以多次装拆。但普通圆锥销在冲击振动下容易出现松脱。

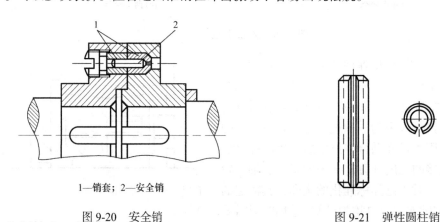

1—销套；2—安全销

　　　　图 9-20　安全销　　　　　　　　　　　　图 9-21　弹性圆柱销

　　销轴用于两零件的铰接处，以构成铰链连接。销轴通常用开口销锁定(图 9-22)。

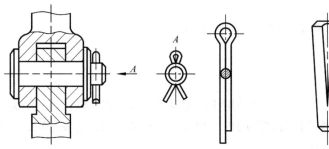

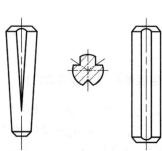

　　　图 9-22　销轴和开口销　　　　　　　　　图 9-23　槽销

槽销用弹簧钢碾压而成，有三条纵向沟槽(图 9-23)，销孔无须铰光，靠材料的弹性变形挤紧在销孔中。槽销制造比较简单，可多次装拆，多用于传递载荷。

9.4.2 几种特殊的销

圆柱销和圆锥销是最基本形式的销，但实际应用中根据不同的使用要求，销的结构也就有了不同的变化。

(1)开尾圆锥销。普通圆锥销在有振动的场合容易松脱，可采用开尾圆锥销(图 9-24)，装入销孔后，将末端开口部分撑开，可保证销不致松脱。

(2)带内(外)螺纹圆锥(圆柱)销。对盲孔以及由于结构设计装拆困难时可采用带内(外)螺纹的圆锥或圆柱销，如图 9-25 所示。另外，在深盲孔销连接中，由于销打入时孔内气体将受到压缩，从而产生阻止销进入的阻力，所以应采用加设排气孔，或采用槽销以便于安装。

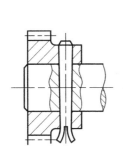

图 9-24 开尾圆锥销

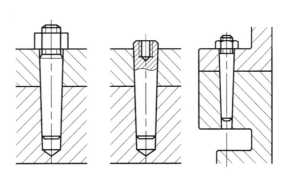

图 9-25 带螺纹的圆锥销

9.4.3 销的强度计算要点

在进行销连接设计时，可先根据连接的具体结构和工作要求来选择销的类型、材料和尺寸，再进行适当的强度计算。

定位销通常不受载荷或只受很小的载荷，故通常不进行强度计算，其直径按结构确定，一般不少于两个。销装入每一连接件内的长度，为销直径的 1~2 倍。

连接销的类型可按具体结构选定，其主要失效形式为剪断或压溃，可按实际的剪切面积和挤压面积进行设计校核(可参考铰制孔螺栓)。

安全销的直径应按过载值进行设计，以保证在达到过载值时销可被剪断。

拓 展

球键主要应用在既要求传递转矩，又要求轴向运动的机械设备上，具有摩擦阻力小，随动性好，承载能力大，刚度高等特点。如图 9-26 所示的汽车带式无级变速器，在动锥盘、定锥盘之间，通过滚动球键连接，保证动锥盘与定锥盘圆周方向同步传递运动和力，同时轴向可以往复运动，实现金属带工作半径的变化。

球键的材料一般为 GCr15，结构如图 9-27 所示。球键槽的圆周方向为保证圆周均匀分布，通常为 3 等分。球键在球键槽内沿轴向呈直线排列，其数量由受力大小和滚动体的承载能力决定。在键槽里用轴用弹簧卡圈和孔用弹簧卡圈限制球键的移动范围，保证球键始终作用在有效的范围内。

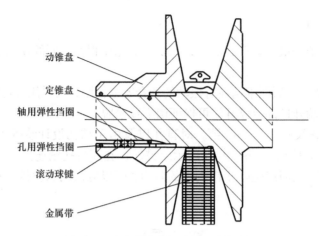

图 9-26   汽车带式无级变速器结构简图

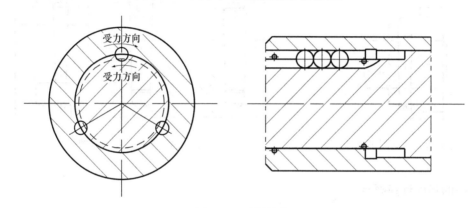

图 9-27   球键结构

习 题

9-1   键连接有哪些主要类型？各有什么主要特点？

9-2   平键连接的工作原理是什么？主要失效形式有哪些？平键的截面尺寸 $b \times h$ 和键的长度 L 如何确定？

9-3   为什么采用两个平键时，一般布置在沿周向相隔180°的位置。采用两个楔键时，相隔90°～120°；而采用两个半圆键时，却布置在轴的同一母线上。

9-4   键连接的主要用途是什么？楔键连接和平键连接有什么区别？（国防科大考研题）

9-5   判断题：楔键在安装时要楔紧，故定心性能好。（   ）（上海大学考研题）

9-6   根据齿形的不同，花键连接可分为_____和_____连接两类。（西北工大考研题）

9-7   设计键连接的主要内容是：a. 按轮毂长度选择键的长度；b. 按使用要求选择键的适当类型；c. 按轴的直径选择键的剖面尺寸；d. 对连接进行必要的强度校核。正确的顺序是（   ）。（同济大学考研题）

　　A. b→a→c→d   B. b→c→a→d   C. a→c→b→d   D. c→d→b→a

9-8 如题 9-8 图所示，A 轴段的直径为 50mm，长度为 70mm 齿轮装于端部，轴和齿轮均由 45 钢制成。现拟采用平键进行连接，请确定平键的尺寸，并确定能传递的最大扭矩。如齿轮改为灰铸铁制造，请问此时能传递的扭矩为多少？

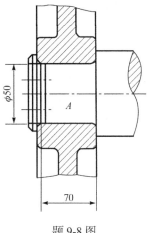

题 9-8 图

9-9 题 9-9 图所示为一花键轴滑移齿轮，传递的额定功率为 $P = 3.5\text{kW}$，转速 $n = 180\text{r/min}$，齿轮空载移动，工作情况良好。花键采用矩形花键，内花键拉削后未经热处理，$N \times d \times D \times B = 8 \times 36\text{mm} \times 40\text{mm} \times 7\text{mm}$，试校核连接的强度（倒角取为 C0.2mm）。

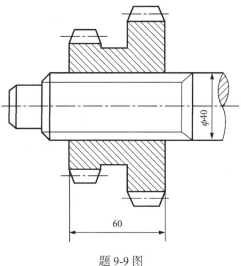

题 9-9 图

第10章 联轴器、离合器和制动器

联轴器、离合器和制动器是机器中常见的机械部件。如图 10-1 所示，在卷取机传动系统中，电动机轴上的运动和力要传递到减速器输入轴是通过联轴器 1 来实现的，通过联轴器连接的两轴只有在电动机停车后用拆卸方法才能把两轴分离。离合器 2 可以实现在电动机不停的状态下，将卷筒轴与减速器输出轴连接或分离。制动器 3 是使机器在很短时间内停止运转并闸住不动的装置；制动器也可在短期内用来减低或调整机器的运转速度。

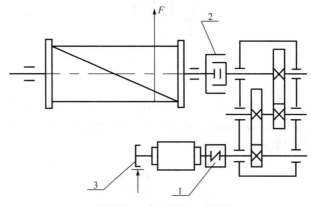

1—联轴器；2—离合器；3—制动器

图 10-1 卷取机传动系统简图

由于机器的工况各异，因而对联轴器、离合器和制动器提出了各种不同的要求，如传递转矩的大小、转速高低、扭转刚度变化情况、体积大小、缓冲吸振能力等，为了适应这些不同的要求，联轴器、离合器和制动器都已出现了很多类型，同时新型产品还在不断涌现，是一个广阔的开发领域。读者完全可以结合具体需要自行设计。

由于联轴器、离合器和制动器的类型繁多，本章仅介绍少数典型结构及其有关知识，以便为读者选用标准件和自行设计提供必要的基础。

10.1 联轴器的种类与特性

联轴器所连接的两轴，由于制造及安装误差、承载后的变形以及温度变化的影响等，往往不能保证严格的对中，而是存在着某种程度的相对位移，如图 10-2 所示。这就要求设计联轴器时，要从结构上采取各种不同的措施，使之具有适应一定范围的相对位移的性能，以消除或降低被连两轴因相对偏移引起的附加载荷，改善传动性能，延长机器寿命。

为了适应不同需要，人们设计了形式众多的联轴器，部分已经标准化。机械式联轴器的分类如表 10-1 所示，其中刚性联轴器为不能补偿两轴相对位移的联轴器，挠性联轴器为能补偿两轴相对位移的联轴器，安全联轴器为具有过载安全保护功能的联轴器。

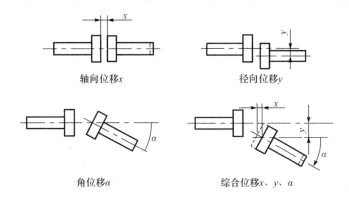

图 10-2　联轴器所连两轴的相对位移

表 10-1　联轴器类型

联轴器	刚性联轴器			凸缘联轴器(图 10-3)、套筒联轴器(图 10-4)、夹壳联轴器等(图 10-5)
	挠性联轴器	无弹性元件		十字滑块联轴器(图 10-6)、滑块联轴器(图 10-7)、齿式联轴器(图 10-8)、滚子链联轴器(图 10-9)、万向联轴器(图 10-10)等
		有弹性元件	金属弹性元件	膜片联轴器(图 10-12)、蛇形弹簧联轴器(图 10-13)、螺旋弹簧联轴器(图 10-14)、弹性管联轴器(图 10-15)等
			非金属弹性元件	中等弹性橡胶弹性元件：弹性套柱销联轴器(图 10-16)、弹性柱销联轴器(图 10-17)、梅花弹性块联轴器(图 10-18)等
				高弹性橡胶弹性元件：轮胎式联轴器(图 10-19)、高弹性凸缘联轴器(图 10-20)、高弹性中间环联轴器(图 10-21)等
	安全联轴器			剪切销安全联轴器(图 10-22)等
	启动安全联轴器			钢砂式安全联轴器(图 10-23)、液力联轴器(液力耦合器)(图 10-24)等

10.1.1　刚性联轴器

刚性联轴器由刚性传力件组成，各连接件间不能相对运动，不具备补偿两个轴相对位移的能力，无减振和缓冲功能，一般仅适用于载荷平稳、无冲击振动、两轴同轴度好的场合。刚性联轴器不会产生磨损，无须维护。

1. 凸缘联轴器

凸缘联轴器是把两个带有凸缘的半联轴器用普通平键分别与两轴连接，然后用螺栓把两个半联轴器连成一体，以传递运动和转矩(图10-3)。这种联轴器有两种主要的结构形式，图 10-3(a)所示的凸缘联轴器是靠铰制孔用螺栓来实现两轴对中和靠螺栓杆承受挤压与剪切来传递转矩；图10-3(b)所示的凸缘联轴器，靠一个半联轴器上的凸肩与另一个半联轴器上的凹槽相配合而对中。连接两个半联轴器的螺栓可以采用A级或B级的普通螺栓，转矩靠两个半联轴器接合面的摩擦力矩来传递。

凸缘联轴器构造简单、成本低、可传递较大转矩，但无相对位移补偿能力，故当转速低、无冲击、轴的刚性大、对中性较好时常采用。

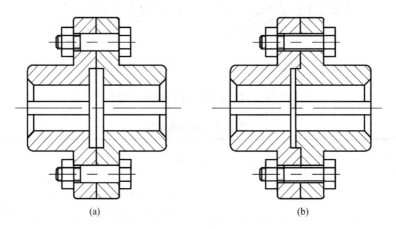

图 10-3　凸缘联轴器

2. 套筒联轴器

套筒联轴器通过一个公用套筒与被连接两轴的轴端分别采用键(图 10-4(a))、销(图10-4(b))或花键等连接零件固定连成一体。在采用键或花键连接时，应采用锥顶紧定螺钉作轴向固定。

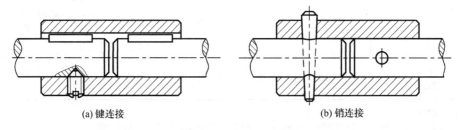

(a)键连接　　　　　　　　　　　　(b)销连接

图 10-4　套筒离合器

套筒联轴器的优点是结构简单、制造方便、径向尺寸小、成本较低。其缺点是传递转矩的能力较小，装拆时轴需作轴向移动，造成不便，而且只能用于连接两直径相同的轴。

3. 夹壳联轴器

夹壳联轴器由纵向部分的两个半联轴器、螺栓和键组成(图10-5)。由于夹壳外形相对复杂，故常用铸铁铸造成形。它的特点是径向尺寸小且装拆方便，克服了套筒联轴器装拆需轴向移动的不足。但由于其转动平衡性较差，故常用于低速。

装配时先将需要安装的半联轴器放置在轴端，然后将槽中的螺栓拧紧从而实现摩擦锁合。应将螺栓正、反错开安装以避免不平衡。若轴径≥55 mm，为保证可靠传递转矩应加平键。

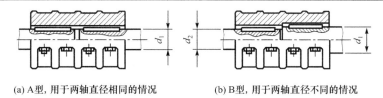

(a) A型，用于两轴直径相同的情况　　　(b) B型，用于两轴直径不同的情况

图 10-5　夹壳联轴器

10.1.2　挠性联轴器

这类联轴器因具有挠性，故可补偿两轴的相对位移。根据结构类型的不同，可补偿运行中出现的一种或多种错位。半联轴器的许用轴向、径向和角错位 x、y 和 α（图 10-2）由制造商给出，实际产生的两轴错位不许超过许用值。

挠性联轴器可分为无弹性元件挠性联轴器和有弹性元件挠性联轴器。

1. 无弹性元件的挠性联轴器

无弹性元件的挠性联轴器由可作相对移动或滑动的刚性传力件组成，利用连接元件间的相对可移性补偿被连接两轴的相对位移。大部分无弹性元件挠性联轴器需在良好的润滑和密封条件下工作。这类联轴器因无弹性元件，故不能缓冲减振，不适用于有冲击、振动的轴系传动。

1）十字滑块联轴器

十字滑块联轴器由两个在端面上开有凹槽的半联轴器 1、3 和一个两面带有凸牙的中间圆盘 2 组成（图 10-6（a））。中间圆盘两面的凸牙相互垂直，分别嵌装在两个半联轴器的凹槽中。因凸牙可在凹槽中滑动，故可补偿安装及运转时两轴轴心的径向位移（图 10-6（b））。利用两半联轴器与中间圆盘之间的轴向间隙也能补偿极少量的角位移（图 10-6（c））。

十字滑块联轴器结构简单、制造方便。但在两轴间有相对位移的情况下工作时，中间盘就会产生很大的离心力，从而增大动载荷及磨损。故只适用于转速不高（$n < 250\text{r/min}$），轴的刚度较大，且无剧烈冲击处。为了减少摩擦及磨损，使用时应从中间盘的油孔中注油进行润滑。

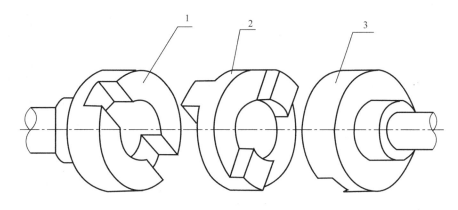

(a)

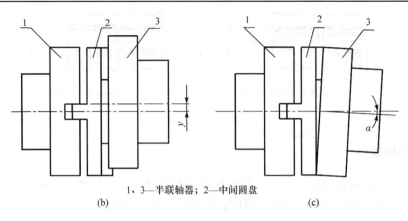

1、3—半联轴器；2—中间圆盘

(b)　　　　　　　　　　　　　　　　(c)

图 10-6　十字滑块联轴器

2) 滑块联轴器

如图 10-7 所示,这种联轴器与十字滑块联轴器相似,只是两边半联轴器上的沟槽很宽,并把原来的中间盘改为两面不带凸牙的方形滑块,且通常用夹布胶木制成。由于中间滑块的质量减小,又具有弹性,故具有较高的极限转速。中间滑块也可用尼龙制成,并在配置时加入少量的石墨或二硫化钼,以便在使用时可以自行润滑。这种联轴器结构简单、尺寸紧凑,适用于小功率、高转速而无剧烈冲击处。

图 10-7　滑块联轴器

3) 齿式联轴器

如图 10-8(a) 所示,齿式联轴器是一种允许有综合位移的挠性联轴器,它由两个带有内齿及凸缘的外套筒 2、4 和两个带有外齿的内套筒 1、5 组成。两个内套筒分别用键与两轴连接,两个外套筒用螺栓连成一体,内、外套筒上的齿数相等,工作时依靠内外齿相啮合以传递转矩。内套筒上外齿的齿顶制成球面(球心位于联轴器轴线上),沿齿厚方向制成鼓形,且保证与内齿啮合后具有适当的顶隙和侧隙(图 10-8(b)),以及两个内套筒端面间留有间隙,故在传动时,可以补偿两轴的轴向和径向位移以及角位移(图 10-8(c))。为了减小齿面磨损,可由油孔 3 注入润滑油,并在内外套筒之间装有密封圈 6,以防止润滑油泄漏。

齿式联轴器中,所用轮齿的齿廓曲线为渐开线,啮合角为 20°,齿数一般为 30~80,材料一般用 45 钢或 ZG310—570。由于是多齿同时工作,这类联轴器能传递很大的转矩,并允许有较大的偏移量,安装精度要求不高;但质量较大,成本较高,在重型机械中广泛应用。

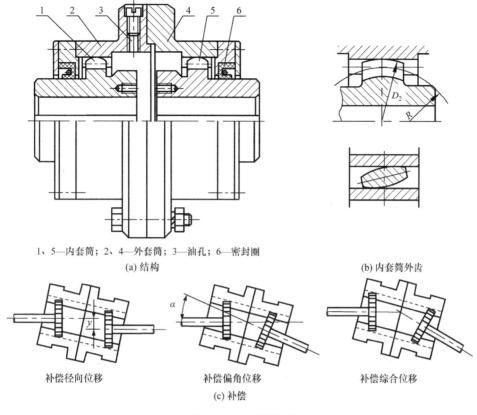

1、5—内套筒；2、4—外套筒；3—油孔；6—密封圈

(a) 结构　　　　　　　　　　　　　　　(b) 内套筒外齿

补偿径向位移　　　　　补偿偏角位移　　　　　补偿综合位移

(c) 补偿

图 10-8　齿式联轴器

4)滚子链联轴器

图 10-9 所示为滚子链联轴器。它是由两半联轴器 1、4 上具相同齿数的链轮并列同时与一条双排滚子链 2 啮合来实现连接。链与链轮间的啮合间隙可补偿两轴间的相对位移。为了改善润滑条件并防止污染，一般都将联轴器密封在罩壳 3 内。

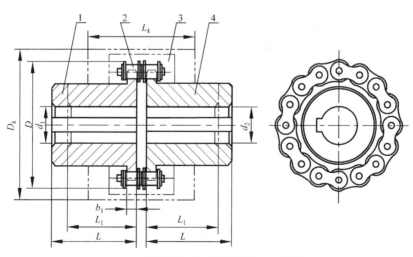

1、4—半联轴器；2—双排滚子链；3—罩壳

图 10-9　滚子链联轴器

　　滚子链联轴器只需将链条接头拆开便可将两轴脱离，装拆、维修方便，结构简单，尺寸紧凑，质量小，价廉并具有一定的补偿性能和缓冲性能，但因链条的套筒与其配件间存在间隙，不宜用于逆向传动，启动频繁或立轴传动。同时由于受离心力影响也不宜用于高速传动。

　　5)十字轴式万向联轴器

　　如图 10-10(a)所示，它由两个叉形接头 1、3，一个中间连接件 2 和轴销 4(包括销套及铆钉)、5 所组成；轴销 4 与 5 互相垂直配置并分别把两个叉形接头 1、3 与中间连接件 2 连接起来。这样，就构成了一个可动的连接。这种联轴器可以允许两轴间有较大的夹角(夹角 α 最大可达35°～45°)，而且在机器运转时，夹角发生改变仍可正常传动；但当 α 过大时，传动效率会显著降低。

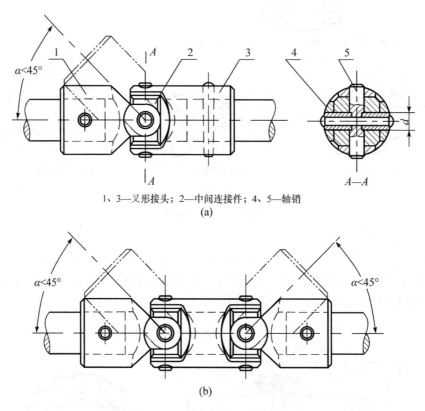

1、3—叉形接头；2—中间连接件；4、5—轴销

(a)

(b)

图 10-10　十字轴式万向联轴器

　　这种联轴器的缺点是：当主动轴以等角速度 ω_1 回转一圈时，虽然从动轴也回转一圈，但回转过程中角速度 ω_3 并不是常数，而是在一定范围内 $\left(\omega_1 \cdot \cos\alpha \leqslant \omega_3 \leqslant \dfrac{\omega_1}{\cos\alpha}\right)$ 周期性变化，因而在传动中将产生附加动载荷。为了改善这种情况，常将两个万向联轴器通过一个中间轴串联起来使用(图 10-10(b))，并采用 Z 形或者 W 形布置形式(图 10-11)，但应注意安装时必须保证主动轴 1、从动轴 3 与中间轴 2 之间的夹角相等，并且中间轴两端的叉形接头在同一平面内。只有这种双万向联轴器才可以得到 $\omega_3 = \omega_1$。由于中间轴的转速仍然是不均匀的，所以万向联轴器转速受到限制。

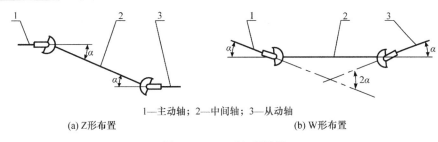

1—主动轴；2—中间轴；3—从动轴

(a) Z形布置　　　　　　　　　　　　　　　　　(b) W形布置

图 10-11　双万向联轴器

2. 有弹性元件的挠性联轴器

有弹性元件挠性联轴器是依靠联轴器中的弹性元件在受载时能产生显著的弹性变形，从而使两半联轴器发生相对运动，以补偿两轴间的相对位移，同时弹性元件还具有一定的缓冲减振能力。

制造弹性元件的材料有金属和非金属两种。金属材料制成的弹性元件(主要为各种弹簧)强度高、尺寸小而寿命较长。非金属有橡胶、塑料等，其特点为质量小，价格便宜，减振能力强。

非金属弹性元件联轴器又分为中等弹性橡胶弹性元件联轴器和高弹性橡胶弹性元件联轴器。

联轴器在受到工作转矩 T 以后，被连接两轴将因弹性元件的变形而产生相应的扭转角 φ。φ 与 T 成正比关系的弹性元件为定刚度，不成正比的为变刚度。非金属材料的弹性元件都是变刚度的，金属材料的则由其结构不同可有变刚度的与定刚度的两种。常用非金属材料的刚度多随载荷的增大而增大，故缓冲性好，特别适用于工作载荷有较大变化的机器。

1)金属弹性元件联轴器

其结构和工作原理由所采用的弹性元件决定。金属弹性元件联轴器中的弹性元件的摩擦还具有很好的阻尼作用，它们还具有耐油和耐温的特点。

(1)膜片联轴器。

如图 10-12(a)所示，膜片联轴器由两个半联轴器 1 和 4，金属膜片组 2、3 和铰制孔

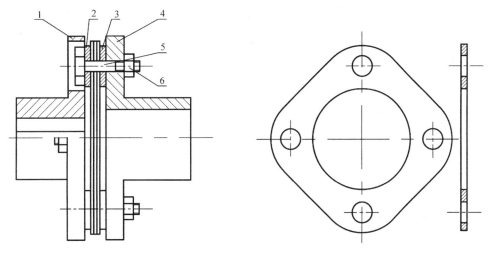

1、4—半联轴器；2、3—金属膜片组；5—铰制孔用螺栓；6—螺母

(a)　　　　　　　　　　　　　　　　　　　　　(b)

图 10-12　膜片联轴器

用螺栓 5、螺母 6 所组成。半联轴器 4 通过螺栓与金属膜片组 3 的两个孔连接，半联轴器 1 通过螺栓与膜片组 2 的另外两个孔相连接，于是扭矩通过膜片组从一个半联轴器传递到另一个半联轴器上。依靠金属膜片组的弹性变形来补偿被连两轴的相对位移。膜片的形状如图 10-12（b）所示。这种联轴器结构比较简单，弹性元件的连接没有间隙，不需润滑，维护方便，平衡容易，质量小，对环境适应性强，发展前途广阔，但扭转弹性较低，缓冲减振性能差，主要用于载荷比较平稳的高速传动。

（2）蛇形弹簧联轴器。

蛇形弹簧联轴器的金属弹性元件为几组嵌在两半联轴器齿间呈蛇形的弹簧，蛇形弹簧沿轴向布置（图 10-13（a））。为了防止弹簧在离心惯性力的作用下被甩出，并避免弹簧与齿接触处发生干摩擦，需用封闭的壳体罩住，壳体内注入润滑油。工作时，通过齿与弹簧的互压来传递转矩。

与弹簧接触的齿形一般有直线型（图 10-13（b））和曲线形（图 10-13（c））两种。直线形齿蛇形弹簧联轴器属等刚度联轴器，弹簧的变形与联轴器所传递的转矩呈线性关系，直线形齿的齿形比较简单，应用较广。缺点是只能用于转矩变化不大的场合，尤其不宜承受冲击载荷。在转矩变化较大的场合，宜采用曲线形齿蛇形弹簧联轴器，齿槽沿着联轴器中心逐渐变宽。随着转矩的增加，力的作用点向内移动，即弹簧承载长度缩短，联轴器得到刚度渐增扭转弹簧特性线。当承受大冲击转矩时，钢制弹簧与齿侧接触，联轴器就失去了挠性，成为扭转刚性的联轴器。曲线形齿蛇形弹簧联轴器既有较好的缓冲作用又不致变形过大。但曲线形齿齿廓加工工艺复杂，制造成本高，应用不广，一般仅用于转矩变化较大或需要逆转的场合。

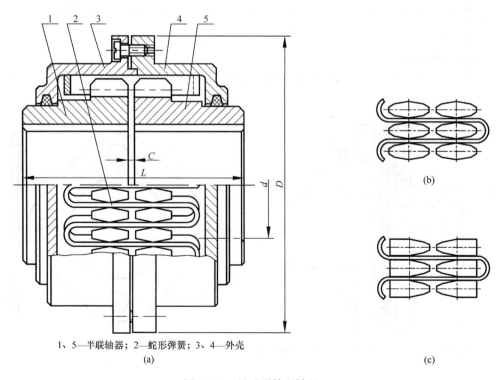

1、5—半联轴器；2—蛇形弹簧；3、4—外壳

（a）　　　　　　　　　　　　　　（c）

图 10-13　蛇形弹簧联轴器

(3)螺旋弹簧联轴器。

螺旋弹簧联轴器(图 10-14)由位于两个半联轴器 1 之间沿着周向分布并预紧的螺旋压缩弹簧 4、可摆动导向 3 和在两个半联轴器上交叉排列的插销 2 组成。此类联轴器无旋转间隙,且能够补偿各方向的错位,而且工作可靠,若将两个此类联轴器串联起来便构成了弹性万向联轴器。

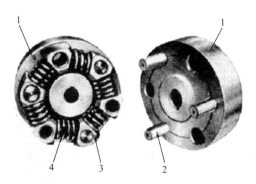

1—半联轴器;2—插销;3—可摆动导向;4—螺旋压缩弹簧

图 10-14 螺旋弹簧联轴器

(4)弹性管联轴器。

弹性管联轴器(图 10-15)是用扭转螺旋弹簧直接与两半联轴器连接而成,借助于扭转弹簧的挠性可以补偿两轴线间的偏移。制造时可将一段管子的中部加工出螺旋槽成为弹性管(图 10-15(a)),也可用矩形或圆形截面的弹簧丝绕制成螺旋弹簧(图 10-15(b))。这种联轴器结构简单,加工、安装方便,整体性能好,适用于要求结构紧凑、外形小、传动精度较高的场合,如脉冲或伺服电动机与编码器的连接。

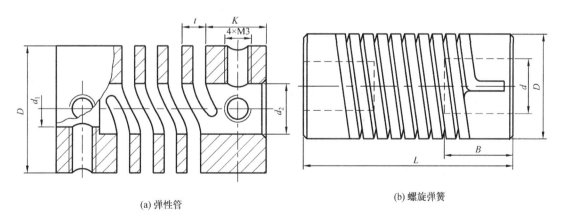

(a) 弹性管　　　　　　　　　　　　(b) 螺旋弹簧

图 10-15 弹性管联轴器

2)非金属弹性元件联轴器

(1)中等弹性橡胶弹性元件联轴器。

此类联轴器允许较小的转角位移并且具有很小的阻尼作用。适用于简单机械(如通风机和离心泵),能够补偿启动冲击,允许相对较大的轴向错位,无须维护,而且即使弹性元件损坏,也不至于使联轴器彻底失效。它价廉物美,且具有刚度渐增型扭转弹簧特性线,因此工作可靠，承载能力大。

① 弹性套柱销联轴器。

这种联轴器(图 10-16)的构造与凸缘联轴器相似，只是用带有弹性套(橡胶或皮革制)的柱销(35 钢)代替了连接螺栓。主动轴上的转矩通过弹性套和柱孔间的挤压传递给从动轴。安装时应注意两半联轴器间留有间隙，以补偿两轴间较大的轴向位移，依靠弹性套的变形允许少量径向位移和角位移。

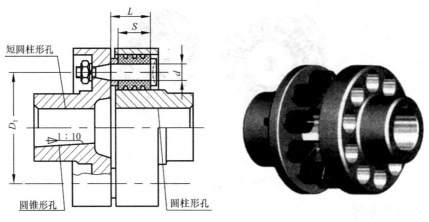

图 10-16　弹性套柱销联轴器

这种联轴器制造容易，装拆方便，成本较低，但弹性套易磨损，寿命较短，且弹性元件的变形受到约束，故补偿位移和缓冲减振能力不很强。适用于连接载荷平稳，需正反转或启动频繁的传递中小转矩的轴。

② 弹性柱销联轴器。

这种联轴器的结构如图 10-17 所示，用尼龙柱销将两半联轴器连接起来。柱销一段为柱形，另一段为鼓形，以适应两轴的角位移。为了防止柱销脱落，两侧装有挡板。

这种联轴器与弹性套柱销联轴器很相似，但传递转矩的能力很大，结构更为简单，安装、制造方便，耐久性好，尼龙柱销弹性较好，有一定的缓冲和吸振能力，允许被连接两轴有一定的轴向位移以及少量的径向位移和角位移，适用于轴向窜动较大、正反转变化较多和启动频繁的场合，由于尼龙柱销对温度较敏感，故使用温度限制在 −20～70℃。

图 10-17　弹性柱销联轴器　　　　　　　　　图 10-18　梅花形弹性联轴器

③ 梅花形弹性联轴器。

这种联轴器如图 10-18 所示，其半联轴器与轴的配合孔可做成圆柱形或圆锥形。装配联轴器时将梅花形弹性件的花瓣部分夹紧在两半联轴器端面凸齿交错插进所形成的齿侧空间，以便在联轴器工作时起到缓冲减振的作用。弹性件可根据使用要求选用不同硬度的聚氨酯橡胶、铸型尼龙等材料制造。工作温度范围为−35～80℃，短时工作温度可达100℃，传递的公称转矩范围为16～25000N·m。

(2)高弹性橡胶弹性元件联轴器。

这类联轴器是通过轮胎形、盘形或者环形橡胶元件无间隙地传递转矩。由于其阻尼较大，所以可以很大程度上降低转矩冲击，这类联轴器适用于载荷非常不均匀的场合。由于具有高弹性，所以可补偿较大的轴位移。

① 轮胎式联轴器。

轮胎式联轴器如图 10-19 所示，用橡胶或橡胶织物制成轮胎状的弹性元件 1，两端用压板 2 及螺钉 3 分别压在两个半联轴器 4、5 上。这种联轴器富有弹性，具有良好的消振能力，能有效地降低动载荷和补偿两轴较大的轴向位移和偏斜，而且绝缘性能好，运转时无噪声。缺点是径向尺寸较大；当转矩较大时，会因过大扭转变形而产生附加轴向载荷。

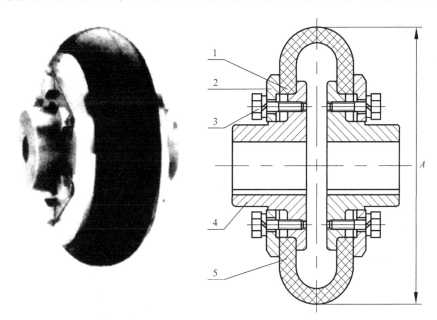

1—橡胶轮胎；2—压板；3—螺钉；4—半联轴器 1；5—半联轴器 2

图 10-19　轮胎式联轴器

② 高弹性凸缘联轴器。

如图 10-20 所示，该联轴器将楔形橡胶盘用硫化胶合法固定在联轴器轮毂和凸缘上，可采用不同的橡胶类型来改变其扭转弹簧特性线。

③ 高弹性中间环联轴器。

如图 10-21 所示，该联轴器由一个四边形、六边形或者八边形高弹性环来传递转矩，这个环与两个半联轴器的钢制凸缘用正反相间的螺栓进行连接。高弹性环由一段段圆柱形橡胶体构成，每段橡胶体两头有硫化胶合法固定的钢板套。在安装时，中间环沿着径向张紧,受载时橡胶不受不合理的拉应力作用而是受到压应力,提高了橡胶的工作能力。

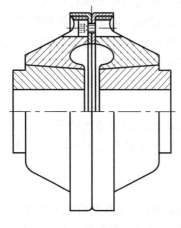

图 10-20　高弹性凸缘联轴器　　　　　　　图 10-21　高弹性中间环联轴器

10.1.3　安全联轴器

　　安全联轴器在结构上的特点是,存在一个保险环节(如销钉、可动连接等),这种保险环节只能承受某一限定载荷。当实际载荷超过限定的数值时,保险环节就会折断、分离或打滑使传动中断或限制转矩的传递,以保护传动系统重要部件不致损坏。在传递转矩未超过限定的安全转矩情况下,其作用与普通联轴器相同。

　　剪切销安全联轴器如图 10-22 所示,这种联轴器有单剪的(图 10-22(a))和双剪的(图 10-22(b))两种。现以单剪的为例加以说明。这种联轴器的结构类似凸缘联轴器,但不用螺栓,而用钢制销钉连接,过载时即被剪断,销钉直径 d(单位为 mm)可按剪切强度计算。为了使销钉剪断后断口的毛刺不致损坏半联轴器的端面,常把销钉装入两个经过淬火的剪切钢套中,并在半联轴器的端面上加工出环形凹槽。

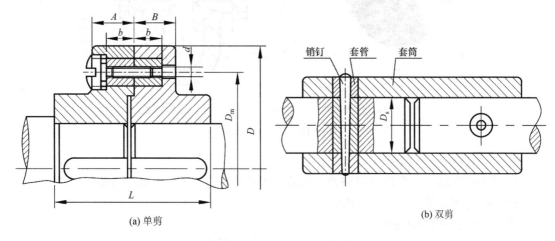

(a) 单剪　　　　　　　　　　　　　　　　(b) 双剪

图 10-22　剪切销安全联轴器

　　这种安全联轴器限定的安全转矩精度不高,销钉经较长时间运转后产生疲劳,从而降低剪切值，导致传递转矩降低；销钉被剪断时会产生较大冲击；且销钉剪断后，不能自动恢复工作能力，因而必须停机更换销钉；该安全联轴器也不能补偿被连两轴的相对偏移。所以，这种安全联轴器不宜用在经常发生过载而需频繁更换销钉的场合，也不宜用于被连两轴对中不易保证的场合。但由于构造简单，所以对两轴对中性好且很少过载的机器还常采用。

10.1.4　启动安全联轴器

启动安全联轴器除了具有过载安全保护作用外，还有将机器电动机的带载启动转变为近似空载启动的作用。许多机器，如球磨机、搅拌机、输送机、轧钢机辊道、空压机、鼓风机、离心水泵、油田抽油机、矿粉烧结机以及各种车船都是带载启动的。通常，为克服工作机的负荷和传动系统的惯性而顺利启动，必须匹配比稳定运转所需功率大得多的电动机，但启动完毕进入稳定运转时，所配电动机的功率又远大于所需的功率，造成"大马拉小车"的不合理状况。这种状况降低了电网的功率因数和电动机效率，增大了电能的无功损耗，造成能源浪费，而采用启动安全联轴器则可解决这种不合理状况。

1. 钢砂式安全联轴器

图 10-23 所示的钢砂式安全联轴器主要由主动轴套、壳体、钢砂、叶轮、从动转子、法兰、有弹性套柱销联轴器的半联轴器、滚动轴承、密封圈及其他零件组成。联轴器的工作原理是：当电动机启动时，电动机带动壳体旋转。壳体内表面通过摩擦力带动钢砂旋转，

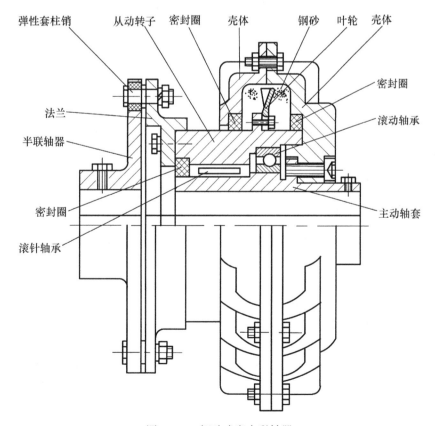

图 10-23　钢砂式安全联轴器

从而带动与从动轴相连接的从动转子旋转。因此，电动机近似于空载启动。随着电动机转速的增加。钢砂在离心力作用下紧贴壳体的摩擦力矩逐渐增大，壳体与转子达到同步运转状态，此时转子与壳体不再存在转速差。由启动到主、从动轴同步运转，一般不超过数秒。该联轴器还可以通过改变钢砂填充量来调节传递的转矩，容易实现过载安全保护。当工作机过载时，联轴器自动打滑，防止电动机烧毁或其他重要零件损坏。

2. 液力联轴器

液力联轴器又称液力耦合器，是过去采用的一种启动安全联轴器，如图 10-24 所示。

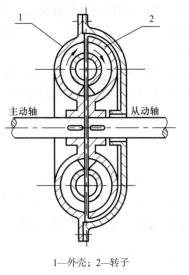

1—外壳；2—转子

图 10-24　液力联轴器

主动轴与外壳 1 相连，外壳 1 内腔上有叶片；从动轴与转子 2 相连，转子 2 上亦带有叶片，壳体内装有一定量的黏性液体(通常为润滑油)。当主动轴连同壳体 1 及其上的叶片转动时，叶片推动流体作如图 10-24 中箭头所示的流动，流动的液体推动转子转动，从而带动从动轴转动。由于在电动机启动时，只需推动有限的流体流动，因而启动阻力矩很小；随着电动机转速的升高，流体运动速度增高，动能增大，逐渐推动从动轴上的转子加速转动，直至达到一定转速时为止。这种联轴器启动容易、平稳，且具有过载保护作用，但在启动完毕之后的稳定运转阶段，主、从动轴始终保持一定的转速差，并且转速差随载荷的变化而变化。另外，这种联轴器还存在效率低、流体溢漏、不能补偿两轴相对偏移以及制造工艺复杂、价格昂贵等缺点。

10.2　联轴器的选择

联轴器大多已标准化和系列化(见有关手册)，一般机械设计者的任务主要是选用，而不是设计。使用时通常是首先选择合适的类型，再根据轴的直径、传递转矩和工作转速等参数，由有关标准确定其型号和结构尺寸，基本步骤如下。

10.2.1　选择联轴器的类型

联轴器的类型应根据使用要求和工作条件来确定，具体选择时可考虑以下几方面。

(1) 所需传递的转矩大小和性质以及对缓冲减振功能的要求。例如，对大功率的重载传动，可选用齿式联轴器；对高速，有冲击、振动，载荷变化大的传动最好选用弹性联轴器。

(2) 联轴器的工作转速高低和引起的离心力的大小。低速时可选用刚性联轴器。对于高速传动轴，宜选用弹性联轴器，而不宜选用存在偏心的滑块联轴器等。

(3) 两轴对中情况。若两轴能保证严格对中时，可选用刚性联轴器；在安装调整过程中，难以保持两轴严格精确对中，或工作过程中两轴将产生较大的附加相对位移时，应选用挠性联轴器。例如当径向位移较大时，可选滑块联轴器，角位移较大或相交两轴的连接可选用万向联轴器等。

(4) 联轴器的可靠性和工作环境。通常由金属元件制成的不需润滑的联轴器比较可靠；

需要润滑的联轴器，其性能易受润滑完善程度的影响，且可能污染环境。含有橡胶等非金属元件的联轴器对温度、腐蚀性介质及强光等比较敏感，而且容易老化。有时还要考虑安装尺寸的限制。

(5)联轴器的制造、安装、维护和成本。在满足使用性能的前提下，应选用装拆方便、维护简单、成本低的联轴器。例如刚性联轴器不但结构简单，而且装拆方便，可用于低速、刚性大的传动轴。一般的非金属弹性元件联轴器(如弹性套柱销联轴器、弹性柱销联轴器、梅花形弹性联轴器等)，由于具有良好的综合性能，广泛适用于一般的中小功率传动。

10.2.2　确定联轴器型号

1. 计算联轴器的计算转矩

由于机器启动时的动载荷和运转中可能出现的过载现象，所以应当按轴上的最大转矩作为计算转矩 T_{ca} ，计算转矩公式为

$$T_{ca} = K_A T \tag{10-1}$$

式中，T 为公称转矩，N·m；K_A 为工作情况系数，见表 10-2。

表 10-2　工作情况系数 K_A

工作机		K_A			
		原动机			
分类	工作情况及举例	电动机 汽轮机	四缸和四缸 以上内燃机	双缸内燃机	单缸内燃机
I	转矩变化很小，如发电机、小型通风机、小型离心泵	1.3	1.5	1.8	2.2
II	转矩变化小，如透平压缩机、木工机床、运输机	1.5	1.7	2.0	2.4
III	转矩变化中等，如搅拌机、增压泵、有飞轮的压缩机、冲床	1.7	1.9	2.2	2.6
IV	转矩变化和冲击载荷中等，如织布机、水泥搅拌机、拖拉机	1.9	2.1	2.4	2.8
V	转矩变化和冲击载荷大，如造纸机、挖掘机、起重机、碎石机	2.3	2.5	2.8	3.2
VI	转矩变化大并有极强烈冲击载荷，如压延机、无飞轮的活塞泵、重型初轧机	3.1	3.3	3.6	4.0

2. 确定联轴器的型号

根据计算转矩 T_{ca} 及所选的联轴器类型，按照

$$T_{ca} \leqslant [T] \tag{10-2}$$

的条件由联轴器标准中选定该联轴器型号。式中的[T]为该型号联轴器的许用转矩。

3. 校核最大转速

被连接轴的转速 n 不应超过所选联轴器允许的最高转速 n_{max}，即 $n \leqslant n_{max}$。

4. 协调轴孔直径

一般情况下被连接两轴的直径是不同的，两个轴端的形状也可能是不同的，如主动轴轴端为圆柱形，所连接的从动轴轴端为圆锥形。多数情况下，每一型号联轴器适用的轴的直径均有一个范围。标准中或者给出轴直径的最大和最小值，或者给出适用直径的尺寸系列，被连接两轴的直径应当在此范围之内。

10.2.3 规定部件相应的安装精度

根据所选联轴器允许轴的相对位移偏差，规定部件相应的安装精度。通常标准中只给出单项位移偏差的允许值。如果有多项位移偏差存在，则必须根据联轴器的尺寸大小计算出相互影响的关系，以此作为规定部件安装精度的依据。

10.2.4 进行必要的校核

如有必要，应对联轴器的主要承载零件进行强度校核。使用有非金属弹性元件的联轴器时，还应注意联轴器所在部位的工作温度不要超过该弹性元件材料允许的最高温度。

[例 10-1] 某车间起重机根据工作要求选用一电动机，其功率 $P = 10\text{kW}$，转速 $n = 960\text{r/min}$，电动机轴伸的直径 $d = 42\text{mm}$，试选用所需的联轴器(只要求与电动机轴伸连接的半联轴器满足直径要求)。

解 (1)类型选择。

为了隔离振动与冲击，选用弹性套柱销联轴器。

(2)载荷计算。

公称转矩为

$$T = 9.55 \times 10^6 \frac{P}{n} = 9.55 \times 10^6 \frac{10}{960} = 99.48 \times 10^3 (\text{N} \cdot \text{m})$$

由表 10-2 查得 $K_A = 2.3$，故由式(10-1)得计算转矩为

$$T_{ca} = K_A T = 2.3 \times 99.48 \times 10^3 = 228.80 (\text{N} \cdot \text{m})$$

(3)型号选择。

从 GB/T 4323—2002 中查得 TL6 型弹性套柱销联轴器的许用转矩为 $250\text{N} \cdot \text{m}$，许用最大转速为 3800r/min，轴径为 $32 \sim 42\text{mm}$，故合用。

其余计算从略。

10.3　离　合　器

10.3.1 离合器的功用与类型

前述的联轴器基本是一种固定连接，在机器运转时是不能随意脱开的(安全联轴器只是在过载时脱开，软启动安全联轴器只是在启、制动阶段和过载时脱开)；而离合器在机器运转中可将传动系统随时分离或接合。这是离合器与联轴器的根本区别。

　　离合器的离合功能主要是由其内部主、从动部分的接合元件实现的。离合器的种类很多，按结合元件结合或分离方式不同分为操纵离合器和自控离合器两类(表 10-3)。必须通过操纵结合元件才具有结合或分离功能的离合器称为操纵离合器；在主动部分或从动部分某些性能参数变化时，结合元件具有结合或分离功能的离合器称为自控离合器。根据离合器接合元件工作原理的不同，离合器又可分为嵌合式离合器和摩擦式离合器两大类。嵌合式离合器利用机械嵌合副的嵌合力来传递转矩，传递转矩能力较大，外形尺寸小，接合后主、从动部分的转速完全一致，工作时不发热。但柔性差，在有转速差下接合时会产生刚性冲击，引起振动和噪声。因而不宜用在受载下接合或高速接合的场合。摩擦式离合器利用摩擦副的摩擦力来传递转矩，接合过程中主、从动接合元件存在一定的滑差，因而具有柔性，可大大减小接合时的冲击和噪声，适用于在受载下接合或高速接合的场合，但工作中会引起发热和功率损耗。

表 10-3　离合器的分类

离合器	操纵离合器	机械离合器	牙嵌离合器(图 10-25)、齿形离合器(图 10-26)、销式离合器(图 10-27)、键式离合器(图 10- 28)、片式离合器(图 10-30、图 10-31、图 10-32)、圆锥离合器、圆柱离合器(图 10-29)等
		电磁离合器	片式电磁离合器(图 10-34)、牙嵌电磁离合器、圆锥电磁离合器、扭簧电磁离合器、转差电磁离合器、磁粉离合器等
		液压离合器	片式液压离合器(图 10-35)、牙嵌液压离合器、浮动块液压离合器、圆锥液压离合器等
		气压离合器	片式气压离合器(图 10-35)、气胎离合器、圆锥气压离合器、浮动块气压离合器等
	自控离合器	超越离合器	滚柱离合器(图 10-39)、棘轮超越离合器(图 10-40)、牙嵌超越离合器、滑销超越离合器等
		离心离合器	带弹簧闸块式离合器(图 10-41)、钢球离合器等
		安全离合器	片式安全离合器(图 10-36)、牙嵌安全离合器(图 10-37)、滚珠安全离合器(图 10-38)等

1. 操纵离合器

1)机械离合器

在机械机构直接作用下具有离合功能的离合器称为机械离合器。

(1)嵌合式离合器。

根据组成嵌合副的接合元件的结构形状，嵌合式离合器可分为牙嵌离合器、齿形离合器、销式离合器和键式离合器等。

　　① 牙嵌离合器。由两个端面上有牙的半离合器组成(图 10-25(a))。其中半离合器 1 固接在主动轴上；而半离合器 2 用导向平键 3 (或花键)与从动轴连接，并可通过移动滑环 4 使其沿导向平键在从动轴上作轴向移动，以实现离合器的分离与接合。牙嵌离合器是借牙的相互嵌合来传递运动和转矩的。为使两半离合器能够对中，在主动轴端的半离合器 1 上固定一个对中环 5，从动轴可在对中环内自由转动。

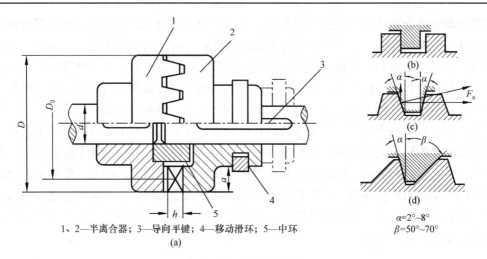

1、2—半离合器；3—导向平键；4—移动滑环；5—中环

(a)

α=2°~8°
β=50°~70°

图 10-25　牙嵌离合器

牙嵌离合器常用的牙形有矩形、梯形、锯齿形。矩形牙（图 10-25（b））无轴向分力，但不便于接合与分离，牙根强度亦低，仅用于小转矩、静止状态下手动结合；梯形牙（图 10-25（c））的牙根强度高，能传递较大的转矩，由于侧面有 2°~8° 的牙侧角，所以牙齿接触面间有轴向分力 F_a，使分离较易，且能自动补偿牙的磨损与间隙，从而减少冲击，应用广泛。锯齿形牙（图 10-25（d））便于接合，牙根强度高，能传递的转矩更大，但只能单向工作，$\beta = 50°~70°$ 反转时接触牙面将受很大的轴向分力，致使离合器自行分离。

牙嵌离合器的主要尺寸可从有关手册中选取，必要时应校核牙面的挤压强度和牙根的弯曲强度。

牙嵌离合器外廓尺寸小，结构简单，工作时无滑动，安装好后不需经常调整，适用于要求精确传动的场合。其最大缺点是结合时有冲击和噪声，只宜在两轴不转动或转速差很小时进行接合，否则牙齿可能因受撞击而折断。

② 齿形离合器。是利用一对齿数相同的内、外齿轮的啮合或分离实现主、从动轴的接合或分离（图 10-26）。为易于接合，常将齿端制出大的倒角。由于齿轮加工工艺性好，比端面牙容易制造，精度高，强度大，故可传递大的转矩，应用比较广泛。在某些场合，齿轮还可兼作传动零件使用。

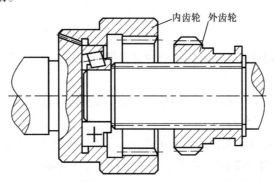

内齿轮　外齿轮

图 10-26　齿形离合器

③ 销式离合器。利用装在半离合器凸缘端面上的销进入或离开另一半离合器凸缘端面上的销孔，实现主、从动轴的接合或分离（图 10-27）。为在有转速差时易于接合，销孔数一

一般比销数多几倍，并在凸缘端面制成有弧形斜槽。销式离合器结构简单，销数少时接合容易，适用于转矩不大的场合。

④ 键式离合器。接合元件有转键式(图 10-28(a))和拉键式(图 10-28(b))。转键式的圆弧形键装在从动轴上，当其转过某一角度凸出于轴表面时，即可由外部主动轴套带动从动轴转动。这种嵌合方式可使主动或从动部分在接合过程中不需沿轴向移动，适合于轴与轮毂的接合或分离。增加键的长度可提高承载能力。其结构简单，动作灵敏可靠。其中单转键只能传递单向转矩，双转键可双向传递转矩。拉键式的特制键可沿轴向移动，利用弹簧抬起或压入轴内实现轴与轮毂的接合或分离。主要用于在不移动齿轮的情况下将并列的几个齿轮分别有选择地与轴连接。

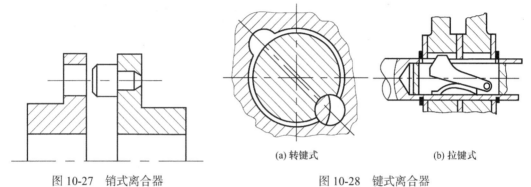

图 10-27 销式离合器

(a) 转键式   (b) 拉键式

图 10-28 键式离合器

(2)摩擦式离合器。

在运行过程中摩擦离合器可以带负载离合。只有当在摩擦面上作用有与转矩大小相应的法向力，才能传递转矩。按摩擦面形状的不同，摩擦离合器可分为片式、圆锥和圆柱离合器(图 10-29)。此外，还可以根据摩擦面是否有油可分为湿式摩擦离合器和干式摩擦离合器。湿式离合器一般将结合元件浸入油中工作，以达到散热和减少磨损的目的。

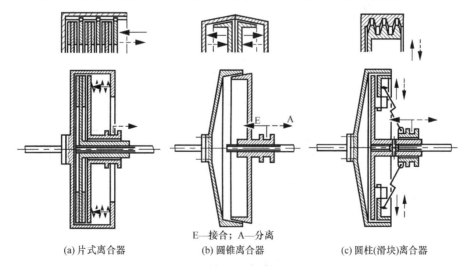

E—接合；A—分离

(a)片式离合器   (b) 圆锥离合器   (c)圆柱(滑块)离合器

图 10-29 根据摩擦面形状对摩擦离合器进行分类

片式离合器分为单片离合器、单片双面离合器和多片离合器。

图 10-30 为单片摩擦离合器的简图。在主动轴 1 和从动轴 2 上，分别安装摩擦盘 3 和

4。操纵环5可以使摩擦盘4沿轴2移动。接合时以力F将盘4压在盘3上，主动轴上的转矩即由两盘接触面间产生的摩擦力矩传到从动轴上。设摩擦力的合力作用在平均半径R的圆周上，则可传递的最大转矩T_{max}为

$$T_{max} = FfR \qquad (10\text{-}3)$$

式中，f为摩擦系数。

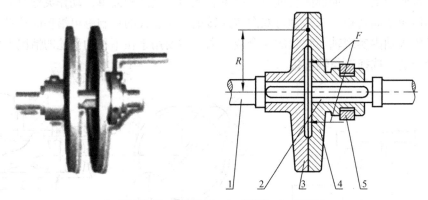

1—主动轴；2—从动轴；3、4—摩擦盘；5—操纵环

图 10-30 干式单片摩擦离合器

单片双面离合器(图 10-31)的主动轴将转矩通过驱动盘 2 用齿轮连接或者销连接传递

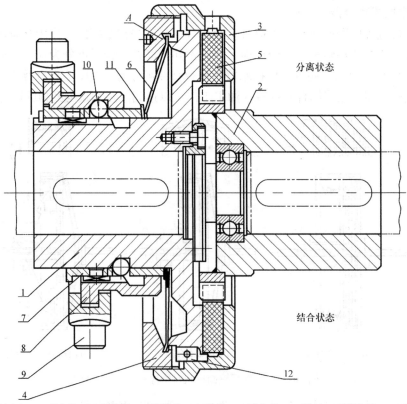

1—离合器；2—驱动盘；3—离合器；4—调整环；5—摩擦盘；6—弹簧；7—离合套；8—滑环；9—离合环；10—球；11—碟簧
(a) 带制动的环形张紧离合器(KSW型)，上半部分为分离状态，下半部分为接合状态

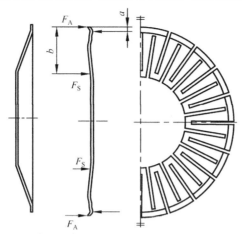

(b) 环形张紧压紧弹簧，以及作用在其上的离合力 F_S 和压紧力 F_A，$F_A = \dfrac{b}{a} F_S \approx 8.5 F_S$

图 10-31　机械操纵双面(单盘式)离合器

到摩擦盘 5 上。调整环 4 上有压紧弹簧 6，通过推动离合环 9 使滑环 8、离合套 7 和碟簧 11 将压紧弹簧张紧(接合状态)或者放松(分离状态)，接合时调整环 4 向左压半离合器 3，使得摩擦盘 5 和半离合器 1 压紧在一起，从而带动从动轴进行转动。分离时球 10 在相应的最终位置进入滑环 8 的环槽中。通过与从动半离合器用螺纹连接的调整环来实现对离合器的调整。

图 10-32 所示为多片摩擦离合器，它有两组摩擦盘：一组外摩擦盘 5(图 10-33(a))以

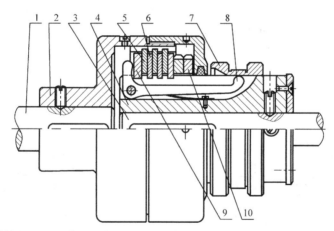

1—主动轴；2—外鼓轮；3—从动轴；4—套筒；5、6—摩擦盘；7—滑环；8—曲臂压杆；9—压板；10—调节螺母

图 10-32　多盘摩擦离合器图

其外齿插入主动轴 1 上的外鼓轮 2 内缘的纵向槽中，盘的孔壁则不与任何零件接触，故盘 5 可与轴 1 一起转动，并可在轴向力推动下沿轴向移动；另一组内摩擦盘 6(图 10-33(b))以其孔壁凹槽与从动轴 3 上的套筒 4 的凸齿相配合，而盘的外缘不与任何零件接触，故盘 6 可与轴 3 一起转动，也可在轴向力推动下作轴向移动。另外在套筒 4 上开有三个纵向槽，其中安置可绕销轴转动的曲臂压杆 8；滑环 7 向左移动时，曲臂压杆 8 通过压板 9 将所有内、外摩擦盘紧压在调节螺母 10 上，离合器即进入接合状态。螺母 10 可调节摩擦盘之间的压力。内摩擦盘也可做成碟形(图 10-33(c))，当承压时，可被压平而与外盘贴紧；松脱

时，由于内盘的弹力作用可以迅速与外盘分离。

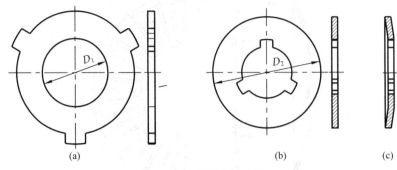

图 10-33　摩擦盘结构图

　　摩擦离合器和嵌合离合器相比，有下列优点：两轴可在较大转速差的情况下接合或分离；接合过程平稳，冲击、振动较小；通过改变摩擦面间的压力，能调节从动轴的加速时间和所传递的最大转矩；过载时可发生打滑，以保护重要零件不致损坏。其缺点为外廓尺寸较大；在接合、分离过程中要产生滑动摩擦，两轴转速不能保证绝对相等，磨损较大，发热量也较大，需及时更换摩擦片。

　　2）其他操纵离合器

　　嵌合式离合器和摩擦离合器的操纵方法有机械的、电磁的、气动的和液压的等数种。机械式操纵多用拨叉或弹簧杠杆机构，如前所述。当所需轴向力较大时，也有采用其他机械的（如螺旋机构）。下面介绍一种电磁操纵的多盘摩擦离合器。如图 10-34 所示，当直流电经接触环 1 导入电磁线圈 2 后，产生磁通量 Φ 使线圈吸引衔铁 5，于是衔铁 5 将两组摩擦片 3、4 压紧，离合器处于接合状态。当电流切断时，依靠复位弹簧 6 将衔铁推开，使两组摩擦片松开，离合器处于分离状态。电磁摩擦离合器可实现远距离操纵，动作迅速，没有不平衡的轴向力，特别适合自动化领域。其缺点是电磁线圈会发热，对周围会产生磁化，工作时总是需要用电。

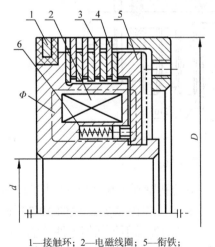

1—接触环；2—电磁线圈；5—衔铁；
3、4—摩擦片；6—复位弹簧

图 10-34　电磁摩擦离合器

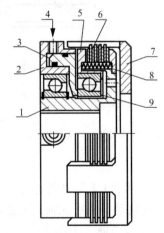

1、7—载体；2—圆柱形箱体；3—活塞；
5—压力板；6—摩擦盘组；9—球轴承

图 10-35　液压或气压操纵多片式离合器

　　多盘式离合器还可以采用液压和气压操纵，高压介质通过固定的圆柱形箱体沿着径向从外部输入（图 10-35）。主动轴和从动轴，分别与内外载体 1、7 相连。主动端通过角接触球轴承将圆柱形箱体 2 和压力板 5 装在内载体 1 上。若通过柔性输入管道将高压介质输入受压空间，则活塞 3 通过角接触球轴承 9 和压力板 5 将摩擦盘组 6 压在一起。内外载体 1、7 通过摩擦封闭连接在一起，离合器接合。撤除压力后，复位弹簧将活塞顶回起始位置，使离合器断开。

液压操纵多盘式离合器具有尺寸小、可遥控、可控制转矩等特点，适用于高转速和多离合次数的场合。气压操纵离合器与液压操纵离合器类似，离合速度快，且精确。

2. 自控离合器

1) 安全离合器(转矩操纵)

确保传递的转矩不超过某限定值的离合器称为安全离合器。

图 10-36 所示为一种多片安全离合器，其构造与前述多片离合器相似，但没有操纵机构，而是用弹簧将摩擦片压紧。弹簧压力的大小可用螺钉进行调节，调节完毕并把螺钉固定后，弹簧的压力就保持不变。当过载时，摩擦片间将发生打滑从而起到安全保护作用。这种安全离合器径向尺寸小、工作平稳，使用维护简单，分离后可自动恢复其工作能力，但工作精度不高(取决于摩擦系数是否稳定)，工作中有发热现象。

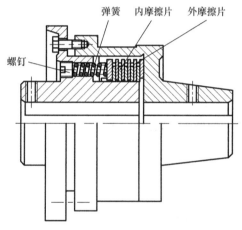

图 10-36 多片安全离合器

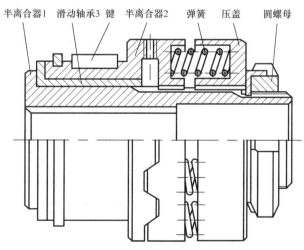

图 10-37 牙嵌安全离合器

图 10-37 所示为一种牙嵌安全离合器，半离合器 1 与轴用花键连接，另一半离合器 2

通过滑动轴承 3 套在半离合器 1 上，其外部的键可与齿轮等传动件连接。运动和转矩的传递是通过半离合器 2 和压盖端面的牙形相互嵌合来实现的。当转矩超过许用值时，弹簧被过大的轴向分力压缩，使压盖右移，离合器断开，半离合器 2 在滑动轴承 3 上自由旋转。分离转矩的大小可用圆螺母来调节。

图 10-38（a）为一种滚珠安全离合器，结构由主动齿轮 1、从动盘 2、外套筒 3、弹簧 4、调节螺母 5 组成。主动齿轮 1 活套在轴上，外套筒 3 用花键与从动盘 2 连接，同时又用键与轴相连。在主动齿轮 1 和从动盘 2 的端面内，各沿直径为 D_m 的圆周上制有数量相等的滚珠承窝（一般为 4～8 个），承窝中装入滚珠（图 10-38（b）中，$a > d/2$）后，进行敛口，以免滚珠脱出。正常工作时，由于弹簧 4 的推力使两盘的滚珠互相交错压紧，如图 10-38（b）所示，主动齿轮传来的转矩通过滚珠、从动盘、外套筒而传给从动轴。当转矩超过许用值时，弹簧被过大的轴向分力压缩，使从动盘向右移动，原来交错压紧的滚珠因被放松而相互滑过，此时主动齿轮空转，从动轴即停止转动；当载荷恢复正常时，又可重新传递转矩。弹簧压力的大小可用螺母 5 来调节。这种离合器由于滚珠表面会受到较严重的冲击与磨损，故一般只用于传递较小转矩的装置中。

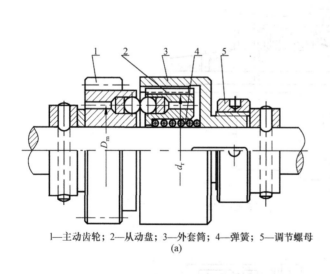
1—主动齿轮；2—从动盘；3—外套筒；4—弹簧；5—调节螺母
(a)

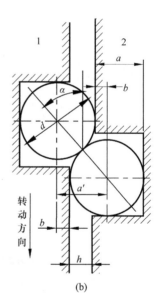
(b)

图 10-38　滚珠安全离合器

2）超越离合器（转向操纵）

利用主、从动部分的速度变化或旋转方向的变化，具有自行离合功能的离合器称为超越离合器。此类离合器只能传递单向的转矩，其结构可以是摩擦滚动元件式，也可以是棘轮棘爪式。

图 10-39 所示为一种滚柱式定向离合器，由爪轮 1、套筒 2、滚柱 3、弹簧顶杆 4 等组成。如果爪轮 1 为主动轮并作顺时针回转时，滚柱将被摩擦力带动而楔紧在爪轮和套筒间空隙的收缩部分，使套筒随爪轮一同回转，离合器即进入接合状态。但当爪轮反向回转时，滚柱即被推到空隙的宽敞部分，这时离合器即处于分离状态。因而定向离合器只能传递单向的转矩，可在机械中用来防止逆转及完成单向传动。如果在套筒 2 随爪轮 1 旋转的同时，套筒又从另一运动系统获得旋向相同但转速较大的运动时，离合器也将处

于分离状态。即从动件的角速度超过主动件时，主动件回转对从动件无影响；反之，当套筒的转速较小时，离合器处于接合状态，爪轮将带动套筒一同转动，这种现象称为超越作用。

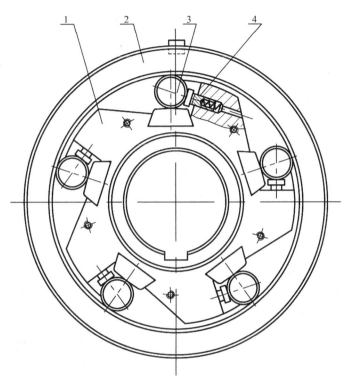

1—爪轮；2—套筒；3—滚柱；4—弹簧顶杆

图 10-39　滚柱式定向离合器

滚柱离合器结构紧凑，接合、分离平稳，工作无噪声，适宜于高速传动。但制造精度要求高，常用于机床及运输机构(如摩托车和直升机)。

棘轮超越离合器由带齿棘轮和棘爪组成。图 10-40 所示为自行车后轮轴上的棘轮超越离合器，当脚蹬踏板时，经链轮 1 和链条 2 带动内圈具有棘齿的链轮 3 顺时针转动，再通过棘爪 4 的作用，使后轮轴 5 顺时针转动，从而驱动自行车前行。自行车前进时，如果令踏板不动，后轮轴 5 便会超越链轮 3 而转动，让棘爪 4 在棘轮齿背上滑过，从而实现不蹬踏板的自由滑行。

由于棘轮超越离合器诸如噪声、磨损和空转等缺点，它一般用于低速和离合精度不高的传动装置中。

3)离心离合器(转速操纵)

离心离合器按其在静止状态时的离合情况可分为开式和闭式两种：开式只有当达到一定工作转速时，主、从动部分才进入接合；闭式在到达一定工作

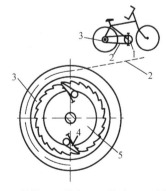

1、3—链轮；2—链条；4—棘爪；5—后轮轴

图 10-40　棘轮超越离合器

转速时，主、从动部分才分离。在启动频繁的机器中采用离心离合器，可使电动机在运转稳定后才接入负载。如电动机的启动电流较大或启动力矩很大时，采用开式离心离合器就可避免电动机过热，或防止传动机构受到很大的动载荷。采用闭式离心离合器则可在机器转速过高时起安全保护作用。又因这种离合器是靠摩擦力传递转矩的，故转矩过大时也可通过打滑而起保安作用。

图 10-41（a）所示为开式离心离合器的工作原理图，在两个拉伸螺旋弹簧 3 的弹力作用下。主动部分的一对闸块 2 与从动部分的鼓轮 1 脱开；当转速达到某一数值后，离心力对支点 4 的力矩增加到超过弹簧拉力对支点 4 的力矩时，便使闸块绕支点 4 向外摆动与从动鼓轮 1 压紧，离合器即进入接合状态。当接合面上产生的摩擦力矩足够大时，主、从动轴即一起转动。

图 10-41（b）为闭式离心离合器的工作原理图，其作用与上述相反，在正常运转条件下，由于压缩弹簧 3 的弹力，使两个闸块 2 与鼓轮 1 表面压紧，保持接合状态而一起转动；当转速超过某一数值后，离心力矩大于弹簧压力的力矩时，即可使闸块绕支点 4 摆动而与鼓轮脱离接触。

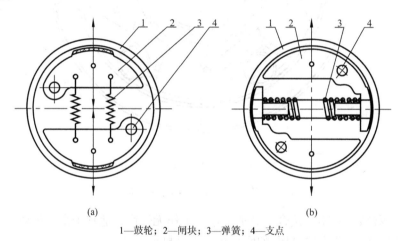

（a）　　　　　　　　　　　　　　（b）

1—鼓轮；2—闸块；3—弹簧；4—支点

图 10-41　离心离合器的工作原理图

10.3.2　离合器的设计与选择要点

离合器的设计应满足以下基本要求：①接合和分离方便、迅速、可靠；②操纵灵活；③便于调整，尤其是摩擦式离合器，应能调整自动补偿磨损量以保持压紧力；④外廓尺寸小、重量轻；⑤有良好的耐磨性和散热能力等。

由于大多数离合器已标准化，因此在设计中，往往参考有关手册对离合器进行类比设计或选择。

设计或选择时，首先根据机器的工作特点和使用条件，结合各种离合器的性能特点，确定离合器的类型。当类型确定以后，可根据被连接元件的类型和尺寸、计算转矩和转速，从有关手册和资料中选取合适的规格或进行类比设计来确定离合器的结构尺寸。在必要时可对其薄弱环节进行校核。此外，在选定离合器的同时，亦应对其操纵机构进行选择和确定。

10.4　制　动　器

10.4.1　制动器的功用与类型

制动器是具有使运动部件(或运动机械)减速、停止或保持停止状态等功能的装置，有时也做调节和限制机构或机器的运动速度，它是保证机构或机器安全正常工作的重要部件。

制动器的类型很多，按照工作原理，制动器可分为摩擦式(如块式、带式和盘式等)和非摩擦式(如磁粉式、磁涡流式等)，见表 10-4。其中摩擦式应用最为广泛，其工作原理是利用摩擦副中产生的摩擦力矩来实现制动作用。

按照工作状态，制动器可分为常开式制动器和常闭式制动器两种。前者经常处于松闸状态，必须施加外力才能实现制动；后者的工作状态正好与前者相反，即经常处于合闸即制动状态(通常为机器停机时)，只有施加外力才能解除制动状态(如机器启动和运转时)。起重机械中的提升机构常采用常闭式制。

表 10-4　制动器类型

制动器	摩擦式制动器(常开、常闭)	外抱块式制动器		长行程块式制动器、短行程块式制动器(图 10-42)
		内涨蹄式制动器		双蹄制动器(图 10-43)、多蹄制动器
		带式制动器		简单带式制动器(图 10-44)、差动带式制动器、综合带式制动器
		盘式制动器	钳盘	固定钳盘式制动器(图 10-46(a))、浮动钳盘式制动器(图 10-46(b)、(c))
			全盘	单盘制动器、多盘制动器、载荷自制盘式制动器
			锥盘	锥盘式制动器、载荷自制锥盘制动器
	非摩擦式制动器	磁粉式制动器(半摩擦式)、磁涡流式制动器、水涡流式制动器		

部分制动器已标准化，其选择计算方法可查阅机械设计手册。现介绍几种常见的简单的制动器。

1. 外抱块式制动器

图 10-42 所示为外抱块式制动器工作原理图，平时为抱闸制动状态(常闭式)。主弹簧 3 通过制动臂 4 和制动块 2 使制动轮 1 处于制动状态。当松闸器 6 通电时，利用电磁作用将顶杆推出，通过推杆 5 使左、右两制动臂分开，从而使两制动块同时离开制动轮，制动器松闸。

外抱块式制动器结构简单可靠，散热性好，制动瓦块有充分和均匀的退距，调整制动块与制动轮的间隙方便，制动轮轴不受弯矩。但制造比带式制动器复杂，外形尺寸大；适用于制动转矩不大；工作频繁及空间较大的场合。

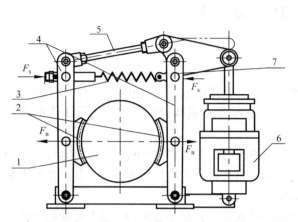 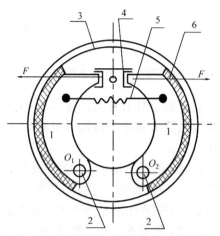

1—制动轮；2—制动块；3—主弹簧；
4—制动臂；5—推杆；6—松闸器

1—制动蹄；2—承销；3—制动轮；
4—油缸；5—弹簧；6—摩擦片

图 10-42 电磁铁外抱块式制动器　　　　　图 10-43 内涨双蹄式制动器

2. 内涨蹄式制动器

内涨蹄式制动器有双蹄、多蹄等形式，其中双蹄式应用较广。

图 10-43 所示为内涨双蹄式制动器的工作原理图。左右两制动蹄 1 分别与机架的制动底板通过两支承销 2 铰接，制动蹄表面装有摩擦片 6，制动轮 3 与需制动的轴连接。当压力油进入油缸 4 后，推动左、右两活塞，克服弹簧 5 的作用使左右制动蹄 1 压紧制动轮内圆柱面，从而实现制动。松闸时，将油路卸压，弹簧 5 收缩，使制动蹄离开制动轮，实现松闸。

内涨蹄式制动器结构紧凑，尺寸小，而且具有自动增力的效果，因而广泛用于结构尺寸受限制的机械设备和各种运输车辆上。

3. 带式制动器

带式制动器是由包在制动轮上的制动带与制动轮之间产生的摩擦力矩来制动的，图 10-44

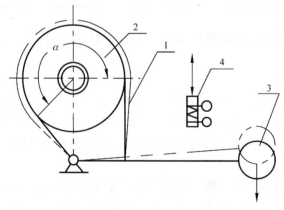

1—制动带；2—制动轮；3—重锤；4—电磁铁

图 10-44 简单带式制动器

所示为简单的带式制动器。在重锤 3 的作用下，制动带 1 紧包在制动轮 2 上，从而实现制动。为了增加制动效果，制动带材料一般为钢带上覆以石棉或夹铁砂帆布。松闸时，则由电磁铁 4 或人力提升重锤来实现。

　　带式制动器结构简单；由于包角大，制动力矩也很大。但因制动带磨损不均匀，易断裂；对轴的横向作用力也大。带式制动器多用于集中驱动的起重设备及铰车上。

4. 盘式制动器

　　盘式制动器工作时制动元件沿制动盘的轴向施力，被制动的轴不受弯矩作用，制动性能稳定。常用的盘式制动器有钳盘式、全盘式和锥盘式 3 种，如图 10-45 所示为各种盘式制动器原理图。

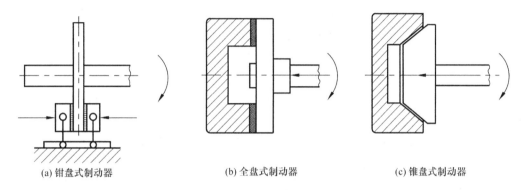

(a) 钳盘式制动器　　　　(b) 全盘式制动器　　　　(c) 锥盘式制动器

图 10-45　盘式制动器原理图

　　图 10-46 所示为钳盘式制动器的工作原理图，制动器的工作表面为制动盘 1 的两侧面。制动钳上的两个摩擦片分别装在制动盘的两侧，活塞 2 受管路输送来的液压作用，推动摩擦片压向制动盘发生摩擦制动，好像用钳子钳住旋转中的盘子，迫使它停转。按结构不同，钳盘式制动器又分为固定钳盘式制动器（图 10-46（a））、浮动钳盘式制动器（图 10-46（b）、(c)）两类。

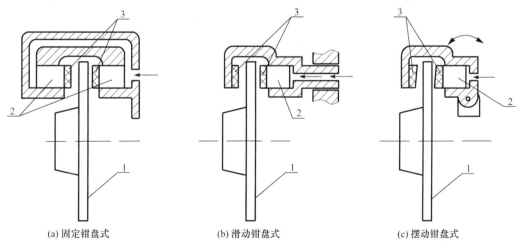

(a) 固定钳盘式　　　　(b) 滑动钳盘式　　　　(c) 摆动钳盘式

1—制动盘；2—活塞；3—摩擦片

图 10-46　钳盘式制动器示意图

钳盘式制动器的结构紧凑、体积小、质量轻、惯量小、动作灵敏，可通过调节油压来改变制动转矩，适用于车辆自动防抱死制动装置中。

10.4.2 制动器的选择与设计要点

1. 制动器的选择

有些制动器已标准化或系列化，在选择制动器时，应根据使用要求与工作条件确定。选择时一般应考虑以下几点。

(1)工作机械的工作性质和条件。对于起重机械的提升机构，必须采用常闭式制动器；对于水平行走的车辆等设备，为了便于控制制动力矩的大小和准确停车，多采用常开式制动器；对于安全性有高度要求的机械，需设置双重制动器。如运送熔化金属或易燃、易爆物品的起升机构规定必须在高速轴上设置制动器外，还在卷筒或绳轮上设置安全制动器。对于重物下降制动(即滑动摩擦式制动)，则应考虑散热，它必须具有足够的散热面积，使其将重物势能所转化的热量散失出去。

(2)合理的制动力矩。用于起重机起升机构支持的制动器，或矿井提升机的安全制动器，制动力矩必须有足够的储备，即应有一定的安全系数；用于水平行走的机械车辆等，制动力矩以满足工作要求为宜(满足一定的制动距离或时间，或车辆不发生打滑)，不可过大，以防止机械设备的振动或零件的损坏。

(3)提供压紧力的方式。如方便提供液压站、直流电源，则有利于相应选用带液压的制动器、直流短行程电磁制动器；如要求制动平稳，无噪声，宜选用液压制动器或磁粉制动器。

(4)安装地点的空间大小。当安装地点有足够的空间时可选用外抱式制动器；空间受限制处，可采用内蹄式、带式或盘式制动器。

2. 制动器的设计要点

在设计工作中，有时需要自行设计制动器，其主要设计要点如下。

(1)根据机械的运转情况，计算出制动轴上的负载转矩，再考虑安全系数的大小以及对制动距离(时间)的要求等具体情况，计算出制动轴上需要的制动力矩。

(2)根据需要的制动力矩和工作条件，选定合适的制动器类型和结构，并画出传动图。

(3)根据摩擦元件的退距求出松闸推力和行程，用以选择或设计松闸器。

(4)对主要零件进行强度计算，其中对制动臂和传力杠杆等还应进行刚度验算。

(5)对摩擦元件进行发热验算。

拓　展

离合器在汽车中的应用非常典型。早期乘用车连接发动机与传动系统的是单片摩擦离合器，踩下或松开离合器踏板，即可将发动机与传动系统断开或接通，如图 10-47 所示。离合器通断控制与变速器换挡手柄动作相配合，在离合器断开的短暂时刻，手动改变变速器挡位，实现变速，改变车辆行驶速度，这就是手动挡汽车的变速模式，其驾驶舒适性较差。

自动挡汽车用液力变矩器代替了单片摩擦离合器，液力变矩器工作原理如图 10-48 所示，和发动机相连的叫"泵轮"，和输出轴相连的叫"涡轮"，在它们内周中央，起调节作用的

叫"导轮"。发动机工作时，飞轮和泵轮一起
旋转，带动泵内的油推动涡轮叶轮旋转。这
就好像把两个风扇面对面地放在一起，开动
一个风扇，另一个风扇也会转动一样。导轮
使涡轮甩出的油再次冲击泵轮，使得扭矩增
大。泵轮和涡轮的转速差别越大，扭矩就增
加得越多。这就起到了变速器增大扭矩的作
用。液力变扭器配上一个行星齿轮变速器，
再利用一系列的离合器、制动器及超越离合
器与之匹配，组成自动变速器，结构如图 10-
49 所示。当固定行星变速器的不同构件时，
就可得到不同的速比和运动输出方向。自动
挡汽车无离合器踏板，也无手排挡杆，驾驶

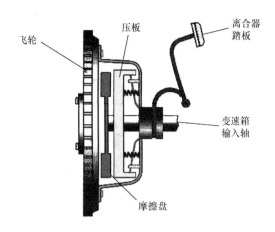

图 10-47　汽车离合器示意图

中只需控制加速踏板深浅改变发动机转速，电控单元根据发动机的输出转速就可以使得离
合器、制动器与超越离合器的组合动作与发动机输出特性相匹配。但由于液力变矩器是"软"
连接，并且换挡时动力切断车速降低，导致油耗增加；又由于换挡时的速比是有级的，故
乘员会感到换挡冲击。

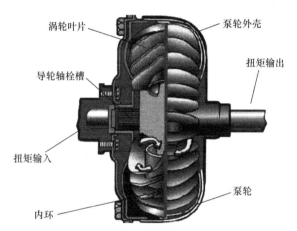

图 10-48　液力变矩器结构图　　　　图 10-49　自动变速器结构图

　　随着电子技术的迅猛发展和交通拥堵状况的加剧，人们对乘用车舒适性，操纵性要求
越来越高，因此一种新型的自动变速器技术——双离合器自动变速器(DCT)应运而生。双
离合器自动变速器的结构如图 10-50 所示，通过两套离合器的相互交替工作，来达到无间
隙换挡的效果。两组离合器分别控制奇数挡和偶数挡，换挡之前，控制芯片预先将下一挡
位齿轮啮合，在得到换挡指令后，迅速向发动机发出指令，发动机转速升高，然后使下一
挡位的离合器迅速结合，同一瞬间断开前一组离合器，完成一次升挡动作。

　　由于双离合自动变速器是基于平行轴式手动变速器发展而来的，其继承了手动变速器
(MT)传动效率高、质量轻、价格便宜等优点，同时又具有液力机械式自动变速器和无级变
速器换挡品质好的优势，还克服了机械式自动变速器换挡过程中动力中断的缺点，在全球
变速器领域表现出蓬勃发展的趋势。

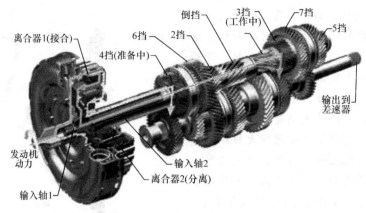

图 10-50 双离合器自动变速器

习 题

10-1 联轴器与离合器在功用上有何异同？

10-2 简单说明选择联轴器的原则。刚性联轴器有哪几种，分别用于什么场合？（武汉理工大学考研题）

10-3 凸缘联轴器有几种对中方法？它们的特点是什么？

10-4 在套筒式联轴器、齿轮联轴器、凸缘联轴器、十字滑块联轴器、弹性套柱销联轴器等五种联轴器中，能补偿综合位移的联轴器有（ ）。（华中理工大学考研题）

A. 1 种　　　　　　B. 2 种　　　　　　C. 3 种　　　　　　D. 4 种

10-5 联轴器类型的选择，一般对低速、刚性大的短轴，可选用＿＿＿＿联轴器；对低速、刚性小的长轴，则选用＿＿＿＿联轴器。（武汉交通科技大学考研题）

10-6 能补偿两轴的相对位移，并且可以缓和冲击、吸收振动的联轴器是（ ）。（西安交通大学考研题）

A. 凸缘联轴器　　　B. 齿式联轴器　　　C. 万向联轴器　　　D. 尼龙柱销联轴器

10-7 联轴器的类型确定后，其型号通常根据＿＿＿＿、＿＿＿＿来选择。（中国地质大学考研题）

10-8 要使两轴在主动轴转动时平稳地接合或分离，可采用＿＿＿＿离合器连接。要使同一轴线上的两轴中的从动轴可以由主动轴带动等速旋转，也允许从动轴转速高于主动轴，此时可采用＿＿＿＿离合器连接。（清华大学考研题）

10-9 牙嵌式离合器的下列优点中，错误的叙述是（ ）。

A. 传递转矩大　　　B. 结构紧凑　　　C. 结合时平稳，冲击较小　　　D. 接合比较可靠

10-10 在带式输送机的传动装置中，电动机与减速器用联轴器相连。已知电动机（Y 系列三相异步电动机）的额定功率为 5.5kW，转速为 1440r/min，伸出轴直径为 38mm，伸出端长度为 80mm，减速器输入端轴径为 30mm。试选择联轴器。要求从手册上查出在此条件下可能被选用的联轴器的许用转矩、结构尺寸、特性等列表加以比较，最后选出其中一种。

10-11 一机床主传动换向机构中采用图 10-32 所示的多盘摩擦离合器，已知主动摩擦盘 5 片，从动摩擦盘 4 片，接合面内径 $D_1 = 60mm$，外径 $D_2 = 110mm$，功率 $P = 4.4kW$，转速 $n = 1214r/min$，摩擦盘材料为淬火钢对淬火钢，试写出需要多大的轴向力 F 的计算式。

10-12 图 10-22(a) 所示的剪切销安全联轴器，传递转矩 $T_{max} = 650N \cdot m$，销钉直径 $d = 6mm$，销钉材料用 45 钢正火（$\sigma_s = 355MPa, \sigma_b = 600MPa$），销钉中心所在圆的直径 $D_m = 100mm$，销钉数 $z = 2$，若取 $[\tau] = 0.7MPa$，试求此联轴器在载荷超过多大时方能体现其安全作用。

第 11 章　螺纹连接和螺旋传动

机械制造中，连接是指被连接件(如轴与轴上的回转零件，减速器箱盖与箱体等)与连接件(如键、螺栓、螺母)的组合。连接件又称为紧固件，有些连接没有专门的紧固件，如靠被连接件本身变形组成的过盈连接，利用分子结合力组成的焊接和粘接等。拆开连接在一起的零件，连接件和被连接件都不破坏，则称为可拆连接，如螺纹连接、键连接、销连接等。如果在拆卸时，连接件或被连接件中任一件必须破坏，则称为不可拆连接，如铆钉连接、焊接、胶接等。

螺纹连接是利用螺纹零件构成的连接，其结构简单、拆装方便，工作可靠，应用广泛。本章主要讨论螺纹连接的类型、结构、强度和选用等问题。

11.1　螺纹的基本类型和参数

11.1.1　螺纹的基本类型和特点

螺纹按形成螺纹的螺旋线数目，分为单线螺纹和多线螺纹；按螺旋线绕行方向分为右旋螺纹和左旋螺纹；按螺纹分布的部位，分为内螺纹和外螺纹，内外螺纹旋合组成的运动副称为螺纹副或螺旋副；用于连接的螺纹称为连接螺纹，用于传动的螺纹称为传动螺纹。根据牙型的不同，螺纹又可分为三角形(普通螺纹和管螺纹)、矩形、梯形、锯齿形螺纹等。

螺纹已经标准化，有米制和英制(螺距以每英寸牙数表示)两类。我国除管螺纹保留英制外，都采用米制(国际标准)。常用螺纹的类型、特点和应用见表 11-1。

表 11-1　螺纹的种类、特点和应用

种类		牙型图	特点	应用
普通螺纹			牙型角 $\alpha=60°$，螺纹副的内径处有间隙，外螺纹牙根允许有较大的圆角，以减小应力集中。 同一直径，按螺距大小分为粗牙和细牙。细牙的自锁性能较好，螺纹零件的强度削弱少，但易滑扣	应用最广。一般连接多用粗牙，细牙用于薄壁或用粗牙对强度有较大影响的零件，也常用于受冲击、振动或变载的连接，还可用于微调机构的调整
管螺纹	圆柱管螺纹		牙型角 $\alpha=55°$，公称直径为管子外螺纹的大径。内、外螺纹旋合后无径向间隙，若要求连接后具有密封性，可压紧被连接件螺纹副外的密封圈，也可在密封面间添加密封物	适用于管接头，旋塞、阀门及其他附件

续表

种类		牙型图	特点	应用
管螺纹	圆锥管螺纹		牙型角 $\alpha=55°$,螺纹分布在 1：16 的圆锥管壁上。内、外螺纹旋合后无径向间隙,不用填料而依靠螺纹牙的变形就可以保证连接的紧密性	用于管子,管接头,旋塞,阀门和其他螺仪连接的附件
	米制螺纹		与 55° 圆锥管螺纹相似,但牙型角 $\alpha=60°$	用于汽车,拖拉机,航空机械,机床的燃料、油、水、气输送系统的管连接
矩形螺纹			牙型为正方形,牙型角 $\alpha=0°$,效率高,精确制造困难,为便于加工,可制成 $10°$ 的牙型角。螺纹副磨损后的间隙难以补偿或修复,对中精度低,牙根强度弱	矩形螺纹尚未标准化,目前已逐渐被梯形螺纹所代替
梯形螺纹			牙型角 $\alpha=30°$,内外螺纹旋合后大径处有间隙。与矩形螺纹相比,效率略低,但工艺性好,牙根强度高,螺纹副对中性好,用剖分螺母时,可以调整间隙	用于传力或传动螺旋
锯齿形螺纹			工作面的牙型斜角为 $3°$,非工作面的牙型斜角为 $30°$,综合了矩形螺纹效率高和梯形螺纹牙根强度高的特点。外螺纹的牙根有较大的圆角,以减小应力集中。螺纹副的大径处无间隙,便于对中	用于单向受力的传力螺旋

11.1.2 螺纹的主要参数

以图 11-1 所示圆柱普通外螺纹说明螺纹的主要参数。

(1)大径 d 。与螺纹牙顶相重合的假想圆柱面的直径,螺纹的大径是螺纹的公称直径。

(2)小径 d_1 。与螺纹牙底相重合的假想圆柱面直径,即螺纹的最小直径,在强度计算中常以小径作为计算直径。

(3)中径 d_2 。螺纹中径是一个假想圆柱的直径,该圆柱的母线通过牙型上沟槽和凸起宽度相等的地方,近似等于螺纹的平均直径, $d_2 \approx \frac{1}{2}(d+d_1)$ 。螺纹中径是确

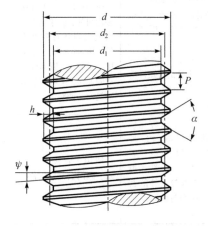

图 11-1 螺纹的主要几何参数

定几何参数和配合性质的直径尺寸。

(4)线数 n 。螺纹线数表示形成螺纹的螺旋线数目。在螺距和外径相同时，螺纹的线数 n 越多则升角 ψ 越大，传动效率也越高，所以传动螺纹多用双线或多线螺纹，要求自锁的连接螺纹则采用单线螺纹，为便于制造，通常线数 $n \leqslant 4$ 。

(5)螺距 P 。螺纹相邻两牙对应两点间的轴向距离。

(6)导程 S 。导程是螺纹上任一点沿同一螺旋线转一周所移动的轴向距离。单线螺纹 $S=P$ ，多线螺纹 $S=nP$ 。

(7)螺纹升角 ψ 。中径圆柱上螺旋线的切线与垂直于螺纹轴线的平面间的夹角，其计算式为

$$\tan\psi = \frac{s}{\pi d_2} = \frac{nP}{\pi d_2} \tag{11-1}$$

(8)牙型角 α 。螺纹轴向截面内，螺纹牙型两侧边的夹角。牙型侧边与螺纹轴线的垂直平面的夹角称为牙侧角 β ，对称牙型的牙侧角 $\beta = \frac{\alpha}{2}$ 。

(9)螺纹工作高度 h 。内、外螺纹间的径向接触高度。

11.2 螺纹连接的基本类型和标准连接件

11.2.1 螺纹连接的基本类型

机械中螺纹连接的基本类型有螺栓连接、双头螺柱连接、螺钉连接和紧定螺钉连接（表 11-2）。

表 11-2 螺纹连接的主要类型

类型	图例	特点和应用	结构尺寸
螺栓连接	普通螺栓连接	被连接件上有通孔，孔的加工精度要求低，螺杆穿过通孔与螺母配合使用。装配后孔与杆间有间隙，结构简单，装拆方便，使用时不受被连接件的材料限制，可多次装拆，应用较广	螺纹余留长度 l_1 ：对于受拉螺栓，静载荷时 $l_1 \geqslant (0.3\sim0.5)d$ ；变载荷时 $l_1 > 0.75d$ ；冲击或弯曲载荷时 $l_1 \geqslant d$ ；铰制孔用螺栓连接时 $l_1 \approx d$ 。螺纹伸出长度 $a \approx (0.2\sim0.3)d$ ；螺栓的轴线到被连接件边缘的距离 $e = d + (3\sim6)$ mm ；通孔直径 $d_0 \approx 1.1d$
	铰制孔用螺栓连接	被连接件上有通孔，孔的加工精度要求高，需钻孔后铰孔。螺栓杆和螺栓孔采用基孔制过渡配合（H7/m6，H7/n6），能精确固定被连接件的相对位置，并能承受横向载荷，用于精密螺栓连接，也可作定位用	

类型	图例	特点和应用	结构尺寸
双头螺柱连接		螺杆两端无钉头，但均有螺纹，装配时一端旋入被连接件，另一端配以螺母。拆装时只需拆螺母，而不将双头螺柱从被连接件中拧出，避免了被连接件螺纹孔磨损失效，适用于被连接件之一太厚不宜制成通孔，经常拆卸的场合	拧入深度 H: 　螺孔为钢或青铜时，取 $H \approx d$; 　螺孔为铸铁时，取 $H \approx (1.25 \sim 1.5)d$; 　螺孔为铝合金时，取 $H \approx (1.5 \sim 2.5)d$
螺钉连接		直接将螺钉拧入被连接件的螺纹孔内。但是，由于经常拆卸容易使被连接件螺纹孔损坏，所以用于被连接件之一太厚不宜制成通孔，不需经常装拆的地方或受载较小的情况	
紧定螺钉连接		螺钉拧入后，利用螺钉末端顶住另一零件表面，或旋入零件相应的锪窝中以固定零件的相对位置。可传递不大的轴向力或转矩，多用于轴上零件的固定。螺钉除连接和紧定作用外，还可用于调整零件位置	

除上述螺纹连接的基本类型外，还有一些特殊的螺纹连接形式，如主要用于将机座或机架固定在地基上的地脚螺栓连接(图 11-2(a))、用于起吊装置的吊环螺钉连接(图 11-2(b))、用于工装设备中的 T 形槽螺栓连接(图 11-2(c))等。

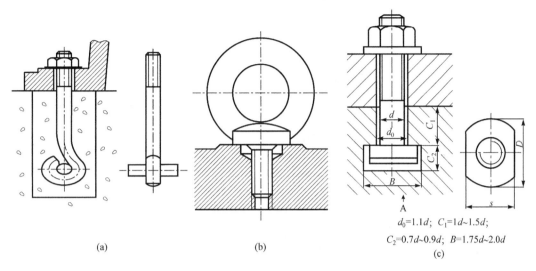

$d_0=1.1d$;　$C_1=1d\sim1.5d$;
$C_2=0.7d\sim0.9d$;　$B=1.75d\sim2.0d$

(a)	(b)	(c)

图 11-2　其他形式的螺纹连接

11.2.2　标准螺纹连接件

螺纹连接件的种类很多，在机械制造中常见的螺纹连接件有螺栓、双头螺柱、螺钉、螺母和垫圈等。这类零件的结构形式和尺寸都已标准化，设计时可根据相关标准选用。常用的螺纹连接件见表 11-3。

表 11-3　常用的螺纹连接件

类型	图例	结构特点与应用
螺栓		螺栓头部的形状很多，最常用的是六角头和内六角头螺栓。精度分为 A、B、C 三种。其中 A 级精度最高，常用于要求配合精确、能防止振动等重要零件的连接；B 级精度多用于受载较大且经常拆卸、调整或承受变载荷的连接；常用的连接一般选用 C 级精度。螺栓杆部可只制出一段螺纹或制成全螺纹，螺纹可用粗牙或细牙
双头螺柱		双头螺柱两端均制有螺纹，一端拧入基体，而另一端则与螺母旋合

类型	图例	结构特点与应用
螺钉、紧定螺钉		螺钉、紧定螺钉的头部有内六角头、十字槽头等多种形式，以适应不同的拧紧程度。紧定螺钉末端要顶住被连接件之一的表面或相应的凹坑，其末端具有平端、锥端、圆尖端等各种形状
自攻螺钉		自攻螺钉多用于薄的金属板（如钢板、锯板等）之间的连接。在连接件上可不预先制出螺纹，在连接时利用螺钉直接攻出螺纹。螺钉头部形状有圆头、平头、半沉头及沉头等
螺母		螺母的形状有六角形、圆形、蝶形等。六角螺母有三种不同厚度，薄螺母用于尺寸受到限制的地方，厚螺母用于经常装拆易于磨损之处。与螺栓相同，螺母制造精度等级也分为 A、B、C 三级，分别与不同级别的螺栓配用。圆螺母常用于轴上零件的轴向固定，通常与止动垫圈配合使用

类型	图例	结构特点与应用
垫圈	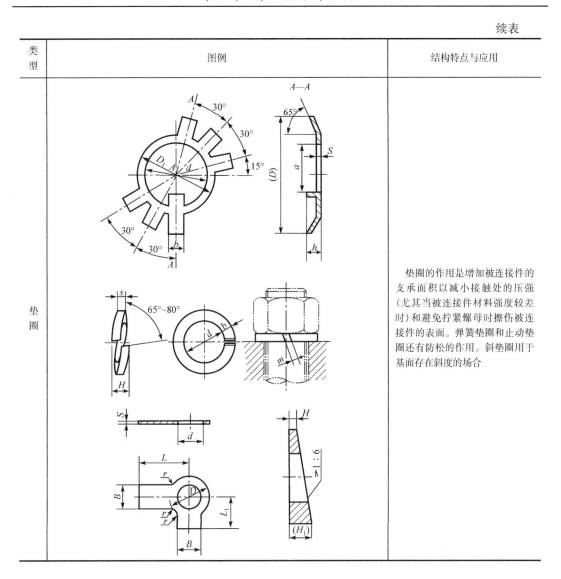	垫圈的作用是增加被连接件的支承面积以减小接触处的压强（尤其当被连接件材料强度较差时）和避免拧紧螺母时擦伤被连接件的表面。弹簧垫圈和止动垫圈还有防松的作用。斜垫圈用于基面存在斜度的场合

11.3　螺纹连接的预紧与防松

11.3.1　螺纹连接的预紧

1. 预紧力

绝大多数螺纹连接在装配时都必须拧紧，使连接在承受工作载荷之前，预先受到力的作用，这个预加的作用力称为预紧力 F_0。预紧的目的在于增强连接的可靠性和紧密性，防止受载后被连接件间出现缝隙或发生相对滑移。适当选择较大的预紧力，对提高螺纹连接的可靠性以及连接件的疲劳强度都是有利的，但过大的预紧力，会使连接件在装配或偶然过载时被拉断。因此，对重要的螺纹连接，装配时要控制预紧力。

通常规定，拧紧后螺纹连接件在预紧力的作用下产生的预紧应力不得超过其材料屈服强度 σ_s 的 80%。对于一般钢制螺栓，可采用下面的推荐值：

| 碳素钢螺栓： | $F_0 \leqslant (0.6 \sim 0.7)\sigma_s A_1$ | (11-2) |
| 合金钢螺栓： | $F_0 \leqslant (0.5 \sim 0.6)\sigma_s A_1$ | (11-3) |

式中，σ_s 为螺栓材料的屈服强度极限，MPa；A_1 为螺栓最小截面面积，mm^2，$A_1 = \pi d_1^2 / 4$。

2. 拧紧力矩

螺纹连接的拧紧力矩 T 等于克服螺旋副相对转动的摩擦阻力矩 T_1 和螺母支撑面上的摩擦阻力矩 T_2 之和(图 11-3)，即

$$T = T_1 + T_2 = F_0 \frac{d_2}{2}\tan\varphi(\rho_v) + \frac{1}{3}f_c F_0 \frac{D_0^3 - d_0^3}{D_0^2 - d_0^2} = KF_0 d \qquad (11\text{-}4)$$

式中，ρ_v 为三角形螺纹的当量摩擦角；f_c 为螺母与支承面间的摩擦系数；d_0 为螺栓孔直径；D_0 为螺母支承面的外径；K 为拧紧力矩系数，对于 M10～M68 的粗牙普通钢制螺栓，一般可取 $K=0.2$。

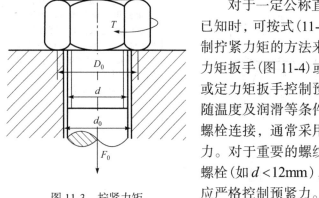

图 11-3　拧紧力矩

对于一定公称直径 d 的螺栓，当所要求的预紧力 F_0 已知时，可按式(11-4)确定扳手的拧紧力矩 T，即利用控制拧紧力矩的方法来控制预紧力的大小。通常可采用测力矩扳手(图 11-4)或定力矩扳手(图 11-5)。采用测力矩或定力矩扳手控制预紧力的方法操作简单，但摩擦系数随温度及润滑等条件波动，准确性差。所以对于大型的螺栓连接，通常采用测定螺栓伸长量的方法来控制预紧力。对于重要的螺纹连接，应尽量避免采用直径过小的螺栓(如 $d < 12mm$)，以防止螺栓被拧断，如必须采用时，应严格控制预紧力。

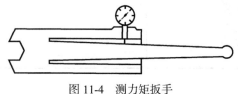

图 11-4　测力矩扳手　　　　　　　　　　图 11-5　定力矩扳手

11.3.2　螺纹连接的防松

连接螺纹一般都能满足自锁条件，而螺母环形端面与被连接件(或垫圈)支承面间的摩擦力也可起到防松作用。因此在静载荷和工作温度变化不大时，如螺纹已被拧紧则通常不会自行松动。但在冲击、振动或变载荷作用下，螺旋副间的摩擦力可能减小或瞬间消失，多次重复后就会使连接松动。在高温或温度变化较大的情况下，由于螺纹连接件和被连接件的材料发生蠕变和应力松弛，也会使连接中的预紧力和摩擦力逐渐减小，最终导致连接松动。为保证连接安全可靠，必须采取有效措施进行螺纹防松。

防松的根本问题是防止螺纹连接受载时发生螺旋副相对转动。螺纹的防松方法按工作原理可分为摩擦放松、机械防松和永久性防松(破坏螺纹副防松)。其中，摩擦防松是使螺纹副间始终保持一定的摩擦力，从而达到防松的作用，具有简单、方便的特点，但其可靠性不及直接锁住螺纹副使其不能相对转动的机械防松方式，永久性防松则是在破坏了螺纹

连接的可拆性而实现防松的。各种具体的防松方法见表 11-4。

表 11-4　常用的螺纹防松方法

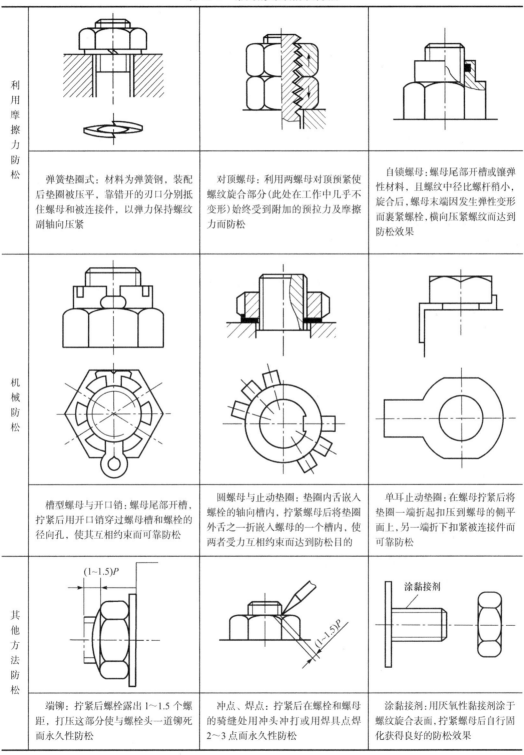

利用摩擦力防松	弹簧垫圈式:材料为弹簧钢,装配后垫圈被压平,靠错开的刃口分别抵住螺母和被连接件,以弹力保持螺纹副轴向压紧	对顶螺母:利用两螺母对顶预紧使螺纹旋合部分(此处在工作中几乎不变形)始终受到附加的预拉力及摩擦力而防松	自锁螺母:螺母尾部开槽或镶弹性材料,且螺纹中径比螺杆稍小,旋合后,螺母末端因发生弹性变形而裹紧螺栓,横向压紧螺纹而达到防松效果
机械防松	槽型螺母与开口销:螺母尾部开槽,拧紧后用开口销穿过螺母槽和螺栓的径向孔,使其互相约束而可靠防松	圆螺母与止动垫圈:垫圈内舌嵌入螺栓的轴向槽内,拧紧螺母后将垫圈外舌之一折嵌入螺母的一个槽内,使两者受力互相约束而达到防松目的	单耳止动垫圈:在螺母拧紧后将垫圈一端折起压到螺母的侧平面上,另一端折下扣紧被连接件而可靠防松
其他方法防松	端铆:拧紧后螺栓露出 1~1.5 个螺距,打压这部分使与螺栓头一道铆死而永久性防松	冲点、焊点:拧紧后在螺栓和螺母的骑缝处用冲头冲打或用焊具点焊 2~3 点而永久性防松	涂黏接剂:用厌氧性黏接剂涂于螺纹旋合表面,拧螺母后自行固化获得良好的防松效果

11.4　螺栓连接的强度计算

螺栓连接的强度计算主要是根据连接的类型、装配情况（预紧或不预紧）、载荷状态等条件，确定螺栓的受力，然后按相应的强度设计准则计算螺栓危险截面的直径或校核其强度。螺栓的其他部分（如螺纹牙、螺栓头等）和螺母、垫圈的结构尺寸是根据等强度条件及使用经验规定的，通常不需要进行强度计算，可按螺栓公称直径在标准中选定。

就单个螺栓而言，所受的载荷分为轴向载荷或横向载荷。普通螺栓连接在工作中，主要承受轴向拉力，故称为受拉螺栓。铰制孔螺栓连接在工作中只承受横向载荷，螺栓杆受剪，故称为受剪螺栓。

受拉螺栓的主要失效形式是螺栓杆螺纹部分发生断裂，设计准则是保证螺栓的静力或疲劳拉伸强度。就破坏性质而言，90%的螺栓属于疲劳破坏，疲劳断裂通常发生在应力集中的部位。受剪螺栓的主要失效形式是螺栓杆和孔壁的贴合面上出现压溃或螺栓杆被剪断，设计准则是保证连接的挤压强度和螺栓的剪切强度，其中连接的挤压强度对连接的可靠性起决定性作用。

本节以螺栓为例讨论强度计算方法，其结论对双头螺柱连接和螺钉连接均适用。

11.4.1　受拉螺栓的强度计算

1. 松螺栓连接

松螺栓连接装配时不需拧紧，在承受工作载荷之前，连接并不受力。以图 11-6 所示的滑轮架连接为例，当螺栓承受轴向工作载荷 F（N）时，其强度条件为

$$\sigma = \frac{F}{\pi d_1^2 / 4} \leqslant [\sigma] \tag{11-5}$$

式中，d_1 为螺纹小径，mm；$[\sigma]$ 为松螺栓连接的许用拉应力，MPa。

2. 紧螺栓连接

1）仅受预紧力的紧螺栓连接

紧螺栓连接装配时，螺母需要拧紧。螺栓除受预紧力 F_0 产生的拉力外，还受到螺旋副摩擦阻力矩 T_1 的作用，使螺栓处于拉伸和扭转的复合应力状态下。因此对只受预紧力作用的螺栓连接进行强度计算时，应综合考虑拉应力和切应力的作用。

螺栓危险截面的拉应力为

$$\sigma = \frac{F}{\frac{\pi}{4} d_1^2}$$

螺栓危险截面的扭转切应力为

$$\tau = \frac{F_0 \tan(\psi + \rho_v) \dfrac{d_2}{2}}{\dfrac{\pi}{16} d_1^3}$$

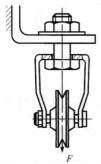

图 11-6　松螺栓连接

对于 M10～M64 的钢制普通螺栓，取 $\tan\psi \approx 0.05$，$d_2 \approx 1.1d_1$，$\tan\rho_v \approx 0.17$，由此可得

$$\tau \approx 0.5\sigma$$

根据塑性材料的第四强度理论，有

$$\sigma_{ca} = \sqrt{\sigma^2 + 3\tau^2} = \sqrt{\sigma^2 + 3(0.5\sigma)^2} \approx 1.3\sigma$$

故螺栓的强度条件为

$$\sigma = \frac{1.3F_0}{\pi d_1^2 / 4} \leqslant [\sigma] (\text{MPa})，\text{或 } d_1 \geqslant \sqrt{\frac{4 \times 1.3F_0}{\pi[\sigma]}} (\text{mm}) \tag{11-6}$$

由此可见，对于只承受预紧力的普通螺栓，虽同时受拉伸和剪切的作用，但在强度计算时可按拉伸进行，同时将预紧力增加30%以考虑扭转的影响。

如图 11-7 所示的螺栓连接，螺栓仅承受预紧力，靠预紧后在接合面间产生的摩擦力来抵抗横向工作载荷 F。若接合面间的摩擦系数 $f = 0.2$，为保证有足够的摩擦力，由 $F_0 > F/f$ 可知，$F_0 > 5F$。由此可见，这种连接通常需要较大的预紧力 F_0，螺栓的结构尺寸较大，另外，因摩擦系数 f 会随使用环境的改变而变化，从而导致连接

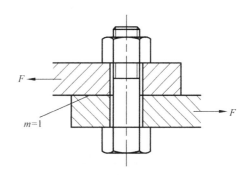

图 11-7　普通螺栓连接承受横向载荷

的可靠性降低。对此通常可考虑用各种减载零件来承担横向工作载荷(图 11-8)。

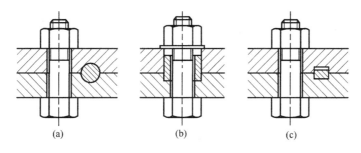

图 11-8　减载措施

2)受预紧力和工作拉力的紧螺栓连接

图 11-9 所示为压力容器的连接螺栓承受预紧力和轴向工作载荷的典型实例。这种连接在装配拧紧后螺栓受预紧力 F_0 作用，工作时还受工作载荷 F 的作用。由于螺栓和被连接件的弹性变形，导致螺栓所受的总拉伸载荷 F_2 不等于工作载荷 F 与预紧力 F_0 之和。现以图 11-10 所示压力容器连接螺栓中单个螺栓在承受轴向工作载荷前后的受力及变形情况分析，找出螺栓总拉伸载荷 F_2 的大小。

图 11-10(a)，螺母刚好拧到与被连接件接触，但尚未拧紧，连接件与被连接件均不受力。

图 11-10(b)，螺母拧紧后未受到工作载荷。此时，螺栓受预紧力 F_0 的拉伸作用，其伸长量为 λ_b，而被连接件在预紧力 F_0 的作用下被压缩 λ_m。

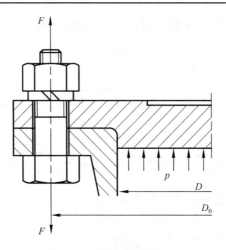

图 11-9　气缸盖螺栓受力

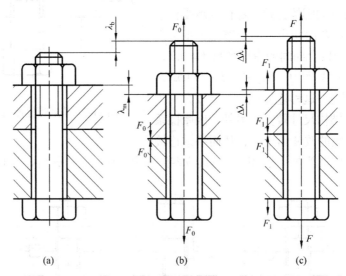

图 11-10　单个紧螺栓受轴向力变形示意

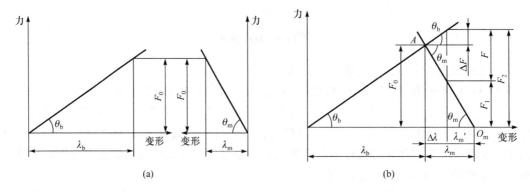

图 11-11　螺栓受力与变形关系图

　　图 11-10(c)，螺栓承受工作载荷，此时，螺栓和被连接件是在弹性变形范围内，则两者的受力及变形关系符合胡克定律。当螺栓承受工作载荷 F 后，其伸长量增加 $\Delta\lambda$，总伸长

量为 $\lambda + \Delta\lambda$。根据连接的变形协调条件，则被连接件将会放松，其压缩变形的减小量应等于螺栓拉伸变形的增加量 $\Delta\lambda$，因此总压缩量为 $\lambda_m - \Delta\lambda$。而被连接件的压缩力由 F_0 减至 F_1，F_1 为残余预紧力。

上述螺栓和被连接件的受力和变形关系也可由图 11-11 表示，由图中可得出

螺栓的刚度：

$$C_b = \tan\theta_b = \frac{F_0}{\lambda_b}$$

被连接件的刚度：

$$C_m = \tan\theta_m = \frac{F_0}{\lambda_m}$$

螺栓的总拉力 F_2 等于残余预紧力 F_1 与工作拉力之和，即

$$F_2 = F_1 + F \tag{11-7}$$

螺栓的总拉力 F_2、预紧力 F_0 及残余预紧力 F_1 之间的关系，可由图中几何关系推出为

$$F_2 = F_0 + \Delta\lambda\tan\theta_b = F_0 + \Delta\lambda C_b = F_0 + \frac{C_b}{C_b + C_m}F \tag{11-8}$$

$$F_1 = F_0 - \Delta\lambda\tan\theta_m = F_0 - \Delta\lambda C_m = F_0 - \frac{C_m}{C_b + C_m}F \tag{11-9}$$

为保证连接的紧密性，以防止受载后结合面产生缝隙，应使 $F_1 > 0$。残余预紧力 F_1 的推荐值可参考表 11-5。

表 11-5　残余预紧力 F_1 推荐值

要求	有紧密性要求	载荷有冲击	载荷不稳定	载荷稳定	地脚螺栓
F_1	$(1.5\sim1.8)F$	$(1.0\sim1.5)F$	$(0.6\sim1.0)F$	$(0.2\sim0.6)F$	$\geqslant F$

式 (11-8) 中，$C_b/(C_b + C_m)$ 称为螺栓的相对刚度，其大小与螺栓和被连接件的结构尺寸、材料以及垫片、工作载荷的作用位置有关，其值在 0~1 变化，为了降低螺栓的受力，提高螺栓连接的承载能力，应使 $C_b/(C_b + C_m)$ 值尽量小些。一般设计时可按表 11-6 推荐数据选取。

表 11-6　螺栓的相对刚度系数

垫片类别	金属垫片或无垫片	皮革垫片	铜皮石棉垫片	橡胶垫片
$C_b/(C_b + C_m)$	$0.2\sim0.3$	0.7	0.8	0.9

求得螺栓的总拉力 F_2 后即可进行螺栓的强度计算，考虑到在特殊情况可能需在工作载荷下补充拧紧，仿照前面推导，可将总拉力增加 30% 以考虑扭转切应力的影响，可得

$$\sigma = \frac{1.3F_2}{\pi d_1^2/4} \leqslant [\sigma] \quad \text{(MPa)} \qquad \text{或} \qquad d_1 \geqslant \sqrt{\frac{4 \times 1.3F_2}{\pi[\sigma]}} \quad \text{(mm)} \tag{11-10}$$

3. 受轴向工作拉力紧螺栓连接的疲劳强度

当螺栓的工作载荷在 0~F 变化时，螺栓所受的总拉力将在 $F_0 \sim F_2$ 变化，在危险截面上，

螺栓受到最大拉应力 $\sigma_{\max} = \dfrac{F_2}{\pi d_1^2 / 4}$，最小拉应力 $\sigma_{\min} = \dfrac{F_0}{\pi d_1^2 / 4}$。普通紧螺栓连接受轴向变载荷作用时的应力变化规律为最小应力 $\sigma_{\min}$ 为常数，螺栓的应力幅为

$$\sigma_a = \frac{\sigma_{\max} - \sigma_{\min}}{2} = \frac{C_b}{C_b + C_m} \frac{2F}{\pi d_1^2} \tag{11-11}$$

由 1.5 节可得，即螺栓的最大应力计算安全系数为

$$S_{ca} = \frac{2\sigma_{-1tc} + (K_\sigma - \phi_\sigma)\sigma_{\min}}{(K_\sigma + \phi_\sigma)(2\sigma_a + \sigma_{\min})} \geqslant S \tag{11-12}$$

式中，σ_{-1tc} 为螺栓材料的对称循环拉压疲劳极限(见表 11-7)；ϕ_σ 为试件的材料系数，即循环应力中平均应力的折算系数，对于碳素钢，$\phi_\sigma = 0.1 \sim 0.2$，对于合金钢，$\phi_\sigma = 0.2 \sim 0.3$；$K_\sigma$ 为拉压疲劳综合影响系数，如忽略加工方法的影响，则 $K_\sigma = k_\sigma / \varepsilon_\sigma$，此处 k_σ 为有效应力集中系数，ε_σ 为尺寸系数；S 为安全系数，见表 11-8。

表 11-7　螺纹连接件常用材料的疲劳极限

材料	疲劳极限/MPa		材料	疲劳极限/MPa	
	σ_{-1}	σ_{-1tc}		σ_{-1}	σ_{-1tc}
10	160~220	120~150	45	250~340	190~250
Q215	170~220	120~160	40Cr	320~440	240~340
35	220~300	170~220			

表 11-8　螺纹连接的安全系数 S

螺栓及受载类型			静载荷			变载荷		
松螺栓连接			1.2~1.7					
普通螺栓	紧螺栓连接	不控制预紧力的计算	M6~M16	M16~M30	M30~M60	M6~M16	M16~M30	M30~M60
			碳钢			碳钢		
			5~4	4~2.5	2.5~2	12.8~8.5	8.5	8.5~12.5
			合金钢			合金钢		
			5.7~5	5~3.4	3.4~3	10~6.8	6.8	6.8~10
		控制预紧力的计算	1.2~1.5			1.2~1.5		
铰制孔用螺栓连接			钢：$S_\tau = 2.5$，$S_p = 1.25$ 铸铁：$S_p = 2.0 \sim 2.5$			钢：$S_\tau = 3.5 \sim 5$，$S_p = 1.5$ 铸铁：$S_p = 2.5 \sim 3.0$		

11.4.2　受剪紧螺栓连接的强度计算

图 11-12 为受剪螺栓连接，主要失效形式为螺栓杆被剪断、螺栓杆和孔壁接触面被压溃。因此，对连接进行抗剪强度和挤压强度计算。

设螺栓所受的剪力为 F ，则螺栓杆的抗剪切强度条件为

$$\tau = \frac{F}{\pi d_0^2 m / 4} \leqslant [\tau] \qquad (11\text{-}13)$$

螺栓杆与被连接件孔壁的抗挤压强度条件为

$$\sigma_p = \frac{F}{d_0 L_{min}} \leqslant [\sigma_p] \qquad (11\text{-}14)$$

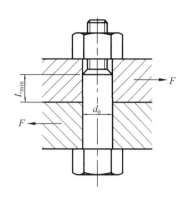

图 11-12　受剪螺栓连接

式中，d_0 为螺栓抗剪面直径，mm；m 为螺栓抗剪面数目，图 11-12 中的 $m=1$；L_{min} 为螺栓杆与孔壁挤压面最小高度，mm；$[\tau]$ 为螺栓的许用切应力，MPa；$[\sigma_p]$ 为螺栓杆或孔壁材料中强度较弱者的许用挤压应力，MPa。

11.4.3　螺纹连接件的材料及许用应力

1. 螺纹连接件的材料

常用的螺栓材料有 Q215、10、Q235、35 和 45 钢，对承受冲击、振动、变载荷的重要的螺纹连接件可采用 15Cr、40Cr、30CrMnSi 等力学性能较高的合金钢。国家标准规定螺纹连接件按其力学性能进行分级（见表 11-9、表 11-10）。在设计时应根据具体需要选择合适的螺纹连接件的性能等级，有效提高螺纹连接的强度。

表 11-9　螺栓、螺钉和螺柱的性能等级

性能等级(标记)	4.6	4.8	5.6	5.8	6.8	8.8	9.8	10.9	12.9
抗拉强度 σ_b/MPa	400		500		600	800	900	1000	1200
屈服强度 σ_s/MPa	240	320	300	400	480	640	720	900	1080
硬度/HBW$_{min}$	114	124	147	152	181	245	286	316	380

注：性能等级用数字表示，小数点前数字为 $\sigma_b/100$，小数点后的数字为 $10 \times (\sigma_s/\sigma_b)$。

表 11-10　螺母的性能等级

性能等级(标记)	4	5	6	8	9	10	12
螺母保证最小应力 σ_{min}/MPa	510 ($d \geqslant 16 \sim 39$)	520 $d \geqslant 3 \sim 4$ 右同	600	800	900	1040	1140
相配螺栓的性能等级	4.6，4.8 ($d > 16$)	4.6，4.8 ($d \leqslant 16$) 5.6,5.8 ($d \leqslant 39$)	6.8	8.8	9.8 ($d \leqslant 16$)	10.9	12.9

注：均指粗牙螺纹螺母，性能等级用数字表示为 $\sigma_b/100$。

2. 螺纹连接件的许用应力

螺纹连接件的许用应力与载荷性质(静、变载荷)、装配情况(松连接或紧连接)以及螺纹连接件的材料及热处理工艺、结构尺寸等因素有关。

螺纹连接件的许用拉应力为

$$[\sigma] = \frac{\sigma_s}{S} \tag{11-15}$$

螺纹连接件的许用切应力为

$$[\tau] = \frac{\sigma_s}{S_\tau} \tag{11-16}$$

对于不同材料，许用挤压应力$[\sigma_p]$分别为

钢：
$$[\sigma_p] = \frac{\sigma_s}{S_p} \tag{11-17}$$

铸铁：
$$[\sigma_p] = \frac{\sigma_b}{S_p} \tag{11-18}$$

式中，σ_s、σ_b分别为螺纹连接件材料的屈服极限和强度极限，见表11-9；S、S_τ、S_p为安全系数，见表11-8。

11.5　螺栓组设计

绝大多数螺栓都是成组使用的。设计螺栓组连接时，首先应根据连接用途、被连接件结构和受载情况，确定螺栓数目和布置形式，然后确定螺栓连接的结构尺寸。对于一般螺栓连接，其螺栓尺寸可用类比法确定，对于重要的连接，应分析螺栓组的受载情况，找出受载最大的螺栓及所受的载荷，进行强度分析。

11.5.1　螺栓组连接的结构设计

螺栓组结构设计的目的主要是，选定螺栓数目，合理地确定连接结合面的几何形状和螺栓的布置形式，力求各螺栓和连接接合面受力均匀，便于加工和装配，具体应考虑以下几方面问题。

（1）连接接合面的几何形状通常都设计成轴对称的简单几何形状，如圆形、环形、矩形、框形、三角形等，这样不但便于制造，而且使螺栓组的对称中心和连接接合面的形心重合，从而保证连接接合面受力比较均匀。

（2）螺栓排列应有合理间距、边距，以便扳手转动，图11-13给出了几种常见的扳手空

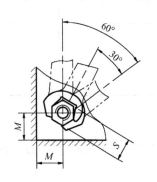
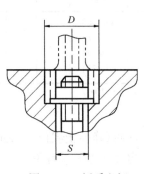
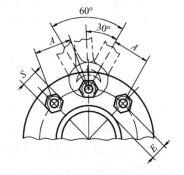

图 11-13　扳手空间

间示例，设计时应查阅相关设计手册。对于压力容器等具有紧密性要求的连接，螺栓间距的设置应能保证紧密性要求，并严格按照设计规范执行。

（3）分布在同一圆周上的螺栓数目，应取成 4、6、8 等偶数，以便于分度画线和加工，同一组螺栓中螺栓的材料、直径和长度均应相同。

（4）当连接受转矩或倾覆力矩作用时，螺栓的布置应靠近边缘，以减小螺栓的受力，如图 11-14 所示。受横向载荷采用铰制孔螺栓时，在载荷方向上螺栓的排数不应大于 8，以避免各个螺栓受力严重不均匀。

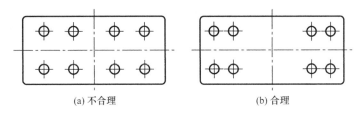

(a) 不合理　　　　　　　　　　　　(b) 合理

图 11-14　接合面受倾覆力矩或转矩时螺栓的布置

11.5.2　螺栓组连接受力分析

螺栓组连接受力分析的目的是找出受力最大的螺栓及所受载荷的大小，进行强度分析。在进行螺栓组连接受力分析时通常做以下假设。

（1）螺栓组中各螺栓的材料、直径和长度和预紧力都相同。

（2）被连接件为刚体，即受载前后接合面保持为平面。

（3）螺栓应变没有超出弹性范围。

下面对几种典型螺栓组的受载情况，分别进行受力分析。

1. 受轴向力的螺栓组连接

如图 11-9 所示的压力容器螺栓组连接，z 个螺栓均布，载荷 F_Σ 与螺栓轴线平行，并通过螺栓组的对称中心，则每个螺栓承受的工作载荷载荷为

$$F = \frac{F_\Sigma}{z} = \frac{p \times \pi D^2 / 4}{z} \tag{11-19}$$

确定工作载荷后可按 11.4 节受预紧力和工作拉力的紧螺栓连接对螺栓进行强度分析。

2. 受横向载荷的螺栓组连接

图 11-15 为受横向载荷 F_Σ 的螺栓组连接，F_Σ 的作用线与螺栓轴线垂直，并通过螺栓组

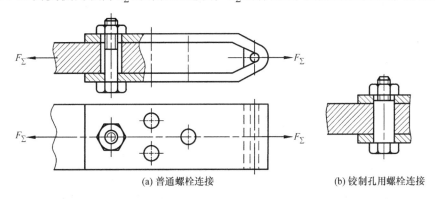

(a) 普通螺栓连接　　　　　　　　　　(b) 铰制孔用螺栓连接

图 11-15　受横向载荷的螺栓组连接

的对称中心,可采用普通螺栓连接(图 11-15(a)),也可采用铰制孔用螺栓连接(图 11-15(b))。

(1)普通螺栓连接。因为螺栓杆和孔壁之间有间隙,为保证连接可靠不产生滑移,通过连接预紧后在结合面间产生的摩擦力来抵抗横向载荷 F_Σ ,有

$$fF_0mz \geqslant K_sF_\Sigma \qquad 或 \qquad F_0 \geqslant \frac{K_sF_\Sigma}{fmz} \tag{11-20}$$

式中, f 为接合面摩擦系数(见表 11-11); m 为接合面数目; z 为螺栓数目; K_s 为防滑系数, $K_s = 1.1 \sim 1.3$ 。

表 11-11 连接接合面的摩擦系数

被连接件	接合面的表面状态	摩擦系数
钢或铸铁零件	干燥的加工表面	0.10～0.16
	有油的加工表面	0.06～0.10
钢结构件	轧制表面、钢丝刷清理浮锈	0.30～0.35
	涂富锌漆	0.35～0.40
	喷砂处理	0.45～0.55
铸铁对砖料、混凝土或木材	干燥表面	0.40～0.45

(2)铰制孔用螺栓连接。横向载荷 F_Σ 靠螺栓受剪和螺栓与被连接件相互挤压来传递。连接中的预紧力和摩擦力一般忽略不计。设螺栓的数目为 z ,则每个螺栓受到的横向工作剪力为

$$F = \frac{F_\Sigma}{z} \tag{11-21}$$

在计算时必须注意实际的剪切面数和挤压面积,如图 11-15(b)所示的受剪螺栓就有两个剪切面。

3. 受转矩 T 时的螺栓组连接

如图 11-16(a)所示,底座螺栓组连接受旋转力矩 T 作用,底板有绕通过螺栓组对称中心 O 并与接合面垂直的轴线转动的趋势(图 11-16)。可采用普通螺栓也可以采用铰制孔用螺栓连接,其传力方式类似于受横向载荷的螺栓组连接。

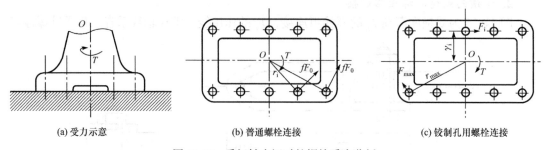

(a)受力示意   (b)普通螺栓连接   (c)铰制孔用螺栓连接

图 11-16 受扭转力矩时的螺栓受力分析

(1)普通螺栓组连接。螺栓只承受预紧力 F_0 的作用,旋转力矩 T 靠连接预紧后作用在结合面上的摩擦力矩传递。假设各螺栓的预紧力相同,且在各螺栓连接处产生的摩擦力 fF_0 集中作用在螺栓中心,方向垂直于螺栓中心与螺栓组对称中心 O 的连线。底板受力平衡条件为

$$F_0 f r_1 + F_0 f r_2 + \cdots + F_0 f r_z \geqslant K_s T$$

则每个螺栓需要的预紧力为

$$F_0 \geqslant \frac{K_s T}{f(r_1 + r_2 + \cdots + r_z)} = \frac{K_s T}{f \sum\limits_{i=1}^{z} r_i} \tag{11-22}$$

式中，r_i 为各螺栓轴线到螺栓组对称中心 O 的距离。

（2）铰制孔用螺栓组连接。如图 11-16（c）所示，各螺栓的工作剪力与其轴线与螺栓组对称中心的连线垂直。底板的受力平衡条件为

$$F_1 r_1 + F_2 r_2 + \cdots + F_z r_z = T \tag{11-23}$$

根据螺栓变形协调条件，各螺栓的剪切变形量与其轴线与螺栓组对称中心的距离成正比。因各螺栓剪切刚度相同，故各螺栓的承受的剪力也与这个距离成正比，即

$$\frac{F_1}{r_1} = \frac{F_2}{r_2} = \cdots = \frac{F_z}{r_z} = \frac{F_{\max}}{r_{\max}} \tag{11-24}$$

式中，F_i 为各螺栓的工作剪力，$F_{\max}$ 为最大值；r_i 为各螺栓轴线到螺栓组对称中心的距离，$r_{\max}$ 为最大值。

联立式（11-23）、式（11-24），得到受力最大的螺栓所受的工作剪力为

$$F_{\max} = \frac{T r_{\max}}{\sum\limits_{i=1}^{z} r_i^2} \tag{11-25}$$

4. 受翻转力矩 M 的螺栓组连接

图 11-17 所示为受翻转力矩 M 的底座螺栓组连接，假设底座是刚体，其接合面始终保持为

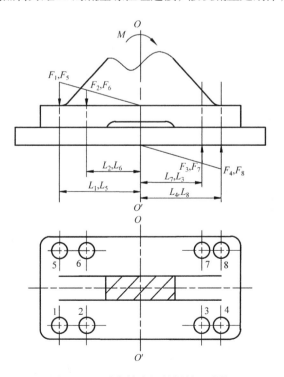

图 11-17　受翻转力矩的螺栓组连接

一平面，采用普通螺栓连接。在 M 的作用下，底座有绕对称轴线 OO' 翻转的趋势。对称轴线 OO' 左侧，螺栓被进一步拉伸，地基被放松；轴线右侧，螺栓被放松，地基被进一步压缩。

根据底板静力平衡条件可得

$$M = \sum_{i=1}^{z} F_i L_i \tag{11-26}$$

由螺栓变形协调条件，各螺栓的拉伸变形量与螺栓中心至对称轴线 OO' 的距离 L_i 成正比。因各螺栓刚度相同，所以螺栓所受的工作拉力 F_i 与距离 L_i 成正比，即

$$\frac{F_{max}}{L_{max}} = \frac{F_i}{L_i} \tag{11-27}$$

联立式(11-26)、式(11-27)，可得受力最大的螺栓(图 11-17 中 1、5 螺栓)所受的工作拉力为

$$F_{max} = \frac{M L_{max}}{\sum_{i=1}^{z} L_i^2} \tag{11-28}$$

式中，z 为螺栓个数；L_i 为各螺栓轴线到对称轴线 OO' 的距离，mm；L_{max} 为 L_i 中的最大值，mm。

需要指出，受翻转力矩的螺栓组连接，不仅要对单个螺栓进行强度计算，还应保证接合面不因挤压应力过大而压溃，并保证接合面的最小挤压应力大于零以免接合面出现缝隙。可得

不压溃条件：　　　　　　　$\sigma_{pmax} = \sigma_p + \Delta\sigma_{pmax} \leqslant [\sigma_p] \tag{11-29}$

无缝隙条件：　　　　　　　$\sigma_{pmin} = \sigma_p - \Delta\sigma_{pmax} \geqslant 0 \tag{11-30}$

式中，σ_p 为受载前由预紧力而产生挤压应力，MPa，$\sigma_p = zF_0/A$，A 为接合面的面积；$\Delta\sigma_{pmax}$ 为由 M 在地基接合面处产生的附加压力最大值，$\Delta\sigma_{pmax} \approx M/W$，对于刚性大的地基，其中 M 为翻转力矩，W 为接合面的有效抗弯截面系数；连接接合面的许用挤压应力 $[\sigma_p]$ 可查表 11-12。

表 11-12　连接接合面材料的许用挤压应力

材料	钢	铸铁	混凝土	砖(水泥浆缝)	木材
$[\sigma_p]$/ MPa	$0.8\sigma_s$	$(0.4\sim0.5)\sigma_b$	$2.0\sim3.0$	$1.5\sim2.0$	$2.0\sim4.0$

在工程实际中，螺栓组连接所受的载荷通常是以上四种简单受力状态的不同组合。分析时先分别计算出螺栓组在这些简单受力状态下每个螺栓的工作载荷，然后按向量叠加起来，便得到每个螺栓的总工作载荷，再对受力最大的螺栓进行强度分析。

[例 11-1] 图 11-18 所示为铸铁托架。用一组螺栓固定在砖墙上，托架轴孔中心受一斜向力 $F_p = 15000\text{N}$，力 F_p 与铅垂线夹角 $\alpha = 55°$，砖墙的许用挤压应力 $[\sigma_p] = 2\text{MPa}$，接合面摩擦系数 $f = 0.3$，相对刚度系数 $C_b/(C_b + C_m) = 0.3$，$L_1 = 200\text{mm}$，$L_2 = 400\text{mm}$，$L_3 = 150\text{mm}$，$L = 320\text{mm}$，$h = 250\text{mm}$，试求螺栓的最小直径，并校核螺栓组接合面的工作能力。

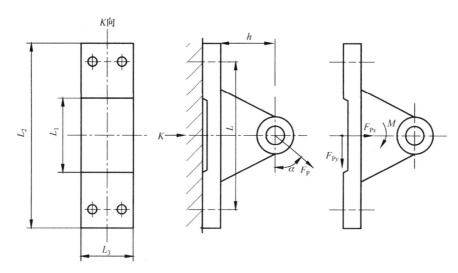

图 11-18　铸铁托架

解　(1)螺栓组受力分析。

将斜向力 F_p 分解为水平和铅垂分力，并移至接合面上，可得翻转力矩 M、横向力 F_{py} 与轴向力 F_{px}。

①轴向力 F_{px}(作用于螺栓组形心，水平向右)为

$$F_{px} = F_p \sin\alpha = 15000 \times \sin 55° = 12287(\text{N})$$

②横向力 F_{py}(作用于接合面，垂直向下)为

$$F_{py} = F_p \cos\alpha = 15000 \times \cos 55° = 8604(\text{N})$$

③翻转力矩 M(绕 O 轴，顺时针方向)为

$$M = F_{py} \times h = 8604 \times 250 = 2151000(\text{N·mm})$$

(2)确定单个螺栓的工作载荷。

①在横向力 F_{py} 作用下，底板在连接接合面处可能产生滑移。为保证板接合面不发生滑移，残余预紧力产生的摩擦力满足

$$f\left(zF_0 - \frac{C_m}{C_b + C_m}F_{px}\right) \geqslant K_s F_{py}$$

取 $K_s = 1.1$，$f = 0.3$(铸铁对砖墙)，由相对刚度系数 $C_b / (C_b + C_m) = 0.3$，可得

$$F_0 \geqslant \frac{1}{z}\left(\frac{K_s F_{py}}{f} + \frac{C_m}{C_b + C_m}F_{px}\right) = \frac{1}{4} \times \left(\frac{1.1 \times 8604}{0.3} + 0.7 \times 12287\right) = 10037(\text{N})$$

②计算螺栓的工作拉力　在水平分力 F_{px} 作用下，螺栓所受到的工作拉力为

$$F_a = \frac{F_{px}}{z} = \frac{12287}{4} = 3072(\text{N})$$

在翻转力矩 M 作用下，螺栓所受到的工作拉力为

$$F_{max} = \frac{ML_{max}}{\sum\limits_{i=1}^{4} L_i^2} = \frac{2151000 \times 160}{4 \times 160^2} = 3361(N)$$

受力最大的螺栓上作用的工作拉力为

$$F = F_a + F_{max} = 3072 + 3361 = 6433(N)$$

③计算螺栓的总拉力

$$F_2 = F_0 + \frac{C_b}{C_b + C_m} F = 10037 + 0.3 \times 6433 = 11967(N)$$

(3)强度计算。

①计算许用拉应力$[\sigma]$。选4.8级碳钢螺栓，查表11-9知$\sigma_s = 320MPa$，考虑不需严格控制预紧力，初估直径为16~30mm，查表11-8，取$S = 3$，则

$$[\sigma] = \sigma_s / S = 106.67(MPa)$$

②计算螺栓直径

$$d_1 \geqslant \sqrt{\frac{4 \times 1.3 \times F_2}{\pi[\sigma]}} = \sqrt{\frac{4 \times 1.3 \times 11967}{\pi \times 106.67}} = 13.63(mm)$$

按粗牙普通螺纹标准知，M16的d_1为13.835，所以，选M16满足强度要求。

(4)校核接合面上的挤压应力，保证下端接合面不被压溃。

$$\sigma_{pmax} = \sigma_p + \Delta\sigma_{pmax} = \frac{zF_0}{A} + \frac{M}{W} \leqslant [\sigma_p]$$

$$A = L_3(L_2 - L_1) = 150(400 - 200) = 30000(mm^2)$$

$$W = \frac{L_3}{6L_2} \times (L_2^3 - L_1^3) = \frac{150}{6 \times 400} \times (400^3 - 200^3) = 3.5 \times 10^6 (mm^3)$$

代入公式得到

$$\sigma_{pmax} = \frac{zF_0}{A} + \frac{M}{W} = \frac{4 \times 10037}{30000} + \frac{2151000}{3.5 \times 10^6} = 1.95(MPa) \leqslant [\sigma_p] = 2MPa$$

故连接接合面下端不会压溃。

(5)保证上端接合面不出现缝隙，即残余的最小压力大于零。

$$\sigma_{pmin} = \frac{zF_0}{A} - \frac{M}{W} = \frac{4 \times 10037}{30000} - \frac{2151000}{3.5 \times 10^6} = 0.72MPa \geqslant 0$$

故上端接合面不会出现缝隙。

(6)校核螺栓所需的预紧力是否合适。

对于碳钢螺栓，要求：$F_0 \leqslant (0.6 \sim 0.7)\sigma_s A_1$。

已知$\sigma_s = 320MPa$，$A_1 = \frac{\pi d_1^2}{4} = \frac{\pi \times 13.835^2}{4} = 150.33(mm^2)$

$$F_0 \leqslant (0.6 \sim 0.7)\sigma_s A_1 = (0.6 \sim 0.7) \times 320 \times 150.33 = (28863.4 \sim 33673.9)(N)$$

该螺栓连接所要求的预紧力为$F_0 = 10037N$，满足要求。

说明：确定出螺栓的公称直径后，螺栓的类型、长度、精度以及相应的螺母、垫圈等结构尺寸，可根据底板厚度、螺栓的固定方法及防松装置等全面考虑后定出，此处从略。

11.6　提高螺纹连接强度的措施

以螺栓连接为例，螺栓连接强度主要取决于螺栓强度。影响螺栓强度的因素较多，主要涉及螺纹牙载荷分配、应力幅、应力集中、附加应力、材料的力学性能和制造工艺等几个方面。下面分析各因素对螺栓强度的影响以及提高强度的相应措施。

11.6.1　改善螺纹牙的载荷分配

螺纹连接受载时，螺栓受拉伸而螺距增大，螺母受压缩而螺距减小，螺栓和螺母因变形方向不同而存在螺距差。根据受力分析可知，在螺纹旋合的第一圈处，螺栓所受的拉力最大而螺母所受的压力也最大，即在该处的螺距差最大，以后各圈递减(图 11-19)。实践表明，螺纹旋合第一圈处承受的载荷最大(约占总载荷的 1/3)，第八圈以后的螺纹牙几乎不承受载荷(图 11-20)。

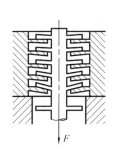

图 11-19　旋合螺纹变形示意图

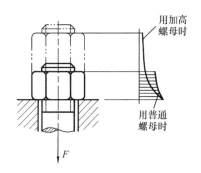

图 11-20　螺纹牙载荷分布

为改善螺纹牙上载荷分布不均程度，可采用以下措施。

1)尽可能地减少螺距差

(1)悬置螺母(图 11-21(a))。螺母的旋合部分全部受拉，与螺栓具有相同的变形性质，从而可减小两者的螺距变化差，使螺纹牙上的载荷分布趋于均匀，强度约提高 40%。

(2)环槽螺母(图 11-21(b))。这种结构可使螺母内缘下端(螺栓旋入端)局部受拉，其作用和悬置螺母相似，强度约提高 30%。

2)使变形较大的螺纹牙更易于变形

(1)内斜螺母(图 11-21(c))。螺母下端(螺栓旋入端)受力大的几圈螺纹处制成 10°～15°的斜角，使螺栓螺纹牙的受力由上而下逐渐外移，螺栓旋合段下端的螺纹牙在载荷作用下更容易变形，而将载荷转移至上部的螺纹牙处，使螺纹牙受力趋于均匀，强度约提高 20%。

(2)钢丝螺套(图 11-21(d))。主要用来旋入轻合金的螺纹孔内，旋入后将安装柄根在缺口处折断，然后旋入螺栓(或其他螺纹连接件)，因它具有一定弹性，可以起到均载作用，再加上它还有减振的作用，故能显著提高螺纹连接件的疲劳强度，强度约提高 40%。

3)减少螺距差的同时增加易变形性

特殊均载螺母(图 11-21(e))。兼有环槽螺母和内斜螺母的作用，强度约提高 40%。

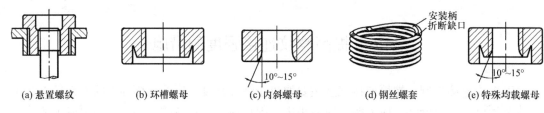

| (a) 悬置螺纹 | (b) 环槽螺母 | (c) 内斜螺母 | (d) 钢丝螺套 | (e) 特殊均载螺母 |

图 11-21 改善螺纹牙上载荷分布不均匀性的措施

11.6.2 降低应力幅

螺栓最大应力一定时，应力幅越小，零件的疲劳强度越高。在工作载荷和残余预紧力不变的情况下，减小螺栓刚度 C_b 或增大被连接件刚度 C_m 都能达到减小应力幅的目的，但为了保证连接的紧密性，预紧力 F_0 应相应增大(图 11-22)。

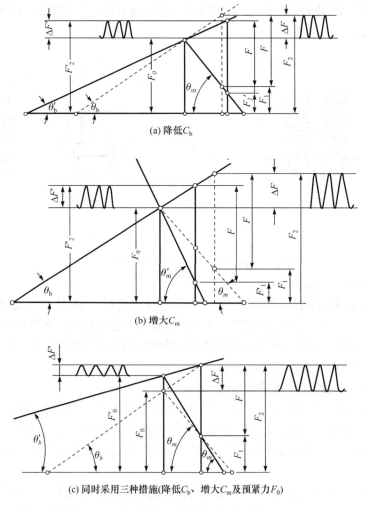

(a) 降低 C_b

(b) 增大 C_m

(c) 同时采用三种措施(降低 C_b、增大 C_m 及预紧力 F_0)

图 11-22 降低螺栓所受应力幅的措施

(1)减小螺栓刚度的措施有：适当增加螺栓的长度，或采用腰状杆螺栓或空心螺栓(图 11-23)，或在螺母下面安装弹性元件(图 11-24)。柔性螺纹连接件还具有良好的缓冲吸振作用，有利于在振动、冲击场合下使用。

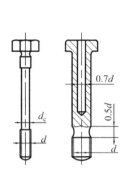

图 11-23　腰杆状螺栓与空心螺栓

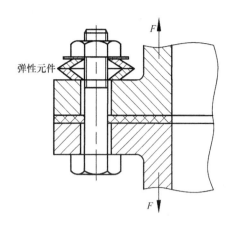

图 11-24　弹性元件

（2）为了增大被连接件刚度，可以不用垫片或采用刚度较大的垫片。对于有紧密性要求的连接，从增大被连接件刚度的角度来看，应尽量避免采用较软的气缸垫片，可采用刚度较大的金属垫片或密封环实现密封功能，图 11-25（b）所示为气缸密封的示意图。

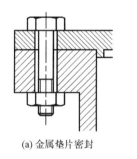
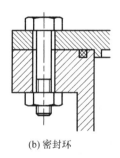

(a) 金属垫片密封　　　　　　　　(b) 密封环

图 11-25　气缸密封

11.6.3　避免或减小附加应力

由于设计、制造或安装上的疏忽，有可能使螺栓受到附加弯曲应力。如支承面不平（图 11-26（a）），被连接件刚度太小（图 11-26（b）），又如图 11-26（c）所示的钩头螺栓，

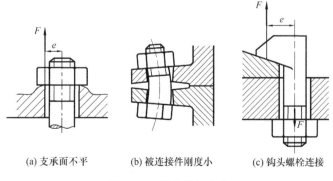

(a) 支承面不平　　　　　(b) 被连接件刚度小　　　　　(c) 钩头螺栓连接

图 11-26　螺栓附加应力

在 $e \approx d_1$ 时，弯曲应力约为拉应力的 8 倍，严重地影响了螺栓的强度。

常用的解决方法，若在铸件或锻件等未加工表面上安装螺栓时，采用凸台或沉头座等结构(图 11-27(c)、(d))，经切削加工后可获得平整支承面，或采用斜垫圈、球面垫圈(图 11-27(a)、(b))，并尽量避免使用钩头螺栓。

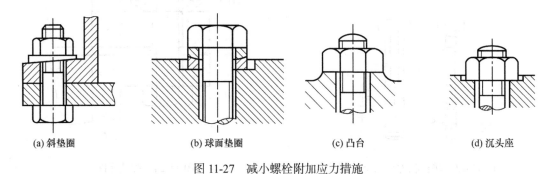

(a) 斜垫圈　　　　　(b) 球面垫圈　　　　　(c) 凸台　　　　　(d) 沉头座

图 11-27　减小螺栓附加应力措施

11.6.4　减小应力集中

螺纹的牙根和收尾、螺栓头部与螺栓杆交接处都要产生应力集中。为了减小应力集中，可以采用较大的圆角和卸载结构，或将螺纹收尾改为退刀槽。但需注意，采用一些特殊结构会使制造成本增加。

11.6.5　采用合理的制造工艺

制造工艺的合理选择也对螺栓的强度有很大影响，对采取冷镦头部和碾压螺纹的螺栓，由于螺栓的金属流线是连续的，因而其疲劳强度比车制螺栓约高 30%，热处理后再进行滚压螺纹，效果更佳，强度提高 70%～100%。此外，液体碳氮共渗、渗氮等表面硬化处理也能提高螺栓的疲劳强度。

11.7　螺 旋 传 动

11.7.1　螺旋传动的基本类型和特点

1. 螺旋传动的工作原理

螺旋传动是由螺母和螺杆组成的，实现将回转运动转变为直线运动。图 11-28 给出了

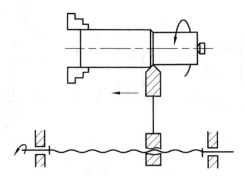

图 11-28　螺旋传动机构

一种典型的螺旋传动机构。

螺杆和螺母的相对运动关系为

$$l = \frac{np}{2\pi} \cdot \theta \qquad\qquad (11\text{-}31)$$

式中，l 为螺杆或螺母移动的距离或行程，mm；p 为螺杆或螺母的螺距；n 为螺纹线数；θ 为螺杆和螺母间的相对转角，rad。

2. 螺纹传动的基本类型

1) 按摩擦形式分类

螺旋传动可分为滑动螺旋传动和滚动螺旋传动。而滑动螺旋传动又可分为普通滑动螺旋传动和静压滑动螺旋传动。

普通滑动螺旋传动结构简单、便于制造。易于自锁，但效率低，磨损大。静压滑动螺旋和滚动螺旋传动的摩擦阻力小、效率高（一般为 90%以上），但结构复杂，静压滑动螺旋还需要压力供油系统，只有在高精度、高效率的重要传动中才采用，如数控、精密机床，轧钢机的轧辊调节装置等。

2) 按用途分类

螺旋传动按用途可分为传力螺旋、传导螺旋和调整螺旋三类。

(1) 传力螺旋。传力螺旋通常以传递动力为主，其主要目标是能用较小的转矩获得较大的轴向推力，其基本特点是：在工作中常承受很大的轴向力，一般为间歇性工作，工作速度较低，而且通常需要有自锁能力，如虎钳、举重器、千斤顶、螺旋升降机等。

(2) 传导螺旋。传导螺旋以传递运动为主要目的，要求其具有较高的传动精度，并能以较高的速度在长时间内连续工作，有时也要求承受较大的轴向力。如机床上的进给丝杠螺母传动机构，如图 11-28 所示。

(3) 调整螺旋。调整螺旋主要用于调整和固定零件的相对位置，一般以螺杆为主动件作回转运动，螺母为从动件作轴向移动。常作为机床、仪器及测试装置中的微调机构，其特点是受力较小且不经常转动，如螺旋千分尺等。调整螺旋常以滑动螺旋为主。

3) 按螺旋副组件的运动组合形式分类

按螺旋副组件的运动组合形式可分为以下四类。

(1) 螺母固定，螺杆转动并移动。这种运动组合常用于螺旋压力机、千分尺等机构。因螺母本身起着支承作用，消除了螺杆轴承可能产生的附加轴向窜动，结构比较简单，所以可获得较高的传动精度。其缺点是轴向结构尺寸较大，刚性较差。图 11-29 所示为螺杆回转并作直线运动的台虎钳。右旋单线螺纹螺杆 1 与活动钳口 2 组成转动副，并与螺母 4 组成旋传动副，同时螺母 4 与固定钳口 3 固定连接。当螺杆按图示方向相对螺母 4 作回转运动时，螺杆连同活动钳口向右移动，与固定钳口合作实现对工件的夹紧；当螺杆反向回转时，活动钳口随螺杆左移，松开工件。通过螺旋传动，完成夹紧与松开工件的要求。

(2) 螺杆固定不动，螺母回转并移动。图 11-30 所示为螺旋千斤顶中的一种结构形式，螺杆 4 连接于底座固定不动，转动手柄 3 使螺母 2 回转并作上升或下降的直线运动，从而举起或放下托盘 1(注意托盘和螺母间装有推力轴承，可以保证螺母转动时托盘只作移动而不转动)。

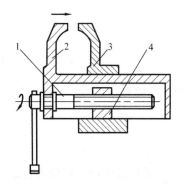

1—螺杆；2—活动钳口；3—固定钳口；4—螺母

图 11-29　螺母固定螺杆转动并移动

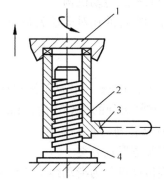

1—托盘；2—螺母；3—手柄；4—螺杆

图 11-30　螺杆固定螺母回转并移动

(3)螺杆回转，螺母作直线运动。这种运动转换形式在传导螺旋中应用最广，如机床的滑板移动机构等。这种形式的特点是结构紧凑、螺杆刚性好，适于工作行程较大的场合。

图 11-31 所示为螺杆回转、螺母作直线运动的应用示例。螺杆 1 与机架 3 组成转动副，螺母 2 与螺杆 1 以左旋螺纹啮合并与工作台 4 连接。当转动手轮使螺杆按图示方向回转时，螺母带动工作台沿机架的导轨向右作直线运动。

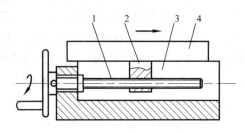

1—螺杆；2—螺母；3—机架；4—工作台

图 11-31　螺杆回转螺母直线运动

(4)螺母回转，螺杆作直线运动。这种运动形式在调整机构中应用较多，在传导螺旋中也不少见。由于需要限制螺杆的转动和螺母的移动，结构较复杂，所占轴向空间较大。图 11-32 所示为应力试验机上的观察镜螺旋调整装置。螺杆 3、螺母 2 为左旋螺旋副。当螺母按图示方向回转时，螺杆 3 带动观察镜 4 向上移动；螺母反向回转时，螺杆连同观察镜向下移动。

(5)差动螺旋传动。差动螺旋传动可看成上述转换形式(1)和(3)的一种组合形式，其工作原理如图 11-33 所示。差动螺旋传动常用于在一定转角下获得很小而且精确位移的场合，有时也用于获得大位移或大传力比的场合。如图 11-33 所示，该机构有两个螺旋副，只有一个活动自由度，设两段螺纹的螺距分别为 p_1、p_2（一般情况下，$p_1 \neq p_2$），当杆的转角为 θ 时，可动螺母 2 的移动距离 l 为

$$l = \left(p_1 \mp p_2\right)\frac{\theta}{2\pi} \qquad (11\text{-}32)$$

式中，"–"用于两螺纹旋向相同时，"+"用于两螺纹旋向相反时；p_1、p_2 分别为两段螺纹

的螺距（多线螺纹时应为导程）；θ 为螺杆和固定螺母 1 的相对转角。

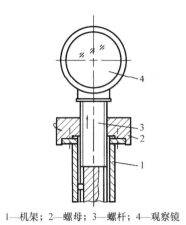

1—机架；2—螺母；3—螺杆；4—观察镜

图 11-32 螺母回转螺杆移动

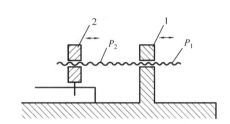

图 11-33 差动螺旋传动原理图

由式 (11-32) 可知，如果两螺纹旋向相同且螺距 p_1、p_2 相差很小，则可以获得很小的位移，因此差动螺旋可用于各种微动装置中；如果旋向相反，则差动螺旋变成快速移动螺旋，此时螺母 2 相对于螺母 1 快速趋近或离开，这种螺旋传动装置常用于要求快速夹紧的夹具或锁紧装置，如车床尾架、卡盘爪的螺旋等中。

11.7.2 滑动螺旋传动的结构设计

滑动螺旋传动的结构设计包括螺纹副的支承方式选择和螺杆、螺母结构的设计。

1. 螺纹副的支承结构

在设计螺纹副的支承结构时，可将螺杆视为轴、螺母视为支承，参考本书轴系零件设计方法进行。当螺杆短而粗且垂直布置时，如起重和加压装置的传力螺旋，可以利用螺母本身作为支承。当螺杆细长且水平布置时，如机床的传导螺旋（丝杠）等，应在螺杆两端或中间附加支承，以提高螺杆工作刚度。螺杆的支承可采用滚动轴承或滑动轴承，在支承类型选择时必须考虑螺旋传动中存在的轴向力。

2. 螺杆的结构

螺杆的加工精度直接影响螺旋传动的工作精度。一般情况下螺杆为整体式的，但在实际生产中，因受加工或热处理设备的长度限制，以及考虑加工过程中搬运的方便，可将螺杆分成几段制造，最后装配成接长螺杆。此外，由于较短的螺杆在加工时易于达到较高的精度，故有时为了获得高精度，也采用接长螺杆。在采用接长螺杆时，必须注意接头处的配合部位应具有较高的精度。

3. 螺母的结构

螺母结构有整体、组合和剖分之分。整体螺母结构简单，但由于不能补偿因磨损而产生的轴向间隙，只适合于在精度要求较低时使用。对于双向传动的传导螺旋，为消除反向误差，常采用组合螺母或剖分螺母结构。图 11-34 所示的组合螺母通过调整楔块使两侧螺母挤紧，以减小螺纹副的间隙，保证在正、反转时都有较高的运动精度。图 11-35 所示为一种剖分螺母的调隙机构，通过腰形槽收紧两半螺母以实现消隙的功能。

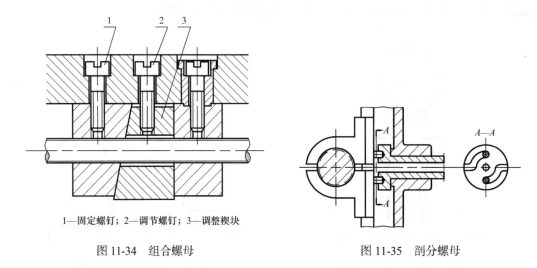

1—固定螺钉；2—调节螺钉；3—调整楔块

图 11-34 组合螺母

图 11-35 剖分螺母

4. 螺杆与螺母常用材料

螺杆材料应具有高强度和良好的加工性，螺母材料除要有足够的强度外，还应具有较低的摩擦系数并具有较高的耐磨性。螺旋传动常见的材料见表 11-13。

表 11-13 螺旋副常用材料

螺旋副	材料牌号	应用范畴
螺杆	Q235、Q275、45、50、	材料不经热处理，适用于经常运动，受力不大，转速较低的传动
	40Cr、65Mn、T12、40WMn、18CrMnTi	材料需经热处理，以提高其耐磨性，适用于重载、转速较高的重要传动
	9Mn2V、CrWMn、38CrMoAl	材料需经热处理，以提高其尺寸的稳定性，适用于精密传导螺纹传动
螺母	ZCuSn10Pbl ZCuSn5Pb5Zn5（铸锡青铜）	材料耐磨性好，适用于一般传动
	ZCuAl9FeNi4Mn2 ZCuZn25Al6Fe3Mn3（铸铝黄铜）	材料耐磨性好，强度高，适用于重载、低速的传动

11.7.3 滑动螺旋的设计计算

滑动螺旋副工作时，旋合螺纹间存在较大的相对滑动速度。因此，除整体强度不足以外，磨损是滑动螺旋传动工作时的主要失效形式，在高速情况下也会发生胶合失效。

滑动螺旋时通常以螺杆强度、螺母牙强度和耐磨性作为设计准则。此外，应根据具体工作条件确定所需的其他校核项目，如：长径比很大的受压螺杆易出现失稳现象，应校核其稳定性。对于有自锁要求的螺纹传动，如调整螺旋、压力螺旋等应校核其自锁性。对长度大、精度要求较高的传导螺旋应校核螺杆的刚度。对于高速长螺杆，应校核其临界转速。对于螺旋起重器螺母应校核螺母下段和凸缘的强度等。

1. 耐磨性的计算

由于螺母的材料一般较螺杆材料软，所以磨损主要发生在螺母的螺纹牙表面。滑动螺旋副的磨损与螺纹工作面上的压力、滑动速度、螺纹表面粗糙度以及润滑状态等因素有关，其中最主要的是螺纹工作面的压力，压力越大螺旋副间越容易产生过度磨损。因此，为保证螺纹的耐磨性和使用寿命，必须限制螺纹工作面的压强。

以耐磨性为准则的校核公式为

$$p = \frac{F}{A} = \frac{F}{\pi d_2 h z} \leqslant [p] \tag{11-33}$$

设计公式为

$$d_2 \geqslant \sqrt{\frac{FP}{\pi h \psi [p]}} \tag{11-34}$$

式中，F 为工作面接触压力或轴向力，N；d_2 为螺纹中径，mm；h 为螺纹工作高度，mm；P 为螺纹螺距，mm；z 为螺纹工作圈数，$z = H/P$；ψ 为高度系数，$\psi = H/d_2$，其中 H 为螺母的有效高度，对于整体螺母，由于磨损后间隙不能调整，为使受力比较均匀，取 $\psi = 2 \sim 2.5$，对于剖分式螺母取 $\psi = 2.5 \sim 3.5$，对于传动精度较高、载荷较大、要求寿命较长的螺纹传动取 $\psi = 4$；$[p]$ 为滑动螺纹副的许用压应力，MPa，见表 11-14。

表 11-14　滑动螺旋副材料的许用压应力 $[p]$

螺纹副材料	速度范围/(m/s)	许用压应力/MPa
钢—青铜	低速	18~25
	<0.05	11~18
	0.1~0.2	7~10
	>0.25	1~2
钢—耐磨铸铁	0.1~0.2	6~8
钢—铸铁	<0.04	13~18
	0.1~0.2	4~7
钢—钢	低速	7.5~13
淬火钢—青铜	0.1~0.2	10~13

注：表中数值适用于 $\psi = 2.5 \sim 4$ 的情况，当 $\psi < 2.5$ 时，$[p]$ 可提高 20%，若为剖分螺母，则 $[p]$ 应降低 15%~20%。

对于矩形和梯形螺纹，因 $h = 0.5P$，有

$$d_2 \geqslant 0.8 \sqrt{\frac{F}{\psi [p]}} \tag{11-35}$$

对于锯齿形螺纹，因 $h = 0.75P$，有

$$d_2 \geqslant 0.65 \sqrt{\frac{F}{\psi [p]}} \tag{11-36}$$

在公称直径确定后，可按标准确定合适的螺距。螺母的高度 H 和工作圈数 z 计算公式为

$$H = \psi d_2 \tag{11-37}$$

$$z = \frac{H}{P} \tag{11-38}$$

因为各圈螺纹牙的受力存在不均匀性，所以螺纹的工作圈数不宜超过 10 圈。在计算所得的圈数过大时，则应考虑更换螺母材料或增大螺纹直径。

2. 螺杆的强度计算

螺杆受轴向载荷和扭矩的作用，其强度可按第四强度理论进行验算，其校核公式为

$$\sigma_{\text{ca}} = \sqrt{\left(\frac{4F}{\pi d_1^2}\right)^2 + 3\left(\frac{T}{0.2d_1^3}\right)^2} \leqslant [\sigma] \tag{11-39}$$

式中，σ_{ca} 为螺杆危险截面计算应力，MPa；$[\sigma]$ 为螺杆材料的许用应力，MPa，见表 11-15；d_1 为螺杆螺纹小径，mm；F 为螺杆承受的轴向载荷，N；T 为螺杆传递的扭矩。

表 11-15 滑动螺旋副材料的许用应力 $[\sigma]$

材料		许用拉应力 $[\sigma]$/MPa	许用弯曲应力 $[\sigma_b]$/MPa	许用剪应力 $[\tau]$/MPa
螺杆	钢	$\sigma_s / (3 \sim 5)$	—	—
螺母	青铜	—	$40 \sim 60$	$30 \sim 40$
	耐磨铸铁	—	$50 \sim 60$	40
	铸铁	—	$45 \sim 55$	40
	钢	—	$(1 \sim 1.2)[\sigma]$	$0.6[\sigma]$

注：载荷稳定时，许用应力取大值。

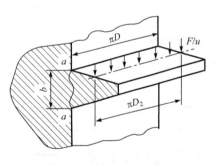

图 11-36 螺纹牙强度校核

3. 螺纹牙强度校核计算

由于螺杆的材料通常比螺母材料的强度更高，故一般只需校核螺母螺纹牙的强度。将一圈螺纹按螺母的外径 D 处展开并把它看作悬臂梁，如图 11-36 所示。螺纹牙根部受到弯曲应力和剪切应力作用，其强度条件如下：

弯曲强度条件为

$$\sigma_b = \frac{3Fl}{\pi D b^2 u} \leqslant [\sigma_b] \tag{11-40}$$

剪切强度条件为

$$\tau = \frac{F}{\pi D b u} \leqslant [\tau] \tag{11-41}$$

式中，σ_b 为螺母大径处的弯曲应力，MPa；$[\sigma_b]$ 为螺母材料的许用弯曲应力，MPa，查表 11-15；$[\tau]$ 为螺母材料的许用剪应力，MPa，查表 11-15；b 为牙根厚度，对于矩形牙 $b = 0.5P$，对于梯形牙 $b = 0.65P$，对于锯齿形牙 $b = 0.75P$，mm；u 为有效螺纹圈数；l 为弯曲力臂，mm，$l = (D - D_2)/2$。

4. 自锁性验算

对于有自锁性要求的螺旋，还需验算螺旋副是否满足自锁条件，即满足

$$\varphi \leqslant \phi_v \tag{11-42}$$

式中，φ 为螺纹升角；ϕ_v 为当量摩擦角。

5. 螺杆的稳定性校核

细长螺杆受到较大轴向力时，可能会发生侧向弯曲而丧失稳定性。所以，当螺杆长径比较大时，需进行稳定性校核。螺杆的稳定性条件为

$$\frac{F_{\text{c}}}{F_{\text{max}}} \geqslant S_{\text{s}} \tag{11-43}$$

式中，F_{c} 为螺杆失稳时的临界载荷，N；F_{max} 为螺杆的最大轴向载荷，N；S_{s} 为螺杆稳定性安全系数，对于传力螺杆，$S_{\text{s}} = 3.5 \sim 5$；对于传导螺杆，$S_{\text{s}} = 2.5 \sim 4$；对于精密螺杆或水平螺杆，$S_{\text{s}} > 4$。

临界载荷 F_{c} 与螺杆柔度 λ_{s} 有关。可根据 λ_{s} 的大小按表 11-16 选择不同的计算公式。

$$\lambda_{\text{s}} = \frac{\mu l}{i} \tag{11-44}$$

式中，μ 为长度系数，见表 11-17；l 为螺杆工作长度，mm；i 为螺杆危险截面的惯性半径，mm，可取为 $i = d_1 / 4$。

表 11-16　临界载荷计算公式

柔度 λ		临界载荷
$\lambda \geqslant 100$		$F_{\text{c}} = \dfrac{\pi^2 EI}{(\mu l)^2}$
$40 \leqslant \lambda < 100$	普通碳素钢 $\sigma_{\text{b}} \geqslant 380\text{MPa}$	$F_{\text{c}} = (304 - 1.12\lambda)\pi d_1^2 / 4$
	优质碳素钢 $\sigma_{\text{b}} \geqslant 480\text{MPa}$	$F_{\text{c}} = (461 - 2.57\lambda)\pi d_1^2 / 4$
$\lambda < 40$		不必进行稳定性计算

注：表中 E 为螺杆材料拉压弹性模量，对于钢 $E = 2.1 \times 10^5 \text{MPa}$；$I$ 为螺杆危险截面惯性矩，$I = \pi d_1^4 / 64$。

表 11-17　螺杆的长度系数

端部支承情况	μ	一端固定，一端铰支	0.7
两端固定	0.5	两段铰支	1.0
一端固定，一端不完全固定	0.6	一端固定，一端自由	2.0

注：螺杆端部支承情况的判断原则如下：

①采用滑动支承，以轴承长度 l_0 与直径 d_0 的比值确定。当 $l_0 / d_0 < 1.5$ 时为铰支；当 $l_0 / d_0 = 1.5 \sim 3$ 时，为不完全固定；当 $l_0 / d_0 > 3$ 时，为固定支承。

②若采用螺母作为支承，对整体螺母按第一点确定，此时取 $l_0 = H$；对剖分螺母，可作为不完全固定支承。

③若采用滚动支承并有径向约束，可作为铰支；有径向和轴向约束时，可作为固定支承。

11.7.4　静压滑动螺旋传动

静压滑动螺旋传动是在工作中使螺纹工作面间形成液体静压油膜润滑（和液体静压轴承相同）的螺旋传动。这种螺旋采用梯形螺纹（图 11-37）。在螺母每圈螺纹中径处开有 3～6 个间隔均匀的油腔。同一母线上同一侧的油腔连通，用一个节流阀控制。油泵将精滤后的高压油注入油腔，油经过摩擦面间缝隙后再由牙根处回油孔流回油箱。当螺杆未受载荷时，

牙两侧的间隙和油压相同。当螺杆受向左的轴向力作用时，螺杆略向左移，当螺杆受径向力作用时，螺杆略向下移。当螺杆受弯矩作用时，螺杆略偏转。由于节流阀的作用，在微量移动后各油腔中油压发生变化，螺杆平衡于某一位置，使油膜厚度维持在某一水平。

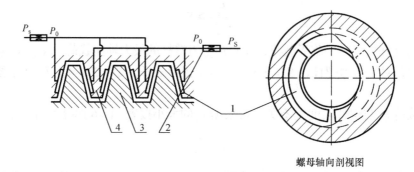

螺母轴向剖视图

1—油腔；2—节流器；3—螺杆；4—螺母

图 11-37　静压螺旋传动原理

静压螺旋传动摩擦系数小，传动效率可达 99%，无磨损和爬行现象，无反向空程，轴向刚度很高，不自锁，具有传动的可逆性，但螺母结构复杂，而且需要有一套压力稳定、温度恒定和过滤要求高的供油系统。

11.7.5　滚动螺旋传动

滚动螺旋传动是在螺杆和螺母之间放入适当数量的滚珠，使螺杆和螺母之间的滑动摩擦变为滚动摩擦的一种传动装置，又称滚珠丝杠副。滚动螺旋传动具有传动效率高、启动力矩小、运转灵活、工作平稳、寿命长等优点。缺点是结构复杂、刚性和抗振性较差、不能自锁。

滚动螺旋由四个主要组成部分：螺杆 1、滚珠循环返回装置 2、滚珠 3 及螺母 4(图 11-38、图 11-39)。工作时，滚珠沿螺杆螺旋滚道面滚动，在螺杆上滚动数圈后，滚珠从滚道的一端滚出并沿返回装置返回另一端，重新进入滚道，从而构成一闭合回路。

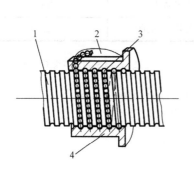

1—螺杆；2—返回装置；3—滚珠；4—螺母

图 11-38　滚珠的外循环结构

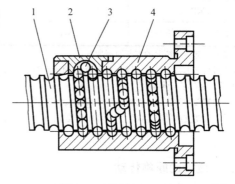

1—螺杆；2—返回装置；3—滚珠；4—螺母

图 11-39　滚珠的内循环结构

按滚珠不同的循环方式，可将滚动螺旋分为外循环式(图 11-38)和内循环式(图 11-39)两种。在外循环方式下，滚珠返回时离开丝杠螺纹滚道，在螺母的体内或体外循环滚动。

外循环式滚动螺旋又分为螺旋槽式、插管式、端盖式的三种。内循环方式的滚珠在整个循环过程中始终与丝杠表面接触。

滚动螺旋传动适于传动精度和灵敏度要求高的场合，例如数控机床的进给机构，各种精密机械与仪器等。目前，滚珠丝杠已标准化、系列化，使用时可以查阅相应的产品目录。

拓　　展

实际生产中，螺纹加工方法主要有切削和滚压两大类。

1. 切削加工

螺纹切削是加工螺纹件效率最高、经济性最好的加工方法，一般指用成形刀具或磨具在工件上加工螺纹的方法，主要有车削、铣削、攻丝、套丝等。车削、铣削和磨削螺纹时，工件每转一转，机床的传动链保证车刀、铣刀或砂轮沿工件轴向准确而均匀地移动一个导程。在攻丝或套丝时，刀具(丝锥或板牙)与工件作相对旋转运动，并由先形成的螺纹沟槽引导着刀具(或工件)作轴向移动。

(1)螺纹车削。在车床上车削螺纹可采用成形车刀或螺纹梳刀(图 11-40)。用成形车刀车削螺纹时，由于刀具结构简单，是单件和小批生产螺纹工件的常用方法；用螺纹梳刀车削螺纹时，生产效率高，但刀具结构复杂，只适于中、大批量生产中车削细牙的短螺纹工件。

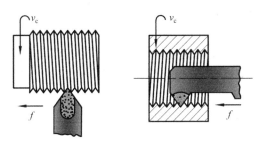

图 11-40　螺纹车削

(2)螺纹铣削。在螺纹铣床上用盘形铣刀或梳形铣刀进行铣削(图 11-41)。在加工过程中共包括三种运动，即：铣刀的快速转动、工件的缓慢转动、铣刀或工件的纵向移动。盘形铣刀主要用于铣削丝杠、蜗杆等工件上的梯形外螺纹。梳形铣刀用于铣削内、外普通螺纹和锥螺纹，由于是用多刃铣刀铣削，其工作部分的长度又大于被加工螺纹的长度，故工件只需要旋转 1.25～1.5 转就可加工完成，生产率很高。这种方法适用于成批生产一般精度的螺纹工件或磨削前的粗加工。

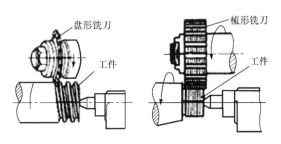

图 11-41　螺纹铣削

(3) 攻丝。攻丝是用一定的扭矩将丝锥旋入工件上预钻的底孔中加工出内螺纹(图 11-42)。由于螺纹车刀结构的限制，在车床上不能加工过小孔径的内螺纹，一般直径在 16mm 以下的内螺纹以及大型工件如机体、机座上的内螺纹，通常都采用丝锥攻制的方法。用丝锥加工小直径的内螺纹，其生产效率比车削要高得多。

(4) 套丝。套丝是用板牙在棒料(或管料) 工件上切出外螺纹(图 11-43)。通常只对小直径外螺纹，才使用圆板牙进行加工。

攻丝或套丝的加工精度取决于丝锥或板牙的精度。攻丝和套丝既可以用手工操作，也可以用车床、钻床、攻丝机和套丝机进行操作。

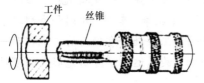

图 11-42 用丝锥攻丝   图 11-43 用板牙套丝

2. 滚压加工

螺纹滚压是指用成形滚压模具使工件产生塑性变形以获得螺纹的加工方法。它是利用冷挤压的原理，用滚压的方法加工外螺纹，它不仅大大地提高了生产效率，还可以降低刀具的消耗，螺纹表面粗糙度也因而大大提高，还不易产生废品。用滚压方法压制成的螺纹，金属纤维没有被切断，比车削出的螺纹有更高的抗拉强度和抗剪强度。同时，由于滚压后的表面硬度提高而增加了螺纹的耐磨性能和使用寿命。按滚压模具的不同，螺纹滚压可分搓丝和滚丝。

(1) 搓丝。用两块带有螺纹槽的搓丝板对工件进行挤压，使工件表面形成所需要的螺纹(图 11-44)。搓螺纹时，两块搓丝板中的一块固定在机床上不动，另一块随同机床的滑枕作直线运动。这样，就带动工件作顺时针方向转动。活动的一块搓丝板一次行程，正好使工件的螺纹挤压完成。

(2) 滚丝。两个滚丝轮分别装在滚丝机两边相互平行的主轴上，由主轴带动作同方向旋转，并且逐渐相互靠拢，根据一般滚丝机的构造，都是一个主轴固定不移动(称为固定主轴)，另一个主轴可以沿水平方向移动(称为活动主轴) (图 11-45)。工件放在滚线轴之间，由它们

图 11-44 搓螺纹

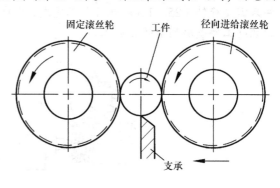

图 11-45 径向滚螺纹

带动反方向旋转。这样，滚丝轮表面上的螺纹，在径向力的作用下压入工件，使工件表面形成螺纹。

习　题

11-1　常用螺纹按牙型不同可分为哪几种?各有何特点？各适用于什么场合？

11-2　为何螺纹连接通常要采用防松措施?有哪些防松措施？

11-3　为什么大多数螺纹连接都要拧紧？

11-4　螺纹的螺旋升角愈小，螺纹的自锁性能_____。(中科院考研题)

11-5　在受预紧力的紧螺栓连接中，螺栓危险截面的应力状态为(　　)。(上海大学考研题)

　　A. 纯扭剪　　　　　B. 简单拉伸　　　　　C. 弯扭组合　　　　　D. 拉扭组合

11-6　对于紧螺栓连接，当螺栓的总拉力 F_2 和残余预紧力 F_1 不变，若将螺栓由实心变为空心，则螺栓的应力幅 σ_a 与预紧力 F_0 会发生变化(　　)。(中南大学考研题)

　　A. σ_a 增大，F_0 应适当减小　　　　　　　B. σ_a 增大，F_0 应适当增大

　　C. σ_a 减小，F_0 应适当减小　　　　　　　D. σ_a 减小，F_0 应适当增大

11-7　在同样材料条件下，三角螺纹的摩擦力矩_____矩形螺纹的摩擦力矩，因此它多用于_____中，而矩形螺纹则多用于_____中。(哈尔滨工业大学考研题)

11-8　题 11-8 图所示的薄钢板采用两个铰制孔螺栓连接在机架上，板受力 $F=10\text{kN}$，螺栓的许用拉应力 $[\sigma]=80\text{MPa}$，许用剪应力 $[\tau]=96\text{MPa}$，板间摩擦系数 $f=0.3$，防滑系数 $K_s=1.2$，试确定：

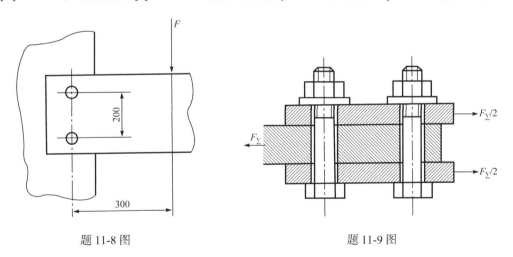

题 11-8 图　　　　　　　　　　　　　　　　　　题 11-9 图

(1)此螺栓连接可能出现的失效形式；

(2)螺栓所受的力；

(3)设计螺栓的最小直径；

(4)若改用两个普通螺栓连接，直径需要取多大？

11-9　题 11-9 图所示为普通螺栓连接，采用两个 M10 的螺栓，螺栓的许用应力 $[\sigma]=160\text{MPa}$，被连接件接合面间的摩擦系数 $f=0.4$，若取防滑系数 $K_s=1.1$，试计算该连接允许的最大静载荷 F_Σ。

11-10　题 11-10 图所示为螺栓组连接的三种方案，已知 $L=320\text{mm}$，$a=80\text{mm}$，试求螺栓组的三种方案中，受力最大的螺栓所受的力各为多少？并分析哪个方案较好？(同济大学考研题)

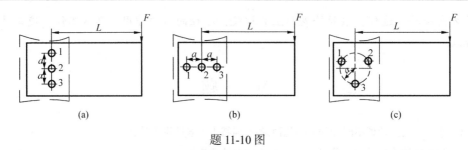

题 11-10 图

11-11 钢制液压油缸如题 11-11 图所示，油压 $p=1\text{N/mm}^2$，油缸内径 $D=160\text{mm}$，油缸与缸盖采用 8 个螺栓均布连接，螺栓连接的相对刚度系数 $C_b/(C_b+C_m)=0.3$，预紧力 $F_0=2.5F$，螺栓的许用应力 $[\sigma]=120\text{N/mm}^2$，试求：

(1)单个螺栓的总拉伸载荷 F_2；

(2)单个螺栓所受的残余预紧力 F_1；

(3)连接螺栓的小径 d_1(保留两位小数)。(哈尔滨工业大学考研题)

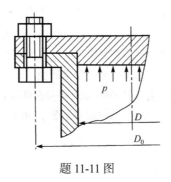

题 11-11 图

11-12 设计简单千斤顶的螺杆和螺母的主要尺寸。已知起重量为 40000N，起重高度为 200mm，材料自选。

第 12 章　其他常用零部件

12.1　弹　　簧

12.1.1　弹簧概述

弹簧是一种应用很广的弹性元件，在载荷的作用下它可以产生较大的弹性变形，实现机械功或动能与变形能的互换。

弹簧的主要功用如下：

(1)缓冲与减振。如汽车、火车车厢下的减振弹簧，联轴器中的吸振弹簧等。

(2)储存及输出能量。如钟表、枪闩用弹簧等。

(3)控制机构的运动。如内燃机气缸的阀门弹簧，制动器、离合器中的控制弹簧等。

(4)测量力的大小。如测力器和弹簧秤中的弹簧。

弹簧的种类很多，按受载后变形的不同，可分为拉伸、压缩、扭转和弯曲弹簧等 4 种；按照弹簧结构形状的不同，可分为螺旋、碟形、环形、板和平面涡卷弹簧等；按弹簧材料的不同，可分为如金属、橡胶和气体弹簧。表 12-1 列出了弹簧的基本类型。

表 12-1　弹簧的基本类型

载荷 形状	拉伸	压缩		扭转	弯曲
螺 旋 形	圆柱 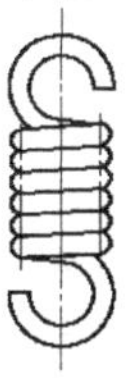	圆柱 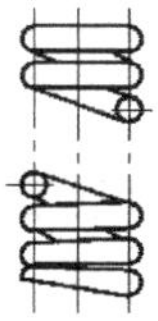	圆锥 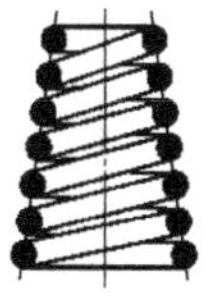	圆柱 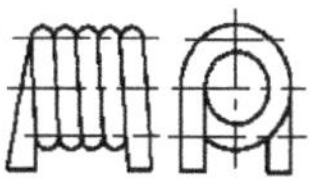	
其 他 形		环形 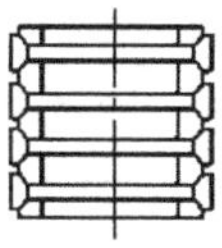	碟形 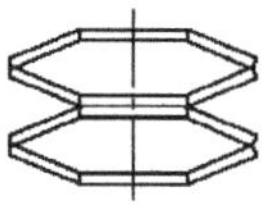	平面涡卷 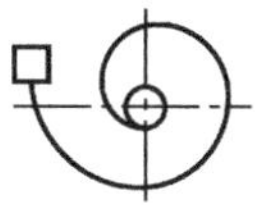	板簧 

本节主要介绍结构简单、制造方便，应用最广的圆柱螺旋弹簧的结构和设计。

12.1.2　圆柱螺旋弹簧的结构、制造、材料及许用应力

1. 圆柱螺旋弹簧的结构形式

1)柱压缩螺旋弹簧

自由状态下，弹簧各圈之间应有适当的间距存在，以便弹簧受压时有产生变形的空间。

弹簧的端部分磨平与不磨平、相邻圈之间有并紧与不并紧等多种结构，具体可见表 12-2。并紧的几圈称为死圈，只起支承作用，不参与变形。弹簧工作圈数 $n \leqslant 7$ 时，每端的死圈约为 0.75 圈；$n > 7$ 时，每端的死圈为 1～1.75 圈。磨平的目的是为了保证支承面与弹簧的轴线垂直，从而使弹簧受压时不致歪斜。当 $D \leqslant 0.5mm$ 时，端面可不磨平。应保证弹簧在最大工作载荷作用下产生最大压缩变形时，各圈间仍保留一定的间隙 δ_1，使能保持弹簧的弹性，利于弹簧恢复原状。一般 $\delta_1 = 0.1D \geqslant 0.2mm$。

表 12-2　压缩螺旋弹簧的端部结构

类型	冷卷压缩弹簧			热卷压缩弹簧	
代号	Y Ⅰ	Y Ⅱ	Y Ⅲ	R Y Ⅰ	R Y Ⅱ
简图					
端圈结构形式	两端圈并紧并磨平	两端圈并紧不磨平	两端圈不并紧	两端圈并紧并磨平	两端圈制扁并紧不磨平或磨平

2) 圆柱拉伸螺旋弹簧

圆柱拉伸螺旋弹簧空载时各圈相互并拢，两端作出钩环以便于连接和加载，如表 12-3 所示。钩环形式制作简便，但过渡处会产生较大的附加弯曲应力，降低了弹簧强度，当载荷很大时，采用表中 LⅦ、LⅧ所示的两种附加钩环结构来减轻或消除这种影响。当弹簧安装的轴向空间受到限制时，一般应采用有预应力拉伸弹簧。

表 12-3　圆柱拉伸螺旋弹簧的端部结构

代号	简图	结构说明	代号	简图	结构说明
L Ⅰ RL Ⅰ		半圆钩环	L V		长臂半圆钩环
L Ⅱ RL Ⅱ		圆钩环	L VI		长臂小圆钩环
L Ⅲ R L Ⅲ		圆钩环压中心	L VII		可调式钩环
L IV		偏心圆钩环	L VIII		可转钩环

2. 制造

螺旋弹簧的制造工艺包括：①卷绕；②钩环制作或两端加工；③热处理；④工艺试验及强压、喷丸等强化处理。

卷绕有冷卷和热卷。直径在 8mm 以下的弹簧丝用冷卷法，8mm 以上用热卷法。冷卷弹簧多采用经预热处理的冷拉优质碳素弹簧钢丝，卷成后只需低温回火以消除内应力。热卷的温度根据弹簧钢丝直径的不同在 800～1000℃ 范围内选择，卷成后须进行淬火及回火处理。为提高承载能力，可进行强压处理或喷丸处理。压缩弹簧的强压处理方法是：在弹簧卷成后用超过弹簧材料弹性极限的载荷把它压缩到各圈相接触并保持 6～48h，在弹簧丝内产生塑性变形和与工作应力相反的残余应力，使弹簧工作时的最大应力下降，从而提高弹簧的承载能力。喷丸处理是用钢丸或铁丸以一定速度(50～80m/s)喷击弹簧，使其表面冷作硬化，产生有益的残余应力。强压处理后的弹簧不必再进行热处理。强压处理对长期振动、高温或腐蚀性介质中工作的弹簧不适用。此外，弹簧还须进行工艺试验及精度、冲击、疲劳等试验，以检验弹簧是否符合技术要求。

3. 弹簧的材料和许用应力

弹簧材料必须具有较高的疲劳极限、屈服强度和足够的冲击韧度，以及良好的热处理性。常用的弹簧材料有碳素弹簧钢、合金弹簧钢、不锈钢等。当受力较小且需要防腐蚀、防磁性及有导电性要求时，可用有色金属材料(如青铜)。此外，非金属材料如橡胶、塑料等，也可用作弹簧材料。几种常用弹簧材料的性能见表 12-4。碳素弹簧钢丝的拉伸强度极限见表 12-5，65Mn 弹簧钢丝的拉伸强度极限见表 12-6。按承受载荷的情况，弹簧可分为 3 类：Ⅰ类是用于承受载荷循环次数在 10^6 次以上的弹簧；Ⅱ类是用于承受载荷循环次数在 $10^3～10^6$ 及受冲击载荷的弹簧；Ⅲ类是用于受静载荷及受载荷循环次数在 10^3 以下的弹簧。

在选取材料和确定许用应力时应注意以下几点：

(1) 对重要的弹簧，其损坏对整个机械有重大影响时，许用应力应适当降低。

(2) 经强压处理的弹簧，能提高疲劳极限，对改善载荷下的松弛有明显效果，可适当提高许用应力。

(3) 经喷丸处理的弹簧，也能提高疲劳强度或疲劳寿命，其许用应力可提高 20%。

(4) 当工作温度超过 60℃ 时，应对切变模量 G 进行修正，其修正公式为 $G_t = K_t G$，其中 K_t 为温度修正系数，其值可查阅 GB/T 1239.6—2009。

表 12-4　主要弹簧材料的使用性能和许用应力

材料及代号		许用切应力 $[\tau]$ / MPa			许用弯曲应力 $[\sigma_b]$ / MPa		切变模量 G / GPa	弹性模量 E / GPa	推荐硬度范围 / HRC	推荐使用温度 / ℃	特性及用途
		Ⅰ类	Ⅱ类	Ⅲ类	Ⅱ类	Ⅲ类					
碳素钢丝	B、C、D 级	$0.3\sigma_B$	$0.4\sigma_B$	$0.5\sigma_B$	$0.5\sigma_B$	$0.625\sigma_B$	d=0.5～4, 80～83; d>4,80	d=0.5～4 205～207.5; d>4,200		−40～120	强度高，性能好，适合做小弹簧
	65Mn										
合金钢丝	60Si$_2$Mn 60Si$_2$MnA	480	640	800	800	1000	80	200	45～50	−40～200	弹性好，回火稳定性好，易脱碳，用于受大载荷的弹簧
	50CrVA	450	600	750	750	940	80	200	45～50	−40～210	高温时强度高，淬透性好
不锈钢丝	1Cr18Ni9 1Cr18Ni9Ti	330	440	550	550	690	73	197		−200～300	耐腐蚀，耐高温，工艺性好，适用于做小弹簧

表 12-5　碳素弹簧钢丝的拉伸强度极限 σ_B

直径 d/mm	σ_B / MPa			直径 d/mm	σ_B / MPa		
	B	C	D		B	C	D
0.2	2150	2400	2690	1.8	1520	1760	2010
0.3	2010	2300	2640	2.0	1470	1710	1910
0.4	1910	2250	2600	2.2	1420	1660	1810
0.5	1860	2200	2550	2.8	1370	1620	1710
0.6	1760	2110	2450	3	1370	1570	1710
0.8	1710	2010	2400	4	1320	1520	1620
1.0	1660	1960	2300	5	1320	1470	1570
1.2	1620	1910	2250	6	1220	1420	1520
1.6	1570	1810	2110	7	1170	1370	1520

表 12-6　65Mn 弹簧钢丝的拉伸强度极限 σ_B

钢丝直径 d/mm	1～1.2	1.4～1.6	1.8～2	2.2～2.5	2.8～3.4
σ_B	1800	1750	1700	1650	1600

12.1.3　圆柱螺旋压缩(拉伸)弹簧的设计计算

1. 弹簧的基本几何参数

圆柱螺旋弹簧的基本几何参数有外径 D_2、中径 D、内径 D_1、节距 p、螺旋升角 α 及弹簧丝直径 d 等，如图 12-1 所示。

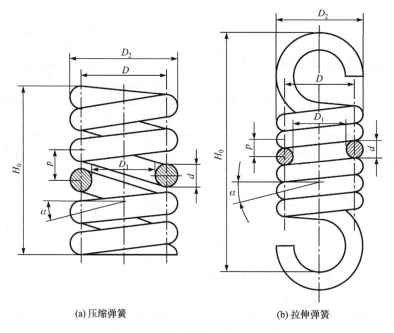

(a) 压缩弹簧　　　　　　　(b) 拉伸弹簧

图 12-1　螺旋弹簧的基本几何参数

圆柱压缩(拉伸)螺旋弹簧的结构尺寸计算公式参见表 12-7。

表 12-7　圆柱压缩(拉伸)螺旋弹簧结构尺寸计算公式

名称及代号	压缩弹簧		拉伸弹簧	
	关系式	备注	关系式	备注
中径 D	$D=Cd$		$D=Cd$	
外径 D_2	$D_2=D+d$		$D_2=D+d$	
内径 D_1	$D_1=D-d$		$D_1=D-d$	
旋绕比 C	$C=D/d$		$C=D/d$	
高径比 b	$b=H_0/D$			
有效圈数 n	$n\geqslant 2$	根据要求变形量由式 (12-12)，式(12-13)计算	$n\geqslant 2$	根据要求变形量由式(12-12)、式(12-13)计算
总圈数 n_1	冷卷弹簧 $n_1=n+(2\sim2.5)$ YⅡ热卷弹簧 $n_1=n+(1.5\sim2)$	尾数应为 1/4、1/2、3/4、整圈，推荐 1/2 圈	$n_1=n$	$n_1>20$ 时，一般圆整为整圈，$n_1\leqslant20$ 时，圆整为 1/2 圈
轴向间距 δ	$\delta=p-d$			
节距 p	$p=(0.28\sim0.5)D$		$p=d$	
自由高度或长度 H_0	$H_0\approx pn+(1.5\sim2d)$	两端并紧磨平	$H_0\approx nd+H_h$	H_h 为钩环轴向长度
	$H_0\approx pn+(3\sim3.5d)$	两端并紧不磨平		
工作高度 H_n	$H_n=H_0-\lambda_n$	λ_n 为工作变形量	$H_n=H_0+\lambda_n$	λ_n 为工作变形量
螺旋升角 α	$\alpha=\arctan\dfrac{p}{\pi D}$	推荐 $\alpha=5°\sim9°$		
展开长度 L	$L=\pi Dn_1/\cos\alpha$		$L\approx\pi Dn+L_h$	L_h 为钩环展开长度
质量 m_s	$m_S=\dfrac{\pi d^2}{4}L\gamma$	γ 为材料密度，钢为 7700kg/m³，铍青铜为 8100kg/m³	$m_S=\dfrac{\pi d^2}{4}L\gamma$	γ 为材料密度，钢为 7700kg/m³，铍青铜为 8100kg/m³

2. 特性曲线

弹簧的特性线除对弹簧的设计和类型选择有重要作用外，在弹簧的零件工作图中也少不了它，并以它作为弹簧检验的依据。

圆柱压缩螺旋弹簧的特性线如图 12-2 所示。图中：H_0 为弹簧未受外力时的自由长度，F_{min} 为弹簧的最小载荷(即安装载荷，保证弹簧可靠稳定地在安装位置上)，在它的作用下，弹簧的长度被压缩到 H_1，压缩变形量为 λ_{min}；F_{max} 为弹簧的最大工作载荷，在它的作用下，弹簧长度被压缩到 H_2，压缩变形量增加到 λ_{max}，$h=\lambda_{max}-\lambda_{min}$ 为弹簧的工作行程；F_{lim} 为能承受的极限载荷，对应的弹簧长度为 H_3，压缩变形量为 λ_{lim}，材料达到弹性极限应力 τ_{lim} 时 $(F\leqslant F_{lim})$ 保证弹簧的特性线是线性关系。通常选 $F_{max}\leqslant0.8$，$F_{lim}=(0.1\sim0.5)F_{max}$。

圆柱拉伸螺旋弹簧的特性线如图 12-3 所示，其中图 12-3(b)为无预应力拉伸弹簧特性线，图 12-3(c)有预应力拉伸弹簧特性线。F_0 是使有预应力拉伸弹簧开始变形时所加的初拉力，其预变形为 x。可见在同样载荷 F 作用下，有预应力拉伸弹簧所产生的变形比无预应力时小。

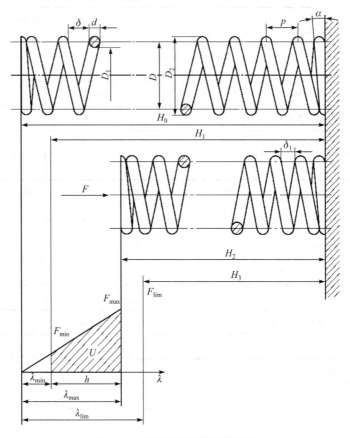

图 12-2　圆柱压缩弹簧的特性线

3. 弹簧的应力及变形

压缩弹簧和拉伸弹簧的弹簧丝的受力情况是相似的。现以图 12-4 所示的压缩弹簧为例进行应力分析。

如图 12-4 所示，在通过弹簧轴线的 $A—A$ 剖面上，弹簧丝的截面呈椭圆形，其上作用有力 F 及扭矩 $T=FD/2$。由于弹簧丝具有升角 α，因而在弹簧丝的法向截面 $B—B$ 上作用有横向力 $F_n = F\cos\alpha$、轴向力 $F_t = F\sin\alpha$、弯矩 $M = T\sin\alpha$ 及扭矩 $T' = T\cos\alpha$。由于弹簧的螺旋升角一般取 $\alpha = 5°\sim 9°$，故 $\sin\alpha \approx 0$，$\cos\alpha \approx 1$，这样弹簧丝法向截面上的扭矩 $T' = T$，横向力 $F_n \approx F$。忽略弹簧丝曲率的影响，将其视为直梁，则由扭矩 T 引起的切应力 τ_T 为

$$\tau_T = \frac{F\dfrac{D}{2}}{\dfrac{\pi d^3}{16}} = \frac{8FD}{\pi d^3} \qquad (12\text{-}1)$$

横向力 F_n 引起的切应力 τ_F 为

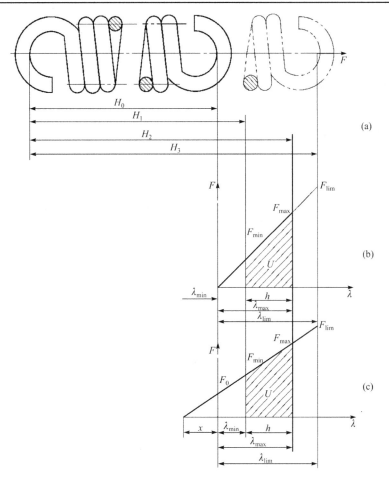

图 12-3　圆柱拉伸弹簧的特性线

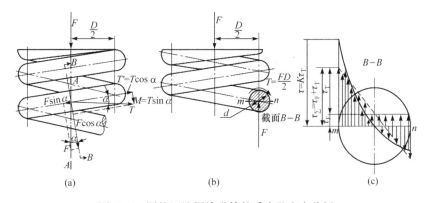

图 12-4　圆柱压缩螺旋弹簧的受力及应力分析

$$\tau_{F} = \frac{F}{\dfrac{\pi d^{2}}{4}} = \frac{4F}{\pi d^{2}} \tag{12-2}$$

合成切应力为

$$\tau_{\Sigma} = \tau_{F} + \tau_{T} = \frac{4F}{\pi d^{2}} + \frac{8FD}{\pi d^{3}} = \frac{4F}{\pi d^{2}}\left(1 + \frac{2D}{d}\right) = \frac{4F}{\pi d^{2}}(1 + 2C) \tag{12-3}$$

为使弹簧本身较为稳定,旋绕比 C 值不能太大。又为避免卷绕时弹簧丝受到强烈弯曲,C 值又不应太小。其范围一般为 $4\sim16$(表 12-8),常用值为 $5\sim8$。

表 12-8 圆柱螺旋弹簧常用旋绕比 C 值

D/mm	$0.2\sim0.4$	$0.45\sim1$	$1.1\sim2.2$	$2.5\sim6$	$7\sim16$	$18\sim42$
$C=D/d$	$7\sim14$	$5\sim12$	$5\sim10$	$4\sim10$	$4\sim8$	$4\sim6$

为简化计算,式(12-3)中取 $1+2C \approx 2C$,考虑弹簧螺旋升角、曲率的影响,弹簧丝法截面中的应力分布将如图 12-4(c)所示。由图可知最大应力产生在弹簧丝截面内侧的 m 点,实践证明弹簧的破坏也由这点开始。考虑到弹簧丝螺旋升角和曲率对弹簧丝中应力的影响,引进曲度系数 K。对于圆截面弹簧丝,曲度系数 K 为

$$K \approx \frac{4C-1}{4C-4} + \frac{0.615}{C} \tag{12-4}$$

则弹簧丝内侧的最大应力及强度条件可表示为

$$\tau = K\tau_{T} = K\frac{8CF}{\pi d^{2}} \leqslant [\tau] \tag{12-5}$$

当按强度条件计算弹簧丝直径 d 时,应以最大工作载荷 F_{max} 代替式中的 F,则得

$$d \geqslant \sqrt{\frac{8KF_{max}C}{\pi[\tau]}} = 1.6\sqrt{\frac{KF_{max}C}{[\tau]}} \tag{12-6}$$

式中,$[\tau]$ 为弹簧材料的许用切应力,由表 12-4 查取。式(12-6)为弹簧丝直径的设计公式,由它求得的直径应圆整成标准值,标准值查有关手册。

对于碳素弹簧钢丝,由于 $[\tau]$ 和 C 都与其直径 d 有关,设计时要采用试算方法,即先估计 d 值,查得 C、$[\tau]$ 后按式(12-6)计算 d,如计算值与估计值不符,应重新估计 d 值再重复进行计算,直到两者相符为止。

圆柱压缩(拉伸)螺旋弹簧承受载荷 F 后产生的轴向变形量 λ,可由材料力学公式计算

$$\lambda = \frac{8FD^{3}n}{Gd^{4}} = \frac{8FC^{3}n}{Gd} \tag{12-7}$$

式中,G 为弹簧材料的剪切弹性模量(表 12-4);n 为弹簧有效圈数。

对压缩弹簧和无预应力拉伸弹簧:

$$\lambda_{max} = \frac{8F_{max}C^{3}n}{Gd} \tag{12-8}$$

对有预应力拉伸弹簧:

$$\lambda_{max} = \frac{8(F_{max}-F_{0})C^{3}n}{Gd} \tag{12-9}$$

冷卷拉伸弹簧因无淬火处理,故均有一定的初拉力 F_0,各圈间留有间隙及经淬火的弹簧,则没有初拉力。初拉力计算为

$$F_0 = \frac{\pi d^3 \tau_0'}{8KD} \qquad (12\text{-}10)$$

式中，τ_0' 为推荐初应力，在图 12-5 阴影区内选取。根据关于簧刚度 k_F 的定义，有

$$k_F = \frac{F}{\lambda} = \frac{Gd}{8C^3 n} = \frac{Gd^4}{8D^3 n} \qquad (12\text{-}11)$$

由式(12-11)可知，k_F 与 C 的 3 次方成反比，C 值对 k_F 的影响最大。所以，合理地选择 C 值就能控制弹簧的弹力。

4. 圆柱螺旋压缩(拉伸)弹簧的设计

根据弹簧的最大载荷、最大变形以及结构要求等来决定弹簧丝直径、弹簧中径、工作圈数、弹簧的螺旋升角和长度等。

具体设计方法和步骤如下：

(1) 选择弹簧材料并确定许用应力。

(2) 选择旋绕比 C，计算曲度系数 K 值。

(3) 初设弹簧丝直径 D，根据 C 值估算弹簧丝直径 d，查取弹簧丝的许用应力。

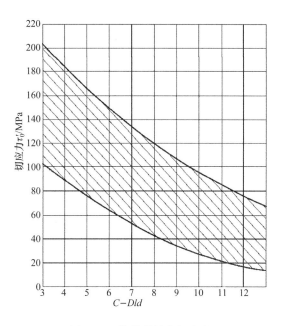

图 12-5　拉伸弹簧的初应力

(4) 由式(12-6)试算弹簧丝直径 d'。

当弹簧材料选用碳素弹簧钢丝或 65Mn 弹簧钢丝时，因钢丝的许用应力决定于其 σ_B，而 σ_B 是随着钢丝的直径 d 变化的，所以计算时需先假设一个 d 值，然后进行试算，最后的 d、D、n 及 H_0 值应符合标准尺寸系列。

(5) 确定工作圈数 n。

由式(12-8)、式(12-9)计算出 n。

对于有预应力的拉伸弹簧：

$$n = \frac{Gd\lambda_{\max}}{8(F_{\max} - F_0)C^3} \qquad (12\text{-}12)$$

对于压缩或无预应力的拉伸弹簧：

$$n = \frac{Gd\lambda_{\max}}{8F_{\max}C^3} \qquad (12\text{-}13)$$

(6) 求出弹簧的尺寸 D_2、D_1、H_0，并检查其是否符合安装要求等，如不符合，则应改选有关参数(如 C 值)重新设计。

(7) 验算稳定性。

高径比 b 值较大时，弹簧受力后较易发生较大的侧向弯曲而失去稳定性，为了保证压缩弹簧的稳定性，其高径比 b 应满足下列要求：两端固定时，$b<5.3$；一端固定，另一端铰支时，$b<3.7$；两端均为铰支时，$b<2.6$。

当高径比 b 值不满足上述要求时，应进行稳定性验算。保证不失稳的临界载荷应满足

$$F_C \geqslant (2 \sim 2.5)F_{\max} \qquad (12\text{-}14)$$

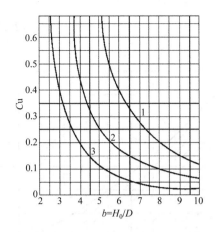

1—两端固定；2——端固定、一端回转；3—两端回转

图 12-6　不稳定系数线图

式中，F_C 为不失稳的临界载荷，$F_C = C_u k_F H_0$，其中 C_u 为不稳定系数，参照图 12-6。

若不满足式(12-14)，应重新选取参数，改变 b 值，提高 F_C。如受条件限制不能改变参数时，可加导杆或导套，或采用组合弹簧。

(8)疲劳强度和静应力强度的验算。

对载荷循环次数 $N<10^3$ 或载荷变化幅度不大的弹簧，可只进行的静应力强度计算。对载荷循环次数较多的变应力下工作的重要弹簧，还应进行疲劳强度和静强度验算。

① 疲劳强度验算。

圆柱螺旋弹簧在交变载荷作用下，其应力为非对称循环交变应力。设 F_1 为安装载荷，F_2 为工作时的最大载荷。当弹簧所受载荷在 F_1 与 F_2 之间不断循环变化时，由式(12-5)可知，弹簧内部最大和最小切应力分别为

$$\tau_{max} = \frac{8KD}{\pi d^3} F_2 \tag{12-15}$$

$$\tau_{min} = \frac{8KD}{\pi d^3} F_1 \tag{12-16}$$

疲劳强度的计算安全系数及强度条件按式(12-17)计算

$$S_{ca} = \frac{\tau_0 + 0.75\tau_{min}}{\tau_{max}} \geqslant S_F \tag{12-17}$$

式中，τ_0 为弹簧材料的脉动循环剪切疲劳极限，按变载荷作用次数 N，由表(12-9)查取；S_F 为许用安全系数。当弹簧的设计计算和材料的力学性能数据精确性高时，取 $S_F=1.3–1.7$；精确性低时，取 $S_F=1.8–2.2$。

② 静应力强度验算。

静应力强度安全系数及强度条件按式(12-18)计算

$$S_{Sca} = \frac{\tau_s}{\tau_{max}} \geqslant S_S \tag{12-18}$$

式中，τ_s 为弹簧材料的剪切屈服极限，其值可按下列关系确定：碳素弹簧钢 $\tau_s = 0.5\sigma_B$，硅锰弹簧钢 $\tau_s = 0.6\sigma_B$，铬钒弹簧钢 $\tau_s = 0.7\sigma_B$；S_S 为许用安全系数，其值与 S_F 相同。

表 12-9　弹簧材料的脉动循环剪切疲劳极限 τ_0

载荷作用次数 N	10^4	10^5	10^6	10^7
τ_0	$0.45\,\sigma_B$	$0.35\,\sigma_B$	$0.33\,\sigma_B$	$0.30\,\sigma_B$

注：(1)此表适用于优质钢丝、不锈钢丝、铍青铜和硅青铜，但对于硅青铜、不锈钢丝，当 $N=10^4$ 时，$\tau_0 = 0.35\sigma_B$。

(2)对喷丸处理的弹簧，表中数值可提高 20%。

(3)σ_B 为弹簧材料的拉伸强度极限，MPa。

(9)振动验算。

承受变载荷的圆柱螺旋弹簧常是在加载频率很高的情况下工作。为了避免引起弹簧的

谐振而导致弹簧的破坏。需对弹簧进行振动验算，以保证其临界工作频率(即工作频率的许用值)远低于其基本自振频率。

圆柱螺旋弹簧的基本自振频率为

$$f_b = \frac{1}{2}\sqrt{\frac{k_F}{m_s}} \tag{12-19}$$

将弹簧刚度 k_F 和弹簧质量 m_s 的关系代入式(12-19)，并取 $n \approx n_1$，则

$$f_b = \frac{1}{2}\sqrt{\frac{Gd^4/(8D^3 n)}{\pi^2 d^2 Dn_1 \gamma/(4\cos\alpha)}} \approx \frac{d}{8.9D^2 n_1}\sqrt{\frac{G\cos\alpha}{\gamma}} \tag{12-20}$$

弹簧的基本自振频率应大于其工作频率的 15~20 倍，以避免引起严重的振动，但弹簧的工作频率一般是预先给定的，故当弹簧的基本自振频率不能满足以上条件时，应增大弹簧刚度，或减小弹簧质量，重新进行设计。

(10)弹簧的结构设计。如对拉伸弹簧确定其钩环类型等，并按表 12-4 计算出全部有关尺寸。

(11)绘制弹簧工作图。

[例12-1]　设计一普通圆柱螺旋拉伸弹簧。已知该弹簧在一般载荷条件下工作，并要求中径 $D \approx 18\text{mm}$，外径 $D_2 \leqslant 22\text{mm}$。当弹簧拉伸变形量 $\lambda_1 = 7.5\text{mm}$ 时，拉力 $F_1 = 180\text{N}$，拉伸变形量 $\lambda_2 = 17\text{mm}$ 时，拉力 $F_2 = 340\text{N}$。

解　(1)选择弹簧材料并确定许用应力。

因弹簧在一般载荷条件下工作，可以按第Ⅲ类弹簧来考虑，选用 C 级碳素弹簧钢丝。根据 $D_2 - D \leqslant 22\text{mm} - 18\text{mm} = 4\text{mm}$，估取钢丝直径为 3mm，查表 12-5 取 $\sigma_B = 1570\text{MPa}$，根据表 12-4 可知 $[\tau] = 0.8 \times 0.5 \times \sigma_B = 628\text{MPa}$。

(2)计算强度条件计算弹簧丝直径。

选取旋绕比 $C = 6$，由式(12-4)，有

$$K \approx \frac{4C-1}{4C-4} + \frac{0.615}{C} = \frac{4\times6-1}{4\times6-4} + \frac{0.615}{6} \approx 1.25$$

由式(12-6)，$d' \geqslant 1.6\sqrt{\dfrac{KF_2 C}{[\tau]}} = \sqrt{\dfrac{1.25\times340\times6}{628}} = 3.22(\text{mm})$

改取 $d = 3.2\text{mm}$ 查得 σ_B 不变初选，取 $D = 18\text{mm}$，$C = 18/3.2 = 5.625$，计算得 $K = 1.253$，于是

$$d \geqslant 1.6\sqrt{\frac{KF_2 C}{[\tau]}} = \sqrt{\frac{1.253\times340\times5.625}{628}} = 3.12(\text{mm})$$

上式与原估取值相近，取弹簧钢丝标准直径 $d = 3.2\text{mm}$。此时 $D = 18\text{mm}$，为标准值，则 $D_2 = D + d = 18 + 3.2 = 21.2\text{mm} < 22\text{mm}$。所得尺寸与题中的限制条件相符，合适。

(3)确定工作圈数。

初算弹簧刚度 $k_F = (F_2 - F_1)/(\lambda_2 - \lambda_1) = (340 - 180)/(17 - 7.5) = 16.8(\text{N/mm})$，查表 12-4 得 $G = 82\text{GPa}$，由式(12-11)有

$$n = \frac{Gd^4}{8k_F D^3} = \frac{82000 \times 3.2^4}{8 \times 16.8 \times 18^3} = 10.96$$

取 $n = 11$，确定弹簧刚度 $k_F = \frac{Gd^4}{8nD^3} = \frac{82000 \times 3.2^4}{8 \times 11 \times 18^3} = 16.75$

（4）验算。

① 验算初拉力。

$$F_0 = F_1 - k_F \lambda_1 = 180 - 16.75 \times 7.5 = 54.38(\text{N})$$

初应力 τ_0'

$$\tau_0' = K \frac{8F_0 D}{\pi d^3} = 1.253 \times \frac{8 \times 54.38 \times 18}{3.14 \times 3.2^3} = 95.36(\text{MPa})$$

② 极限工作应力 $\tau_{\lim}$。

$$\tau_{\lim} = 0.56\sigma_B = 0.56 \times 1570 = 879.2(\text{MPa})$$

按照图 12-5，当 $C = 5.62$ 时，初应力的推荐值为 $65\sim150\text{MPa}$，故此初应力值合适。

③ 极限工作载荷。

$$F_{\lim} = \frac{\pi d^3 \tau_{\lim}}{8DK} = \frac{3.14 \times 3.2^3 \times 879.2}{8 \times 18 \times 1.253} = 501.4(\text{N})$$

（5）结构设计。

选定两端钩环，计算弹簧几何尺寸（略）。

12.1.4　其他类型弹簧

1. 圆柱扭转螺旋弹簧

扭转弹簧常用于压紧、储能或传递扭矩。两端带有用于安装或加载的杆臂或挂钩，如图 12-7 所示。自由状态下，各圈间留有间隙 $\delta = (0.1\sim0.5)\text{mm}$，以免扭转变形时邻圈相互摩擦。扭转弹簧的最大工作应力也不得超过其材料的弹性极限。通常，最小扭矩（安装扭矩）$T_{\min} = (0.1\sim0.5)T_{\max}$，而最大工作扭矩 $T_{\max} \leqslant (0.8\sim0.9)T_{\lim}$（$T_{\lim}$ 为弹簧的极限扭矩）。

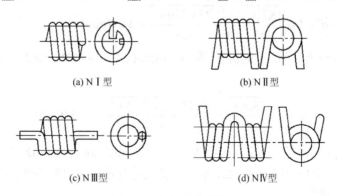

(a) N Ⅰ 型　　　　　　　　　　　(b) N Ⅱ 型

(c) N Ⅲ 型　　　　　　　　　　　(d) N Ⅳ 型

图 12-7　扭转螺旋弹簧

2. 板弹簧

板弹簧是将多片钢板重叠在一起，具有很大刚度的一种强力弹簧，起缓冲和减振的作用。主要用于各种车辆的减振装置和某些锻压设备中。按形状和传递载荷方式的不同，板弹簧分椭圆形、弓形、伸臂形、悬臂形和直线形等几种，见图 12-8 所示。其中弓形板弹簧又有对称型和非对称型两种结构，以适应悬架装置的需要。变刚度板弹簧能使车辆在不同载重量下获得接近的减振效果。载重量较轻的汽车常用弓形板弹簧。铁路车辆常用椭圆形板弹簧，甚至将几组椭圆形板弹簧并排使用。图 12-9 所示板弹簧为货运汽车悬架用变刚度板弹簧的典型结构，它由主板簧和副板弹簧副两部分组成。主要零件有主板、副板、弹簧卡和骑马螺栓等。

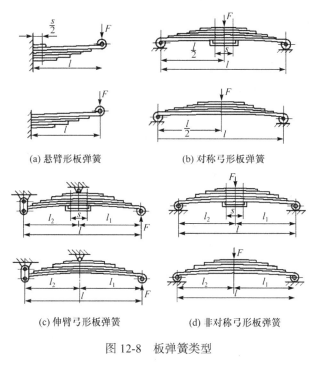

(a) 悬臂形板弹簧　　　　　　(b) 对称弓形板弹簧

(c) 伸臂弓形板弹簧　　　　　　(d) 非对称弓形板弹簧

图 12-8　板弹簧类型

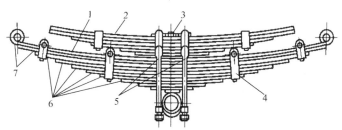

1—主弹簧；2—副弹簧；3—中心螺栓；4—弹簧卡；5—骑马螺栓；6—副板；7—主板

图 12-9　货运汽车悬架用板弹簧

3. 碟形弹簧

碟形弹簧是用金属板料或锻压坯料而成的截锥形截面的压缩弹簧。刚度大且具有变刚度特性。碟形弹簧可以单片使用，但更多的是组合使用。

碟形弹簧的主要特点如下。

(1)沿承载方向尺寸小、刚度大、变形小，故占用空间小；单位体积材料的变形能较大，材料利用率高；具有高缓冲吸振能力，特别是叠合组合时，由于表面摩擦阻尼作用，吸收冲击和消散能量的作用显著。

(2)具有变刚度特性。改变碟片内截锥高度 H_0 与厚度 δ 的比值，可以改变弹簧的特性线，其特性线可为直线型、渐增型、渐减型或是它们的组合型。

(3)可用不同厚度或不同片数的碟片通过不同组合方式获得不同的承载能力和变刚度特性。因此，一种尺寸的碟片可以适应很广泛的使用范围，这就使备件的准备与管理都比较容易。

(4)尺寸不大的碟片经过组合可以承受很大的载荷，有利于弹簧的加工和热处理。弹簧损坏往往是个别碟片损坏，更换个别损坏的碟片即可使弹簧恢复功能，有利于维护和修理。

(5)具有很长的使用寿命。

(6)因碟片内截锥高度 H_0 与厚度 δ 的比值对弹簧的特性影响极大，所以碟片的制造精度要求较高，限制了它的使用范围。即便是高精度的碟片，其应力分布也不均匀，因而影响其疲劳强度和材料利用率的进一步提高。

碟形弹簧有多种截面和形状，如图 12-10 所示。其中图(a)、(b)、(c)所示 3 种的形状和结构简单，常在重型机械(如锻压机、锅炉吊架、打桩机等)、飞机、大炮等机器或武器中作为强力缓冲和减振弹簧，应用较广；图(d)所示形状和结构常用于如车床、汽车和拖拉机等的离合器中；图(e)所示截面为圆板形，受载后变形为截锥形，结构简单，刚度很大，用于有特殊要求的场合。

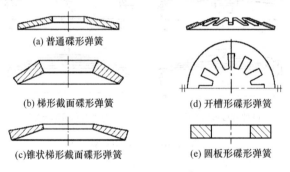

(a) 普通碟形弹簧

(b) 梯形截面碟形弹簧   (d) 开槽形碟形弹簧

(c)锥状梯形截面碟形弹簧   (e) 圆板形碟形弹簧

图 12-10   单片碟形弹簧主要类型

碟形弹簧的支承结构有两种形式：一种是无支承面碟簧(图 12-11(a))，其内缘上面和外缘下面未经加工，故没有载荷支承面；另一种是有支承面碟簧(图 12-11(b))，其内、外缘加工出支承面，载荷作用于支承面上。在同样尺寸下，有支承面碟簧的刚度大于无支承面碟簧的刚度。

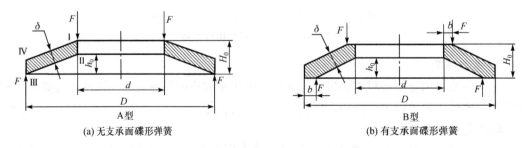

(a) 无支承面碟形弹簧   (b) 有支承面碟形弹簧

图 12-11   单个碟簧(碟片)及其几何参数

4. 橡胶弹簧

利用橡胶的弹性变形实现弹簧功用的弹性元件称为橡胶弹簧，主要以其防振功能被用于各种机械和车辆中。

由于它具有以下优点，所以在机械工程中应用日益广泛。

(1)形状不受限制。各个方向的刚度可以根据设计要求自由选择，改变弹簧的结构形状可达到不同大小的刚度要求。

(2)弹性模数远比金属小。可得到较大的弹性变形，容易实现理想的非线性特性。

(3)具有较大的阻尼。对于突然冲击和高频振动的吸收以及隔音具有良好的效果。

(4)橡胶弹簧能同时承受多方向载荷。对简化车辆悬挂系统的结构具有显著优点。

(5)安装和拆卸方便。不需要润滑，有利于维修和保养。

缺点是耐高低温性和耐油性比金属弹簧差。但随着橡胶工业的发展，这一缺点会逐步得到改善。工程中用的橡胶弹簧，由于不是纯弹性体，而是属于黏弹性材料，其力学特性比较复杂，所以要精确计算弹性特性相当困难。

橡胶弹簧的基本类型如图 12-12 所示。

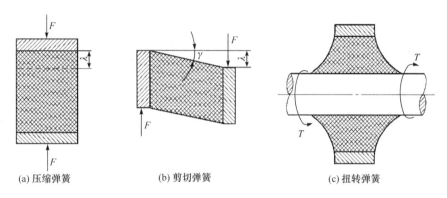

(a) 压缩弹簧　　　　　　　　(b) 剪切弹簧　　　　　　　　(c) 扭转弹簧

图 12-12　橡胶弹簧的基本类型

5. 空气弹簧

空气弹簧是在密闭的柔性容器中充满压缩空气、利用空气的可压缩性实现弹簧功用的一种非金属弹簧，如汽车、自行车的轮胎。空气弹簧大致可分为囊式和膜式两类，囊式空气弹簧可根据需要设计成单曲的、双曲的和多曲的；膜式空气弹簧则有约束膜式和自由膜式两类。图 12-13 为囊式空气弹簧，图 12-14 为膜式空气弹簧。

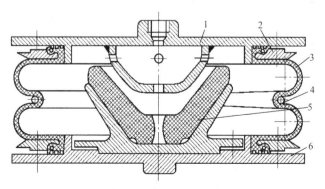

1—上盖板；2—压环；3—橡胶囊；4—腰环；5—橡胶垫；6—下盖板

图 12-13　囊式空气弹簧

空气弹簧的主要特点如下。

(1)刚度随载荷而变,即具有非线性特性。改变附加气室的容积可调节弹簧刚度,调节范围宽。

(2)借助高度控制阀可方便地控制弹簧高度,结构适应性强。

(3)能同时承受轴向和径向载荷,也能传递转矩,故能适应多种载荷的需要。调整空气压力能方便地改变弹簧的承载能力。

(4)吸收高频振动的能力强,隔声性能好。承受剧烈振动载荷时,寿命比金属弹簧长。

目前,空气弹簧主要应用于压力机、剪切机、压缩机、离心机、振动运输机、振动筛、空气锤、铸造机械和纺织机械中作为隔振元件;也用于电子显微镜、激光仪器、集成电路及其他物理化学分析精密仪器等作支承元件,以隔离地基的振动。空气弹簧特别适用于车辆悬挂装置中,可以大大改善车辆的动力性能,从而显著提高其运行舒适度。

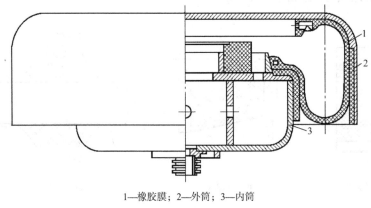

1—橡胶膜；2—外筒；3—内筒

图 12-14　膜式空气弹簧

12.2　机　　架

12.2.1　机架概述

机架是各类机器的基本零件,主要起支承或容纳其他零部件的作用,是底座、机体、床身、车架、桥架、壳体、箱体以及基础平台等零件的统称,占机器总重量的 70%～90%。机架又起基准的作用,以保证各零部件间正确的相对位置,使整个机器组成一个整体。机架直接或间接地承受着机器工作过程中的各种载荷,包括各种冲击载荷。机架也是各种机器中最重要的零件之一,直接或间接地影响着机器的各种性能,如精度、振动、噪声及各项工作性能等,并决定着机器的造型。

1. 机架的分类

机架的种类很多,分类方法也有多种。按机器形式,可分卧式机架和立式机架两类,其中卧式机架又分横梁式和平板式;立式机架又分单立柱、双立柱和多立柱。按材料及制造方法,可分金属机架和非金属机架两类,其中金属机架又分铸造机架、焊接机架和组合式机架;非金属机架又分花岗岩机架、混凝土机架和塑料机架。按结构,可分为整体式机架和装配式机架。在通用机械设计中,更常用的是按机架构造外形的不同,将机架分为机座类、基板类、支架类和箱壳类 4 类，它们典型的构造外形分别如图 12-15～图 12-18 所示。

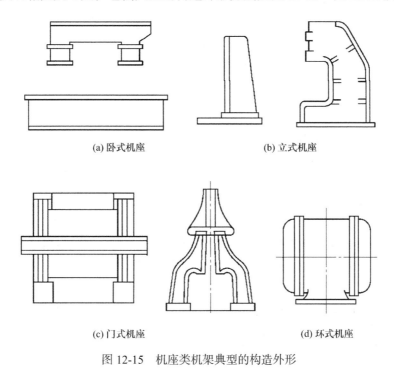

(a) 卧式机座　　　　　　　　　　　　(b) 立式机座

(c) 门式机座　　　　　　　　　　　　(d) 环式机座

图 12-15　机座类机架典型的构造外形

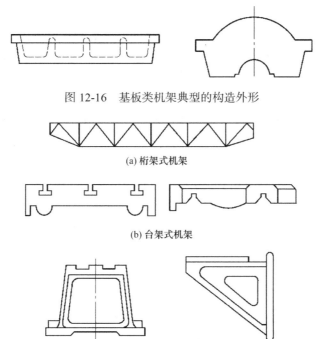

图 12-16　基板类机架典型的构造外形

(a) 桁架式机架

(b) 台架式机架

(c) 框架式机架

图 12-17　支架类机架典型的构造外形

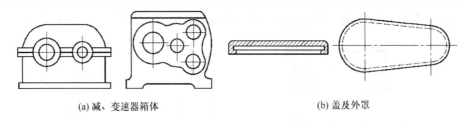

(a) 减、变速器箱体　　　　　　　　　　　(b) 盖及外罩

图 12-18　箱壳类机架典型的构造外形

2. 机架设计的一般原则

机架的设计主要应保证刚度、强度及稳定性。

(1) 刚度：是评定大多数机架工作能力的主要准则，如在机床中床身的刚度决定着机床生产率和产品精度；在齿轮减速器中，箱体的刚度决定了齿轮的啮合情况和它的工作性能；薄板轧机的机架刚度直接影响钢板的质量和精度。

(2) 强度：是评定重载机架工作性能的基本准则。机架的强度应根据机器在运转过程中可能发生最大载荷或安全装置所能传递的最大载荷来校核其静强度，此外还要校核其疲劳强度。

机架的强度和刚度都要从静态和动态两方面来考虑。动刚度是衡量机架抗振能力的指标，而提高机架抗振性能应从提高机架构件的静刚度、控制固有频率、加大阻尼等方面着手。提高静刚度和控制固有频率的途径是：合理设计机架构件的截面形状和尺寸，合理选择壁厚及布肋、注意机架的整体刚度与局部刚度以及结合面刚度的匹配等。

(3) 稳定性：机架受压结构及受压弯结构都存在失稳问题。有些构件制成薄壁腹式也存在局部失稳。稳定性是保证机架正常工作的基本条件，必须加以校核。

此外，对于机床、仪器等精密机械还应考虑热变形，热变形将直接影响机架原有精度，从而使产品精度下降，如立轴矩形台平面磨床，立柱前壁的温度高于后壁，使立柱后倾，导致磨出的零件工作表面与安装基面不平行；有导轨的机架，由于导轨面与底面存在温差，在垂直平面内导轨将产生中凸或中凹热变形。因此，机架结构设计时应使热变形尽量小。

3. 机架设计的一般要求

(1) 在满足强度和刚度的前提下，机架的重量应要求轻、成本低。

(2) 抗振性好，把受迫振动振幅限制在允许范围内。

(3) 噪声小。

(4) 温度场分布合理，热变形对精度的影响小。

(5) 结构设计合理，工艺性良好，便于铸造、焊接和机械加工。

(6) 结构力求便于安装与调整，方便修理和更换零部件。

(7) 有导轨的机架要求导轨面受力合理、耐磨性良好。

(8) 造型好。使之既适用经济，又美观大方。

4. 设计步骤

(1) 初定机架的形状和尺寸。机架的结构形状和尺寸，取决于安装在它内部与外部的零件和部件的形状与尺寸，配置情况、安装与拆卸等要求。同时也取决于工艺、所承受的载荷、运动等情况。然后，综合上述情况，利用经验公式或有关资料提供的经验数据，同时结合设计人员的经验，并参考现有同类型机架，初步拟定出机架的结构形状和尺寸。

(2)常规计算。常规计算是利用材料力学、弹性力学等固体力学理论和计算公式，对机架进行强度、刚度和稳定性等方面的校核，而后修改设计，以满足设计要求。常规计算方法比较方便直观，适用于一般用途的机架。对于重要的机架或结构复杂、受力复杂的机架可不进行常规计算，直接按第(3)步骤进行计算。

(3)有限元静动态分析、模型试验(或实物试验)和优化设计。求得其静态和动态特性，并据此对设计进行修改或对几个方案进行对比，选择最佳方案。

(4)制造工艺性和经济性分析。

最后，还要对机架进行造型设计，以求得内外质量的统一性。

5. 机架常用材料及制法

多数机架结构形状较复杂的，刚度要求也较高，一般采用铸造。铸造材料常用铸铁(包括普通灰铸铁、球墨铸铁与变性灰铸铁等)；强度高、刚度大时用铸钢，当减小质量具有很大的意义时(如运行式机器的机座和箱体)用铝合金等轻合金。大型机座的制造，则常采取分零铸造，然后焊成一体的办法。

设计机架时，应全面进行分析比较，以期设计合理，且能符合生产实际。一般地说，成批生产且结构复杂的零件采用铸造；单件或少量生产，且生产期限较短的零件则采用焊接，但对具体的机座或箱体仍应分析其主要决定因素。如成批生产的中小型机床及内燃机等的机座，结构复杂是其主要问题，固然应以铸造为宜；但成批生产的汽车底盘及运行式起重机的机体等却以质量小和运行灵便为主。则又应以焊接为宜。又如质量及尺寸都不大的单件机座或箱体以制造简便和经济为主，应采用焊接，而单件大型机座或箱体若单采用铸或焊皆不经济或不可能时，则应采用拼焊结构，等等。

12.2.2　机架的截面形状及肋板布置

1. 截面形状

大多数机架受力情况复杂，会产生拉伸(或压缩)、弯曲、扭转等变形。当受到弯曲或扭转时，截面形状对它们的强度和刚度有很大影响。如能正确设计机座和箱体的截面形状，从而在既不增大截面面积，又不增大(甚至减小)零件质量(材料消耗量)的条件下，来增大截面系数及截面的惯性矩，就能提高它们的强度和刚度。表 12-10 列出了几种常用截面形状(面积接近相等)的相对弯扭强度、刚度比较值。由表可知：空心矩形截面的弯曲强度不及工字形截面，扭转强度不及圆形截面，但其扭转刚度却大很多，而且空心矩形截面机架的内外壁上较易安装其他零部件。因此，综合各方面情况考虑，多数机架的截面形状均以空心矩形截面为基础。

表 12-10　常用的几种截面形状的相对强度和相对刚度

截面形状	相对强度		相对刚度	
	弯曲	扭转	弯曲	扭转
I (基型)	1	1	1	1

续表

截面形状		相对强度		相对刚度	
		弯曲	扭转	弯曲	扭转
Ⅱ	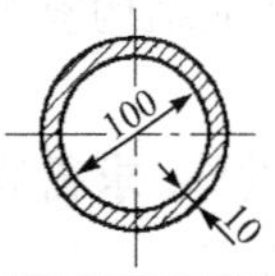	1.2	43	1.15	8.8
Ⅲ	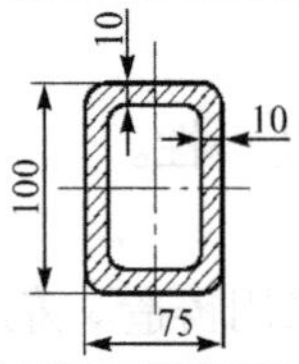	1.4	38.5	1.6	31.4
Ⅳ	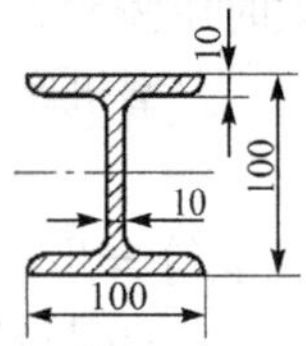	1.8	4.5	1.8	1.9

2. 肋板的布置

为减小壁厚，减轻重量，一般采用肋板来提高机架的强度和刚度。而壁厚的减小，对铸件，可减少铸件缺陷；对焊接件，则更易保证焊接质量。

设置肋板的效果，很大程度上取决于肋板的布置是否合理。不适当的布置效果不显著，甚至会增加制造困难和浪费材料。表 12-11 列出了空心矩形截面梁几种肋板布置形式在弯曲刚度、扭转刚度方面的比较值。从该表可知，方案 Ⅴ 的斜肋板具有显著效果，与方案 Ⅰ 相比，弯曲刚度提高约 0.5 倍，扭转刚度提高约 2 倍，而质量仅增加 26%。方案Ⅳ的交叉肋板，虽然弯、扭刚度有所增加（相对方案 Ⅰ），材料却要多耗 49%。若以相对刚度与相对质量之比作为评定肋板设置的经济指标，显见方案 Ⅴ 优于方案Ⅳ。方案 Ⅱ、Ⅲ、Ⅳ 的相对弯曲刚度与相对质量的比值出现小于 1 或等于 1，说明一般是不可取的。

表 12-11　不同形式肋板的梁在刚度方面的比较

形式		相对质量	相对刚度		相对刚度／相对质量	
			弯曲	扭转	弯曲	扭转
Ⅰ(基型)	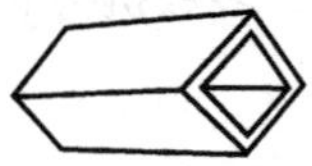	1	1	1	1	1
Ⅱ	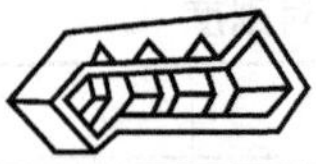	1.10	1.10	1.63	1	1.48
Ⅲ	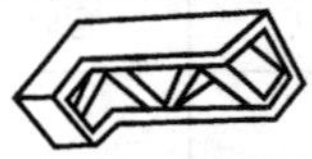	1.14	1.08	2.04	0.95	1.79
Ⅳ		1.38	1.17	2.16	0.85	1.56

续表

形式	相对质量	相对刚度		相对刚度／相对质量	
		弯曲	扭转	弯曲	扭转
V	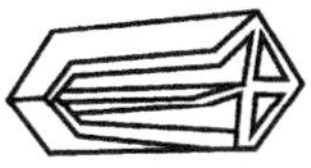 1.49	1.78	3.68	1.20	2.47
VI	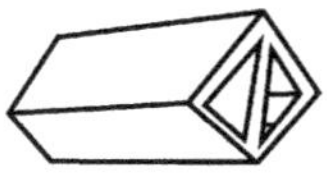 1.26	1.55	2.94	1.23	2.34

12.3　滚动导轨概述

在机器和仪器中，运动部件在支承部件上运动，两个部件相互接触的部分称为导轨。导轨的功用是为运动部件导向和承受载荷。对导轨的最基本的要求是导向精度和精度保持性。导轨的种类很多，按相对运动的形式分为直线运动导轨和回转运动导轨；按相对运动时的摩擦性质分为滑动导轨和滚动导轨。本节介绍滚动导轨的类型、特点及选用。

1. 滚动导轨的特点

滚动导轨的主要优点是：摩擦导数小（$f=0.0001\sim0.0025$），运动速度对摩擦导数的影响小，动静摩擦导数差很小，运动灵敏，且一般不会出现低速爬行现象；所需传动功率小，发热量少，磨损小；可通过预加负荷消除导轨间间隙，提高导轨刚度；导向精度和定位精度均较高，且精度保持性好；润滑简单、维护方便，便于专业厂生产。

其主要缺点是：结构复杂，制造精度要求高，制造较困难；抗振性比滑动导轨差（预加负荷后可有所改善）；未采取预加负荷措施时，刚度比滑动导轨差；制造费用高等。

滚动导轨已在各种精密机械和仪器中得到广泛应用。

2. 滚动导轨的类型及选择、导轨的数量与材料

1）滚动导轨的类型及选择

根据滚动体的不同，滚动导轨可分以下 5 种：

(1) 滚珠导轨。如图 12-19(a) 所示，具有结构紧凑、制造容易、成本相对较低的优点；缺点是刚度低、承载能力小。

(2) 滚柱导轨。如图 12-19(b) 所示，具有刚度大、精度高、承载能力大的优点；主要缺点是对配对导轨副平行度要求过高。

(3) 滚针导轨。如图 12-19(c) 所示，承载能力大，径向尺寸比滚柱导轨紧凑；缺点是摩擦阻力稍大。

(4) 十字交叉滚柱导轨。如图 12-19(d) 所示，滚柱长径比略小于 1。具有精度高、动作灵敏、刚度大、结构较紧凑、承载能力大且能够承受多方向载荷等优点；缺点是制造比较困难。

(5) 滚动轴承导轨。如图 12-19(e) 所示，直接用标准的滚动轴承作滚动体，结构简单，易于制造，调整方便，广泛应用于一些大型光学仪器上。

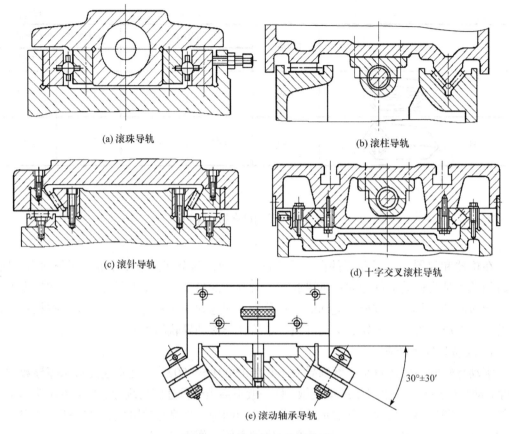

(a) 滚珠导轨　　　　　　　　　　　(b) 滚柱导轨

(c) 滚针导轨　　　　　　　　　　(d) 十字交叉滚柱导轨

30°±30′

(e) 滚动轴承导轨

图 12-19　滚动导轨常用类型

按导轨安装位置，可分水平导轨、垂直导轨和倾斜导轨；按导轨承受载荷种类的能力，可分为开式导轨(图 12-19(b))和闭式导轨(图 12-19(a)、(c)、(d)、(e)及图 12-20)。

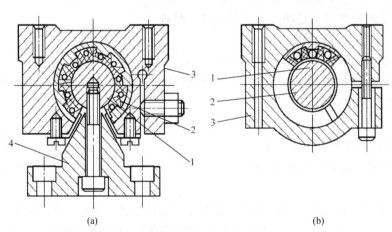

(a)　　　　　　　　　　　　　　(b)

1—导轨轴；2—直线运动球轴承；3—球轴承支承座；4—导轨轴支承座

图 12-20　圆柱形直线滚动导轨

选择滚动导轨类型时，主要考虑以下几方面因素：

(1)载荷的大小、性质及种类。水平导轨仅受垂直作用力时，可选用开式导轨；其他受载状况下都应选用闭式导轨。承受重载时应选滚柱或滚针导轨；轻载时选滚珠导轨。

(2)速度的高低。高速时应尽量选用滚珠导轨。

(3)对导轨刚度及精度的要求。要求刚度大、精度高时，一般应选用滚柱或滚针导轨，若选用滚珠导轨，应采取预加负荷措施。

(4)结构特点。当要求结构紧凑且受载又较复杂时，宜选滚针导轨或十字交叉滚柱导轨。

(5)运动形式。动、静导轨间作相对直线运动时，选择直线运动滚动导轨；作相对回转运动时，选择回转运动滚动导轨。

2)滚动导轨的数量与材料

直线运动时，一般采用两条互相平行的导轨。当移动部件尺寸较大或质量较大时，可采用两条以上导轨，以便减小移动部件的变形等。当移动部件尺寸较小且为细长件时，可只用一条闭式导轨。导轨的材料应具有良好的耐磨性、工艺性、尺寸稳定性及摩擦特性，同时要求成本低。滚动导轨中的动、静导轨及滚动体，所用材料及热处理要求一般同滚动轴承。

3)滚动导轨的预加负荷

预加负荷实质上就是要调整动导轨与支承导轨接触面间的间隙，使接触面间产生一载荷，这个载荷称为预加负荷。预加负荷可提高导轨与滚动体间接触刚度，减小导轨面的平面度误差、滚动体直径不一致及滚子直线度误差的影响，增加导轨阻尼性能，提高其抗振性。对垂直导轨，还具有防止滚动体下滑的作用。因此，在倾覆力矩较大，精度要求高及移动件较轻等场合，滚动导轨均应加预负荷。预加负荷的方法有图 12-21 所示 3种。图 12-21(a)是用配合尺寸达到过盈配合，具有结构简单，负荷分布均匀的优点，但重调困难，主要用于闭式滚动导轨；图 12-21(b)是用镶条实现过盈，具有结构简单，调节方便，压力均匀，重调方便等优点，缺点是不易控制调整量。该法用得很多；图 12-21(c)是用调节螺钉直接移动一条导轨以实现过盈，结构简单，调节方便，但压力不均匀，且易产生偏斜。

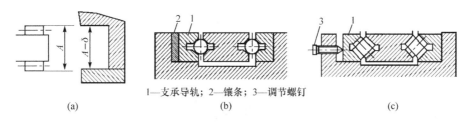

1—支承导轨；2—镶条；3—调节螺钉

(a)   (b)   (c)

图 12-21 滚动导轨预加负荷的方法

4)滚动导轨的计算

(1)跨距的确定和导轨长度的计算。选用滚动导轨时涉及的尺寸参数主要指两平行导轨间的跨距(或回转运动滚动导轨的直径)和导轨的长度。通常跨距(或直径)以大一些为好，可以提高导轨承载能力及刚度。

(2)滚动体工作能力计算。滚动体所受最大载荷应小于滚动体许用载荷，由于滚动导轨结构类型各异及外载荷情况的不同，必须针对具体应用中的具体导轨，应用理论力学的方法作具体的分析计算，可参考其他文献或资料。

(3)滚动导轨静刚度计算。对精密的设备，要分析接触变形所引起的对运动件位置精度的影响，即要计算导轨的接触变形。

（4）滚动体的尺寸和数目的确定。滚动体的直径、长度和数目，可根据导轨的结构类型预选，然后验算。验算不合格时，只要结构允许，应优先加大直径。

5）滚动导轨选用的一般程序

（1）类型选择。

（2）确定导轨数量。

（3）设计计算首先是确定导轨长度和跨距，最主要的工作是受力分析。其他工作包括确定滚动体的尺寸和数目，校核滚动体的工作能力和导轨的静刚度。

（4）滚动导轨的组件选择分 3 种情况：①选用滚动体不作循环运动的滚动导轨时，可只选用图 12-22（a）所示的保持架组件，动、静导轨则自行加工制造。各种保持架的结构可查有关设计手册或滚动导轨产品样本；②选用滚动体作循环运动的各种滚动导轨时，可只选用如图 12-22（b）所示的滚动组件（组件中包括供滚动体循环运动的循环滚道），动、静导轨则自行加工制造；③选用包括滚动组件及与之相配的动、静导轨在内的整套组件，这样有利于保证滚动导轨的刚度和工作精度。

（5）结构设计主要针对选用保持架组件和滚动组件的情况，内容包括导轨截面形状设计及尺寸的确定，以及预加负荷装置等的设计。

（6）选择润滑剂和润滑方法，设计防护装置。

（7）确定技术条件，主要是指确定导轨工作面的形状、位置、角度的允许偏差及表面粗糙度。

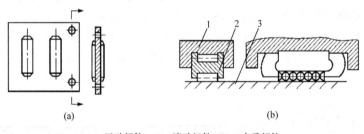

（a）　　　　　　　　　　　　　　　　（b）

1—运动部件；　2—滚动组件；　3—支承部件

图 12-22　保持架组件和滚动组件

12.4　焊接及其他接合技术

12.4.1　焊接

1. 原理及应用

焊接是通过焊接接头用焊缝将待焊接的工件焊接在一起的不可拆卸的连接。焊接件通过焊接技术还可以形成焊接组件。已经加工好的焊接结构可以通过一个或多个焊接组件产生。

作为一种牢固的材料封闭连接方式，焊接技术尤其适用于：

（1）用于承载力、弯矩和扭矩；

（2）以最经济的方式实现单件大尺寸和小批量生产；

(3)能够适用于很高的工作温度；

(4)维护较简单方便；

(5)适用于密封连接。

以下对焊接与铸件、铆接和螺栓连接进行比较分析：

与铸件相比：通过降低壁厚和较小组件横截面可以减轻零件重量，减少成本(至少小批量如此)并缩短交货期，且无壁厚敏感性。因为钢具有较大的弹性模量，焊接件比铸造件具有更大的刚性。与铸造相比通过箱形梁结构设计可以大大增强减振性并增加设计的自由度。

与铆接和螺栓连接相比：通过消除搭接头、垫板和铆钉头(螺钉头)可以减轻重量，表面光滑、美观且有利于清洁和防腐。由于没用使用铆钉和螺栓不会削弱杆件和板件的强度。

总而言之：焊接连接经济性好，省料，结构轻。

由于在焊接过程中的自然收缩，导致内应力增大和焊缝区域组织变化，往往会出现脆性断裂和裂纹的风险，因此对焊接工人焊接工艺的操作要求较高。校准"偏斜"的焊件是费时和成本高昂的。在建筑工地钢结构的焊接难度和成本往往要比铆接和螺栓连接要高得多。相比铆接和螺栓连接焊接定位在桁架结构中要难很多，其特征在于，桁架结构中铆接和螺栓连接可以通过其上的孔实现精确定位，而要控制好常规的角焊缝几乎是不可能的。

在钢结构中焊接有取代铆接的趋势，如桥梁和起重机的实心梁，高层建筑钢材的承载连接用板材，型钢，特别是管状结构，如桁架。

在锅炉和容器制造中几乎都是用焊接。板材之间采用对接焊缝，其他具有较好光洁度的表面，可保持不受力流干扰。相比铆钉连接在实现管道、压力容器的制造中，通过自动焊接工艺，可以实现更高强度的连接。常用焊缝为电弧焊，以下对电弧焊焊缝的基本形式、特性及应用进行简要说明。

2. 电弧焊缝的基本形式、特性及应用实例

焊件经焊接后形成的结合部分叫焊缝。电弧焊焊缝常用的形式如图 12-23 所示。由图可见，除了受力较小和避免增大质量时采用如图 12-23(e)所示的塞焊缝外，其他焊缝大体上可以分为对接焊缝与角焊缝两类。前者用于连接位于同一平面内的被焊件(图 12-23(c))，后者用于连接不同平面内的被焊件(图 12-23(a)、(b)、(d))。

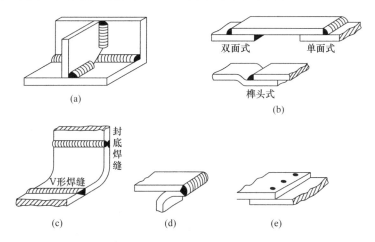

图 12-23　电弧焊常用的形式

与铆接相比，焊接具有强度高、工艺简单，由于连接而增加的质量小、工人劳动条件较好等优点。所以应用日益广泛，新的焊接方法发展也很迅速。另外，以焊代铸可以大量节约金属，便于制成不同材料的组合件而节约贵重或稀有金属。在技术革新、单件生产、新产品试制等情况下，采用焊接方法制造箱体、机架等，一般比较经济。

电弧焊的应用实例见图 12-24。

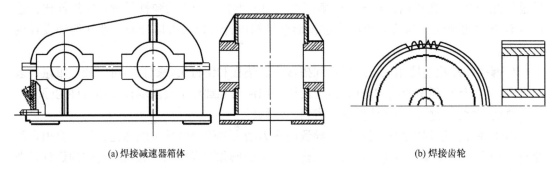

　　　　(a) 焊接减速器箱体　　　　　　　　　　　　　　　　　　　　(b) 焊接齿轮

图 12-24　电弧焊的应用

12.4.2　其他接合技术介绍

1. 铆接

铆接是一种较早使用的简单机械连接方式，其典型结构如图 12-25 所示。它们主要是由连接件铆钉 1 和被连接件 2、3 所组成，有的还有辅助连接件盖板 4。这些基本元件在构造物上所形成的连接部分统称为铆接缝(简称铆缝)。

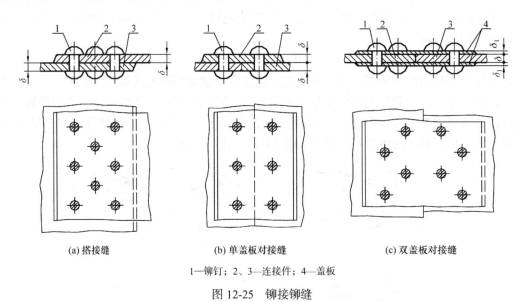

　　　　(a) 搭接缝　　　　　　　　　　(b) 单盖板对接缝　　　　　　　　　(c) 双盖板对接缝

1—铆钉；2、3—连接件；4—盖板

图 12-25　铆接铆缝

铆缝的结构形式很多，就接头情况看，有如图 12-25 所示的搭接缝、单盖板对接缝和双盖板对接缝；就铆钉排数看，又有单排、双排与多排之分。如按铆缝性能的不同，又可分为 3 种：以强度为基本要求的铆缝称为强固铆缝，如飞机蒙皮与框架、起重设备的机架、建筑物的桁架等结构用的铆缝；不但要求具有足够的强度，而且要求保证良好的紧密性的铆缝称为强密铆缝，如蒸汽锅炉、压缩空气储存器等承受高压器皿的铆缝；仅以紧密性为基本要求的铆缝称为紧密铆缝，多用于一般的流体储存器和低压管道上。

铆接具有工艺设备简单、抗振、耐冲击和牢固可靠等优点，但结构一般较为笨重，被连接件(或被铆件)上由于制有钉孔，使强度受到较大的削弱，铆接时一般噪声很大，影响工人健康。因此，目前除在桥梁、建筑、造船、重型机械及飞机制造等工业部门中仍常采用外，应用已渐减少，并为焊接、胶接所代替。

2. 黏接

黏接是一种借助合适的黏结剂通过表面黏接将同种材料或者不同种材料连接在一起的一种技术。黏接属于不可拆连接(如果不是焊层破坏或者焊件破坏，被焊接的两种材料不能拆开)。

黏接与其他不可拆连接相比，有以下优点：

可以连接相同材料也可以连接不同材料；不会因退火、淬火和氧化产生材料性能变化；由于相对较低的焊接温度，没有或只有很少的材料热应力；能实现密封、无缝、各向同性的绝缘连接；无表面损伤；无接触腐蚀；没有螺栓连接或者铆接在零件上打孔而造成零件横截面积减少；和零件达到同样的外力和应力分布；无应力集中；使高要求的优化设计变为可能；三明治结构可以实现零件高刚度和轻量化。

黏接技术的缺点：

多数情况下，黏接件的表面处理耗费高；目前达到焊接最终强度要求所需要的固化时间长；黏接时根据情况需要表面加压或者加温；长时间受载易蠕变；较低的剥离强度、耐热性和疲劳强度；对冲击载荷敏感；黏接件的无损检测方法还很少。

黏接过程：

使用溶剂型黏结剂时，用刷子、细齿刮刀或者厂商的使用说明中的其他工具将黏结剂均匀涂在两个黏接表面上。然后是溶剂的蒸发和黏结剂主要成分与黏接面形成附着力黏接连接。当黏结剂足够固化以后，把两个黏接面用力压在一起，现在黏结剂形成了内聚力黏接连接。其中的关键是如何确定把两个黏接件压在一起的合适时间，手指测试往往比钟表更安全。溶剂的完全挥发和黏结剂的完全固化则需要 1～3 天。

使用反应型黏结剂时把各组分混合物涂刷、抹、洒(粉末型黏结剂)、铺(胶带)在预处理过的黏接表面上。黏接层厚度通常为 0.1～0.3mm，对应的用量是每平方米 100～300g。涂好黏结剂后的黏接件可以立即粘在一起，即使是大面积黏接时，因为使用此类黏结剂无需稀释挥发性溶剂。黏接材料种类不同，黏接连接形成时间不同，通过加温或者室温下加压(热熔型黏结剂)只要几分钟，而室温下不加压(冷胶)则需要数天。

因为各组分混合以后立即发生化学反应，此类黏结剂开盖后应立即用完。

3. 钎焊

DIN ISO857-2 标准把钎焊定义为通过加热形成液体材料填充和涂覆的方法，其中的液体既可以通过钎料的熔化(熔化钎焊)，也可以通过钎料边界的扩散(扩散钎焊)形成。加工过程中熔化温度不能超过母材的熔点。

根据钎料熔化温度(钎料完全变成液态的温度)不同，钎焊可以分为软钎焊 WL(450℃以下)、硬钎焊 HL(450℃以上)和高温钎焊 HTL(900℃以上)。

软钎焊连接，是罐头、冷却器和电气接头中经常用得到的钎焊方式，主要要求有良好的密封性和导电性。硬钎焊通常应用于承受重载的部件焊接，如汽车车架、管道阀和硬质合金的补焊。而高温钎焊无需焊剂，通常是在真空或者保护气体环境中实施焊接，所以焊缝密实度高，气孔和缩孔较少。高温钎焊主要用于诸如燃气轮机制造和真空技术领域的钢、镍合金和钴合金的连接。

根据钎焊焊缝或者焊点类型不同将其分为窄缝焊和宽缝焊。窄缝焊的零件缝隙很小，焊剂通过毛细吸力吸到焊缝里；而宽缝焊的焊剂是借助重力填充到焊缝里的（焊缝超过1.5mm）。

根据钎料进料方式不同可以分为给钎料钎焊、钎料坑钎焊、零件钎料涂层焊接和浸渍钎焊等。根据焊接的方式不同可以分为、手工钎焊、半机械化钎焊、机械化钎焊和自动化钎焊。

软钎焊焊接温度低，加热过程容易控制，主要采用火焰钎焊、烙铁钎焊和炉内钎焊。硬钎焊适合采用火焰钎焊和感应钎焊。

与其他不可拆连接相比，钎焊特征鲜明，用途广泛。

优点：它可以将不同金属相互连接起来。由于钎焊加工温度低，对被连接材料几乎没有有害影响，几乎不会破坏连接件表面的保护层（如钎焊时母材表面的镀锌层）。焊缝具有很好的导电性。零件不会像铆接一样受到孔的影响而强度减弱。焊接连接的气密性和液密性都好。不同的钎焊方法，其焊接过程的自动化程度不同，可以同时在同一工件上进行多点焊接。

缺点：较大的焊缝需要较多的焊料，而这些焊料里都含有诸如锡、银等昂贵的合金元素，所以经济性差。在一些金属，尤其是铝材的焊接中还会出现焊缝处电解遭到破坏的危险，原因是在母材和钎料的焊接成分间形成较大的电势差，所以铝材尽可能选择熔焊、铆接和黏接等其他连接方式。残余焊剂会对连接造成化学腐蚀。钎焊连接的强度小于熔焊，但是焊前的预处理花费却高于熔焊。

参 考 文 献

卜炎, 1993. 螺纹联接设计与计算. 北京：高等教育出版社.

陈宏钧, 等, 2009. 典型零件机械加工生产实例. 北京：机械工业出版社.

陈乃士, 2007. 汽车金属带式无级变速器——CVT 原理和设计. 北京：机械工业出版社.

陈铁鸣, 2016. 新编机械设计课程设计图册. 3 版. 北京：高等教育出版社.

陈秀宁, 顾大强, 2010. 机械设计. 杭州：浙江大学出版社.

成大先, 2000. 机械设计图册：第 2 卷. 北京：化学工业出版社.

成大先, 2007. 机械设计手册. 5 版. 北京：化学工业出版社.

冯增铭, 等, 2014. 汽车用链传动系统设计及动力学分析. 北京：科学出版社.

韩兆东, 2015. 托森型差速器的设计与性能分析. 沈阳：辽宁工业大学出版社.

何小柏, 1996. 机械设计. 重庆：重庆大学出版社.

胡建军, 丁华, 秦大同, 等, 2005. 谐波齿轮传动概述. 机械传动, 04: 86-88.

花家寿, 1989. 新型联轴器与离合器. 上海：上海科学技术出版社.

机械设计手册编委会, 2007. 机械设计手册. 3 版. 北京：机械工业出版社.

吉林大学汽车工程系, 2005. 汽车构造. 5 版. 北京：人民交通出版社.

李良军, 2010. 机械设计. 北京：高等教育出版社.

梅艳波, 2009. 螺纹加工方法研究. 长江大学学报（自然科学版）1:279-280.

濮良贵, 陈国定, 吴立言, 2013. 机械设计. 9 版. 北京：高等教育出版社.

濮良贵, 纪名刚, 2001. 机械设计学习指南. 4 版. 北京：高等教育出版社.

全国齿轮标准化技术委员会, 2008a. GB/T 10095.2—2008 圆柱齿轮 精度制 第 2 部分：径向综合偏差与径向跳动的定义和允许值. 北京：中国标准出版社.

全国齿轮标准化技术委员会, 2008b. GB/T 1357—2008 通用机械和重型机械用圆柱齿轮 模数. 北京：中国标准出版社.

全国齿轮标准化技术委员会, 2008c. GB/T 3480.5—2008 直齿轮和斜齿轮承载能力计算 第 5 部分：材料的强度和质量. 北京：中国标准出版社.

全国弹簧标准化技术委员会, 2003. 中国机械工业标准汇编. 2 版. 北京：中国标准出版社.

全国弹簧标准化技术委员会, 2009a. GB/T 1358—2009 圆柱螺旋弹簧尺寸系列. 北京：中国标准出版社.

全国弹簧标准化技术委员会, 2009b. GB/T 23935—2009 圆柱螺旋弹簧设计计算. 北京：中国标准出版社.

全国滚动轴承标准化技术委员会, 2008. GB/T 271—2008 滚动轴承分类. 北京：中国标准出版社.

全国滑动轴承标准化技术委员会, 2008. GB/T 2889.1—2008 滑动轴承术语、定义和分类 第 1 部分：设计、轴承材料及其性能机械设计. 北京：中国标准出版社.

全国链传动标准化技术委员会, 2007. GB/T 1243—2006 传动用短节距精密滚子链、套筒链、附件和链轮. 北京：中国标准出版社.

日本带传动专业技术委员会, 2012. 带传动与精确传送实用设计. 北京：化学工业出版社.

圣才考研网, 2012. 濮良贵《机械设计》（第 8 版）笔记和课后习题（含考研真题）. 北京：中国石化出版社.

孙江宏, 张志强, 2005. 机械设计考研指导. 北京：清华大学出版社.

田培棠, 石晓辉, 米林, 2011. 机械零部件结构设计手册. 北京：国防工业出版社.

王步瀛, 1986. 机械零件强度计算的理论和方法. 北京：高等教育出版社.

王德伦, 马雅丽, 2015. 机械设计. 北京：机械工业出版社.

王家序, 田凡, 王帮长, 等, 2011. 橡胶合金材料及利用该材料制造传动件的方法. 中国, ZL 200810070080.2, 4-27.

王家序, 田凡, 王帮长, 2010. 水润滑橡胶合金轴承. 中国, ZL 200810070089.3, 12-15.

王振华, 1991. 实用轴承手册. 上海：上海科学技术文献出版社.

温诗铸, 黄平, 2008. 摩擦学原理. 3 版. 北京: 清华大学出版社.

吴宗泽, 罗圣国, 高志, 等, 2012. 机械设计课程设计手册. 4 版. 北京: 高等教育出版社.

吴宗泽, 罗圣国, 2006. 机械设计课程设计手册. 3 版. 北京: 高等教育出版社.

吴宗泽, 2002. 机械设计习题集. 北京: 高等教育出版社.

吴宗泽, 2006. 机械结构设计准则与实例. 北京: 机械工业出版社.

吴宗泽, 2007. 机械设计. 北京: 高等教育出版社.

仙波正庄, 1985. 齿轮强度计算. 9 版. 姜永, 等译. 北京: 化学工业出版社.

杨可桢, 程光蕴, 李仲生, 2006. 机械设计基础. 5 版. 北京: 高等教育出版社.

张策, 2004. 机械原理与机械设计: 下册. 9 版. 北京: 机械工业出版社.

张桂芳, 1985. 滑动轴承. 北京: 高等教育出版社.

张直明, 1988. 滑动轴承的流体动力润滑理论. 北京: 高等教育出版社.

郑庆林, 1994. 摩擦学原理. 北京: 高等教育出版社.

中国机械工业联合会, 2008. GB/T 11355—2008 V 带和多楔带传动　额定功率的计算. 北京: 中国标准出版社.

朱孝录, 2007. 机械传动设计手册. 北京: 电子工业出版社.

MOTT R L, 2002. Machine Element in Mechanical Design . 3 版. 北京: 机械工业出版社.

MUSH D, 等. 2011. 机械设计. 16 版. 孔建益, 译. 北京: 机械工业出版社.

NORTON R L ,2015. 机械设计. 5 版. 黄平, 等译. 北京: 机械工业出版社.

PAI R, HARGREAVES D J, BROWN R J, 2001. Modelling of fluid flow in a 3-axial groove water bearing using computational fluid dynamics. In Proceedings of 14th Australasian Fluid Mechanics Conference: Adelaide: Adelaide University.

SCHNEIDER L G, SMITH W V, 1963. Lubrication in a sea-water environment. Naval Engineers Journal, 10,75(4):841-854.

SHELLY P, ETTLRS C, 1971. Solutions for the load capacity of journal bearings with oil grooves, holes, reliefs or chamfers in non-optimum positions. In Proceeding of the Institution of Mechanical Engineers, 56: 38-46.

SHIGLEY J E,MISCHEKE C R, 2002. Mechanical Engineering Design. 6 版. 北京: 机械工业出版社.

SPOTTS M F, SHOUP T E, 2002. Design of Machine Element . 7 版. 北京: 机械工业出版社.

UGURAL A C, 2004. Mechanical Design: An Integrated Approach. New York: McGraw-Hill.

VIJAYARAGHAVAN D, KEITH T G, 1992. Effect of type and location of oil groove on the performance of journal bearings[J]. Tribol. Trans, 35(1): 98-106.